MATLAB
最优化计算

薛定宇◎著

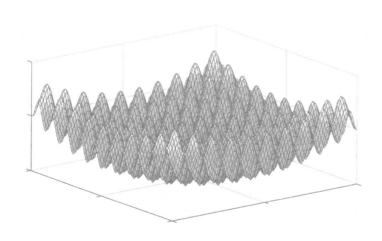

清华大学出版社

北京

内 容 简 介

最优化技术是科学与工程领域中的重要数学工具。本书首先介绍非线性方程组的解析与数值解法，然后介绍各个分支的最优化问题建模与求解方法，包括无约束最优化、凸优化（如线性规划、二次型规划与几何规划等）、非线性规划、混合整数规划、多目标规划与动态规划等，最后简要介绍智能优化方法，并与常规方法进行对比研究。

与传统的最优化技术方面的教材不同，本书侧重于利用 MATLAB 语言直接描述与求解最优化问题。本书可作为一般读者学习和掌握最优化技术的教材或教辅读物，还可以作为高等学校理工科各专业的本科生和研究生学习计算机数学语言的教材，并适合作为相关人员查询最优化计算方法的工具书。

图书在版编目（CIP）数据

MATLAB 最优化计算/薛定宇著.—北京：清华大学出版社，2023.7
ISBN 978-7-302-64109-4

Ⅰ.①M… Ⅱ.①薛… Ⅲ.①Matlab 软件－应用－最优化算法 Ⅳ.①O242.23-39

中国国家版本馆 CIP 数据核字(2023)第 131072 号

策划编辑：盛东亮
责任编辑：钟志芳
封面设计：李召霞
责任校对：李建庄
责任印制：刘海龙

出版发行：清华大学出版社
   网 址：http://www.tup.com.cn, http://www.wqbook.com
   地 址：北京清华大学学研大厦 A 座 邮 编：100084
   社 总 机：010-83470000 邮 购：010-62786544
   投稿与读者服务：010-62776969，c-service@tup.tsinghua.edu.cn
   质量反馈：010-62772015，zhiliang@tup.tsinghua.edu.cn
   课件下载：http://www.tup.com.cn,010-83470236
印 装 者：三河市铭诚印务有限公司
经 销：全国新华书店
开 本：186mm×240mm 印 张：22   字 数：430 千字
版 次：2023 年 8 月第 1 版   印 次：2023 年 8 月第 1 次印刷
印 数：1～2500
定 价：89.00 元

产品编号：099665-01

前 言
PREFACE

科学运算问题是每个理工科学生和科技工作者在课程学习、科学研究与工程实践中常常会遇到的问题,不容回避。对于非纯数学专业的学生和研究者而言,从底层全面学习相关数学问题的求解方法并非一件简单的事情,也不易得出复杂问题的解,所以,利用当前最先进的计算机工具,高效、准确、创造性地求解科学运算问题是一种行之有效的方法,尤其能够满足理工科人士的需求。

作者曾试图在同一部著作中叙述各个数学分支典型问题的直接求解方法,通过清华大学出版社出版了《高等应用数学问题的 MATLAB 求解》。该书从 2004 年出版之后多次重印再版,并于 2023 年出版了第 5 版,还配套发布了全新的 MOOC课程,一直受到广泛的关注与欢迎。首次 MOOC 开课的选课人数接近 14000 人,教材内容也被数万篇期刊文章和学位论文引用。

从作者首次使用 MATLAB 语言算起,已经有 30 余年的时间了,期间作者通过相关领域的研究、思考与一线教学实践,积累了大量的实践经验资料。这些不可能在一部著作中全部介绍,所以作者与清华大学出版社策划并出版了"薛定宇教授大讲堂"系列图书,系统深入地介绍基于 MATLAB 语言与工具的科学运算问题的求解方法。该系列图书不是原来版本的简单改版,而是作者通过十余年的经验和资料积累,全面贯穿"再认识"的思想写作而成的,深度融合科学运算数学知识与基于MATLAB 的直接求解方法与技巧,力图更好地诠释计算机工具在每个数学分支的作用,帮助读者以不同的思维与视角了解工程数学问题的求解方法,创造性地得出科学运算问题的解。

原系列图书出版已经有几年的时间了。在这几年间,MATLAB 编程与 Simulink建模技术发生了很大的变化,MATLAB 求解科学运算问题的工具也越来越完备,因此有必要更新这些著作,融入新的内容,使其能发挥更大的作用,所以将陆续开始写作新的版本。本书是利用 MATLAB 求解最优化问题的著作。本书系统地介绍两大主题——非线性代数方程求解与最优化技术,主要解决这两个领域的数值计算问题。本书首先介绍各种非线性代数方程的解析解方法与数值解方法，并介绍多解方程的求解问题。后续各章将介绍无约束最优化、线性规划与二次型规划等凸优化、非线性规划、混合整数规划、多目标规划与动态规划的基本概念与求解方法，侧重于求取最优化问题全局最优解的探讨与实践。本书还将介绍一些常用的智能优化方法，并通过一些具体的例子，对智能优化方法的效果做必要的对比研究，得出有益的结论。

特别感谢团队的同事潘峰博士在相关课程建设、教材建设与教学团队建设中的出色贡献和所做的具体工作。感谢美国加利福尼亚大学 Merced 分校的陈阳泉教授近 30 年来的真诚合作及对诸多问题的有意义的探讨。几十年来我与同事、学生、同行，甚至网友有益交流，其中有些内容已经形成了系列著作的重要素材，在此一并表示感谢。本书的出版还得到了美国 MathWorks 公司图书计划的支持，在此表示谢意。

值此书付梓之际，衷心感谢相濡以沫的妻子杨军教授，她数十年如一日的无私关怀是我坚持研究、教学与写作工作的巨大动力。感谢女儿薛杨在文稿写作、排版与视频转换中给出的建议和具体帮助。

薛定宇

2023 年 7 月

目 录
CONTENTS

第1章 | 方程求解与最优化技术

最优化技术是科学与工程领域重要的数学工具,也是解决科学与工程问题的有效手段。毫不夸张地说,学会了最优化问题的理念与求解方法,可以将科研的水平提高一个档次,因为原来解决问题得到一个解就满足了,学会了最优化的思想后,将很自然地追求问题最好的解。

最优化问题与方程求解是密不可分的,所以这里首先回顾方程求解问题的发展简史,再回顾最优化与数学规划问题领域的发展过程,最后简要介绍本书各章的主要内容。

1.1 方程与方程求解

方程(equation)是无处不在的数学模型,是在工程、科学与人们的日常生活中随时都能看到的数学模型。

> **定义1-1 ▶ 方程**
>
> 方程是含有一个或多个变量的等式,这些变量又称为未知变量,而这些满足等式的未知变量的值又称为方程的解。

> **定义1-2 ▶ 联立方程**
>
> 如果同时给出若干方程,这些方程含有多个不同的变量,并要求这些方程同时成立,则这些方程称为联立方程(simultaneous equations)。

现代数学是用表达式和等号描述方程的，等号的左边有一个表达式，右侧有一个表达式，两个表达式用等号连接。威尔士物理学家、数学家 Robert Recorde（约 1512—1558，图1-1(a)）在1557年发明了等号，并用数学符号描述了方程。

方程分为代数方程与微分方程，代数方程中变量之间的关系是静态的，也就是说，方程的根是常数；而微分方程中，变量之间的关系是动态的。微分方程将在卷 V 专门介绍，本书暂不涉及。代数方程分为线性方程、多项式方程和非线性方程。除此之外，还有参数方程、隐式方程等。线性代数方程在卷 Ⅲ 中已经给出了全面介绍，本书将介绍其他方程的求解方法。

其实早在 Recorde 使用等号描述方程之前，对诸多类型方程的研究就已经开始了。古巴比伦人在大约公元前2000年就开始研究一元二次方程。公元628年，古印度数学家 Brahmagupta（约598—约668）用语言而不是用数学公式描述了一元二次方程的求根方法。中国古代数学家刘徽（约225—295）、王孝通（580—640）研究了一元三次方程。1554年，意大利数学家 Gerolamo Cardano（1501—1576，图1-1(b)）出版了一部数学著作，给出了意大利数学家 Scipione del Ferro（1465—1526）的一元三次方程的求根公式和意大利数学家 Lodovico de Ferrari（1522—1565）的一元四次方程的求根公式，Cardano 还是第一个使用负数的数学家。挪威数学家 Niels Henrik Abel（1802—1829，图1-1(c)）在1824年证明了五次或五次以上的多项式方程是没有一般代数解法的。

　　（a）Robert Recorde　　　　（b）Gerolamo Cardano　　　　（c）Niels Henrik Abel

图1-1　Recorde、Cardano 和 Abel 画像

注：图像均来源于维基百科

还有一类特殊的方程，对所有未知数都成立，这类方程称为恒等式（identity），例如

$$x^2 - y^2 = (x - y)(x + y), \quad \sin^2\theta + \cos^2\theta = 1 \tag{1-1-1}$$

这类方程一般都可以直接通过符号运算方式证明，所以本书不再探讨恒等式问题。

1.2　最优化问题的起源与发展

最优化的理念起源于微积分领域的早期研究。法国数学家 Pierre de Fermat（1607－1665，图 1-2（a））与法国数学家 Joseph-Louis Lagrange（1736－1813，图 1-2（b））分别提出了基于微积分的公式求解最优值的方法。除了简单的函数最优化问题之外，一般又统称最优化问题为数学规划（mathematical programming）问题。相关的历史回顾可以参见文献 [1]。

（a）Pierre de Fermat　　（b）Joseph-Louis Lagrange　　（c）Leonid Vitaliyevich Kantorovich

图 1-2　Fermat、Lagrange 和 Kantorovich 画像或照片

注：图像均来源于维基百科

苏联学者 Leonid Vitaliyevich Kantorovich（1912－1986，图 1-2（c））在最优化领域尤其是线性规划领域做了大量的奠基工作。美国数学家 George Bernard Dantzig（1914－2005，图 1-3（a））提出了著名的单纯形法（simplex method）[1]，求解线性规划问题。Dantzig 提出单纯形法的背后有一个有趣的故事[2,3]。1939 年加州大学 Berkeley 分校的博士生 Dantzig 有一次上课迟到，错把老师 Jerzy Neyman（1894－1981）在黑板上写的两个世界数学难题当成课后作业，给出了问题的解，为线性规划问题提出了一种高效的求解方法。美国数学家、计算机学家 John von Neumann（1903－1957，图 1-3（b））提出了对偶理论与计算方法，进一步提高了线性规划问题的求解效率。

美国应用数学家 Richard Ernest Bellman（1920－1984，图 1-3（c））开创了一个最优化问题的新领域——动态规划，实现了多级决策的规划问题。

最优化理念与技术为许多科学与工程领域奠定了数学基础，"最优"一词可以和任何一个领域联用，为其注入新的活力。例如，在搜索引擎上搜索"最优"可以搜索到很多相关的领域，如最优控制、最优设计、最优系统、资源最优配置、最优停止理论、最优资本结构等，这些领域都是和最优化密切相关的。

(a) George Bernard Dantzig (b) John von Neumann (c) Richard Ernest Bellman

图 1-3　Dantzig、von Neumann 和 Bellman 的照片

注：图像均来源于维基百科

1.3　本书框架

最优化问题是与代数方程密切相关的，所以本书在第 2 章中深入探讨各类代数静态方程的求解方法，包括多项式方程的解析解法、非线性方程组的图解方法与基于搜索的复杂非线性方程数值求解方法。特别地，还探讨多解非线性矩阵方程全部数值解与准解析解的方法，理论上可以求解任意复杂的非线性方程组。

第 3 章介绍最简单的一类最优化问题——无约束最优化问题的求解方法，包括最优化问题的解析求解规则、简单最优化问题的图解法、基于梯度信息的求解方法等，着重介绍基于 MATLAB 求解函数的直接求解方法，给出局部最优解与全局最优解的概念，并编写出试图求解全局最优解的 MATLAB 通用工具。本章还探讨最优化技术在线性回归问题、曲线的最小二乘拟合与边值微分方程的打靶求解方面的应用。

一般数学规划问题分为线性规划问题、非线性规划问题、混合整数规划问题、多目标规划问题与动态规划问题等，本书后续内容也按照这样的分类分别介绍各种数学规划问题的求解方法。

第 4 章侧重于介绍凸优化问题——线性规划与二次型规划问题的求解方法，主要介绍基于 MATLAB 现成工具的直接求解方法，还介绍新版 MATLAB 支持的基于问题的描述与求解方法，使得复杂线性规划与二次型规划问题的描述与求解更直接、更容易。除此之外，还介绍线性矩阵不等式问题求解方法、锥优化与几何规划等凸优化问题的求解。

第 5 章主要介绍非线性规划问题的求解方法。首先介绍简单问题的图解法，然后介绍基于 MATLAB 的非线性规划问题求解函数与复杂问题的描述与求解方法，特别地,作者编写出求解非线性非凸优化问题全局最优解的通用工具。本章还探讨圆内最大面积的多边形、半无限规划问题、热交换网络的优化计算等应用问题的求解方法。

第 6 章介绍混合整数规划问题的求解。探讨小规模整数规划问题的穷举方法,还介绍线性混合整数规划问题、非线性混合整数规划问题及混合 0–1 规划问题的求解方法,并探讨最优用料问题、指派问题、背包问题等应用问题的求解方法,还介绍基于整数 0–1 规划的旅行商问题、数独问题的建模与求解方法。

第 7 章侧重于多目标规划问题的求解方法,给出多目标规划的数学模型并探讨多目标规划问题的图解方法,另外,侧重于介绍如何将多目标规划问题转换成普通最优化问题直接求解的方法。本章还给出 Pareto 解集的概念,并介绍极小极大问题的求解方法。

第 8 章简单探讨动态规划问题的建模与求解方法,侧重介绍有向图最短路径问题的求解方法,还探讨无向图的路径最优问题求解方法。

传统的最优化求解方法主要是基于搜索的方法,有时可能得出问题的局部最优解。第 9 章将简要介绍基于 MATLAB 的智能优化方法,如遗传算法、粒子群优化算法、模式搜索算法与模拟退火方法等,并通过算例对比研究智能优化方法与传统优化方法,得出有意义的结论。

本 章 习 题

1.1 判断能否利用 MATLAB 求解下面的方程。

$(1)\begin{cases} x_1 + x_2 = 35 \\ 2x_1 + 4x_2 = 94 \end{cases}$

$(2)\begin{cases} x^2 e^{-xy^2/2} + e^{-x/2}\sin(xy) = 0 \\ y^2\cos(x + y^2) + x^2 e^{x+y} = 0 \end{cases}$

1.2 试在 $[-2, 11]$ 区间找出下面函数的最小值[4]。

$$f(x) = x^6 - \frac{52}{25}x^5 + \frac{39}{80}x^4 + \frac{71}{10}x^3 - \frac{79}{20}x^2 - x + \frac{1}{10}$$

1.3 绘制下面函数的曲面,试旋转观察曲面,找出 x 和 y 取何值时曲面能达到谷底。

$(1)\ f(x, y) = -(y + 47)\sin\sqrt{\left|\dfrac{x}{2} + (y + 47)\right|} - x\sin\sqrt{|x - (y + 47)|}$

$(2)\ f(x, y) = 20 + \left(\dfrac{x}{30} - 1\right)^2 + \left(\dfrac{y}{20} - 1\right)^2 - 10\left[\cos\left(\dfrac{x}{30} - 1\right)\pi + \cos\left(\dfrac{y}{20} - 1\right)\pi\right]$

代数方程的求解

定义1-1给出了方程的定义，方程是用来描述变量之间的数学关系的。

方程在人们日常生活、科学研究与工程实践中都是经常遇到的数学模型。方程分为代数方程、微分方程等，本章主要探讨代数方程的求解方法，兼顾代数方程的解析解方法与数值解方法，并试图得出多解方程全部的解。

本书卷 III 侧重于探讨多元一次线性方程的求解方法，不但能求解 $AX=B$ 类简单线性代数方程的唯一解、无穷解与最小二乘解，还可以求解 $XA=B$，$AXB=C$ 及其多项型线性代数方程的解。此外卷 III 还给出了一般 Sylvester 方程及多项 Sylvester 方程的求解方法。上述方程均可以利用 MATLAB 的强大功能求取出数值解与解析解。有关线性方程的求解方法可以参见卷 III 的相关内容。

本章侧重于介绍多项式方程与一般非线性方程的求解方法。2.1节主要探讨低阶多项式方程的求解公式,并给出底层的 MATLAB 实现程序,从数值运算角度看,该程序尤其适合于含有重根的低阶多项式方程的求解。2.2 节介绍一般一元与二元方程的图解方法,并介绍方程的实际求解方法。2.3 节介绍一般非线性方程组的数值求解方法。首先介绍经典的 Newton–Raphson 迭代方法、二分法等,并给出算法的 MATLAB 实现,然后介绍 MATLAB 提供的非线性代数方程与矩阵方程的求解方法。2.4 节介绍基于符号运算的低阶代数方程解析解方法,然后介绍高阶代数方程与非线性矩阵方程的准解析解方法。2.5 节介绍多解矩阵方程的求解方法、伪多项式方程的求解方法,并介绍高精度求解方法与实现。2.6 节探讨欠定方程的求解方法。

2.1　多项式方程的求解

多项式方程是实际应用中经常遇到的方程,本节先介绍多项式方程的数学形式,再介绍多项式方程的求解方法。

定义 2-1 ▶ 多项式方程

多项式方程的一般形式为

$$x^n + a_1 x^{n-1} + a_2 x^{n-2} + \cdots + a_{n-1} x + a_n = 0 \qquad (2\text{-}1\text{-}1)$$

多项式方程根与系数的关系满足如下的 Viète 定理,又称 Viète 公式,该定理是以法国数学家 François Viète(1540−1603)命名的。

定理 2-1 ▶ Viète 定理

假设多项式方程的根为 $x_1, x_2, \cdots, x_n$,则有

$$\begin{cases} x_1 + x_2 + \cdots + x_n = -a_1 \\ (x_1 x_2 + x_1 x_3 + \cdots + x_1 x_n) + (x_2 x_1 + x_2 x_3 + \cdots + x_2 x_n) + \cdots = a_2 \\ \qquad\qquad\qquad\qquad\qquad\qquad\qquad\vdots \\ x_1 x_2 \cdots x_n = (-1)^n a_n \end{cases} \qquad (2\text{-}1\text{-}2)$$

本节侧重介绍低阶多项式方程的求根公式及其 MATLAB 实现,并给出高阶多项式方程的 Abel–Ruffini 定理。

2.1.1 一次方程与二次方程

一次与二次方程都有很简单的求解公式,这里将通过例子演示一元方程与二元方程的直接求解方法。

例 2-1 一次多项式方程 $x + c = 0$ 的解是什么?

解 显然,一次多项式方程的解是 $x = -c$,不论 c 是何值。

例 2-2 公元四至五世纪中国古代著名的数学著作《孙子算经》曾给出了鸡兔同笼问题:"今有雉兔同笼,上有三十五头,下有九十四足,问雉兔各几何?"

解 古典数学著作中有各种各样的方法求解鸡兔同笼问题。若引入代数方程的思维,则假设鸡的个数为 x_1,兔的个数为 x_2,这样容易地列出下面的二元一次方程组:

$$\begin{cases} x_1 + x_2 = 35 \\ 2x_1 + 4x_2 = 94 \end{cases}$$

由第一个方程,令 $x_1 = 35 - x_2$,将其代入第二个方程,有

$$2(35 - x_2) + 4x_2 = 70 - 2x_2 + 4x_2 = 70 + 2x_2 = 94$$

立即得出 $x_2 = 12$,代入则可以得出 $x_1 = 35 - x_2 = 23$。将根代入原始方程,则可以看出两个方程的等式都成立,说明得出的根是正确的。当然,求解这类方程有许多种方法,这里暂时不去探讨了。

例 2-3 一元二次方程 $ax^2 + bx + c = 0$ 的求解。

解 古巴比伦人早在公元前 1800 年就开始研究这类问题,后来诸多数学家也在研究二次方程的求解方法,直到 1615 年出版的法国数学家 François Viète 的著作中,给出了一般多项式方程根与系数之间的关系,即前面给出的 Viète 定理。

提取方程两端的系数 a,可以得出 $a(x^2 + bx/a + c/a) = 0$,如果 a 不等于 0,则探讨方程 $x^2 + bx/a + c/a = 0$ 的根就可以了。如果采用配方法,可以从底层推导一元二次方程的求解公式。

$$x^2 + \frac{b}{a}x + \frac{c}{a}$$

$$= x^2 + \frac{b}{a}x + \left(\frac{b}{2a}\right)^2 - \left(\frac{b}{2a}\right)^2 + \frac{c}{a}$$

$$= \left(x + \frac{b}{2a}\right)^2 - \frac{b^2 - 4ac}{4a^2} = 0$$

由最后一个方程显然可以得出

$$\left(x + \frac{b}{2a}\right)^2 = \frac{b^2 - 4ac}{4a^2}$$

两端开方,求代数平方根,再经过简单处理,则可以得出原方程的两个根:

$$x_{1,2} = \frac{-b \pm \sqrt{b^2 - 4ac}}{2a}$$

2.1.2 三次方程的解析解

三次或三次以上代数方程的求解就没有这么简单了。古巴比伦人研究过三次多项式方程。中国三国时期著名数学家刘徽在 265 年出版了《九章算术注》，其中描述了三次方程问题。中国唐代数学家王孝通在其著作《辑古算经》中建立并求解了 25 个特殊三次方程。

> **定义 2-2 ▶ 三次方程**
>
> 三次方程（cubic equation）的一般形式为 $x^3 + c_2 x^2 + c_3 x + c_4 = 0$。

简单起见，该方程进行了首一化处理。令 $x = y - c_2/3$，则可以将三次方程变换成 $y^3 + py + q = 0$ 的形式，其中

$$p = -\frac{1}{3}c_2^2 + c_3, \quad q = \frac{2}{27}c_3^3 - \frac{1}{3}c_2 c_3 + c_4 \tag{2-1-3}$$

例 2-4　试利用 MATLAB 证实式（2-1-3）的叙述。

解　利用 MATLAB 进行变量替换，可以给出下面的语句。

```
>> syms x c2 c3 c4 y;
   f=x^3+c2*x^2+c3*x+c4;                    %三次方程
   f1=subs(f,x,y-c2/3); f2=collect(f1,y)    %变量替换与化简
```

则可以立即得出结果如下，由此可以证实式（2-1-3）中的结果。

$$f_2 = y^3 + \left(-\frac{1}{3}c_2^2 + c_3\right)y + \frac{2}{27}c_2^3 - \frac{1}{3}c_3 c_2 + c_4 = 0$$

> **定理 2-2 ▶ 特殊三次方程求根公式**
>
> 若方程变换为 $y^3 + py + q = 0$，则变量 y 三个根的闭式求解公式为
>
> $$y = \xi^k u + \xi^{2k} v, \ k = 0, 1, 2 \tag{2-1-4}$$
>
> 其中，$\xi = (-1 + \mathrm{j}\sqrt{3})/2$，且
>
> $$u = \sqrt[3]{-\frac{q}{2} + \sqrt{\frac{q^2}{4} + \frac{p^3}{27}}}, \quad v = \sqrt[3]{-\frac{q}{2} - \sqrt{\frac{q^2}{4} + \frac{p^3}{27}}} \tag{2-1-5}$$

不过在 MATLAB 实际计算中，由上式独立计算 u 和 v 的值有时会出现错误，因为开方运算解是不唯一的。为准确计算 u 和 v 值，可以考虑先计算 u，再用 Viète 定理计算 v 的值，$v = -p/(3u)$。

当然，有一种特殊情况必须考虑，就是当 $u = 0$ 时，$v = 0$，这时方程的三重根为 $x = -c_2/3$。

将得出的 y 代入 $x = y - c_2/3$，可以得出方程的三个根。这个闭式解公式是意

大利数学家 Gerolamo Cardano 在 1545 年提出的。

2.1.3　四次方程的解析解

一般四次方程（quartic equation）可以先经过特殊的变量替换转换成特殊形式的四次方程，最后得出闭式求解公式。

定义 2-3 ▶ 四次方程

四次方程的一般形式为 $x^4 + c_2 x^3 + c_3 x^2 + c_4 x + c_5 = 0$。

例 2-5　对于一般四次方程，若令 $x = y - c_2/4$，则原方程会变换成什么形式？

解　利用下面的语句可以进行方程的变换。

```
>> syms x c2 c3 c4 c5 y;
   f=x^4+c2*x^3+c3*x^2+c4*x+c5;
   f1=subs(f,x,y-c2/4); f2=collect(f1,y)
```

可以将方程变换成 $y^4 + py^2 + qy + s = 0$ 的特殊四次方程形式，其中，

$$p = c_3 - \frac{3}{8}c_2^2$$

$$q = \frac{1}{8}c_2^3 - \frac{1}{2}c_3 c_2 + c_4 \qquad (2\text{-}1\text{-}6)$$

$$s = -\frac{3}{256}c_2^4 + \frac{1}{16}c_3 c_2^2 - \frac{1}{4}c_4 c_2 + c_5$$

定理 2-3 ▶ 特殊四次方程求根公式

若方程变换为 $y^4 + py^2 + qy + s = 0$，可以将 y 的方程改写为

$$\left(y^2 + \frac{p}{2} + m - \sqrt{2m}y + \frac{q}{2\sqrt{2m}}\right)\left(y^2 + \frac{p}{2} + m + \sqrt{2m}y - \frac{q}{2\sqrt{2m}}\right) = 0 \quad (2\text{-}1\text{-}7)$$

其中，m 为三次方程 $8m^3 + 8pm^2 + (2p^2 - 8s)m - q^2 = 0$ 的根。

这个算法是意大利数学家 Lodovico de Ferrari 提出的。当然，这样做的前提是 $m \neq 0$。如果 $m = 0$，则意味着 $q = 0$，这样 y 的方程可以写成 $y^4 + py^2 + s = 0$，易于求解 y^2，再求出 y。有了 y，则可以由变换表达式求出相应的 x。

MATLAB 提供的 `roots()` 函数是基于矩阵特征值计算的多项式方程求解函数，具体的调用格式为 $r =$ `roots`(p)，其中，$\boldsymbol{p}$ 为降幂排列的多项式系数向量，$\boldsymbol{r}$ 为方程的数值解，为列向量。

该函数在求解有重根方程时经常被诟病，因为得出的根误差比较大。综合考虑上面给出的低次方程求解算法，可以编写出 `roots()` 函数的替代函数，该函数有望得出精确的低次方程的数值解，而方程阶次高于 4 时自动嵌入 MATLAB 的原始 `roots()` 函数，得出方程根的数值解。

```
function r=roots1(c)
   arguments, c(1,:); end
   i=find(c~=0); c=c(i(1):end); n=length(c)-1; c=c/c(1);
   switch n
      case 1, r=-c(2);
      case 2
         d=sqrt(c(2)^2-4*c(3)); r=[-c(2)+d; -c(2)-d]/2;
      case 3
         p=c(3)-c(2)^2/3;            % 式（2-1-3）
         q=2*c(2)^3/27-c(2)*c(3)/3+c(4);
         u=(-q/2+sqrt(q^2/4+p^3/27))^(1/3); v=0;
         if u~=0, v=-p/3/u; end
         xi=(-1+sqrt(3)*1i)/2; w=xi.^[0,1,2]';
         r=w*u+w.^2*v-c(2)/3;
      case 4
         p=-3*c(2)*c(2)/8+c(3);    % 式（2-1-6）
         q=c(2)^3/8-0.5*c(2)*c(3)+c(4);
         s=-3*c(2)^4/256+c(2)*c(2)*c(3)/16-0.25*c(2)*c(4)+c(5);
         rr=roots1([8,8*p,2*p^2-8*s,-q^2]);
         m=rr(1); d=sqrt(2*m);
         if q==0
            r1=roots1([1,p,s]); r=[sqrt(r1); -sqrt(r1)];
         else
            r=[roots1([1,-d,p/2+m+q/2/d]);
               roots1([1,d,p/2+m-q/2/d])];
         end, r=r-c(2)/4;
      otherwise, r=roots(c);
end, end
```

例 2-6　试求解方程 $(s-5)^4 = 0$。

解　当然，如果以这种形式给出方程，则可以立即得出方程的四个重根，都是 5。在实际应用时经常已知方程的展开形式，不知道分解的形式，如何求解呢？可以尝试 MATLAB 提供的 roots() 函数，也可以尝试新编写的 roots1() 函数。

```
>> syms x
   f=(x-5)^4; P=sym2poly(f)      % 变换成双精度向量
   d1=roots(P), d2=roots1(P)     % 用两种方法求数值解
   d3=roots(sym(P))              % 解析求解方法
   e1=norm(polyval(P,d1)), e2=norm(polyval(P,d2))
```

可以看出，roots1() 函数得出所期望的四重根 $s = 5$，而 roots() 函数得出的结果为 $5.0010, 5 \pm 0.001\mathrm{j}, 4.9990$。可以看出，方程有重根时 MATLAB 函数数值求解有较大

的误差。在双精度数据结构下,用其他数值算法也有同样的问题,在实际应用中可能引起麻烦。代入原方程后,$e_1 = 2.1690 \times 10^{-12}$,$e_2 = 0$。通过上面演示还可以看出,利用符号运算总能得出正确的结果。

例 2-7　试在双精度框架下求解复系数多项式方程并评价精度。

$$f(s) = s^4 + (5 + 3\mathrm{j})s^3 + (6 + 12\mathrm{j})s^2 - (2 - 14\mathrm{j})s - (4 - 4\mathrm{j}) = 0$$

解　到现在为止介绍了两个多项式方程的数值求解函数roots()和roots1(),其实,构造原方程时,是假设方程的三重根为 $-1 + 1\mathrm{j}$,还有一个实数根 -2。现在可以由下面的语句直接求解,得出结果后与已知根的解析解相比,可见,roots()函数得出的根的误差范数为 3.5296×10^{-5},而roots1()函数的误差范数为0,说明这里给出的方程的解是精确的,roots1()函数同样适合求解复系数多项式方程。

```
>> p=[1,5+3j,6+12i,-2+14j,-4+4j];  % 复数标记i与j是相同的
   r1=roots(p), err1=norm(r1-[-2; -1-1j; -1-1j; -1-1j])
   r2=roots1(p), err2=norm(r2-[-1-1j; -1-1j; -1-1j; -2])
```

2.1.4　高次代数方程与Abel–Ruffini定理

定义 2-4 ▶ 代数解法

　　方程的代数解法是利用有限次加减乘除、整数次乘方、开方运算可以构造出来的闭式求解公式。

定理 2-4 ▶ Abel–Ruffini定理

　　任意系数的五次或五次以上的多项式方程是没有代数解法的,该定理又称Abel不可能性定理。

　　意大利数学家Paolo Ruffini(1765−1822)在1799年给出了该定理的不完全证明,挪威数学家Niels Henrik Abel在1824年给出了定理的证明,所以对一般高次多项式方程而言,只能采用数值解方法。

2.2　非线性方程的图解法

　　如果方程含有一个或两个未知数,则可以通过图解法求解方程。如果未知数过多,则不适合使用图解法,而应该尝试其他方法。本节将介绍一元与二元方程的图解方法,并分析总结图解法的优势与劣势。

2.2.1　光滑隐函数曲线的绘制

　　MATLAB提供了一般双变量隐函数模型的绘制函数fimplicit(),正常情况下该函数的默认设置可以得出比较光滑的隐函数曲线,不过在一些特定场合下,需

要手工调节该函数的控制参数,以获得光滑的曲线。下面通过例子演示光滑隐函数曲线的绘制方法。

例 2-8　试绘制隐函数 $y^2\cos(x+y^2)+x^2\mathrm{e}^{x+y}=0$ 在 $(-2\pi,2\pi)$ 求解的光滑曲线。

解　通过下面的函数可以直接绘制出该隐函数的曲线,如图 2-1 所示。可以看出,该函数可以直接绘制出隐函数曲线,不过曲线的某些地方比较粗糙,例如曲线左上角与右下角区域出现不光滑的毛刺现象。

```
>> syms x y; f=y^2*cos(x+y^2)+x^2*exp(x+y);
   p=2*pi; fimplicit(f,[-p,p])
```

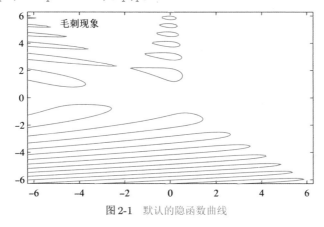

图 2-1　默认的隐函数曲线

隐函数曲线的光滑度受网格密度属性 'Meshdensity' 直接影响,其默认值为 151,如果发现得出的曲线不光滑,不妨将该值设置得大一些,如 500,这时得出的隐函数曲线如图 2-2 所示。可见,这样得出的曲线光滑度是令人满意的,即使做局部放大,曲线仍然是光滑的。

```
>> fimplicit(f,[-p,p],'Meshdensity',500)
```

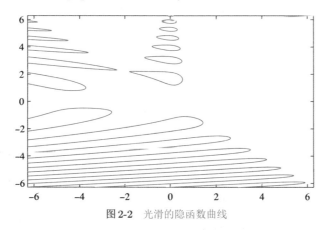

图 2-2　光滑的隐函数曲线

2.2.2 一元方程的图解法

一元方程的一般数学形式为 $f(x) = 0$。

对于任意单变量方程 $f(x) = 0$，可以考虑将方程用符号表达式或匿名函数描述，然后调用 fplot() 函数绘制出方程的曲线，这样，就可以用图解方法求出方程曲线与横轴的交点，这些交点就是方程的解。

例 2-9 根式方程的解析求解是有诸多条件的，如果条件不满足则无法解析求解。试用图解方法求解下面的根式方程。

$$\sqrt{2x^2+3} + \sqrt{x^2+3x+2} - \sqrt{2x^2-3x+5} - \sqrt{x^2-5x+2} = 0$$

解 先用符号表达式表示方程的左端，就可以调用 fplot() 函数，并叠印上横轴，得出如图 2-3 所示的曲线。从得出的结果看，方程与横轴只有一个交点，该交点就是方程的解。

```
>> syms x                          % 声明符号变量
   f=sqrt(2*x^2+3)+sqrt(x^2+3*x+2)-...
     sqrt(2*x^2-3*x+5)-sqrt(x^2-5*x+2);
   fplot(f), line([-5 5],[0,0])    % 绘制曲线并叠印横轴
```

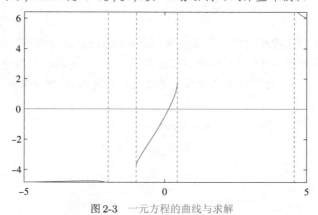

图 2-3 一元方程的曲线与求解

如果想得到方程的解，则需要单击图形坐标轴工具栏中的 🔍 图标，对交点附近的区域做局部放大。用户可以反复使用放大功能，直至 x 的标度都大致一样，这时，可以认为得到了方程的解。对这个具体的方程而言，通过局部放大得出方程的解为 $x = 0.1380988$，如图 2-4 所示，代入方程则可以得出误差为 7.0518×10^{-8}。

例 2-10 试求解下面的一元超越方程。

$$e^{-0.2x}\sin(3x+2) - \cos x = 0, \ x \in (0, 20)$$

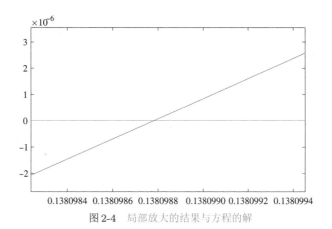

图 2-4　局部放大的结果与方程的解

解　这个超越方程是没有解析解的,必须用数值解的方法求解。图解法是一种数值求解方法。前面的例子中曾经使用符号表达式描述原始方程,这里采用匿名函数描述方程,这两种方法是等效的。由 fplot() 函数可以直接绘制出方程的曲线,并同时叠印出横轴,如图 2-5 所示。这样,方程曲线与横轴的交点都是方程的解。

```
>> f=@(x)exp(-0.2*x).*sin(3*x+2)-cos(x);     %注意应该采用点运算
   fplot(f,[0,20]), line([0,20],[0,0])        %绘制曲线并叠印横轴
```

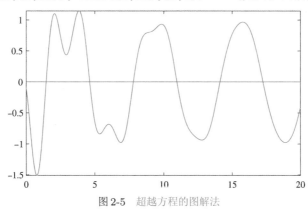

图 2-5　超越方程的图解法

可见,在给定的区间内,该方程曲线与实轴有六个交点,这些交点处的 x 都是方程的根,与前面的叙述一致。可以通过局部放大的方法逐一求出方程的根,不过求解过程还是很麻烦的。例如,可以求出方程的一个根为 $x = 10.9601289577$,代入方程可以得出误差为 -3.4739×10^{-11}。后面将探讨更好的方法。

2.2.3　二元方程的图解法

二元方程联立组的数学形式与定义在下面给出,本节将探讨利用图解的方式求解相应的二元联立方程组,并指出图解法存在的问题。

定义 2-6 ▶ 二元联立方程

二元联立方程的一般形式为

$$\begin{cases} f(x,y) = 0 \\ g(x,y) = 0 \end{cases} \tag{2-2-1}$$

从给出方程的数学形式看，$f(x,y) = 0$ 可以看成关于自变量 x 和 y 的隐函数表达式，故使用 `fimplicit()` 函数即可以直接绘制该隐函数的曲线，而曲线上的所有点都满足该方程。同样，$g(x,y) = 0$ 也是隐函数的数学表达式，由 `fimplicit()` 函数可以求解该方程。如果将这两个函数在同一坐标系下绘制出来，得出的曲线交点则为联立方程的解。

例 2-11 试求解以下二元方程在 $-2\pi \leqslant x, y \leqslant 2\pi$ 区域内的解：

$$\begin{cases} x^2 e^{-xy^2/2} + e^{-x/2}\sin(xy) = 0 \\ y^2 \cos(x+y^2) + x^2 e^{x+y} = 0 \end{cases}$$

解 要想求解联立方程，可以声明符号变量 x 和 y，然后将两个方程用符号表达式分别表示出来，再调用 `fimplicit()` 绘制出两个方程的解曲线，如图 2-6 所示。图中给出的每条曲线都满足一个方程，而联立方程的解为曲线的交点。可以看出，该方程在给定区域内有很多解。由得出的图形可见，隐函数曲线的光滑度不影响曲线交点的求解，所以可以按默认形式绘制曲线。

```
>> syms x y
   f1=x^2*exp(-x*y^2/2)+exp(-x/2)*sin(x*y);
   f2=y^2*cos(x+y^2)+x^2*exp(x+y);
   fimplicit([f1 f2],[-2*pi,2*pi])   %绘制联立方程的曲线
```

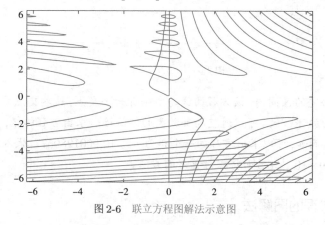

图 2-6 联立方程图解法示意图

如果想得出某个具体交点的信息，则可以对该点做局部放大，大致得出交点处的 x 与 y 值。不过可以预计，这样的解不会太精确。此外，由于这个联立方程存在太多交点，

所以逐个局部放大求解的方式显然不适用,应该考虑引入能一次性求出所有交点的全新方法。

例 2-12　试用图解法求解下面的联立方程。

$$\begin{cases} x^2 + y^2 = 5 \\ x + 4y^3 + 3y^2 = 2 \end{cases}$$

解　先用符号表达式表示这两个方程,再将这两个隐函数曲线绘制出来,如图 2-7 所示。可见,图中显示这两组曲线有两个交点。能因此得出结论,说原方程有两个根吗?

```
>> syms x y
   f1=x^2+y^2-5; f2=x+4*y^3+3*y^2-2;
   fimplicit([f1,f2],[-pi,pi])
```

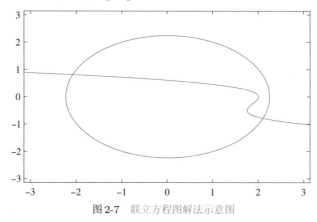

图 2-7　联立方程图解法示意图

如果将第二个表达式稍加变换,则 $x = -4y^3 - 3y^2 + 2$,代入第一个方程,有

$$16y^6 + 24y^5 + 9y^4 - 16y^3 - 11y^2 - 1 = 0$$

可见,这是一个关于 y 的六次多项式方程,很可能该方程有六个根,而不是图 2-7 中所示的两个根。为什么图中只显示两个根呢?因为原方程有两个实根,其他四个根应该是两对共轭复数根。在图解法中只能表示出方程的实数根,而不能显示、求取复数根。

2.2.4　方程的孤立解

观察例 2-11 中给出的方程,不难发现,将 $x = 0$,$y = 0$ 这个点代入两个方程,这两个方程都是满足的。从给出的曲线看,第一个方程的曲线似乎有意回避了这个点,而第二个方程也不经过这个点。这个点不是由曲线其他点演化而来的,这样的解称为孤立解(isolated solution)。

目前没有任何方法可以求取方程的孤立解,只能由用户根据经验观察与判断某些点是不是方程的孤立解。例如,通过观察可见,$x = 0$,$y = 0$ 点是该方程的孤立解,代入原方程则可以验证其正确性。

2.3 代数方程的数值求解

前面介绍的图解方法只是非线性方程组众多求解方法的一种,图解法有其明显的优势,但也有劣势。图解法只能用于求解一元或二元方程的实数根,对多元方程是不能采用图解法求解的。本节将探讨一般方程的求解思路与实用求解函数。

2.3.1 Newton–Raphson 迭代方法

简单起见,可以先探讨一元方程的求解方法。Newton–Raphson 迭代方法是以英国科学家 Isaac Newton 与英国数学家 Joseph Raphson(约1648—约1715)命名的一般方程的迭代方法。

假设一元方程是由 $f(x) = 0$ 描述的,且在 $x = x_0$ 点处函数的值 $f(x_0)$ 为已知的。这样,可以在 $(x_0, f(x_0))$ 点做函数曲线的一条切线,如图 2-8 所示,则该切线与横轴的交点 x_1 可以认为是找到的方程的第一个近似的根。由图 2-8 给出的斜率为 $f'(x_0)$ 的切线方程,可以得出 x_1 的位置为

$$x_1 = x_0 - \frac{f(x_0)}{f'(x_0)} \tag{2-3-1}$$

其中,$f'(x_0)$ 为 $f(x)$ 关于 x 的导函数在 x_0 点的值。再由 x_1 出发做切线,则可以得出 x_2,由 x_2 出发找到 x_3,……。若已经找到了 x_k,则从该点出发可以搜索到下一个点。

> **定理 2-5 ▶ Newton–Raphson 迭代法**
>
> 从已知 x_0 点出发,可以由 Newton–Raphson 迭代法推导出方程的数值解。
>
> $$x_{k+1} = x_k - \frac{f(x_k)}{f'(x_k)}, \ k = 0, 1, 2, \cdots \tag{2-3-2}$$

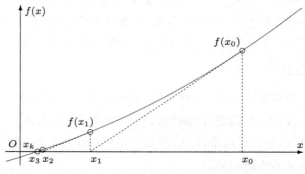

图 2-8　Newton–Raphson 迭代法示意图

如果 $|x_{k+1} - x_k| \leqslant \varepsilon_1$ 或 $|f(x_{k+1})| \leqslant \varepsilon_2$,其中,$\varepsilon_1$ 与 ε_2 为预先选定的误差容限,则可以认为 x_k 为原方程的一个解。

> **定义 2-7 ▶ Jacobi 矩阵**
>
> 对多元向量函数 $\boldsymbol{f}(\boldsymbol{x})$，其 Jacobi 矩阵定义为
>
> $$\boldsymbol{J}[\boldsymbol{f}(\boldsymbol{x})] = \begin{bmatrix} \partial f_1(\boldsymbol{x})/\partial x_1 & \partial f_1(\boldsymbol{x})/\partial x_2 & \cdots & \partial f_1(\boldsymbol{x})/\partial x_n \\ \partial f_2(\boldsymbol{x})/\partial x_1 & \partial f_2(\boldsymbol{x})/\partial x_2 & \cdots & \partial f_2(\boldsymbol{x})/\partial x_n \\ \vdots & \vdots & \ddots & \vdots \\ \partial f_m(\boldsymbol{x})/\partial x_1 & \partial f_m(\boldsymbol{x})/\partial x_2 & \cdots & \partial f_m(\boldsymbol{x})/\partial x_n \end{bmatrix} \tag{2-3-3}$$

> **定理 2-6 ▶ 多元方程迭代算法**
>
> 更一般地，对于多元方程 $\boldsymbol{f}(\boldsymbol{x}) = \boldsymbol{0}$，其中 $\boldsymbol{x}$ 为向量或矩阵，而非线性函数 $\boldsymbol{f}(\boldsymbol{x})$ 也是同维数的函数，则可以由下式迭代求出。
>
> $$\boldsymbol{x}_{k+1} = \boldsymbol{x}_k - \boldsymbol{J}^{-1}\big[\boldsymbol{f}(\boldsymbol{x}_k)\big]\boldsymbol{f}(\boldsymbol{x}_k) \tag{2-3-4}$$
>
> 如果 $\|\boldsymbol{x}_{k+1} - \boldsymbol{x}_k\| \leqslant \varepsilon_1$ 或 $\|\boldsymbol{f}(\boldsymbol{x}_{k+1})\| < \varepsilon_2$，则 $\boldsymbol{x}_k$ 为方程的根。在定义中使用了 Jacobi 矩阵。

根据给出的算法，编写出 MATLAB 的通用求解函数。

```
function x=nr_sols(f,df,x0,epsilon,key)
   arguments, f, df, x0(:,1)
      epsilon(1,1) {mustBePositive}=10*eps
      key(1,1) {mustBeMember(key,[0,1])}=0
   end, x1=x0;
   while (1)
      x=x0-df(x0)\f(x0);
      if norm(x-x0)<epsilon || norm(f(x))<epsilon, break;
      else, x0=x; x1=[x1,x]; end
   end
   if key==1, x=x1; end
end
```

该函数需要用户提供方程函数句柄 f 及其 Jacobi 矩阵的句柄 d，还需要给出初值的列向量 $\boldsymbol{x}_0$，并给出误差限 ε。如果给出 key，并令其值为 1，则可以将中间搜索结果由 $\boldsymbol{x}$ 矩阵返回。

例 2-13　选择初值 $x_0 = 10$，并求出例 2-10 中一元超越方程的一个根。

解　先由符号运算的方式推导出给定函数的一阶导数。

```
>> syms x;
   f=exp(-0.2*x)*sin(3*x+2)+cos(x), diff(f)
```

可以得出函数的导数为

$$f'(x) = 3\mathrm{e}^{-x/5}\cos(3x+2) - \sin x - \frac{1}{5}\mathrm{e}^{-x/5}\sin(3x+2)$$

有了函数及其导数,则可以用匿名函数表示它们,再设定搜索的初值为 $x_0 = 10$,这时调用 Newton–Raphson 求解算法,则可以得出方程的解搜索的中间点为 $[10, 10.8809,$ $11.0700, 11.0593, 11.0593]^{\mathrm{T}}$,方程的解为 $x = 11.0593$,将其代入原方程,则可以得出误差为 -5.1348×10^{-16}。可以看出,利用这样的方法求解精度还是比较高的。整个求解过程的示意图如图 2-9 所示,可以看出经过几步迭代就可以得出方程的解。

```
>> f=@(x)exp(-0.2*x).*sin(3*x+2)+cos(x);
   d=@(x)3*exp(-x/5).*cos(3*x+2)-sin(x)-(exp(-x/5).*sin(3*x+2))/5;
   x=nr_sols(f,d,10,1e-15,1), x1=x(end), f(x1)
   fplot(f,[9,12])
   hold on, plot(x,zeros(size(x)),'o'), hold off
```

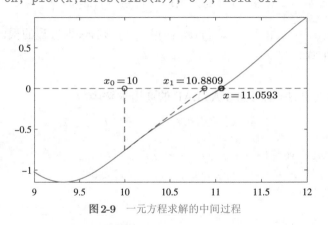

图 2-9   一元方程求解的中间过程

对单变量函数而言,如果需要提供给定函数的导函数本身就是个比较麻烦的事,则可以考虑采用正割方法近似函数的导数,搜索方程的根。

定理 2-7 ▶ 正割求解方法

若已知两个初始点 x_0、x_1,一元方程的正割求解公式为

$$x_{k+1} = x_k - f(x_k)\frac{x_k - x_{k-1}}{f(x_k) - f(x_{k-1})}, \quad k = 1, 2, \cdots \tag{2-3-5}$$

如果采用点运算,则这里的正割函数同样适用于多元方程的求解。这里,在 **arguments** 段落中使用的 $x_1(:,1)$ 与 $x_0(:,1)$ 命令确认已知点以列向量形式给出。即使调用时采用行向量给出,也会自动转换成列向量,确保函数能正常运行。

```
function x=sec_sols(f,x1,x0,epsilon,key)
   arguments, f, x1(:,1), x0(:,1)
```

```
        epsilon(1,1) {mustBePositive}=10*eps
        key(1,1) {mustBeMember(key,[0,1])}=0
    end, xm=[x0 x1];
    while (1)
        x=x0-f(x0).*(x0-x1)./(f(x0)-f(x1));
        if norm(x-x0)<epsilon || norm(f(x))<epsilon, break;
        else, x1=x0; x0=x; xm=[xm,x]; end
    end
    if key==1, x=xm; end
end
```

例 2-14　试用正割法重新求解例 2-13 中方程的一个根。

解　选择两个初始点 $x_0 = 9$, $x_1 = 10$, 调用求解函数可以得出求解过程的中间结果为 $x = [9, 10, 12.9816, 11.3635, 10.7250, 11.0222, 11.0633, 11.0592, 11.0593, 11.0593]$, 其中搜索过程如图 2-10 所示。可以看出, 虽然这里给出的求解函数效率不如 Newton–Raphson 算法, 但其优势是无须用户提供函数的导函数, 所以该算法是有意义的。

```
>> f=@(x)exp(-0.2*x).*sin(3*x+2)+cos(x);
   x=sec_sols(f,9,10,1e-15,1), x1=x(end)
   f(x1), z=zeros(size(x));
   fplot(f,[8.5,13.5])
   hold on, plot(x,z,'o'), hold off
```

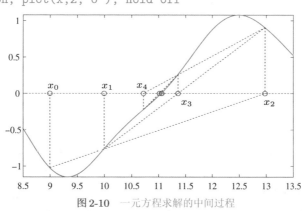

图 2-10　一元方程求解的中间过程

例 2-15　试求解例 2-11 中的二元方程, 以 $(1,1)$ 点为初值搜索到一个解。

解　由于同时含有自变量 x 和 y, 这样的方程是不能直接求解的, 需要将其改写成 x 的方程, 最简单的方法是令 $x_1 = x, x_2 = y$, 这样, 原始的方程可以改写成

$$\boldsymbol{f}(x_1, x_2) = \begin{bmatrix} x_1^2 \mathrm{e}^{-x_1 x_2^2/2} + \mathrm{e}^{-x_1/2} \sin(x_1 x_2) \\ x_2^2 \cos(x_1 + x_2^2) + x_1^2 \mathrm{e}^{x_1 + x_2} \end{bmatrix} = \boldsymbol{0}$$

Jacobi 矩阵不易用手工的方法推导出来, 是需要通过解析推导求解的, 所以应该在

符号运算框架下输入原始函数, 并通过 jacobian() 函数计算出该矩阵。

```
>> syms x1 x2
   f=[x1^2*exp(-x1*x2^2/2)+exp(-x1/2)*sin(x1*x2);
      x2^2*cos(x1+x2^2)+x1^2*exp(x1+x2)];
   J=jacobian(f,[x1,x2])
```

可以推导出函数的 Jacobi 矩阵为

$$
\boldsymbol{J} = \left[\begin{array}{c} 2x_1\mathrm{e}^{-x_1x_2^2/2} - \mathrm{e}^{-x_1/2}\sin\left(x_1x_2\right)/2 - x_1^2x_2^2\mathrm{e}^{-x_1x_2^2/2}/2 + x_2\mathrm{e}^{-x_1/2}\cos\left(x_1x_2\right) \\ 2x_1\mathrm{e}^{x_1+x_2} - x_2^2\sin\left(x_2^2+x_1\right) + x_1{}^2\mathrm{e}^{x_1+x_2} \end{array} \right.
$$

$$
\left. \begin{array}{c} x_1\mathrm{e}^{-x_1/2}\cos\left(x_1x_2\right) - x_1{}^3x_2\mathrm{e}^{-x_1x_2^2/2} \\ 2x_2\cos\left(x_2^2+x_1\right) - 2x_2^3\sin\left(x_2^2+x_1\right) + x_1{}^2\mathrm{e}^{x_1+x_2} \end{array} \right]
$$

有了原始函数与 Jacobi 矩阵, 就可以手工写出这两个函数的匿名函数, 然后调用基于 Newton–Raphson 算法的求解函数。

```
>> f=@(x)[x(1)^2*exp(-x(1)*x(2)^2/2)+exp(-x(1)/2)*sin(x(1)*x(2));
          x(2)^2*cos(x(1)+x(2)^2)+x(1)^2*exp(x(1)+x(2))];
   J=@(x)[2*x(1)*exp(-x(1)*x(2)^2/2)-...
          exp(-x(1)/2)*sin(x(1)*x(2))/2-...
          x(1)^2*x(2)^2*exp(-x(1)*x(2)^2/2)/2+...
          x(2)*exp(-x(1)/2)*cos(x(1)*x(2)),...
          x(1)*exp(-x(1)/2)*cos(x(1)*x(2))-...
          x(1)^3*x(2)*exp(-x(1)*x(2)^2)/2;
          2*x(1)*exp(x(1)+x(2))-x(2)^2*sin(x(2)^2+x(1))+...
          x(1)^2*exp(x(1)+x(2)),...
          2*x(2)*cos(x(2)^2+x(1))-2*x(2)^3*sin(x(2)^2+x(1))+...
          x(1)^2*exp(x(1)+x(2))];
   x=nr_sols(f,J,[1; 1],1e-15,1)
   length(x), norm(f(x(:,end)))
```

由该初值点出发得出的方程的解为 $\boldsymbol{x} = [5.1236, -12.2632]^{\mathrm{T}}$, 中间点的个数为 18。代入原方程后得出的误差矩阵范数为 3.9323×10^{-12}。从求解的结果看, 确实通过函数 nr_sols() 可以求出方程的一个根, 不过从实际操作看, 这样的方法未免过于复杂, 由于需要推导 Jacobi 矩阵, 并将其矩阵用匿名函数的形式手工表示出来, 该过程比较容易出错。

如果已知符号表达式, 还可以由 matlabFunction() 函数将其转换为匿名函数, 以避免手工转换可能出现的麻烦。在自动转换的匿名函数中, 全面使用了点运算。

```
>> syms x1 x2
   f=[x1^2*exp(-x1*x2^2/2)+exp(-x1/2)*sin(x1*x2);
      x2^2*cos(x1+x2^2)+x1^2*exp(x1+x2)];
   J=jacobian(f,[x1,x2]);
```

```
f=matlabFunction(f), J=matlabFunction(J)
```

若采用正割方法,则可以给出下面的语句,得出方程的根为 $x = [1.0825, -1.1737]^T$,代入方程得出误差为 2.2841×10^{-14}。

```
>> x=sec_sols(f,[1;1],[1.5; -3],1e-14,1)
   length(x), norm(f(x(:,end)))
```

虽然这时函数调用无须用户提供 Jacobi 矩阵,但所需的迭代步数为 265,求解效率较低,所以对代数方程求解问题而言,需要更好的方法。

2.3.2　方程求解的二分法

方程求解的二分法是科学与工程研究中经常使用的实用方法,其基本理论基础如下:

定理 2-8 ▶ 存在性定理

若给定 $[a, b]$ 区间,并已知某函数值满足 $f(a)f(b) < 0$,即函数值在区间端点上异号,则在 $[a, b]$ 区间至少存在一个点 ξ,使得 $f(\xi) = 0$。

定理 2-9 ▶ 二分法

已知 $f(a)f(b) < 0$,则取区间中点 $r = (a + b)/2$,观察 $f(a)f(r)$ 与 $f(r)f(b)$ 哪个函数值的积异号,因此将求解区间更新为 $[a, r]$ 或 $[r, b]$(区间长度减半)再继续利用定理 2-8 求取方程的根,这种方法又称为二分法(bisection method)。

由于每次搜索将区间长度减半,当区间长度足够小时,可以得出方程的近似解,因而这样的求解方法的效率也是很高的,可以实际应用。事实上,本书卷 I 给出了二分法的求解函数,根据这里的需要可以编写该求解函数的改进版本。在新的求解函数中,增加了方程无解的判断。

```
function [x,k]=bi_sectv4(f,a,b,err)
   arguments, f, a(1,1) double
      b(1,1) double {mustBeGreaterThan(b,a)}
      err(1,1) {mustBePositive}=10*eps
   end
   k=0;
   while (b-a)>err, r=0.5*(a+b); x=r; k=k+1; %迭代次数
      if f(a)*f(r)<0, b=r;
      elseif f(r)*f(b)<0, a=r;
      else, error('Equation has no solutions')
end, end, end
```

例 2-16　试用二分法求解例 2-13 中给出的代数方程。

解 对例2-13中给出的方程而言，显然，$a = 8.5, b = 13.5$时函数值$f(a)f(b)$异号。因而，用匿名函数描述方程本身，可以调用下面的语句求解方程，在$k = 52$步迭代之后，得出方程的数值解为$x = 11.0593$，对应的函数值为1.2906×10^{-15}。因而，二分法可以高效地求解单一未知变量的方程。

```
>> f=@(x)exp(-0.2*x).*sin(3*x+2)+cos(x);    % 用匿名函数表示方程
   [x,k]=bi_sectv4(f,8.3,13.5), f(x)        % 求解方程并得出误差
```

2.3.3　MATLAB的直接求解函数

由于上面给出的求解算法比较麻烦，需要提供的信息又比较难获取，所以在实际方程求解中应该考虑采用更好的方法。MATLAB提供了更实用的求解函数 **fsolve()**，无须提供Jacobi矩阵的句柄，只需给出方程函数的句柄和初值，就可以直接求解任意复杂的非线性方程组，由给出的初值搜索出方程的一个根。该函数的调用格式为

$$x = \text{fsolve}(f, x_0)$$

其中，f为方程函数的句柄；x_0为初始向量或矩阵；f函数的维数与x_0完全一致，正常情况下得出的x为方程的数值解。

该函数可以至多返回四个变量，这时完整的调用格式为

$$[x, F, \text{flag}, \text{out}] = \text{fsolve}(f, x_0, \text{opts})$$

其中，x为方程的解；F为x处方程函数的值矩阵；**flag**如果为正说明求解成功，**out**变量还将返回一些中间信息。用户还可以增加输入选项**opts**控制求解的算法与精度，后面将通过例子演示。

例2-17 试利用这里介绍的求解函数直接求解例2-15中的方程。

解 仍然可以使用匿名函数描述原始的方程，且无须提供Jacobi矩阵的函数句柄，直接调用求解函数即可得出方程的解为$x_1 = [0, 2.1708]^T$，将解代入方程则得出误差向量的范数为3.2618×10^{-14}。虽然这样得出的解不是例2-15中得出的解，但也是方程的一个解。此外，还可以看出，迭代步数为14次，f函数的调用次数为38，与例2-15中的结果相仿。不过该函数的优势是无须用户提供方程的导函数，使用该函数更适合于实际应用，建议采用该方法直接求解方程。

```
>> f=@(x)[x(1)^2*exp(-x(1)*x(2)^2/2)+exp(-x(1)/2)*sin(x(1)*x(2));
          x(2)^2*cos(x(1)+x(2)^2)+x(1)^2*exp(x(1)+x(2))];
   x0=[1; 1]; [x1,f1,key,cc]=fsolve(f,x0)
```

如果将初值修改为$x_0 = [2, 1]^T$，则搜索到的解为$x_1 = [-0.7038, 1.6617]^T$，该解对应的误差为$f_1 = 2.0242\times 10^{-12}$。

```
>> x0=[2; 1]; x1=fsolve(f,x0), f1=norm(f(x1))
```

与前面介绍的Newton–Raphson迭代法相比，求解方程的过程已经极大地简

化了,由于只需描述方程本身,无须描述更复杂的 Jacobi 矩阵,使得方程的求解变得轻而易举,所以在实际方程求解问题中可以放心使用这样的方法。

在前面的例子中,未知自变量 x 与方程函数 $f(x)$ 都是同维数的向量,编写出匿名函数就可以描述方程函数,就可以求解方程从而得出方程的解。如果方程 $f(x) = 0$ 中,x 与 f 为同维数的矩阵,也可以直接利用 fsolve() 函数搜索出方程的数值解。下面以 Riccati 代数方程为例介绍矩阵型方程的求解方法。

定义 2-8 ▶ Riccati 代数方程

Riccati 代数方程的数学形式为

$$A^{\mathrm{T}} X + X A - X B X + C = 0 \qquad (2\text{-}3\text{-}6)$$

其中,每个矩阵都是 $n \times n$ 矩阵。

Riccati 代数方程是以意大利数学家 Jacopo Francesco Riccati(1676—1754)命名的,本意是对应于一类一阶微分方程,其原型要求 B 为正定矩阵,C 为对称矩阵。后来因为微分方程难以求解,所以将其简化成上面的 Riccati 代数方程。

从数学角度看,这几个矩阵可以为任意矩阵。在控制科学领域,可以考虑采用控制系统工具箱提供的 are() 函数直接求取方程的数值解,不过该函数只能求出 Riccati 代数方程的一个根。如果想获得方程全部的根,则可以考虑调用 vpasolve() 函数直接求解。下面将给出例子演示 Riccati 代数方程与多项式矩阵方程的方法。

例 2-18　试求解下面的 Riccati 代数方程:

$$A = \begin{bmatrix} -1 & 1 & 1 \\ 1 & 0 & 2 \\ -1 & -1 & -3 \end{bmatrix}, B = \begin{bmatrix} 2 & 1 & 1 \\ -1 & 1 & -1 \\ -1 & -1 & 0 \end{bmatrix}, C = \begin{bmatrix} 0 & -2 & -3 \\ 1 & 3 & 3 \\ -2 & -2 & -1 \end{bmatrix}$$

解　可以先输入这几个矩阵,然后调用控制系统工具箱中的 are() 函数求解 Riccati 代数方程,并计算得出的误差矩阵范数。

```
>> A=[-1,1,1; 1,0,2; -1,-1,-3]; B=[2,1,1; -1,1,-1; -1,-1,0];
   C=[0,-2,-3; 1,3,3; -2,-2,-1]; X=are(A,B,C)    %解方程
   norm(A'*X+X*A-X*B*X+C)    %将得出的解代入原方程求误差矩阵的范数
```

由控制系统工具箱的 are() 函数可以直接得出方程的一个根如下,代入原方程可见,该解导致的误差为 1.3980×10^{-14},说明该解的精度是比较高的。

$$X = \begin{bmatrix} 0.21411546 & -0.30404517 & -0.57431474 \\ 0.83601813 & 1.60743230 & 1.397651600 \\ -0.004386346 & 0.20982900 & 0.24656718 \end{bmatrix}$$

由于该方程是二次型方程,人们很自然就可以想到,该方程可能有多个根,如何求

出其他根呢？显然可以尝试选择一个不同的初始矩阵，例如幺矩阵，从该矩阵求解方程的根。

```
>> f=@(x)A.'*x+x*A-x*B*x+C; x0=ones(3); %尝试另一个初值重新求解
   [X1,f1,flag,cc]=fsolve(f,x0), norm(f1)
```

得出方程的解如下，对应的误差为 6.3513×10^{-9}。

$$X_1 = \begin{bmatrix} 2.1509892 & 2.9806867 & 2.4175971 \\ -0.9005114 & -1.3375371 & -1.2847861 \\ 0.95594506 & 1.8384489 & 1.7300025 \end{bmatrix}$$

显然，这时得出的解与 are() 函数得出的解是不一致的。该函数返回的 f_1 矩阵就是方程解处的函数值，即 $f(X_1)$。另外，在这个例子中返回的 flag 值为 1，因为它为正数，所以表示求解成功。另外返回的 cc 信息包括如下内容，表明迭代步数为 11，函数调用次数为 102，说明求解效率还是很高的。

```
       iterations: 11
        funcCount: 102
        algorithm: 'trust-region-dogleg'
    firstorderopt: 4.9891e-08
          message: Equation solved
```

2.3.4 求解精度的设置

从上面例子得出的解看，误差偏大。有没有什么办法控制误差的大小呢？

前面在定理 2-6 中描述了一般迭代方法收敛的条件，给出了两个误差限 ε_1 和 ε_2，这样的参数是可以人为设定的，可以用这两个参数控制求解的误差。

早期版本的 MATLAB 使用 opts=optimset 命令设置控制选项，其常用的成员变量在表 2-1 中给出。

表 2-1   optimset() 函数的常用成员变量

成员变量名	成员变量的解释
FunTol	函数值的误差限，与前面介绍的常数 ε_1 是一致的
TolX	自变量允许的增量，如果实际增量小于此值，则可以认为数值解收敛。该增量即算法中的 ε_2 值，可以通过设置这些误差限控制求解的精度
MaxIter	最大允许的迭代步数
MaxFunEvals	最大允许的方程函数调用次数
Display	求解中间结果的显示方式，'notify' 表示函数不收敛时显示；'final' 只显示最终结果；'off' 不显示输出；'iter' 每步迭代时显示输出

较新版本使用 opts=optimoptions('fsolve') 命令设置控制选项，optimoptions() 函数常用的成员变量在表 2-2 中给出。从目前的使用情况看，这两个控制选项的结构体都可以使用，不过从长远看，可能会过渡到只能使用后者。本书也

尽量采用后者。

表 2-2　optimoptions() 函数的常用成员变量

成员变量名	成员变量的解释
Algorithm	方程求解的算法,默认选项为 'trust-region-dogleg',其他可选的选项为 'trust-region' 和 'levenberg-marquardt'
FunctionTolerance	等同于表 2-1 中的 FunTol
StepTolerance	等同于 TolX
MaxIterations	等同于 MaxFunEvals
MaxFunctionEvaluations	等同于 MaxIter
Display	与表 2-1 中的同名选项一致
PlotFcn	用图形方法每步迭代的收敛情况。若想显示中间结果,建议将其设置为 @optimplotfirstorderopt
UseParallel	是否使用并行机制,允许的选项只有 0 和 1

如果求解过程不成功,则在求解方程过程完成之后可能会给出提示,指明求解次数超限。在这种情况下,一方面可以将这两个选项设置为更大的值,另一方面,也可以将得出的结果作为初值,重新调用 **fsolve()** 函数继续求解,直至找出方程的解为止,这样的方法还可以与循环结构配合使用。

下面将通过例子演示求解精度的设定与控制方法。

例 2-19　试选择随机矩阵作为初值,重新求解例 2-18 中的 Riccati 代数方程。

解　如果重新设置求解精度控制选项 **ff**,在调用语句中可以直接使用该控制选项,得出更精确的解,这时,误差矩阵的范数为 6.2612×10^{-14},比默认精度有了明显的提高。另外,还可以绘制求解过程收敛情况示意图,如图 2-11 所示,其中显示了每步迭代的方程误差。可以发现,该求解程序收敛速度比较快。

```
>> A=[-1,1,1; 1,0,2; -1,-1,-3]; B=[2,1,1; -1,1,-1; -1,-1,0];
   C=[0,-2,-3; 1,3,3; -2,-2,-1];
   f=@(x)A.'*x+x*A-x*B*x+C;        %用匿名函数描述方程
   ff=optimoptions('fsolve');      %设置控制参数选项
   ff.FunctionTolerance=1e-20; ff.StepTolerance=eps;
   ff.PlotFcn=@optimplotfirstorderopt;         %绘制收敛情况示意图
   x0=rand(3); X1=fsolve(f,x0,ff), norm(f(X1)) %求解并检验
```

例 2-20　试求解下面的 Riccati 代数方程:

$$\boldsymbol{A} = \begin{bmatrix} -2 & 1 & -3 \\ -1 & 0 & -2 \\ 0 & -1 & -2 \end{bmatrix}, \quad \boldsymbol{B} = \begin{bmatrix} 2 & 1 & -1 \\ 1 & 2 & 0 \\ -1 & 0 & -4 \end{bmatrix}, \quad \boldsymbol{C} = \begin{bmatrix} 5 & -4 & 4 \\ 1 & 0 & 4 \\ 1 & -1 & 5 \end{bmatrix}$$

解　由下面的语句可以尝试求解 Riccati 代数方程。

```
>> A=[-2,1,-3; -1,0,-2; 0,-1,-2]; B=[2,1,-1; 1,2,0; -1,0,-4];
   C=[5 -4 4; 1 0 4; 1 -1 5]; X=are(A,B,C)
```

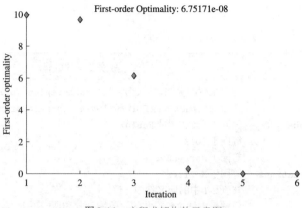

图 2-11   方程求解收敛示意图

不过求解过程中系统会给出"No solution: (A,B) may be uncontrollable or no solution exists"((A,B) 可能不可控或方程无解)的错误信息。尽管 are() 函数失效，仍然可以尝试求解原方程的数值解方法。例如，可以由下面的语句直接求解。

```
>> f=@(x)A.'*x+x*A-x*B*x+C; x0=-ones(3);
   [X1,f1,flag,cc]=fsolve(f,x0), norm(f(X1))
```

得出的一个解如下，该解的误差范数为 1.2515×10^{-14}。注意，这里只得出方程的一个根，后面将探讨获得方程全部根的方法。

$$X_1 = \begin{bmatrix} 5.5119052 & -4.2335285 & 0.18011933 \\ 3.8739991 & -3.6090612 & -0.36369470 \\ 6.6867568 & -4.9302000 & 1.07355930 \end{bmatrix}$$

2.3.5   方程的结构体描述

整个方程还可以由一个结构体变量表示。结构体变量包含下面四个成员变量。

（1）方程 objective。可以将描述方程的 M-函数或匿名函数关联起来。

（2）初值 x0。需要提供初值，初值可以为向量或矩阵。

（3）求解器 solver。求解方程时，求解器应该设置成 'fsolve'。

（4）控制选项 options。可以由 optimset() 或 optimoptions() 函数设置。

这 4 个成员变量是必须提供的，其赋值方法与前面大同小异。下面将通过例子演示方程的结构体描述与求解方法。

例 2-21   利用结构体的形式重新描述并求解例 2-18 中的 Riccati 代数方程。

解   由下面的语句可以建立方程的结构体变量 p，并直接求解 Riccati 代数方程。经检验，得出的结果确实满足该方程。

```
>> A=[-1,1,1; 1,0,2; -1,-1,-3]; B=[2,1,1; -1,1,-1; -1,-1,0];
   C=[0,-2,-3; 1,3,3; -2,-2,-1];
   clear p                      %应该使用这个命令，清除以前可能存在的p变量
```

```
p.objective=@(x)A.'*x+x*A-x*B*x+C;  %用匿名函数描述方程
p.options=optimoptions('fsolve');   %设置控制参数
p.solver='fsolve';                  %设置求解器
p.x0=rand(3);                       %设置随机矩阵作为初值
X=fsolve(p), A.'*X+X*A-X*B*X+C      %求解并检验
```

2.3.6　方程的复域求解

使用 **fsolve()** 函数的另一个优势是,当初值选作复数时,有可能得出方程的复数根。另外,该函数还可以求取复数系数方程的数值解。

例 2-22　试求例 2-18 方程的复数根。

解　如果选择复数初值,则也有可能得出方程的复数根,同时可以验证,该根的共轭复数矩阵也满足原始方程。

```
>> A=[-1,1,1; 1,0,2; -1,-1,-3]; B=[2,1,1; -1,1,-1; -1,-1,0];
   C=[0,-2,-3; 1,3,3; -2,-2,-1]; f=@(x)A.'*x+x*A-x*B*x+C;
   ff=optimoptions('fsolve');    %设置控制参数选项
   ff.FunctionTolerance=1e-20; ff.StepTolerance=eps;
   x0=eye(3)+ones(3)*1j; X1=fsolve(f,x0,ff), norm(f(X1))
   X2=conj(X1), norm(f(X2))      %解的共轭矩阵也满足方程
```

由该初值可以搜索出的解如下,相应的误差为 1.1928×10^{-14}。对这个例子还可以同步求出方程根的共轭矩阵,经检验该矩阵也满足原方程。

$$\boldsymbol{X}_1 = \begin{bmatrix} 1.0979+2.6874\mathrm{j} & 1.1947+4.5576\mathrm{j} & 0.7909+4.1513\mathrm{j} \\ -3.5784+1.3112\mathrm{j} & -5.8789+2.2236\mathrm{j} & -5.4213+2.0254\mathrm{j} \\ -4.7771-0.4365\mathrm{j} & -7.8841-0.7403\mathrm{j} & -7.1258-0.6743\mathrm{j} \end{bmatrix}$$

对这个具体问题而言,如果初始值选择成实部为幺矩阵,虚部为单位阵的矩阵,则搜索出的将是实数解,这也说明由复数初始搜索点出发也能搜索出实数根。不过值得注意的是,这样搜索出的结果可能带有微小的虚部,其范数在该例子中为 6.4366×10^{-19},所以,应该由 **real()** 函数提取实数根。

```
>> x0=ones(3)+eye(3)*1i;
   X1=fsolve(f,x0,ff), norm(f(X1))
   norm(imag(X1)), X2=real(X1), norm(f(X2))
```

例 2-23　如果 Riccati 代数方程的系数矩阵 $\boldsymbol{A}$ 变成复数矩阵,试重新求解该方程。

$$\boldsymbol{A} = \begin{bmatrix} -1+8\mathrm{j} & 1+\mathrm{j} & 1+6\mathrm{j} \\ 1+3\mathrm{j} & 5\mathrm{j} & 2+7\mathrm{j} \\ -1+4\mathrm{j} & -1+9\mathrm{j} & -3+2\mathrm{j} \end{bmatrix}$$

解　可以将各个矩阵输入到 MATLAB 的工作空间,然后使用匿名函数描述原方程。注意,原方程使用的是矩阵 $\boldsymbol{A}$ 的直接转置 $\boldsymbol{A}^{\mathrm{T}}$,不是 Hermite 转置 $\boldsymbol{A}^{\mathrm{H}}$,所以在匿名函数中应该使用 **A.'**,而不能使用 **A'**,否则方程描述是错误的,求解就没有意义了。可以使用下面的命令直接求解并检验原方程,并求出解的共轭复数矩阵。

```
>> A=[-1+8j,1+1j,1+6j; 1+3j,5j,2+7j; -1+4j,-1+9j,-3+2j];
   B=[2,1,1; -1,1,-1; -1,-1,0]; C=[0,-2,-3; 1,3,3; -2,-2,-1];
   f=@(x)A.'*x+x*A-x*B*x+C; X0=ones(3);
   X1=fsolve(f,X0), norm(f(X1)), X2=conj(X1), norm(f(X2))
```

这样可以得出方程的解为

$$X_1 = \begin{bmatrix} 0.0727+0.1015\mathrm{j} & 0.2811-0.1621\mathrm{j} & -0.3475-0.0273\mathrm{j} \\ -0.0103+0.0259\mathrm{j} & -0.2078+0.2136\mathrm{j} & 0.2940+0.2208\mathrm{j} \\ -0.0853-0.1432\mathrm{j} & -0.0877-0.0997\mathrm{j} & -0.0161-0.1826\mathrm{j} \end{bmatrix}$$

如果将解代入原方程，则得出误差矩阵的范数为 5.4565×10^{-13}。对这个特定的例子而言，即使使用实数起始搜索矩阵，也能搜索出方程的复数解。此外，虽然能直接求出解矩阵的共轭复数矩阵，但显然该矩阵不满足原方程，这与实数矩阵方程不同，因为在实数矩阵方程中，如果找到了方程的一个解，其共轭矩阵一般会满足原方程。

如果采用 MATLAB 控制系统工具箱的 are() 函数求解方程的解：

```
>> X=are(A,B,C), norm(f(X))
```

得出矩阵方程的解如下。在求解过程中也没有任何警告或错误信息，不过试图将该解代入原方程后得出的误差过大，为 10.5210，说明得出的解根本不满足原始方程。

$$X = \begin{bmatrix} 0.512140 & -0.165860 & 0.020736 \\ -0.390440 & 0.322260 & -0.051222 \\ -0.093655 & -0.075522 & 0.110550 \end{bmatrix}$$

2.3.7　基于问题的方程描述与求解

比较新的 MATLAB 版本中提供了基于问题（problem-based）的代数方程描述与求解方法。其基本求解步骤为：

（1）创建问题对象。由 prob=eqnproblem 命令创建对象 prob。

（2）创建未知变量对象。由 $x=$optimvars(变量名称,$[n,m,k]$) 命令声明一个 $n \times m \times k$ 甚至更高维的未知变量数组。如果只给出 n，则定义一个 $n \times 1$ 的未知变量向量；若不给出任何维数信息，则声明 x 为标量。

（3）描述各个方程。有了未知变量对象，则可以由表达式的形式描述各个方程，并将其赋给 prob 对象的 Equations 属性。后面将通过例子演示复杂方程的描述与求解方法。

（4）求解方程。使用 sol=solve(prob,x_0) 命令求解方程，x_0 为初值的结构体变量。返回的解 sol 为结构体变量。如果未知变量名为 y，则该变量的解可以由 sol.y 命令读取。除了方程的解之外，还可以由 [sol,f_0,key]=solve(prob,x_0) 命令求解方程，其中，f_0 为结构体形式，返回各个方程的误差；key 为求解的标识。如果方程成功求解，则 key 为字符串 EquationSolved。

还可以使用 show(prob) 命令显示方程的数学形式。下面通过例子演示基于问题的方程描述与求解方法。

例 2-24 试用基于问题的描述方法求解例 2-18 中的 Riccati 代数方程。

解 可以先输入已知矩阵,选择初值,再构造方程对象并求解方程。

```
>> A=[-1,1,1; 1,0,2; -1,-1,-3]; B=[2,1,1; -1,1,-1; -1,-1,0];
   C=[0,-2,-3; 1,3,3; -2,-2,-1];
   P=eqnproblem;                          %创建方程对象
   X=optimvar('X',[3,3]);                 %声明未知变量矩阵
   P.Equations.eqn=A'*X+X*A-X*B*X+C==0;   %描述方程
   x0.X=rand(3);           %随机选择初值,应该使用结构体形式描述初值
   [sol,f0]=solve(P,X0)    %求解方程,得出结构体变量 sol
   x=sol.X, norm(f0.eqn)   %提取方程的解,并系数误差
```

可以看出,这样得出的方程解如下。该解不同于例 2-18 的解,但仍然满足 Riccati 代数方程,因为将解代入方程之后得出的误差为 3.7340×10^{-14}。

$$\boldsymbol{X} = \begin{bmatrix} 0.2141 & -0.3040 & -0.5743 \\ 0.8360 & 1.6074 & 1.3977 \\ -0.0044 & 0.2098 & 0.2466 \end{bmatrix}$$

例 2-25 试重新求解例 2-11 中的二元方程。这里重新给出方程的数学模型。

$$\begin{cases} x^2 e^{-xy^2/2} + e^{-x/2} \sin(xy) = 0 \\ y^2 \cos(x+y^2) + x^2 e^{x+y} = 0 \end{cases}$$

解 例 2-15 尝试了一种数值求解方法,不过求解之前需要做变量替换,将其变成某种标准型的形式,才能进行求解。基于问题的求解方法无须事先进行这种变换,只需定义两个未知变量即可。选择初值 $x = y = 0$,则可以得出方程的解为 $x = -3.0338 \times 10^{-15}, y = 2.1708$,方程 1 的误差为 -6.5858×10^{-15},方程 2 的误差为 1.7361×10^{-12}。当然,选择其他初值,有可能得出别的解。

```
>> P=eqnproblem;                          %创建方程对象
   x=optimvar('x'); y=optimvar('y');      %不指定维数则定义标量
   P.Equations.f1=x^2*exp(-x*y^2/2)+exp(-x/2)*sin(x*y)==0;
   P.Equations.f2=y^2*cos(x+y^2)+x^2*exp(x+y)==0;
   x0.x=1; x0.y=1;                        %人为指定初值
   [sol,f0]=solve(P,x0)                   %求解方程
   sol.x, sol.y, f0.f1, f0.f2             %提取方程的解与误差
```

2.4　联立方程组的精确求解

前面介绍过,利用图解方法只能求出给定方程的实数根,并不能求出方程的复数根,具体例子可以参见例 2-12。另外,如果联立方程有多个实数根,则只能用图形方法绘制出根所在的位置,并不能直接得出根的具体值,需要逐个根进行局部放

大求解,求解过程比较烦琐。此外,前面介绍的数值求解方法由于每次只能求出方程的一个根,使用起来有时也不方便。

MATLAB 工具箱提供了代数方程的解析求解函数 solve(),可以直接用于求解解析解存在的代数方程。如果方程的解析解不存在,则可以采用 vpasolve() 函数求取方程的高精度数值解,解的误差可能达到 10^{-30} 或更高精度,远大于双精度数据结构下的数值解。本书称这类解为准解析解,以区别于方程的解析解与双精度意义下的数值解。

2.4.1　低阶多项式方程的解析求解

一元一次和一元二次方程可以利用 solve() 函数直接求解,该函数还可以用于含有其他参数的方程求解。不过如果有其他参数的存在,则利用现有的 solve() 函数可能不易得出三次或四次方程的解析解,尽管这些方程是存在代数解法的,除非给出特别的控制选项,后面将通过例子演示。

solve() 函数的调用格式为

S=solve(eqn$_1$,eqn$_2$,$\cdots$,eqn$_n$)　　　　　　　　　% 求解方程

S=solve(eqn$_1$,eqn$_2$,$\cdots$,eqn$_n$,x_1,x_2,$\cdots$,x_n)　　% 指定未知变量求解方程

其中,待求解的方程由符号表达式 eqn$_i$ 表示,自变量由 x_i 表示。返回的解是一个结构体型变量,其解由 $S.x_i$ 直接提取。在调用格式中,eqn$_i$ 可以是单个的方程,也可以是向量、矩阵描述的一组方程,还可以将所有方程描述成一个向量与矩阵符号表达式 eqn$_1$,直接求解这些方程。

当然,用下面的调用格式还可以直接获得方程的解:

$[x_1,x_2,\cdots,x_n]$=solve(...)　　% 输入变量表示与前面一致

从函数的调用和使用方面看,这种直接返回变量的调用格式比返回结构体变量的格式更实用,所以本书尽量使用这样的格式。

例 2-26　试重新求解例 2-2 中的鸡兔同笼问题。

解　声明符号变量,并将方程用符号表达式表示出来,就可以调用 solve() 函数直接求解给定的方程。注意,方程中的等号应该由双等号表示。

```
>> syms x1 x2
   [x1,x2]=solve(x1+x2==35,2*x1+4*x2==94)
```

得出方程的解为 $x_1 = 23$,$x_2 = 12$。返回变量的名字还可以选择为其他变量,此外,如果方程右边为 0,则可以省略等号。例如,上面的求解语句还可以修改成

```
>> syms x1 x2;
   [x0,y0]=solve(x1+x2-35,2*x1+4*x2-94)
```

例 2-27　中国唐代数学家王孝通所著《缉古算经》中有一道应用题,翻译成现代数学符号可以写出下面的三次方程,试求解该方程。

$$x^3 + 5004x^2 + 1169953\frac{1}{3}x = 41107188\frac{1}{3}$$

解　利用符号运算方法可以直接求解这个三次方程。

```
>> syms x
   solve(x^3+5004*x^2+(1169953+sym(1/3))*x==41107188+sym(1/3))
```

得出方程的三个解如下。王孝通只得到了 31 这个解,由于它为整数,是原应用题的解;其他两个解是负的非整数,不是应用题的解。

$$31, \quad -\frac{5035}{2} \pm \frac{\sqrt{3}\sqrt{5}\sqrt{29}\sqrt{414767}}{6}$$

例 2-28　试求解下面的联立方程组,并给出方程有实数根的条件。

$$\begin{cases} ax + cy = 2 \\ bx^2 + cx + ay^2 - 4xy = -3 \end{cases}$$

解　可以看出,如果对方程进行简单变换,则可以得到关于 x 或 y 一元二次方程,利用相应的求根公式,可以写出方程的解析解。不过从给出的表达式看,想手工求解这样的方程并不是一件简单的事情,所以应该利用计算机完成这样烦琐的推导。

先声明必要的符号变量,就可以将两个方程用符号表达式描述出来,再给出下面的直接求解命令。

```
>> syms x y a b c
   f1=x*a+c*y-2; f2=b*x^2+c*x+a*y^2-4*x*y+3;
   [x0,y0]=solve(f1,f2)
```

则可以得出方程的一对解为

$$\boldsymbol{x}_0 = -\frac{c\left(8a + 4bc + ac^2 \pm a\sqrt{c^4 - 48ac - 8a^2c - 12bc^2 - 12a^3 - 16c^2 - 16ab + 64}\right)}{2a\left(a^3 + 4ac + bc^2\right)} - \frac{2}{a}$$

$$\boldsymbol{y}_0 = \frac{8a + 4bc + ac^2 \pm a\sqrt{c^4 - 48ac - 8a^2c - 12bc^2 - 12a^3 - 16c^2 - 16ab + 64}}{2\left(a^3 + 4ac + bc^2\right)}$$

由得出的结果看,若期望方程有实数根,则根号下的表达式应该大于或等于 0,即

$$c^4 - 48ac - 8a^2c - 12bc^2 - 12a^3 - 16c^2 - 16ab + 64 \geqslant 0$$

例 2-29　试在符号运算的框架下求取例 2-7 中复系数多项式方程的解析解。

解　由于已知方程的解析解存在,所以可以调用 **solve()** 函数解方程,最终得出方程的解析解为 $[-2, -1-\mathrm{j}, -1-\mathrm{j}, -1-\mathrm{j}]^{\mathrm{T}}$。

```
>> syms s;
   f=s^4+(5+3i)*s^3+(6+12i)*s^2-(2-14i)*s-(4-4i);
   s0=solve(f)
```

例2-30 试求解下面四次方程的解析解。

$$7s^4 + 119s^3 + 756s^2 + 2128s + 2240 = 0$$

解 由于四次方程有代数解求根公式，所以可以将其输入MATLAB环境，调用solve()函数尝试求解。

```
>> syms s;
   f=7*s^4+119*s^3+756*s^2+2128*s+2240;
   x=solve(f)
```

得出方程的解为 $x = -5, -4, -4, -4$。事实上，虽然四次方程有自己的代数解求根公式，但得出的解也可能是无理数，换句话说，真正意义下的解析解也可能不存在。例如，如果原方程左侧加1，则方程仍然是四次多项式方程，这时方程的解析解可能不存在。

```
>> f=f+1; x=solve(f)
```

这样的方程由solve()函数是不能直接求解的，因为直接得出的结果如下：

```
root(z^4 + 17*z^3 + 108*z^2 + 304*z + 2241/7, z, 1)
root(z^4 + 17*z^3 + 108*z^2 + 304*z + 2241/7, z, 2)
root(z^4 + 17*z^3 + 108*z^2 + 304*z + 2241/7, z, 3)
root(z^4 + 17*z^3 + 108*z^2 + 304*z + 2241/7, z, 4)
```

表明方程的解是 $z^4 + 17z^3 + 108z^2 + 304z + 2241/7 = 0$ 的多项式方程的四个根。如果实在想得出方程的数值解，则可以调用vpa()函数或直接调用vpasolve()函数直接求解方程，得出的误差向量范数为 4.7877×10^{-36}。

```
>> x1=vpa(x), norm(subs(f,s,x1))
```

其实，若真的想求出三次或四次方程的解析解，还是可以通过设定'MaxDegree'选项实现的，不过得出的解很冗长。下面将通过例子演示得出的解。

例2-31 试求出例2-30中改变后的四次方程的解析解。

解 可以重新求解该方程，由于是四次方程，所以将'MaxDegree'选项设置为4。

```
>> syms s;
   f=7*s^4+119*s^3+756*s^2+2128*s+2241;
   x=solve(f,'MaxDegree',4), x(1)
```

得出的结果还是很烦琐的，经过细心的手工变量替换与化简可得

$$x_1 = -\frac{r_2^2}{6r} - \frac{\sqrt{9r^2 r_2^2/2 - 9r^4 r_2^2 - 12r_2^2/7 + 27r^3/4}}{6rr_2} - \frac{17}{4}$$

其中，

$$r = \sqrt[6]{\frac{1}{14} + \frac{\sqrt{3}\sqrt{7}\sqrt{67}\mathrm{i}}{882}}, \quad r_2 = \sqrt[4]{\frac{9r^2}{4} + 9r^4 + \frac{12}{7}}$$

有了这样的求解公式，就可以得出任意精度的方程的解。例如，由下面的语句可以得出误差为 7.9004×10^{-104}。

```
>> norm(vpa(subs(f,s,x),100))
```

2.4.2 多项式型方程的准解析解

对于一般的多项式型代数方程而言,采用 vpasolve() 函数有望得出方程全部的准解析解,而一般非线性代数方程只能得到一个准解析解。本节将通过例子演示各类方程的准解析解方法。

例 2-32 试求解例 2-12 中给出的联立方程。

解 由图解法并不能有效求解例子中的联立方程,因为原方程既含有实数根,也含有复数根。可以先将方程用符号表达式的方式输入计算机,然后调用 vpasolve() 函数,就可以直接求解该方程组。

```
>> syms x y;
   [x0,y0]=vpasolve(x^2+y^2==5,x+4*y^3+3*y^2==2)
```

得出的解为

$$
x_0 = \begin{bmatrix} -2.0844946216518881587217059536735 \\ 2.2517408643882313559855954279\mp0.005667961628744718211862694376\mathrm{16j} \\ -2.2559104938211695667214623634\pm0.2906418591129883375435021776769\mathrm{j} \\ 2.0928338805177645801934398246011 \end{bmatrix}
$$

$$
y_0 = \begin{bmatrix} 0.80924790534443253378482794183867 \\ 0.04738344641223583256078399745\mathrm{82}\pm0.2693510452193115518343230789\mathrm{1j} \\ -0.808292289977322744563366509227\mp0.811169459423000817938862985\mathrm{27j} \\ -0.7874302182142587097796629183005 \end{bmatrix}
$$

得出的结果在 x_0 和 y_0 向量中返回,所以要检验得出的误差并不是一件容易的事,因为要重新输入方程的表达式,再求值。另一种求解的方法是将两个方程用符号变量表示出来,再直接求解,这样得出的结果与前面是完全一致的。将解代入原方程,可以得出误差为 1.0196×10^{-38}。

```
>> f1=x^2+y^2-5; f2=x+4*y^3+3*y^2-2;
   [x0,y0]=vpasolve(f1,f2)
   norm([subs(f1,{x,y},{x0,y0}),subs(f2,{x,y},{x0,y0})])
```

从这里给出的例子看,求解这样复杂的高阶代数方程组的难度对用户而言,与求解鸡兔同笼问题是一样的,用户需要做的就是将方程用符号表达式表示出来送给求解函数,然后等待得出的解就行了。

更简单地,还可以用向量的形式表示两个方程,这样,再调用 vpasolve() 函数则可以重新求解相应的方程,得出的结果与前面语句完全一致。

```
>> F=[x^2+y^2-5; x+4*y^3+3*y^2-2];
   [x0,y0]=vpasolve(F)
   norm(subs(F,{x,y},{x0,y0}))
```

例2-33 试求解下面看起来很复杂的代数方程。

$$\begin{cases} \dfrac{1}{2}x^2+x+\dfrac{3}{2}+\dfrac{2}{y}+\dfrac{5}{2y^2}+\dfrac{3}{x^3}=0 \\ \dfrac{y}{2}+\dfrac{3}{2x}+\dfrac{1}{x^4}+5y^4=0 \end{cases}$$

解 这个方程与例2-12中给出的方程不一样,至少例2-12中的方程可以将一个方程代入另一个方程,最终手工得出一个高阶的多项式方程,而这个方程就没那么容易变换了。不用说求解方程,就是判定方程有多少个根,不借助计算机也不是一件容易的事。

不过不必考虑或担心这类底层问题,只需用下面的语句将原始的方程用规范的语句原原本本表示出来,就可以直接得出原方程的准解析解。

```
>> syms x y;
   f1(x,y)=x^2/2+x+3/2+2/y+5/(2*y^2)+3/x^3;
   f2(x,y)=y/2+3/(2*x)+1/x^4+5*y^4;
   [x0,y0]=vpasolve(f1,f2), size(x0)          % 解方程并得到解的个数
   e1=norm(f1(x0,y0)), e2=norm(f1(x0,y0))     % 检验误差
```

将得出的全部26个根代入原始方程,则能得出很小的计算误差,达到10^{-33}级,说明该方程的各个解都是非常精确的。用该方法求解这样看起来难度极高的代数方程,对用户而言,难度也基本等同于鸡兔同笼问题。

即使著名的 Abel–Ruffini 定理已经指明这类高阶多项式方程没有解析解,还是可以通过代数方程求解方法得出高精度的准解析解,且得出解的精度是非常高的。

2.4.3 高次多项式矩阵方程的准解析解

定义2-8中描述了 Riccati 代数方程,该方程是关于 X 的二次型方程,是多项式型方程。如何用符号表达式表示 Riccati 代数方程是求解该方程的关键一步。这里先通过例子探讨使用 vpasolve() 函数求解该方程的方法。

例2-34 试求解例2-18中给出的 Riccati 代数方程全部的根。

解 如果想得出方程全部的根,则应该尝试 vpasolve() 函数。若想表示未知的 X 矩阵,则需要将其设置为符号变量,再构成符号矩阵,这样就可以由简单的符号表达式描述 Riccati 代数方程本身,再调用 vpasolve() 函数求解方程。

```
>> A=[-1,1,1; 1,0,2; -1,-1,-3]; B=[2,1,1; -1,1,-1; -1,-1,0];
   C=[0,-2,-3; 1,3,3; -2,-2,-1];
   X=sym('x%d%d',3); F=A.'*X+X*A-X*B*X+C
   tic, X0=vpasolve(F), toc
```

由符号运算可以推导出 Riccati 代数方程对应的联立方程为

$$
\begin{cases}
x_{12}-x_{13}-x_{31}(1+x_{11}-x_{12})+x_{11}(x_{12}-2x_{11}+x_{13}-2)-x_{21}(1+x_{11}+x_{12}-x_{13})=0 \\
x_{11}-x_{13}-x_{32}(1+x_{11}-x_{12})+x_{12}(x_{12}-2x_{11}+x_{13}-1)-x_{22}(x_{11}+x_{12}-x_{13}-1)=2 \\
x_{11}+2x_{12}-x_{33}(1+x_{11}-x_{12})+x_{13}(x_{12}-2x_{11}+x_{13}-4)-x_{23}(x_{11}+x_{12}-x_{13}-1)=3 \\
x_{22}-x_{23}-x_{31}(1+x_{21}-x_{22})+x_{11}(1+x_{22}-2x_{21}+x_{23})-x_{21}(1+x_{21}+x_{22}-x_{23})=-1 \\
\quad x_{21}-x_{23}-x_{32}(1+x_{21}-x_{22})+x_{12}(x_{22}-2x_{21}+x_{23})-x_{22}(x_{21}+x_{22}-x_{23})=-3 \\
x_{21}+2x_{22}-x_{33}(1+x_{21}-x_{22})+x_{13}(1+x_{22}-2x_{21}+x_{23})-x_{23}(3+x_{21}+x_{22}-x_{23})=-3 \\
x_{32}-x_{33}-x_{31}(4+x_{31}-x_{32})+x_{11}(1+x_{32}-2x_{31}+x_{33})-x_{21}(x_{31}+x_{32}-x_{33}-2)=2 \\
x_{31}-x_{33}-x_{32}(3+x_{31}-x_{32})+x_{12}(1+x_{32}-2x_{31}+x_{33})-x_{22}(x_{31}+x_{32}-x_{33}-2)=2 \\
x_{31}+2x_{32}-x_{33}(6+x_{31}-x_{32})+x_{13}(1+x_{32}-2x_{31}+x_{33})-x_{23}(x_{31}+x_{32}-x_{33}-2)=1
\end{cases}
$$

经过 23.04 s 的等待，可以得出方程全部的 20 组根，其中，第 5、10、15、18 这四组根为实数矩阵，其余为共轭复数矩阵。得出的四个实数矩阵分别为

$$
\boldsymbol{X}_5=\begin{bmatrix}
1.9062670985148 & 2.6695228037028 & 4.1090269897993 \\
-4.3719461205750 & -3.2277001659457 & -5.7232367559600 \\
-8.1493167800300 & -2.8535676463847 & -12.90505951546
\end{bmatrix}
$$

$$
\boldsymbol{X}_{10}=\begin{bmatrix}
8.69508738924215 & -8.369677652147 & 15.08579547886 \\
-15.265261644743 & 14.485759397031 & -23.336518219659 \\
-20.7167885668890 & 17.582212700878 & -33.22526573531
\end{bmatrix}
$$

$$
\boldsymbol{X}_{15}=\begin{bmatrix}
0.21411545933325 & -0.3040451651414 & -0.5743147449581 \\
0.83601813100313 & 1.60743227422054 & 1.397651628726543 \\
-0.0043863464229 & 0.209828998159396 & 0.246567175609337
\end{bmatrix}
$$

$$
\boldsymbol{X}_{18}=\begin{bmatrix}
2.1509892346834 & 2.980686747114 & 2.4175971297531 \\
-0.900511398366 & -1.3375371059663 & -1.284786114934488 \\
0.95594505835086 & 1.83844891740592 & 1.7300024774690319
\end{bmatrix}
$$

例 2-18 中得出的实数根是原方程的第 15 个根，可以提取该根，代入方程检验，得出的误差为 1.8441×10^{-39}。

```
>> k=15;    % 选择提取根的序号
   X1=[X0.x11(k) X0.x12(k) X0.x13(k); X0.x21(k) X0.x22(k) X0.x23(k);
       X0.x31(k) X0.x32(k) X0.x33(k)];
   norm(A.'*X1+X1*A-X1*B*X1+C)
```

例 2-35　试用准解析解方法求解例 2-20 中方程的全部根。

解　给出下面的命令即可求出方程的全部 20 个根，其中有 8 个实根，其余为共轭复数根，求解过程耗时 36.75 s。

```
>> A=[-2,1,-3; -1,0,-2; 0,-1,-2]; B=[2,1,-1; 1,2,0; -1,0,-4];
   C=[5 -4 4; 1 0 4; 1 -1 5];
   X=sym('x%d%d',3); F=A.'*X+X*A-X*B*X+C
   tic, X0=vpasolve(F), toc
```

前面介绍了 Riccati 代数方程的求解方法，如果将 Riccati 代数方程中 $\boldsymbol{A}^{\mathrm{T}}$ 项替换成一个自由矩阵 $\boldsymbol{D}$，则可以引出广义 Riccati 代数方程。

定义 2-9 ▶ 广义 Riccati 代数方程

广义 Riccati 代数方程的数学形式为

$$\boldsymbol{DX} + \boldsymbol{XA} - \boldsymbol{XBX} + \boldsymbol{C} = \boldsymbol{0} \tag{2-4-1}$$

其中，各个矩阵都是 $n \times n$ 矩阵。

广义 Riccati 代数方程没有现有的 MATLAB 函数直接求解，可尝试使用函数 **vpasolve()** 直接求解，得出方程全部的根。

例 2-36 若已知如下矩阵，试求解广义 Riccati 代数方程。

$$\boldsymbol{A} = \begin{bmatrix} -1 & 1 & 1 \\ 1 & 0 & 2 \\ -1 & -1 & -3 \end{bmatrix}, \boldsymbol{B} = \begin{bmatrix} 2 & 1 & 1 \\ -1 & 1 & -1 \\ -1 & -1 & 0 \end{bmatrix}, \boldsymbol{C} = \begin{bmatrix} 0 & -2 & -3 \\ 1 & 3 & 3 \\ -2 & -2 & -1 \end{bmatrix}, \boldsymbol{D} = \begin{bmatrix} 2 & -1 & -1 \\ 1 & 1 & -1 \\ 1 & -1 & 0 \end{bmatrix}$$

解 和之前一样，先输入几个矩阵，然后由符号表达式的方式描述方程，再给出求解命令就可以直接求解方程了。

```
>> A=[-1,1,1; 1,0,2; -1,-1,-3]; B=[2,1,1; -1,1,-1; -1,-1,0];
   C=[0,-2,-3; 1,3,3; -2,-2,-1]; D=[2,-1,-1; 1,1,-1; 1,-1,0];
   X=sym('x%d%d',3);          % 以任意矩阵的形式创建解矩阵
   F=D*X+X*A-X*B*X+C          % 由符号表达式描述矩阵方程
   tic, X0=vpasolve(F), toc   % 求解矩阵方程
```

经过 25 s 的等待，由上述求解语句可以直接得出方程的 20 个根，其中，8 个根为实数矩阵，其余的为共轭复数矩阵。

例 2-37 本丛书卷 III 例 6-45 曾探讨了一个高次矩阵方程的求解问题。

$$\boldsymbol{AX}^3 + \boldsymbol{X}^4\boldsymbol{D} - \boldsymbol{X}^2\boldsymbol{BX} + \boldsymbol{CX} - \boldsymbol{I} = \boldsymbol{0}$$

其中，已知的矩阵为

$$\boldsymbol{A} = \begin{bmatrix} 2 & 1 & 9 \\ 9 & 7 & 9 \\ 6 & 5 & 3 \end{bmatrix}, \boldsymbol{B} = \begin{bmatrix} 0 & 3 & 6 \\ 8 & 2 & 0 \\ 8 & 2 & 8 \end{bmatrix}, \boldsymbol{C} = \begin{bmatrix} 7 & 0 & 3 \\ 5 & 6 & 4 \\ 1 & 4 & 4 \end{bmatrix}, \boldsymbol{D} = \begin{bmatrix} 3 & 9 & 5 \\ 1 & 2 & 9 \\ 3 & 3 & 0 \end{bmatrix}$$

试用这里给出的方法求取该方程的解矩阵。

解 很自然地，可以给出下面的求解命令，遗憾的是，经过 1082.53 s 的长时间等待，只得出了方程的一个根，并看到警告信息 "Solutions might be lost"（根可能丢失了），说明用这样的方法也不能确保得出方程所有的根。

```
>> A=[2 1 9; 9 7 9; 6 5 3]; B=[0 3 6; 8 2 0; 8 2 8];
   C=[7 0 3; 5 6 4; 1 4 4]; D=[3 9 5; 1 2 9; 3 3 0];
```

```
X=sym('x%d%d',3);                  %创建解矩阵
f=A*X^3+X^4*D-X^2*B*X+C*X-eye(3);   %描述方程
tic, X0=vpasolve(f), toc           %求解并计时
```

得出的唯一一个解为

$$X = \begin{bmatrix} -0.19462 & 0.39156 & -0.67699 \\ -0.02285 & 0.054024 & 0.18563 \\ 0.32085 & -0.4123 & 0.7418 \end{bmatrix}$$

例 2-38　试求解含有复数矩阵的 Riccati 代数方程的准解析解。

解　很自然地可以考虑使用下面的语句直接求解需要的复系数 Riccati 代数方程,使用同样的步骤和语句,由于涉及复系数,求解过程极其耗时,大约 379 s 才能得出结果(实系数方程耗时 23.04 s,相差 16 倍)。可以得出方程的 20 个根,全部为复数根。

```
>> A=[-1+8i,1+1i,1+6i; 1+3i,5i,2+7i; -1+4i,-1+9i,-3+2i];
   B=[2,1,1; -1,1,-1; -1,-1,0]; C=[0,-2,-3; 1,3,3; -2,-2,-1];
   X=sym('x%d%d',3); F=A.'*X+X*A-X*B*X+C
   tic, X0=vpasolve(F), toc
```

2.4.4　准解析解的提取

在前面介绍的矩阵方程准解析解方法中,返回的 X 变量是结构体变量,实际的解由 X.x11 等成员变量返回,提取其中的解矩阵比较麻烦。因此,可以编写以下函数,一次性提取方程所有的根。函数调用完成之后,方程的解由三维数组 Y 返回。

```
function Y=extract_sols(X,n,m,x)
   arguments
       X, n(1,1) {mustBePositive, mustBeInteger}
       m(1,1) {mustBePositive, mustBeInteger}, x='x'
   end
   eval(['N=length(X.' x '11);'])
   for k=1:N, for i=1:n, for j=1:m
       eval(['Y(i,j,k)=X.',...
           x int2str(i) int2str(j) '(' int2str(k) ');'])
end, end, end, end
```

例 2-39　试重新求解例 2-20 中的方程,并提取方程全部的根,计算最大的误差。

解　重新求解方程例 2-20 中的方程,然后利用 extract_sols() 函数将所有方程根提取出来,其中,第 k 个根在三维数组 $Y(:,:,k)$ 返回。由下面的语句可以求出每个根代入方程之后的误差,可以找出最大的误差为 7.4389×10^{-24}。

```
>> A=[-2,1,-3; -1,0,-2; 0,-1,-2]; B=[2,1,-1; 1,2,0; -1,0,-4];
   C=[5 -4 4; 1 0 4; 1 -1 5];
   X=sym('x%d%d',[3 3]); F=A'*X+X*A-X*B*X+C;   %用符号表达式描述方程
   tic, X1=vpasolve(F), toc                     %重新求解方程
```

```
Y=extract_sols(X1,3,3,'x');              % 提取全部的根
N=length(X1.x11);                        % 总的根数
for k=1:N, err(k)=norm(subs(F,X,Y(:,:,k))); end
double(max(err))                         % 计算最大的误差
```

2.4.5　非线性代数方程的准解析解

如果用符号表达式可以描述出非线性联立方程组,则可以由 vpasolve() 函数直接求解方程,得出方程的解。与多项式类方程不同,这样得出的解很可能是众多解中的一个,如果原始方程含有多个解,则用户可以自己选择一个搜索的初值,从该初值 x_0 出发直接搜索准解析解。相应的函数调用格式为

$$x=\text{vpasolve}(\text{eqn}_1,\text{eqn}_2,\cdots,\text{eqn}_n,x_1,x_2,\cdots,x_n,x_0)$$

其中,x_0 为未知数向量的初始搜索点。如果原方程是多项式型的联立方程,则 x_0 对求解结果没有影响。该函数的另一种调用格式为

$$x=\text{vpasolve}(\text{eqn}_1,\text{eqn}_2,\cdots,\text{eqn}_n,x_1,x_2,\cdots,x_n,x_\text{m},x_\text{M})$$

其中,x_m 与 x_M 为未知数向量 x 的下界与上界向量。

例 2-40　试求解例 2-11 给出的代数方程的根,可以选择初始搜索点 $(2,2)$。

解　利用下面的方式可以直接求解非线性代数方程。

```
>> syms x1 x2
   f=[x1^2*exp(-x1*x2^2/2)+exp(-x1/2)*sin(x1*x2);
      x2^2*cos(x1+x2^2)+x1^2*exp(x1+x2)];
   [x0,y0]=vpasolve(f,[2; 2]), norm(subs(f,{x1,x2},{x0,y0}))
```

得出方程的解如下,代入原方程则误差的范数为 2.0755×10^{-37}。由此可见,方程解的精度远高于前面介绍的数值解法精度。

$$x_0 = 3.0029898235869693047992458712192$$
$$y_0 = -6.27692966697194948789764344182923$$

从给出的例子可见,尽管这里给出的方法能得出方程的高精度解,但仍然有一个问题尚未解决,就是如何一次性地求出如图 2-6 所示的所有交点坐标,即联立方程在感兴趣区域内所有的解,这将是 2.5 节需要解决的问题。

2.5　多解矩阵方程的求解

尽管前面介绍的 vpasolve() 函数能够一次性求出某些方程全部的解,但对一般矩阵方程,尤其是非线性矩阵方程却是无能为力的,也没有其他 MATLAB 程序能够求解任意的非线性矩阵方程。

前面介绍了由给定初值求解函数的几种方法,但这些方法很难一次性求解多

解非线性方程所有的解,所以应该构建更简单的函数完成这样的任务,本节给出一种求解的思路,并依照该思路编写出 MATLAB 通用程序,试图得出方程感兴趣区域内全部的解,并再扩展一步该方法,试图得出方程的全部准解析解。

2.5.1　方程求解思路与一般求解函数

由前面给出的求解函数可见,如果选定了一个初值,则可以通过随机数矩阵生成的方式产生一个初始搜索点,得出方程的解。更一般地,可以建立一个循环结构实现这样的操作。由初始搜索点,调用 **fsolve()** 函数得出方程的一个解,如果这个解已经被记录,则可以比较这个解和已记录解的精度,如果新的解更精确,则用这个解取代已记录的解,否则舍弃。如果这个解是新的解,则记录该解。

如果这个循环结构设计成死循环,则有望得出方程全部的解。根据这样的思路可以编写出一个通用的求解函数,其实这个函数以前曾经发布了多个版本,本书使用的版本中,特别增加了一些处理。例如,可以尝试零矩阵是不是方程的孤立解;如果找到的根比以前存储的更精确,则替换该根;如果找到的新解为复数,则检验其共轭复数是不是方程的根。基于这样的考虑,编写了下面的求解函数。这个函数有一个特点:运行的时间越长,得出的结果可能越精确。

```matlab
function more_sols(f,X0,A,tol,tlim,ff,gap0)
   arguments
      f, X0, A=1000, tol(1,1) {mustBePositive}=eps
      tlim(1,1) {mustBePositive}=10, ff=optimset; gap0(1,1)=5e-4
   end
   X=X0; ff.Display='off'; ff.TolX=tol; ff.TolFun=1e-20;
   if isscalar(A), a=-0.5*A; b=0.5*A;
   else, a=A(1); b=A(2); end
   ar=real(a); br=real(b); ai=imag(a); bi=imag(b);
   [n,m,i]=size(X0); tic                %已找到的解维数和个数
   if i==0, X0=zeros(n,m);              %判定零矩阵是不是方程的孤立解
      if norm(f(X0))<tol, i=1; X(:,:,i)=X0; end
   end
   while (1)            %死循环结构,可以按 Ctrl+C 键中断,也可以等待
      x0=ar+(br-ar)*rand(n,m);          %生成搜索初值的随机矩阵
      if ~isreal(A), x0=x0+(ai+(bi-ai)*rand(n,m))*1i; end
      try [x,~,key]=fsolve(f,x0,ff); catch, continue; end
      t=toc; if t>tlim, break; end      %长时间未找到新解则正常结束
      if key>0, N=size(X,3);            %若找到的根已记录则比较
         for j=1:N                      %逐个对比已找到的解
            if norm(X(:,:,j)-x)<gap0; key=0; break; end, end
```

```
        if key==0                              %若找到更精确的解则替换
            if norm(f(x))<norm(f(X(:,:,j))), X(:,:,j)=x; end
        elseif key>0, X(:,:,i+1)=x;   %记录找到的新解
            if norm(imag(x))>1e-8, xa=conj(x); %检验共轭复数
                if norm(f(xa))<1e-8, i=i+1; X(:,:,i+1)=xa; end
            end, assignin('base','X',X); i=i+1, tic  %更新信息
        end, assignin('base','X',X); %将解写入MATLAB工作空间
end, end, end
```

方程求解函数 more_sols() 的调用格式为

$$more\_sols(f, \boldsymbol{X}_0, a, \epsilon, t_{\lim}, opts, gap0)$$

其中，f 为方程的函数句柄，可以由匿名函数与 M 函数描述原代数方程；$\boldsymbol{X}_0$ 为三维数组，用于描述解的初值，如果首次求解方程，建议将其设置为 zeros$(n, m, 0)$，即空白三维数组，n 和 m 为解矩阵的维数；方程的解被自动存储在 MATLAB 工作空间中的三维数组 $\boldsymbol{X}$ 中，如果想继续搜索方程的解，则应该在 $\boldsymbol{X}_0$ 的位置填写 $\boldsymbol{X}$；a 的默认值为 1000，表示在 $[-500, 500]$ 区间上大范围搜索方程的解；ϵ 的默认值为 eps；$t_{\lim}$ 的默认值为 30，表示 30 s 内没有找到新的解就自动终止程序；还可以指定求解的控制选项 opts，默认值为 optimset；本函数还增加了一个输入变元 gap0，用户可以依此指定两个根相距多远可以判定为相同的根。输入变元 a 还可以取为复数，表示需要求取方程的复数根。另外，a 还可以给定为求解区间 $[a, b]$。

例2-41 试重新求解例 2-10 中的一元超越方程。

解 从图 2-5 给出的曲线可见，该方程在期望的区域内有 6 个交点，利用编写的 more_sols() 函数可以求出这 6 个交点，并在图 2-12 上直接标注出来。得出方程的解为 $\boldsymbol{x}_1 = [1.4720, 4.6349, 7.7990, 10.9601, 14.1159, 17.2666]$。

```
>> f=@(x)exp(-0.2*x).*sin(3*x+2)-cos(x);
   more_sols(f,zeros(1,1,0),[0,20])
   x0=X(:); x1=x0(x0>=0 & x0<=20)    %提取指定范围内的方程解
   fplot(f,[0,20]), hold on          %绘制函数曲线
   plot(x1,f(x1),'o',[0,20],[0,0],'--'), hold off
```

例2-42 试求解例 2-11 给出的代数方程在 $-2\pi \leqslant x_1, x_2 \leqslant 2\pi$ 区域内全部的根。

解 利用下面的方式可以直接求解非线性代数方程，先用匿名函数的形式描述联立方程，这样就可以调用 more_sols() 函数求取方程在感兴趣区域内全部的数值解。这里将 A 可以选作 13，比 4π 略大的值，得出的解个数多于在感兴趣区域内的解。

```
>> f=@(x)[x(1)^2*exp(-x(1)*x(2)^2/2)+exp(-x(1)/2)*sin(x(1)*x(2));
          x(2)^2*cos(x(1)+x(2)^2)+x(1)^2*exp(x(1)+x(2))];
   A=13; more_sols(f,zeros(2,1,0),A)
```

可以提取出感兴趣区域内全部的根，可以发现，总的根的个数为 110 个，可以将得

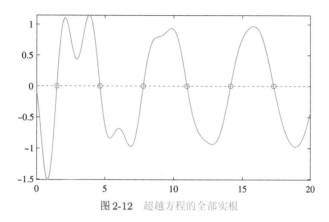

图 2-12　超越方程的全部实根

到的解叠印到图解法的图形上,如图 2-13 所示。

```
>> ii=find(abs(X(1,1,:))<=2*pi & abs(X(2,1,:))<=2*pi);
   X1=X(:,:,ii); size(ii)      %提取感兴趣区域内的根
   x=X1(1,1,:); x=x(:); y=X1(2,1,:); y=y(:);
   plot(x,y,'o'); hold on
   syms x y;
   f1=x^2*exp(-x*y^2/2)+exp(-x/2)*sin(x*y);
   f2=y^2*cos(x+y^2)+x^2*exp(x+y);
   fimplicit([f1,f2],[-2*pi,2*pi],'Meshdensity',800)
   hold off, axis(2*pi*[-1,1,-1,1])
```

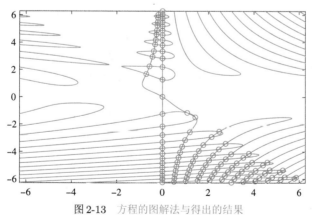

图 2-13　方程的图解法与得出的结果

例 2-43　试用数值方法重新求解例 2-36 中的广义 Riccati 代数方程。

解　和以前一样,先输入几个矩阵,然后由匿名函数的方式描述方程,再给出求解命令就可以直接求解方程,得到方程的 8 个实数根。

```
>> A=[-1,1,1; 1,0,2; -1,-1,-3]; B=[2,1,1; -1,1,-1; -1,-1,0];
   C=[0,-2,-3; 1,3,3; -2,-2,-1]; D=[2,-1,-1; 1,1,-1; 1,-1,0];
```

```
F=@(X)D*X+X*A-X*B*X+C;        % 用匿名函数描述矩阵方程
more_sols(F,zeros(3,3,0))     % 解方程
```

如果将 A 设置成复数量,继续求解方程则可以得出方程全部的复数根。这样总共可以得到方程的 20 个根,与例 2-36 得出的结果完全一致。

```
>> more_sols(F,X,1000+1000i)   % 在复数范围内求解方程
```

例 2-44 若例 2-36 中的广义 Riccati 代数方程变换成 $\boldsymbol{DX}+\boldsymbol{XA}-\boldsymbol{BX}^2+\boldsymbol{C}=\boldsymbol{0}$,试用不同的方法求解该方程。

解 如果用 **more_sols()** 函数直接求解,则可以得到 19 个实数根。

```
>> A=[-1,1,1; 1,0,2; -1,-1,-3]; B=[2,1,1; -1,1,-1; -1,-1,0];
C=[0,-2,-3; 1,3,3; -2,-2,-1]; D=[2,-1,-1; 1,1,-1; 1,-1,0];
F=@(X)D*X+X*A-B*X^2+C;        % 用匿名函数描述矩阵方程
more_sols(F,zeros(3,3,0))     % 求解矩阵方程,找出实数根
```

如果在复数范围内搜索方程的根,则总共可以找到 58 个根。现在尝试 **vpasolve()** 函数的准解析解求解方法,经过 5453.6 s 的等待,可以得到 60 个根,其中有 20 个实根。

```
>> X=sym('x%d%d',[3,3]);       % 创建未知变量矩阵
F=D*X+X*A-B*X^2+C;            % 用符号表达式描述矩阵方程
tic, X0=vpasolve(F), toc     % 求高精度解并计时
```

两种方法得出的根的数目差不多,不过仔细对比得出的根,如 x_{11} 的值,可以发现,由后者得出的根有 11 个位于无穷远处(其幅值大于 10^{10}),而前者得出的都是在合理范围内的数值。两种方法得出的实根 x_{11} 对比在表 2-3 中给出。此外,经检验,提取准解析解中 $x_{11}=38$ 的根,并将其代入原方程,得出误差矩阵的范数为 18981334.363,不满足原方程;$x_{11}=-1.5146$ 的根也不满足原始方程,准解析解方法也只能找到 13 个正确的实根。由此可见,采用 **vpasolve()** 函数求解,即使处理多项式矩阵方程,得出的结果有时也是不可靠的。相比之下,**more_sols()** 函数得出的结果更确切。

```
>> Y=extract_sols(X1,3,3,'x');
ii=find(abs(imag(Y(1,1,:)))<1e-5); n=length(ii)
X2=Y(:,:,ii); X2(1,1,:)
for i=1:n, err(i)=norm(subs(F,X,X2(:,:,i))); end
```

例 2-45 试求解非线性矩阵方程。

$$\mathrm{e}^{\boldsymbol{AX}}\sin\boldsymbol{BX}-\boldsymbol{CX}+\boldsymbol{D}=\boldsymbol{0}$$

其中 $\boldsymbol{A}$、$\boldsymbol{B}$、$\boldsymbol{C}$ 和 $\boldsymbol{D}$ 矩阵在例 2-36 中给出,试求出该方程的全部实根。

解 可以用下面的语句直接求解这里给出的复杂非线性矩阵方程,已经找到 122 个实根。用户还可以自己进行尝试,观察是否能得出更多的实根(已找到的根的存储文件为 data2_36.mat)。

```
>> A=[2 1 9; 9 7 9; 6 5 3]; B=[0 3 6; 8 2 0; 8 2 8];
C=[7 0 3; 5 6 4; 1 4 4]; D=[3 9 5; 1 2 9; 3 3 0];
```

```
f=@(X)expm(A*X)*funm(B*X,@sin)-C*X+D;   % 用匿名函数描述方程
more_sols(f,zeros(3,3,0),10); X          % 求解方程
```

表 2-3　两种方法得到的 x_{11} 值对比

准解析解	数值解	准解析解	数值解
$-3.006466262658 \times 10^{63}$	—	—	-431.5070709
—	-71.6679956	-3.4447376962310	-3.444737696
-1.5146484375	—	—	-1.450204069
-0.393316966940371	-0.3933169669	0.1563285970559477	0.1563285971
0.19217475249284	0.1921747525	0.925385242867366	0.9253852429
1.10128812201771	1.101288122	1.712893235210277	1.712893235
1.83357133024232	1.83357133	3.121670783661601	3.121670784
3.1272528908906671	3.127252891	5.803147834137380	5.803147834
7.0244296789169	7.02442972	7.387972365540733	7.387972366
—	15.92032583	38.0	—
—	52.986452	—	577.0832185
$7936952668254 5291264.0$	—	$16953481389108 3632640.0$	—
$5.7961230691484403 \times 10^{59}$	—	$4.692574987609119 \times 10^{67}$	—

注意，这里的方程是不能用 **vpasolve()** 函数求高精度数值解的，因为若定义了任意矩阵 $\boldsymbol{X}$，则不能计算 $\mathrm{e}^{\boldsymbol{AX}}$ 等表达式，换句话说，不能将方程用符号表达式有效地描述出来，因而，**vpasolve()** 等函数无法求解此方程。作者编写的 **more_sols()** 函数是求解该方程的唯一途径。

2.5.2　伪多项式方程的求解

伪多项式方程是非线性矩阵方程的一个特例，因为未知矩阵实际上是一个标量。这里将给出伪多项式方程的定义，并给出求解方法。

定义 2-10 ▶ 伪多项式方程

伪多项式（pseudo-polynomial）方程的一般数学形式为

$$p(s) = c_1 s^{\alpha_1} + c_2 s^{\alpha_2} + \cdots + c_{n-1} s^{\alpha_{n-1}} + c_n s^{\alpha_n} = 0 \tag{2-5-1}$$

其中，α_i 为实数。

可见，伪多项式方程是常规多项式方程的扩展，求解方法可能远比普通多项式方程的求解方法复杂。这里将探讨不同方法的可行性。

例 2-46　试求解伪多项式方程[5] $x^{2.3} + 5x^{1.6} + 6x^{1.3} - 5x^{0.4} + 7 = 0$。

解　一种容易想到的方法是引入新变量 $z = x^{0.1}$，这样原方程可以映射成关于 z 的

多项式方程如下：

$$z^{23} + 5z^{16} + 6z^{13} - 5z^4 + 7 = 0$$

可以求出，该方程有 23 个根，再用 $x = z^{10}$ 就可以求出方程全部的根。这样的思想可以由下面的 MATLAB 语句实现。

```
>> syms x z;
   f1=z^23+5*z^16+6*z^13-5*z^4+7;          % 转换为多项式方程
   p=sym2poly(f1); r=roots(p);             % 得出多项式方程的解
   f=x^2.3+5*x^1.6+6*x^1.3-5*x^0.4+7;      % 输入伪多项式方程
   r1=r.^10, double(subs(f,x,r1))          % 解变换后代回伪多项式方程
```

不过，把这样得出的解代回原来的方程可以发现，绝大部分的根都不满足原有的伪多项式方程。原方程到底有多少个根呢？上面得到的 x 只有两个根满足原方程，即 $x = -0.1076 \pm 0.5562\text{j}$，其余的 21 个根都是增根。由下面语句也可以得出同样两个根。

```
>> f=@(x)x.^2.3+5*x.^1.6+6*x.^1.3-5*x.^0.4+7;
   more_sols(f,zeros(1,1,0),100+100i), x0=X(:) % 直接求解方程
```

从数学角度看，这对真实的根位于第一 Riemann 叶上。其余的解位于其他 Riemann 叶上，都是方程的增根，但不满足原方程。

例 2-47 试求解无理阶次伪多项式方程 $s^{\sqrt{5}} + 25s^{\sqrt{3}} + 16s^{\sqrt{2}} - 3s^{0.4} + 7 = 0$。

解 由于这里的阶次是无理数，无法将其转换成前面介绍的普通多项式方程，所以 more_sols() 函数就成了求解这类方程的唯一方法，可以由下面的语句直接求解该方程。可见，该无理阶伪多项式方程只有两个根，位置为 $s = -0.0812 \pm 0.2880\text{j}$。

```
>> f=@(s)s^sqrt(5)+25*s^sqrt(3)+16*s^sqrt(2)-3*s^0.4+7;
   more_sols(f,zeros(1,1,0),100+100i);   % 直接求解方程
   x0=X(:), err=norm(f(x0(1)))           % 检验误差
```

将得出的解代回原方程，则可见误差为 9.1551×10^{-16}，该解在数值意义下足够精确。从这个例子还可以看出，即使阶次变成了无理数，也并未给求解过程增加任何麻烦，求解过程和计算复杂度与前面的例子完全一致。

例 2-48 事实上，这里给出的伪多项式求根方法并不局限于伪多项式，还可以用于更复杂的方程。考虑文献 [6] 给出的开环传递函数模型如下。

$$G(s) = \left[\frac{\sinh(w\sqrt{s})}{w\sqrt{s}}\right]^2 \frac{1}{\sqrt{s}\sinh(\sqrt{s})}, \ w = 0.1$$

控制器模型为 $G_\text{c}(s) = 8 + 0.4/s + 0.2s$。若该模型带有 Ts 的时间延迟，试找出使得单位负反馈结构下闭环传递函数不稳定的临界 T 值。

解 目前没有任何其他已知方法可以求解这里给出的问题。由带有延迟的开环传递函数 $G(s)\text{e}^{-Ts}$ 与控制器不难写出闭环系统的特征方程

$$G_1(s) = 1 + G_\text{c}(s)G(s)\text{e}^{-Ts} = 0$$

由于这里的目标不是求解特征方程，而是通过特征方程判定闭环系统特征方程的根是否存在正的实部，所以，可以对每个 T 值先求出特征方程的根，判定是否存在正实部。尝试两个特别的 T 值，0.01 和 1，可以发现，前者对应的特征方程根都含有负实部，后者的根含有正实部，因而，仿照前面介绍的二分法，可以找出临界 T 值为 $T = 0.1103$。

```
>> w=0.1; Gc=@(s)8+0.4/s+0.2*s;
   G=@(s)(sinh(w*sqrt(s))/w/sqrt(s))^2/sqrt(s)/sinh(sqrt(s));
   a=0.01; b=1;
   while (b-a)>1e-6
      T=(b+a)/2; f=@(s)(1+Gc(s)*G(s)*exp(-T*s));
      more_sols(f,zeros(1,1,0),100+100i,1e-10,3);
      if any(real(X(:))>0), b=T; else, a=T; end
   end, T, X
```

2.5.3　高精度求解函数

在这里给出的 **more_sols()** 函数中，核心求解工具是 **fsolve()** 函数，若将其替换为高精度的 **vpasolve()** 函数，则可以编写出高精度的非线性函数求解程序。

```
function more_vpasols(f,X0,A,tlim)
   arguments, f, X0, A=1000; tlim=60; end
   X=sym(X0);                 %读入默认参数
   if isscalar(A), a=-0.5*A; b=0.5*A;
   else, a=A(1); b=A(2); end     %设置搜索范围
   ar=real(a); br=real(b); ai=imag(a); bi=imag(b);
   [m,n,i]=size(X0); tic
   while (1)                  %死循环结构,可按Ctrl+C组合键中断,也可以等待
      x0=ar+(br-ar)*rand(m,n); %生成初始随机实矩阵
      if abs(imag(A))>1e-5, x0=x0+(ai+(bi-ai)*rand(m,n))*1i; end
      V=vpasolve(f,x0); N=size(X,3);
      key=1; x=sol2vec(V);          %搜索方程的根
      if ~isempty(x)                %若解非空则继续判定,否则放弃
         t=toc; x=reshape(x,m,n);   %将得到的根还原成矩阵
         if t>tlim, break; end      %若一段时间无新根则终止整个程序
         for j=1:N, if norm(X(:,:,j)-x)<1e-5;
         key=0; break; end, end     %判定是否新根
         if key>0, i=i+1; X(:,:,i)=x; %若找到新根则记录该根
            disp(['i=',int2str(i)]); assignin('base','X',X); tic
end, end, end, end
function v=sol2vec(A) %子函数,将根转换成行向量
   v=[]; A=struct2cell(A); for i=1:length(A), v=[v, A{i}]; end
end
```

该函数的调用格式为 $\mathrm{more\_vpasols}(f, \boldsymbol{X}_0, A, t_{\mathrm{lim}})$，其中还嵌入了为其设计的底层支持子函数 $\mathrm{sol2vec}()$，将得出的解转换成行向量。输入变量 f 可以为符号型的行向量描述联立方程，初始矩阵 $\boldsymbol{X}_0$ 指定为 $\mathrm{zeros}(0, n)$，其中，n 为未知数的个数。其他输入变元与前面介绍的 $\mathrm{more\_sols}()$ 函数是一致的。返回的变量 $\boldsymbol{X}(:, :, i)$ 存储找到的第 i 个解。需要指出的是，$\mathrm{more\_vdpsols}()$ 函数的运行速度比 $\mathrm{more\_sols}()$ 函数慢得多，但精度也高得多。

例 2-49 考虑例 2-11 中的联立方程，试找出 $-2\pi \leqslant x, y \leqslant 2\pi$ 范围内所有准解析解。

解 可以用下面的命令直接求解联立方程：

```
>> syms x y; t=cputime;
   F=[x^2*exp(-x*y^2/2)+exp(-x/2)*sin(x*y);
      y^2*cos(x+y^2)+x^2*exp(x+y)];
   more_vpasols(F,zeros(0,2),4*pi); cputime-t    % 求根并计时
```

要检验得出方程根的精度，则首先应该提取出感兴趣区域内的根 $\boldsymbol{x}_0$ 和 $\boldsymbol{y}_0$，并对其进行排序，得出的根代入原方程后的误差范数为 7.79×10^{-32}，比例 2-42 中得出的精度要高得多；所需的时间在半个小时左右，效率也远低于 $\mathrm{more\_sols}()$ 函数。用这样的方法只找到区域内的 105 个根，得出的图形类似于图 2-13，不过有几个点缺失。

```
>> x0=X(:,1); y0=X(:,2);
   ii=find(abs(x0)<2*pi & abs(y0)<2*pi);
   x0=x0(ii); y0=y0(ii); [x0 ii]=sort(x0); y0=y0(ii);
   double(norm(subs(F,{x,y},{x0,y0}))), size(x0)
   fimplicit(F,[-2*pi,2*pi])
   hold on; plot(x0,y0,'o'), hold off
```

例 2-50 试求解例 2-45 的高精度数值解。

解 可以试用下面的语句求解方程，不过在用符号表达式描述方程时，并不能计算出方程的表达式 f，所以不能调用后续的 $\mathrm{more\_vpasols}()$ 函数，不能得出方程的高精度数值解，求解这类方程只能采用例 2-45 的普通数值解方法。

```
>> A=[2 1 9; 9 7 9; 6 5 3]; B=[0 3 6; 8 2 0; 8 2 8];
   C=[7 0 3; 5 6 4; 1 4 4]; D=[3 9 5; 1 2 9; 3 3 0];
   X=sym('x%d%d',3);               % 创建解矩阵
   f=expm(A*X)*funm(B*X,@sin)-C*X+D;  % 试图描述常规矩阵
   more_vpasols(f,zeros(3,3,0),20);   % 求解方程
```

2.6　欠定方程的求解

前面介绍方程时，一直在假设方程的个数与未知数的个数是一致的，这些方程都是正常的方程，本节将探讨异常的方程类型——欠定方程的概念与求解方法。

定义 2-11 ▶ 适定方程

　　如果方程的个数等于未知数的个数,则方程称为适定方程(well-posed equation),又称恰定方程。

定义 2-12 ▶ 欠定方程与超定方程

　　若方程的个数少于未知数的个数,则方程称为欠定方程(underdetermined equation);如果方程的个数大于未知数的个数,则方程称为超定方程(overdetermined equation)。

　　前面演示的隐式方程 $f(x,y)=0$ 就是一个常见的欠定方程,如果由 ezplot() 或 fimplicit() 函数用图解法求解,则得出的曲线上所有的点都满足原欠定方程,这时,欠定方程有无穷多解。

　　在一些特殊情况下,用隐函数绘制函数不能绘制出任何曲线,这时方程可能有个别孤立解。这种情况下也可以考虑采用 fsolve() 函数直接求解,不过在默认的设置下,fsolve() 函数并不能求解方程与未知数个数不同的代数方程,需要将求解算法设置成 'levenberg-marquardt',即采用 Levenberg–Marquardt 算法求解欠定方程。如果采用 more_sols() 函数,也应该做相应的算法设置。本节将通过例子演示具有孤立解的欠定方程求解方法。

　　例 2-51　试求解下面的欠定方程。

$$\left|4x_1^3+4x_1x_2+2x_2^2-42x_1-14\right|+\left|4x_2^3+2x_1^2+4x_1x_2-26x_2-22\right|=0$$

　　解　如果手工求解,可以发现,原欠定方程可能分拆成两个独立方程,这样,方程的个数与未知数的个数一致,就可以调用 more_sols() 类函数直接求解方程。

　　手工转换的方法带有很多的人为性,因为并不是所有欠定方程都是可以手工拆分的。这里不做这种手工转换,试图直接求解欠定方程。

　　如果尝试用下面的语句绘制隐函数曲线,在调用过程中没有任何警告信息,但最终不能得到任何曲线,说明方程只可能存在有限个孤立解。

```
>> f=@(x1,x2)abs(4*x1.^3+4*x1.*x2+2*x2.^2-42*x1-14)+...
         abs(4*x2.^3+2*x1.^2+4*x1.*x2-26*x2-22);
   fimplicit(f)
```

　　现在可以人为地选择 Levenberg–Marquardt 算法,再求解欠定方程,经过一段时间的运行,有可能找出该欠定方程所有的 9 个根。

```
>> ff=optimset;        %注意:求解器 more_sols() 只能使用 optimset
   ff.Algorithm='levenberg-marquardt'; %自选算法
   F=@(x)f(x(1),x(2));                  %用匿名函数描述欠定方程
   more_sols(F,zeros(2,1,0),1000,eps,300,ff) %直接求解
```

得出的方程的 9 个解为 $(-2.8051, 3.1313)$、$(3, 2)$、$(0.0867, 2.8843)$、$(3.3852, 0.0739)$、$(3.5844, -1.8481)$、$(-3.7793, -3.2832)$、$(-0.1280, -1.9537)$、$(-3.0730, -0.0813)$ 和 $(-0.2708, -0.9230)$，其中，搜索第四个解比较耗时。

本章习题

2.1 试验证例 2-31 中手工化简的 x_1 是正确的。

2.2 试求解多项式方程 $x^4 + 14x^3 + 73.5x^2 + 171.5x + 150.0625 = 0$。能否用数值方法得出该方程精确的解？

2.3 试验证例 2-44 得出的一些无穷远处的解都不满足原方程。

2.4 由于涉及复数矩阵，使用准解析解方法求解例 2-40 是很耗时的，试用数值解方法重新求解该方程，并体验复数矩阵是否为方程求解带来额外的麻烦。

2.5 求解下面能转换成多项式方程的联立方程，并检验得出的高精度数值解的精度。

（1）$\begin{cases} 24xy - x^2 - y^2 - x^2y^2 = 13 \\ 24xz - x^2 - z^2 - x^2z^2 = 13 \\ 24yz - y^2 - z^2 - y^2z^2 = 13 \end{cases}$

（2）$\begin{cases} x^2y^2 - zxy - 4x^2yz^2 = xz^2 \\ xy^3 - 2yz^2 = 3x^3z^2 + 4xzy^2 \\ y^2x - 7xy^2 + 3xz^2 = x^4zy \end{cases}$

（3）$\begin{cases} x + 3y^3 + 2z^2 = 1/2 \\ x^2 + 3y + z^3 = 2 \\ x^3 + 2z + 2y^2 = 2/4 \end{cases}$

2.6 试求解下面的联立方程[4]。

$$\begin{cases} x_1x_2 + x_1 - 3x_5 = 0 \\ 2x_1x_2 + x_1 + 3R_{10}x_2^2 + x_2x_3^2 + R_7x_2x_3 + R_9x_2x_4 + R_8x_2 - Rx_5 = 0 \\ 2x_2x_3^2 + R_7x_2x_3 + 2R_5x_3^2 + R_6x_3 - 8x_5 = 0 \\ R_9x_2x_4 + 2x_4^2 - 4Rx_5 = 0 \\ x_1x_2 + x_1 + R_{10}x_2^2 + x_2x_3^2 + R_7x_2x_3 + R_9x_2x_4 + R_8x_2 + R_5x_3^2 + R_6x_3 + x_4^2 = 1 \end{cases}$$

其中，$0.0001 \leqslant x_i \leqslant 100$，$i = 1, 2, 3, 4, 5$，且已知常数 $R = 10$，$R_5 = 0.193$，$R_6 = 4.10622 \times 10^{-4}$，$R_7 = 5.45177 \times 10^{-4}$，$R_8 = 4.4975 \times 10^{-7}$，$R_9 = 3.40735 \times 10^{-5}$，$R_{10} = 9.615 \times 10^{-7}$。

2.7 试求解下面的方程[4]。

$$\frac{b}{T_0}Te^{c/T} - \frac{b(1 + aT_0)}{aT_0}e^{c/T} + \frac{T}{T_0} - 1 = 0$$

其中，$100 \leqslant T \leqslant 1000$，并已知常数 $a = -1000/(3\Delta H)$，$b = 1.344 \times 10^9$，$c = -7548.1193$，$T_0 = 298$，且 ΔH 有三个取值，分别为 -50000、-35958 和 -35510.3。

2.8　试求解下面的联立超越方程[4]。
$$\begin{cases} 0.5\sin x_1 x_2 - 0.25 x_2/\pi - 0.5 x_1 = 0 \\ (1-0.25/\pi)\left[\mathrm{e}^{2x_1}-\mathrm{e}\right] + \mathrm{e}x_2/\pi - 2\mathrm{e}x_1 = 0 \end{cases}$$

其中，$0.25 \leqslant x_1 \leqslant 1, 1.5 \leqslant x_2 \leqslant 2\pi$。

（1）文献 [4] 给出了方程的两个解。若求解区间增大到 $x_1 \in (-5,5), x_2 \in (-10,10)$，试求出方程全部的根，并用图解法验证得出的解，观察有没有未找到的实根。

（2）该方程有实数根吗？在虚部约束为 $(-10,10)$ 内总共可以找到多少根？

2.9　试求解下面方程中的 t 并验证结果[7]。
$$\begin{cases} t^{31} + t^{23}y + t^{17}x + t^{11}y^2 + t^5 xy + t^2 x^2 = 0 \\ t^{37} + t^{29}y + t^{19}x + t^{13}y^2 + t^7 xy + t^3 x^2 = 0 \end{cases}$$

2.10　试求解下面带有参数的方程。
$$\begin{cases} x^2 + ax^2 + 6b + 3y^2 = 0 \\ y = a + x + 3 \end{cases}$$

2.11　试用图解法求解下面的一元和二元方程，并验证得出的结果。

（1）$f(x) = \mathrm{e}^{-(x+1)^2 + \pi/2}\sin(5x+2)$

（2）$\begin{cases} (x^2 + y^2 + 10xy)\mathrm{e}^{-x^2 - y^2 - xy} = 0 \\ x^3 + 2y = 4x + 5 \end{cases}$

2.12　试用图解法和数值解法分别求出下面的联立方程在 $-2\pi \leqslant x,y \leqslant 2\pi$ 区域内全部的根[8]。
$$\begin{cases} x^2 \mathrm{e}^{-xy^2/2} + \mathrm{e}^{-x/2}\sin(xy) = 0 \\ y^2 \cos(x+y^2) + x^2 \mathrm{e}^{x+y} = 0 \end{cases}$$

2.13　试用数值求解函数求解习题2.11中方程的根，并对得出的结果进行检验。

2.14　试求解下面的机器人动力学方程，看看总共可以找到多少实根[4]。
$$\begin{cases} 4.731\times 10^{-3}x_1 x_3 - 0.3578 x_2 x_3 - 0.1238 x_1 + x_7 - 1.637\times 10^{-3}x_2 - 0.9338 x_4 = 0.3571 \\ 0.2238 x_1 x_3 + 0.7623 x_2 x_3 + 0.2638 x_1 - x_7 - 0.07745 x_2 - 0.6734 x_4 - 0.6022 = 0 \\ x_6 x_8 + 0.3578 x_1 + 4.731\times 10^{-3}x_2 = 0 \\ -0.7623 x_1 + 0.2238 x_2 + 0.3461 = 0 \\ x_1^2 + x_2^2 - 1 = 0 \\ x_3^2 + x_4^2 - 1 = 0 \\ x_5^2 + x_6^2 - 1 = 0 \\ x_7^2 + x_8^2 - 1 = 0 \end{cases}$$

其中，$-1 \leqslant x_i \leqslant 1, i = 1,2,\cdots,8$。试验证得出的方程的根。如果扩大求解区间，能否找到其他根？该方程有复数根吗？

2.15　试求出伪多项式方程 $x^{\sqrt7} + 2x^{\sqrt3} + 3x^{\sqrt2-1} + 4 = 0$ 所有的根，并检验结果。

2.16　试找出下面 Riccati 变形方程全部的解矩阵，并验证得出的结果。
$$\boldsymbol{AX} + \boldsymbol{XD} - \boldsymbol{XBX} + \boldsymbol{C} = \boldsymbol{0}$$

其中，

$$\boldsymbol{A} = \begin{bmatrix} 2 & 1 & 9 \\ 9 & 7 & 9 \\ 6 & 5 & 3 \end{bmatrix}, \ \boldsymbol{B} = \begin{bmatrix} 0 & 3 & 6 \\ 8 & 2 & 0 \\ 8 & 2 & 8 \end{bmatrix}, \ \boldsymbol{C} = \begin{bmatrix} 7 & 0 & 3 \\ 5 & 6 & 4 \\ 1 & 4 & 4 \end{bmatrix}, \ \boldsymbol{D} = \begin{bmatrix} 3 & 9 & 5 \\ 1 & 2 & 9 \\ 3 & 3 & 0 \end{bmatrix}$$

2.17 已知上题给出的矩阵，试求解 $\boldsymbol{AX} + \boldsymbol{XD} + \boldsymbol{CX}^2 - \boldsymbol{XBX} + \boldsymbol{X}^2\boldsymbol{C} + \boldsymbol{I} = \boldsymbol{0}$。

2.18 试求下面线性代数方程的解析解，并检验解的正确性。

$$\begin{bmatrix} 2 & -9 & 3 & -2 & -1 \\ 10 & -1 & 10 & 5 & 0 \\ 8 & -2 & -4 & -6 & 3 \\ -5 & -6 & -6 & -8 & -4 \end{bmatrix} \boldsymbol{X} = \begin{bmatrix} -1 & -4 & 0 \\ -3 & -8 & -4 \\ 0 & 3 & 3 \\ 9 & -5 & 3 \end{bmatrix}$$

2.19 已知下面的联立线性方程，试用 `solve()` 函数得出并验证方程的解。

$$\begin{cases} x_1 + x_2 + x_3 + x_4 + x_5 = 1 \\ 3x_1 + 2x_2 + x_3 + x_4 - 3x_5 = 2 \\ x_2 + 2x_3 + 2x_4 + 6x_5 = 3 \\ 5x_1 + 4x_2 + 3x_3 + 3x_4 - x_5 = 4 \\ 4x_2 + 3x_3 - 5x_4 = 12 \end{cases}$$

2.20 本章介绍的 `more_sols()` 函数并不局限于求解实系数的代数方法。试用该函数求解下面的复系数、复阶次的伪多项式方程，并验证得出的结果。

$$p(x) = (1 + 2\mathrm{j})x^{1+\sqrt{3}\mathrm{j}} + (1 - 3\mathrm{j})x^{\sqrt{2}\mathrm{j}} + 4x + 6 + 7\mathrm{j} = 0$$

2.21 假设非线性方程为 $\boldsymbol{AX}^3 + \boldsymbol{X}^4\boldsymbol{D} - \boldsymbol{X}^2\boldsymbol{BX} + \boldsymbol{CX} - \boldsymbol{I} = \boldsymbol{0}$，且 $\boldsymbol{A}$、$\boldsymbol{B}$、$\boldsymbol{C}$ 和 $\boldsymbol{D}$ 矩阵在习题2.16中给出，试求出该方程的全部实根。假设已经求出了方程的77个实根，总共3351个复数根，在 **data2ex1.mat** 文件给出，试接着求解该方程，看看能不能找到新的解。

第3章 | 无约束最优化

本 章 内 容

3.1 无约束最优化问题简介

无约束最优化问题的数学模型;无约束最优化问题的解析解方法;无约束最优化问题的图解法;局部最优解与全局最优解;数值求解算法的 MATLAB 实现。

3.2 无约束最优化问题的 MATLAB 直接求解

直接求解方法;最优化控制选项;最优搜索中间过程的图形显示;附加参数的传递;最优化问题的结构体描述;梯度信息与求解精度;基于问题的描述方法;离散点最优化问题的求解;最优化问题的并行求解。

3.3 全局最优解的尝试

全局最优问题演示;全局最优思路与实现。

3.4 带有决策变量边界的最优化问题

单变量最优化问题;多变量最优化问题;基于问题的描述与求解;边界问题全局最优解的尝试。

3.5 最优化问题应用举例

线性回归问题的求解;曲线的最小二乘拟合;边值微分方程的打靶求解;方程求解问题转换为最优化问题。

　　最优化技术是当前科学研究中一类重要的手段。所谓最优化就是找出使得目标函数值达到最小或最大的自变量值的方法。毫不夸张地说,学会了最优化问题的思想与求解方法,可以将科研的水平提高一个档次,因为原来解决问题得到一个解就满足了,学会了最优化的思想后将很自然地将追求问题最好的解。最优化问题可分为无约束最优化问题和有约束最优化问题。

　　本章侧重于介绍无约束最优化问题以及 MATLAB 求解方法,在 3.1 节中先给出无约束最优化问题的定义与标准数学模型,然后介绍无约束最优化问题的解析解方法与图解法,并给出全局最优解与局部最优解的定义与判定方法,最后以简单的一元函数最优化问题为例,介绍最优化问题的算法与 MATLAB 实现。3.2 节侧重于基于 MATLAB 最优化工具箱函数的最优化问题求解方法,并通过例子演示相关求解函数的使用格式与应用技巧,演示梯度信息在最优化问题求解中的应用与效果,给出基于并行计算的最优化问题求解方法。3.3 节探讨一般最优化问题的全局最优解方法,给出一个尝试求解问题全局最优解的思路和其 MATLAB 实现,并通过一个改进的测试函数检验该算法,验证该算法的有效性。3.4 节介绍带有决策变量边界限制的最优化问题及其求解方法,并试图得到单变量与多变量最优化问题的全局最优解。3.5 节探讨如何使用最优化技术求解一些实际应用问题。

3.1 无约束最优化问题简介

无约束最优化(unconstrained optimization)问题是最常见也是最简单的一类最优化问题。本节首先介绍无约束最优化问题的标准数学模型,并探讨最优化问题的解析解方法与图解方法,给出全局最优解与局部最优解的概念,以及简单一元最优化问题的求解算法并通过例子演示其 MATLAB 实现。

3.1.1 无约束最优化问题的数学模型

定义 3-1 ▶ 无约束最优化

无约束最优化问题的一般数学描述为

$$\min_{\boldsymbol{x}} f(\boldsymbol{x}) \tag{3-1-1}$$

其中,$\boldsymbol{x} = [x_1, x_2, \cdots, x_n]^{\mathrm{T}}$ 称为决策变量;标量函数 $f(\cdot)$ 称为目标函数。

上述数学描述的物理含义是如何找出求取一组 $\boldsymbol{x}$ 向量,使得目标函数 $f(\boldsymbol{x})$ 的值为最小,故该问题又称为最小化问题。由于这里的 $\boldsymbol{x}$ 向量的值可以任取,所以这类最优化问题又称为无约束最优化问题。

其实,这里给出的最小化是最优化问题的通用描述,不失普遍性。若要想求解最大化问题,那么只需给目标函数 $f(\boldsymbol{x})$ 乘以 -1 就能立即将其转换成最小化问题,所以本章及后续介绍中描述的全部问题都只考虑最小化问题,非最小化问题需要事先转换成最小化标准型。

3.1.2 无约束最优化问题的解析解方法

无约束最优化问题的最优点 $\boldsymbol{x}^*$ 处,目标函数 $f(\boldsymbol{x})$ 对 $\boldsymbol{x}$ 各个分量的一阶导数为 0,从而可以列出下面的方程。

$$\frac{\partial f}{\partial x_1}\bigg|_{\boldsymbol{x}=\boldsymbol{x}^*} = 0, \quad \frac{\partial f}{\partial x_2}\bigg|_{\boldsymbol{x}=\boldsymbol{x}^*} = 0, \quad \cdots, \quad \frac{\partial f}{\partial x_n}\bigg|_{\boldsymbol{x}=\boldsymbol{x}^*} = 0 \tag{3-1-2}$$

求解这些方程构成的联立方程可以得出极值点。其实，解出的一阶导数均为 0 的极值点不一定都是极小值的点，其中有的还可能是极大值点。极小值问题还应该有正的二阶导数。对于单变量的最优化问题，可以考虑采用解析解方法进行求解。然而用解析解方法求解多变量最优化问题，因为需要转换成求解多元非线性方程，其难度甚至高于直接最优化问题，所以没有必要采用该方法。

3.1.3　无约束最优化问题的图解法

如果一元方程或二元方程组已知，则可以将方程用匿名函数或符号表达式描述出来，然后采用 **fplot()** 或 **fimplicit()** 函数将方程曲线绘制出来，再通过读取曲线的交点信息即可以获得方程的解。

例 3-1　考虑一元函数 $f(t) = \mathrm{e}^{-3t}\sin(4t+2) + 4\mathrm{e}^{-0.5t}\cos(2t) - 0.5$，试用解析解方法和图形求解的方法研究该函数的最优性。

解　可以先表示该函数，并用解析解方法求解该函数的一阶导数，用 **fplot()** 函数可以绘制出 $t \in [0,4]$ 区间内原函数与一阶导函数的曲线，如图 3-1 所示。

```
>> syms t;
   y=exp(-3*t)*sin(4*t+2)+4*exp(-0.5*t)*cos(2*t)-0.5; %描述目标函数
   y1=diff(y,t)                            %求取目标函数的一阶导函数
   fplot([y,y1],[0,4]), line([0,4],[0,0])  %绘制一阶导函数曲线
```

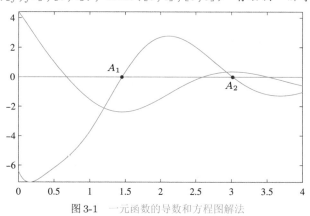

图 3-1　一元函数的导数和方程图解法

通过下面的计算可以得出导数函数为

$$f'(t) = -\mathrm{e}^{-3t}(3\sin(4t+2) - 4\cos(4t+2)) - 2\mathrm{e}^{-t/2}(\cos 2t + 4\sin 2t)$$

求解方程 $f'(t) = 0$，则可以得出方程的两个解为 $x_1 = 1.4528, x_2 = 3.0190$。对原函数求二阶导数，则这两个点的导函数值分别为 $z_1 = 7.8553, z_2 = -3.646$。

```
>> x1=vpasolve(y1,2), x2=vpasolve(y1,3)
   y2=diff(y,2); z1=subs(y2,t,x1), z2=subs(y2,t,x2)
```

其实，求解导函数等于 0 的方程不比直接求解其最优值简单。用图解法可以看出，在这个区间内有两个点，即 A_1 和 A_2，使得它们的一阶导函数为 0，但从其一阶导数走向看，A_2 点对应负的二阶导数值，所以该点对应于极大值点，而 A_1 点对应于正的二阶导数值，故为极小值点。

然而因为给定的函数是非线性函数，所以用解析解方法或类似的方法求解最小值问题一点都不比直接求解最优化问题简单。因此，除演示之外，不建议用这样的方法求解该问题，建议直接采用最优化问题求解程序得出问题的解。

3.1.4　局部最优解与全局最优解

一般的数值最优解方法都采用搜索方法，用户可以给出一个初始搜索点，从这个搜索点出发，采用不同的数值解算法，根据目标函数的实际情况找到下一步的一个点，再根据该点决策变量的目标函数值搜索下一个点。很显然，可以考虑迭代的方法一步一步地搜索出最优的点，使得目标函数的值最小。

对一元问题而言，由于目标函数可以表示为曲线形式，所以一般搜索方法可以形象地理解成在初始搜索点处放置一个小球，让小球沿曲线滚下，这样最终小球将在某一个点处停下来，这时，小球的速度为 0，即在这点处目标函数的导数为 0，这样的点就是期望的最优点。下面将给出一个例子，介绍数值最优化中局部最优值与全局最优值的概念。

例 3-2　假设目标函数为 $y(t) = \mathrm{e}^{-2t}\cos 10t + \mathrm{e}^{-3t-6}\sin 2t, 0 \leqslant t \leqslant 2.5$，试观察不同的初值能得出的最小值，并讨论局部最小值与全局最小值的概念。

解　可以由下面的语句直接绘制出目标函数在感兴趣区域的曲线，如图 3-2 所示。
```
>> f=@(t)exp(-2*t).*cos(10*t)+exp(-3*(t+2)).*sin(2*t);    % 目标函数
   fplot(f,[0,2.5]);
```

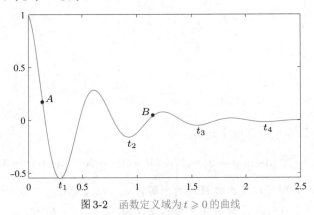

图 3-2　函数定义域为 $t \geqslant 0$ 的曲线

如果在 A 点放置一个小球（即将 A 点设为初始搜索点），则小球滚下后经过反复滚动，最终可能停止在 t_1 点。如果初始点数值为 B 点，则小球经过滚动后最终收敛到 t_2

点,该点目标函数的一阶导数也是 0,所以该点也是原问题的最优解。如果初始值选择在 t 较大的位置,可能找到的最优值还可能是 t_3 或 t_4。

从例 3-2 可以看出,一个已知的目标函数可能有多个最优值,但其目标函数的值可能是不同的。在这个例子中,从给定的区间看,t_1 点称为原问题的全局最优解,因为该点对应的目标函数值是最小的。其他各点,t_2、t_3 和 t_4 又称为问题的局部最优解。

> **定义 3-2 ▶ 局部最优解**
>
> 如果在一个邻域 C 内存在 $\boldsymbol{x}^*$ 点,使得 $f(\boldsymbol{x}^*) \leqslant f(\boldsymbol{x})$ 对所有 $\boldsymbol{x} \in C$ 成立,则 $\boldsymbol{x}^*$ 称为局部最优解。

> **定义 3-3 ▶ 全局最优解**
>
> 如果在实数域内存在一个 $\boldsymbol{x}^*$ 点,使得在定义域内 $f(\boldsymbol{x}^*) \leqslant f(\boldsymbol{x})$ 成立,则决策变量 $\boldsymbol{x}^*$ 称为无约束最优化问题的全局最优解。

从实际问题求解的角度看,人们追求的是问题的全局最优解,而不是局部最优解,如何获得问题的全局最优解是研究者普遍感兴趣的问题。事实上,目前所有的最优化算法没有哪一种能保证能求出最优化问题的全局最优解,只能说 “更可能” 获得全局最优解。在实际应用中,局部最优解没有什么价值,因为其他很多非最优解处的函数值都可能优于局部最优解处的目标函数值。例如,在图 3-2 曲线上看,$t \in (0.174, 0.434)$ 处的函数值都优于局部最优解 t_2。

例 3-3 重新考虑例 3-2 中的问题,如果感兴趣的区域变成了 $(-0.5, 2.5)$,试重新分析问题的全局最优解与局部最优解。

解 现在再考虑更大些的定义域,即 $t \geqslant -0.5$,则用下面的语句能绘制出该函数在新定义域内的曲线,如图 3-3 所示。由得出的曲线看,可能的最优解为 t_0, t_1, t_2, t_3 和 t_4。这时的 t_1 点已经不再是问题的全局最优值,而是一个局部最优值,新的全局最优值变成了 t_0。从这个例子可以看出,同样的目标函数随着感兴趣区域的不同,可能有不同的全局最优解。

```
>> f=@(t)exp(-2*t).*cos(10*t)+exp(-3*(t+2)).*sin(2*t);
   fplot(f,[-0.5,2.5]); ylim([-2,1.2])
```

若将定义域扩展到 $t \in (-\infty, \infty)$ 区间,则原问题没有真正意义的全局最优解。

3.1.5 数值求解算法的 MATLAB 实现

求解最优化问题有许多种数值算法,本节给出一种简单的方法演示无约束最优化问题的数值求解,并给出 MATLAB 的实现。

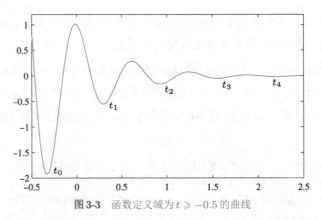

图3-3 函数定义域为 $t \geqslant -0.5$ 的曲线

通常用到的数值最优化方法都是先选定初值 x_0，然后用迭代方法得出原始问题的数值解。假设已知第 k 步迭代的决策变量值为 x_k，依据 Taylor 级数展开技术，可以用一个二次函数 $g(x)$ 逼近 x 处的函数值[9]。

$$g(x) = f(x_k) + f'(x_k)(x - x_k) + \frac{1}{2}f''(x_k)(x - x_k)^2 \qquad (3\text{-}1\text{-}3)$$

且已知 $f(x_k) = g(x_k)$，$f'(x_k) = g'(x_k)$，$f''(x_k) = g''(x_k)$。现在不优化 $f(x)$ 函数，而考虑简单二次函数 $g(x)$ 的优化问题，该函数最优解存在的条件是 $g'(x) = 0$，由其推导出

$$0 = g'(x) = f'(x_k) + f''(x_k)(x - x_k) \qquad (3\text{-}1\text{-}4)$$

令 $x = x_{k+1}$，则可以推导出

$$x_{k+1} = x_k - \frac{f'(x_k)}{f''(x_k)} \qquad (3\text{-}1\text{-}5)$$

如果用后向差分数值导数计算函数的二阶导数，则可以得出迭代公式

$$x_{k+1} = x_k - \frac{x_k - x_{k-1}}{f'(x_k) - f'(x_{k-1})}f'(x_k) \qquad (3\text{-}1\text{-}6)$$

其实，仔细观察这里的求解方法，不难看出该方法事实上就是求解 $f'(x) = 0$ 代数方程的方法，递推公式类似 Newton–Raphson 迭代法，因为函数的二阶导数采用了后向差分算法取代，从而得出该方程的数值解。下面将通过例子演示如何用 MATLAB 求解一元最优化问题最优值的方法与过程。

例3-4 试利用这里给出的算法求解例 3-1 中的问题。

解 若想求解这样问题的最优解，则需要用匿名函数描述目标函数的导数，而例 3-1 已经给出了其导函数的解析表达式，所以这里给出简单的匿名函数实现。再选择两个初始参考点 $t_0 = 1$，$t_1 = 0.5$，这样就可以由循环结构实现迭代过程。可以将循环条件设置为 $|t_{k+1} - t_k| < \epsilon$，并假设 $\epsilon = 10^{-5}$，亦即两次搜索点之间的距离足够小时停止循环。运行下面的语句，就可以得出函数的最优解。

```
>> df=@(t)-exp(-3*t).*(3*sin(4*t+2)-4*cos(4*t+2)) ...
        -2*exp(-t/2).*(cos(2*t)+4*sin(2*t));
   t0=1; t1=0.5; t=[t0,t1];
   while abs(t1-t0)>1e-5
       t2=t1-(t1-t0)/(df(t1)-df(t0))*df(t1);
       t0=t1; t1=t2; t=[t, t2];
   end
```

得出的中间结果如下,最优解为 $t^* = 1.4528$。可以看出,对这里给出的简单问题而言,仅经过几步迭代,就可以得出原始问题的数值最优解。

$$t = [1, 0.5, 1.7388, 1.4503, 1.4534, 1.4528, 1.4528]$$

有了中间结果,就可以利用下面的语句描述目标函数和导函数曲线,标注出中间的搜索点并同时标注辅助线,如图 3-4 所示。从这些点可以大致了解搜索的中间过程。

```
>> f=@(t)exp(-3*t).*sin(4*t+2)+4*exp(-0.5*t).*cos(2*t)-0.5;
   fplot(f,[0,4]), hold on
   fplot(df,[0,4]), plot(t,df(t),'o'), hold off
```

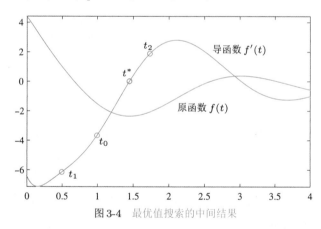

图 3-4　最优值搜索的中间结果

当然,这里仅给出了一元函数最优解的一种常用的搜索方法,对多元问题而言,搜索过程可能要麻烦得多。

例 3-5　试求解 Rosenbrock 函数 $f(x_1, x_2) = 100(x_2 - x_1^2)^2 + (1 - x_1)^2$ 的无约束最小值问题。

解　这个问题是英国著名学者 Howard Harry Rosenbrock (1920—2010) 构造的用于测试最优化问题求解算法的测试问题。从目标函数可以看出,由于它为两个平方数的和,所以当 $x_2 = x_1 = 1$ 时,整个目标函数有最小值 0。事实上,采用求解导数方程的方式,也可以得出 $x_1 = x_2 = 1$,求出函数的最优值为 0。

```
>> syms x1 x2
```

```
f=100*(x2-x1^2)^2+(1-x1)^2;        % 输入目标函数
ff=jacobian(f,[x1,x2]);            % 求出目标函数的 Jacobi 矩阵
[x1,x2]=solve(ff,[x1,x2])          % 解一阶导数联立方程,得出最优解
f=100*(x2-x1^2)^2+(1-x1)^2         % 计算目标函数的最优值
```

由原始问题可能无法得出函数的一阶导数(对多元问题而言应该为梯度)信息,只知道目标函数本身的信息,求解全局最优化问题可能更加麻烦。本章后续内容将不再介绍这种底层的求解算法,只介绍基于 MATLAB 最优化工具箱的直接求解方法。

3.2　无约束最优化问题的MATLAB直接求解

MATLAB 提供了两个高效的无约束最优化问题求解函数,本节将介绍利用这些函数直接求解无约束最优化问题的方法,并探讨如何提高求解的精度与效率,还将尝试利用并行计算的方法求解最优化问题。

3.2.1　直接求解方法

MATLAB 语言中提供了求解无约束最优化问题的函数 fminsearch(),其最优化工具箱中还提供了函数 fminunc(),二者的调用格式完全一致,为

x=fminsearch(Fun,x_0)　　　　　　　　　　　% 最简求解语句

[x,f_0,flag,out]=fminsearch(Fun,x_0,opt)　　　　% 带有控制选项

[x,f_0,flag,out]=fminsearch(Fun,x_0,opt,p_1,p_2,$\cdots$)　% 带有附加参数

其中,Fun 为描述目标函数的函数句柄,它可以是 MATLAB 函数的文件名,也可以是匿名函数或 inline 函数;x_0 为搜索初值向量;opt 为控制选项。除此之外,该函数还允许使用附加参数 p_1, p_2, $\cdots$,但不建议使用附加参数,后面将介绍一种替代附加参数的方法。在返回的变量中,x 为决策变量的最优解;f_0 为最优的传递函数值;flag 为计算结果的标志,若 flag 为 0,则说明求解过程不成功,flag 为 1 则表示求解成功;返回量 out 包含一些求解的中间信息,如迭代步数等。

从数值算法看,fminsearch() 函数采用了文献 [10] 中提出的改进单纯形算法,而 fminunc() 函数可以使用拟 Newton 算法,也可以使用置信域(trust region)求解算法。从采用的算法看,fminsearch() 函数不需要目标函数的梯度信息,拟 Newton 算法的 fminunc() 函数不需要目标函数的梯度信息,而 fminunc() 采用置信域算法时是需要用户提供梯度信息的。

从求解效果上作者发现,对很多算例而言,较新版本的 fminunc() 函数效率得到了大幅提升,所以建议尽可能使用新版本的求解函数。

下面将通过例子演示无约束最优化问题的数值解法。

例 3-6　已知二元函数 $z = f(x, y) = (x^2 - 2x)\mathrm{e}^{-x^2 - y^2 - xy}$, 试用 MATLAB 提供的求解函数求出其最小值, 并解释解的几何意义。

解　因为函数中给出的自变量是 x 和 y, 而最优化函数需要求取的是自变量向量 $\boldsymbol{x}$, 故在求解前应该先进行变量替换, 如令 $x_1 = x, x_2 = y$, 这样就可以将目标函数手工修改成

$$z = f(\boldsymbol{x}) = (x_1^2 - 2x_1)\mathrm{e}^{-x_1^2 - x_2^2 - x_1 x_2}$$

想求解最优化问题, 首先需要将目标函数用 MATLAB 表示出来。通常可以采用两种方法描述目标函数, 一种是采用 MATLAB 函数的方法, 另一种是匿名函数的方法。先看一下 MATLAB 函数的编程方法, 在这种方法下需要由决策向量 $\boldsymbol{x}$ 直接计算目标函数的值 y。

```
function y=c3mopt(x)
    y=(x(1)^2-2*x(1))*exp(-x(1)^2-x(2)^2-x(1)*x(2));
end
```

将上述函数存储成 c3mopt.m 文件后, 就可以由下面的语句直接求解最优化问题, 得出最优解为 $\boldsymbol{x} = [0.6111, -0.3056]$, 这时返回的标志 flag 为 1, 表示求解成功, 另外可以看出, 在求解过程中调用了 90 次目标函数, 总的迭代步数为 46。

```
>> [x,b,flag,c]=fminsearch(@c3mopt,[1;1]) %给出初值并求解最优化问题
```

另一种描述目标函数的方法是采用匿名函数的方法, 这样做的一个好处是无须建立一个实体的 MATLAB 函数文件, 只需给出动态命令即可; 另一个好处是可以直接使用 MATLAB 工作空间中的变量。用下面的语句可以先由匿名函数定义出目标函数, 然后求解最优化问题, 得出的解与前面的方法完全一致。

```
>> f=@(x)(x(1)^2-2*x(1))*exp(-x(1)^2-x(2)^2-x(1)*x(2)); %目标函数
   x0=[2; 1]; [x,b,flag,d]=fminsearch(f,x0)  %由初值求解最优化问题
```

同样的问题用 fminunc() 函数求解, 可以得出同样的结果。这时, 目标函数的调用次数为 66, 总的迭代步数为 7。

```
>> [x,b,flag,d]=fminunc(f,[2; 1])  %另一个求解函数
```

比较两种方法, 可以看出, 用 fminunc() 函数的效率明显高于 fminsearch(), 因为对目标函数调用的次数与迭代的步数都明显少于后者, 所以在无约束最优化问题求解时, 如果安装了最优化工具箱, 则建议使用 fminunc() 函数。

其实, 利用 surf() 函数可以绘制出目标函数的曲面, 如图 3-5 所示。可见, 得出的最小值点为得出曲面的谷底。

```
>> syms x y;
   f=(x^2-2*x)*exp(-x^2-y^2-x*y);
   fsurf(f,[-3 3, -2 2])
```

例 3-7　试求解 De Jong 基准测试问题。

$$\min_{\boldsymbol{x}} \quad \sum_{i=1}^{20} x_i^2$$

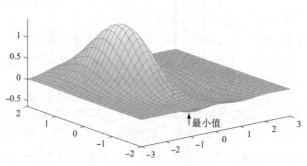

图 3-5　给定函数的三维曲面图

解　很显然,问题的解析解为 $x_i = 0, i = 1, 2, \cdots, 20$。现在可以用匿名函数描述目标函数,然后调用 fminsearch() 函数直接求解最优化问题。其中,在描述目标函数时,$\boldsymbol{x}(:)$ 命令将 $\boldsymbol{x}$ 向量转换为列向量,所以这时不论给出的初值 $\boldsymbol{x}_0$ 为行向量还是列向量都能正确地计算目标函数的值。

```
>> f=@(x)x(:)'*x(:);
   x0=ones(20,1); [x0 f0 flag cc]=fminsearch(f,x0)
```

调用上述求解语句,得出目标函数为 $f_0 = 0.0603$,与期望的理论值有较大的差异,且系统给出警告信息"正在退出:超过了函数计算的最大数目,请增大 MaxFunEvals 选项。当前函数值:0.060339"。从给出的提示看,搜索过程非正常结束,原因是目标函数计算的次数大于预设的 MaxFunEvals 选项。同时,应该注意,这时返回的 flag 为 0,说明求解不成功。

3.2.2　最优化控制选项

MATLAB 提供的最优化函数的搜索过程可以这样理解:由用户给定的初值 $\boldsymbol{x}_0$ 进行搜索,每搜索一步,需要计算 $||\boldsymbol{x}_{k+1} - \boldsymbol{x}_k||$ 与 $|f(\boldsymbol{x}_{k+1}) - f(\boldsymbol{x}_k)|$ 的值,一般情况下,当下面两组条件之一满足,则搜索过程终止。

$$||\boldsymbol{x}_{k+1} - \boldsymbol{x}_k|| < \epsilon_1, \quad |f(\boldsymbol{x}_{k+1}) - f(\boldsymbol{x}_k)| < \epsilon_2 \tag{3-2-1}$$

$$k_1 > k_{1\,\max}, \quad k_2 > k_{2\,\max} \tag{3-2-2}$$

式中,ϵ_1 和 ϵ_2 为用户指定的误差限,应该选择为很小的正数,这两个参数决定搜索结果的精度;k_1 是目标函数调用次数;$k_{1\,\max}$ 为用户选定的目标函数计算的最大允许次数;k_2 是实际迭代步数;$k_{2\,\max}$ 为最大允许的迭代步数,k_1 和 k_2 这两个选项的默认值均为 $200n$,其中,n 为决策变量的个数。

如何修改这些控制选项呢?与前面介绍的解方程问题一样,调用 optimset() 函数,读入控制选项的模板;或使用新版的 optimoptions('fminunc') 命令启动控制选项的设置。这两个函数的控制选项大同小异,但使用的成员变量名不同,可以调用 optimset() 函数, 使用旧版的成员变量名; 或调用 optimoptions() 函数, 使用旧版或新版的成员变量名。在表 3-1 中给出常用的成员变量名, 并给出旧版与新版的对比。

表 3-1　最优化求解函数的成员变量表

旧成员变量名	新成员变量名	成员变量说明
Algorithm	同名	最优化搜索算法的选择与设置, 'quasi-newton' 为拟 Newton 算法, 而 'trust-region' 为置信域算法, 前者为默认的算法。注意, 置信域算法需要已知目标函数的梯度, 否则不能使用
Display	同名	中间结果显示方式, 其值可以取 'off' 表示不显示中间值, 'iter' 表示逐步显示, 'notify' 表示在求解不收敛时给出提示(默认选项), 'final' 只显示最终值
GradObj	SpecifyObjectiveGradient	求解最优化问题时使用, 表示目标函数的梯度是否已知, 可以选择为 'off' 或 'on', 新版使用 true 或 false
MaxIter	MaxIterations	方程求解和优化过程最大允许的迭代步数, 若方程未求出解, 可以适当增加该值, 即 $k_{2\max}$, 默认值为 400
MaxFunEvals	MaxFunctionEvaluations	方程函数或目标函数的最大调用次数, 即 $k_{1\max}$, 默认值为 100 倍决策变量的个数
OutputFcn	同名	常用于中间结果的处理, 用户可以编写一个函数, 描述在每步迭代中如何处理中间结果, 后面将给出演示例子
PlotFcn	PlotFcns	显示寻优收敛过程, 建议使用组合 {@optimplotfval, @optimplotfirstorderopt, @optimplotx} 等
TolFun	OptimalityTolerance	误差函数误差限控制量, 即 ϵ_2
TolX	StepTolerance	解的误差限控制量, 即 ϵ_1
TolCon	ConstraintTolerance	约束条件的误差限
—	UseParallel	是否使用并行求解机制

在一般求解格式的调用语句中, 正常情况下, 当 ϵ_1 或 ϵ_2 条件满足时搜索过程正常结束, 返回的标志 flag 为正数; 而 $k_{1\max}$ 与 $k_{2\max}$ 满足时为非正常结束, 返回的标志 flag 为 0, 所以可以考虑依赖 flag 的值搜索出有意义的最优值。

从给出的成员变量名看, 新版的 optimoptions() 函数对应的成员变量名比较复杂, 不如原版 optimset() 成员变量名简洁。本书建议尽量采用 optimoptions() 函数设置控制选项, 而成员变量名可以考虑使用旧版。注意, 调用 optimoptions() 函数时, 应该至少给出一个输入变元, 建议使用 optimoptions('fminunc') 命令。

下面将通过例子演示成员变量的设置方法与成员变量的效应。

例 3-8　试用不同的算法求解例 3-6 中的无约束最优化问题, 并显示中间结果。

解　先考虑采用 fminsearch() 函数直接求解, 该函数采用了改进的单纯形法。该求解函数的成员变量设置只能选择 optimset() 函数, 不能使用 optimoptions() 函数。

另外, 为比较算法, 可以设置中间结果的显示, 得出的目标函数值为 -0.64142372351。

```
>> f=@(x)(x(1)^2-2*x(1))*exp(-x(1)^2-x(2)^2-x(1)*x(2));
   ff=optimset; ff.Display='iter';            %成员变量
   x0=[2; 1]; [x,b,c,d]=fminsearch(f,x0,ff)    %单纯形法
```

得出的中间结果如下:

Iteration	Func-count	min f(x)	Procedure
0	1	0	
1	3	0	initial simplex
2	5	-0.000641131	expand
3	7	-0.00181849	expand
4	9	-0.0132889	expand
5	11	-0.0654528	expand
6	13	-0.0835065	reflect
... 略去了中间结果			
45	88	-0.641424	contract inside
46	90	-0.641424	contract inside

现在再调用 fminunc() 函数求解最优化问题, 其成员变量可以采用 optimset() 函数或 optimoptions() 函数设定, 建议使用前者。求解函数采用的默认算法是拟 Newton 算法, 调用该函数也可以求解最优化问题, 得出的目标函数值为 -0.641423726326, 略优于前面的寻优方法。

```
>> ff=optimoptions('fminunc'); ff.Display='iter';
   [x,b,c,d]=fminunc(f,x0,ff)    %默认拟 Newton 法求解
```

得出的中间结果如下。可以看出, 使用该函数迭代步数更少, 求解算法更高效。

Iteration	Func-count	f(x)	Step-size	optimality
0	3	0		0.00182
1	24	-0.134531	872.458	0.324
2	36	-0.134533	0.001	0.324
3	48	-0.623732	172	0.205
4	54	-0.641232	0.311866	0.0357
5	60	-0.641416	0.329315	0.00433
6	63	-0.641424	1	0.000218
7	66	-0.641424	1	1.49e-08

例 3-9　试求出例 3-7 精确的解。

解　前面介绍过, 由于在默认调用格式下系统给出提示, 目标函数的计算次数大于最大允许的次数, 所以一种很自然的方法是增大 MaxFunEvals, 不过这并非是一种好的方法。另一种方法是将得出的 x_0 作为初值重新搜索, 再判定得出的 flag 值是否为正, 如果为正, 则可以终止循环过程, 否则继续搜索, 直到得出所需的决策变量为止。为得到精确的结果, 可以给出更严格的误差限。

```
>> f=@(x)x(:)'*x(:);
   x0=ones(20,1); flag=0; k=0;
   ff=optimset; ff.TolX=eps; ff.TolFun=eps;
   while flag==0, k=k+1        % 如果 flag 为 0,则继续搜索
       [x0 f0 flag cc]=fminsearch(f,x0,ff);
   end
   norm(x0), f(x0)
```

可以看出,经过 19 次循环($k=19$),得到的 $||\boldsymbol{x}_0||=4.0405\times 10^{-14}$,目标函数的值低至 $f_0=1.6326\times 10^{-27}$,圆满地求解了原始问题。

例 3-10　试利用 **fminunc()** 函数重新求解例 3-7 中的最优化问题。

解　假设初始搜索点为位于 $(-1000,1000)$ 区间的均匀分布随机数,则可以给出下面的命令,由 **fminunc()** 函数直接进行寻优计算。

```
>> f=@(x)x(:)'*x(:);
   x0=-1000+2000*rand(20,1);    % 随机选择初值
   ff=optimset; ff.TolX=eps; ff.TolFun=eps;
   [x0 f0 flag cc]=fminunc(f,x0,ff), norm(x0)
```

得出 $\boldsymbol{x}_0$ 向量的范数为 $f_0=1.6360\times 10^{-11}$,可以看出,得出的结果比较接近理论值。不过,如果使用循环结构,则不会得出更好的求解结果。

从例 3-10 可见,**fminunc()** 函数可以从给定的初值迅速得出比较精确的结果,然后利用 **fminsearch()** 函数求精确解,将 $k_{1\,\mathrm{max}}$ 与 $k_{2\,\mathrm{max}}$ 设置成大值即可。例如可以尝试下面的语句,这时目标函数的总调用次数为 15877,总耗时为 0.2202 s,误差的范数为 $||\boldsymbol{x}_0||=2.0013\times 10^{-12}$。

```
>> x1=-1000+2000*rand(20,1); x0=x1; k=0; tic
   [x0 f0 flag cc]=fminunc(f,x0,ff);
   ff.MaxFunEvals=100000; ff.MaxIter=100000; M=cc.funcCount;
   [x0 f0 flag cc]=fminsearch(f,x0,ff);
   toc, M=M+cc.funcCount, norm(x0)
```

3.2.3　最优搜索中间过程的图形显示

表 3-1 中提及了 **OutputFcn** 和 **PlotFcn** 选项,可以用这两个选项显示搜索的动态过程。前者可以设置为响应函数的函数句柄,并编写出响应函数,以便在每一步迭代中显示或处理中间结果;后者可以关联一个预置的显示函数。响应函数的格式与预置函数的显示效果将通过例子演示。

例 3-11　试找出并显示例 3-6 最优化过程的各个中间点。

解　为截取寻优过程的中间点,可以用开关结构编写如下输出处理函数。注意,响应函数的输入、返回变元都应该写成这里给出的固定格式,在寻优过程中 MATLAB 的内在机制会自动生成这些输入变元的值。

```
function stop=c3myout(x,optimValues,state)
stop=false;
switch state                              %开关结构,监视中间结果
    case 'init', hold on                  %初始化响应:设置坐标系保护
    case 'iter', plot(x(1),x(2),'o'),     %迭代响应:将中间结果用圆圈表示
        text(x(1)+0.1,x(2),int2str(optimValues.iteration)); %迭代步数
    case 'done', hold off                 %结束监控过程:取消坐标系保护
end
```

这样就可以在每步迭代中将中间结果标识出来了。要启动这样的监控过程,需要将 **OutputFcn** 选项设置为 **@c3myout**。要演示整个优化过程,可以先绘制出原目标函数曲面的等高线图,选择初始搜索点 $x_0 = [2,1]^T$,用下面的语句开始带有监控的优化过程,这样就可以在等高线上叠印出中间搜索点,如图 3-6 所示。图中中间搜索点做了编号与标记处理,如果两个中间点的距离特别小,发生重叠(为排版需要已手工移动标记,避免重叠),则说明这时的计算步长很小,接近于收敛值。

```
>> [x,y]=meshgrid(-3:0.1:3, -2:0.1:2);              %生成网格矩阵
   z=(x.^2-2*x).*exp(-x.^2-y.^2-x.*y); contour(x,y,z,30); %等高线图
   f=@(x)(x(1)^2-2*x(1))*exp(-x(1)^2-x(2)^2-x(1)*x(2)); %目标函数
   ff=optimoptions('fminunc'); ff.OutputFcn=@c3myout;
   x0=[2 1]; x=fminunc(f,x0,ff)                        %解最优化问题
```

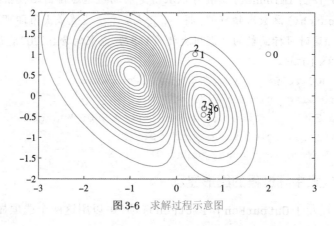

图3-6　求解过程示意图

除了设计 **OutputFcn** 响应函数之外,还可以设置 **PlotFcn** 成员变量。该成员变量可以关联预置的动态绘图函数。表3-2列出了常用的几个预置显示函数名及其介绍。正常情况下,第二个与第三个预置函数是比较相关的。如果想同时调用几个预置函数,则可以将这些函数名写成单元数组的表示形式。

例3-12 仍考虑例3-6中的最优化过程,试用动态图形显示求解过程。

解 首先考虑一阶最优性的显示。重新求解最优化问题,将得出如图3-7所示的收

表3-2 寻优过程显示的预置函数

函 数 名	预置函数的解释
@optimplotx	以柱状图的形式动态地运算每个决策变量的演变情况,每步迭代更新一次柱状图的值
@optimplotfval	显示目标函数的变化
@optimplotfirstorderopt	显示一阶最优性的变化情况

敛过程示意图。可见,对这个具体例子而言,收敛过程是很快的。

```
>> ff=optimoptions('fminunc');
   ff.PlotFcn=@optimplotfirstorderopt;
   f=@(x)(x(1)^2-2*x(1))*exp(-x(1)^2-x(2)^2-x(1)*x(2)); %目标函数
   x0=[2 1]; x=fminunc(f,x0,ff)                         %解最优化问题
```

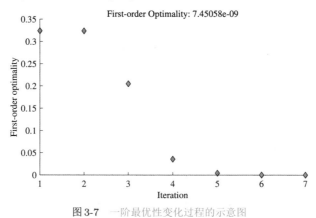

图3-7 一阶最优性变化过程的示意图

如果调用另外两个预置函数,则可以得出如图3-8和图3-9所示的动态显示。其中,每步迭代结束后会在图3-8中更新当前搜索点的决策变量值。由于本例迭代步数过少,

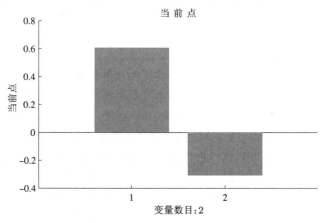

图3-8 决策变量演变的示意图

这里的动态显示不太明显。图 3-9 中的目标函数变化情况与图 3-7 类似,不过图 3-7 是目标函数一阶导数的变化情况,最终收敛到 0,而图 3-9 是实际目标函数的变化情况,最终收敛到最优的目标函数值。

```
>> ff.PlotFcn={@optimplotx,@optimplotfval};
   x0=[2 1]; x=fminunc(f,x0,ff)                    % 解最优化问题
```

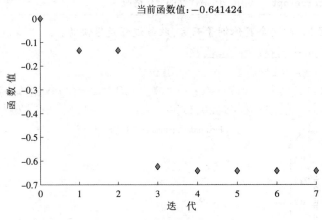

图 3-9   目标函数变化过程示意图

3.2.4   附加参数的传递

在实际的最优化问题中,目标函数除了与 x 有直接关系外,还可以带有其他附加参数,一般情况下,这些附加参数是必要的。本节将演示附加参数的使用方法,还将探讨避免使用附加参数的方法。

例 3-13   已知扩展的 Dixon 问题:

$$\min_{x} \sum_{i=1}^{n/10} \left[(1 - x_{10i-9})^2 + (1 - x_{10i})^2 + \sum_{j=10i-9}^{10i-1} (x_j^2 - x_{j+1})^2 \right]$$

如果 $n = 50$,试求解该最优化问题。

解   由给出的式子可见,目标函数的值除了和决策变量 x_i 有关之外,还和 n 有关。因为 n 不能写成决策变量的形式,只能用附加参数的形式写入目标函数。显然,原问题的解析解为 $x_i = 1, i = 1, 2, \cdots, n$。如果 n 是 10 的倍数,则可以将原始的 x 向量转换成 10 行、$n/10$ 列的 X 矩阵,这样,X 矩阵的第 i 列的元素就是决策变量 x_{10i-9} 至 x_{10i} 项的元素值。利用向量化方法就可以编写出下面的 MATLAB 函数描述目标函数。

```
function y=c3mdixon(x,n)                % 注意函数入口
   m=n/10; mustBePositiveInteger(m);   % 确保 m 为正整数,否则报错
   X=reshape(x,10,m); y=0;             % 将向量转成矩阵
   for i=1:m
```

```
y=y+(1-X(1,i))^2+(1-X(10,i))^2+...    %计算 (1−x_{10i−9})^2+(1−x_{10i})^2
    sum((X(1:8,i).^2-X(2:9,i)).^2);    %计算 Σ (x_j^2 − x_{j+1})^2
end, end
```

注意，由于标准目标函数传递的格式下，n 的值并不能直接传入目标函数，所以应该将 n 用作附加参数，这样，该函数的输入变元除了 x 之外，还有第二输入变元 n。

描述了目标函数，就可以考虑由下面的命令直接求解最优化问题。注意，在求解语句调用时，应该给出附加参数 n 的值，与描述目标函数的 m 函数必须保持一致，否则不能直接求解。求解过程中还可以动态地给出决策变量的演变情况，如图 3-10 所示。

```
>> ff=optimoptions('fminunc');
   ff.PlotFcn=@optimplotx;               %动态显示决策变量的演变
   ff.TolX=eps; ff.TolFun=eps;           %给出苛刻的收敛条件
   n=50; x0=rand(n,1);                    %设置随机初值
   [x0,f0,flag,cc]=fminunc(@c3mdixon,x0,ff,n); f0
```

不过该函数可能给出如下警告信息 "**fminunc stopped because it exceeded the function evaluation limit, options.MaxFunctionEvaluations = 5.000000e+03**"，且得出的目标函数为 7.3568×10^{-5}，该值过大，且 **flag** 值为 0，说明实际目标函数调用次数超过最大允许次数，求解不成功。从图 3-10 中给出的决策变量动态演变图可见，尽管决策变量一致在收敛，但个别决策变量（如 x_{39}）仍然离全局最优值比较远，甚至其值仅有 0.6，而不是理论值 1。

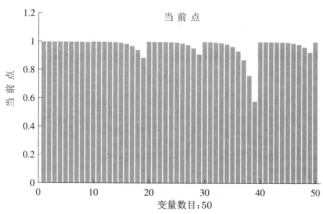

图 3-10　决策变量演变的示意图

可以考虑将求解语句嵌入循环结构，这样经过 4 步循环，可以得到较高精度的数值解，目标函数的值为 8.6509×10^{-8}，得出的 x_i 与理论值的最大误差为 0.0537。尽管本例设置了严苛的误差限，得到的结果误差还是过大。若绘制决策变量的演变图，最终仍然能看出误差。

```
>> flag=0; k=0;
   while flag==0, k=k+1
```

```
[x0,f0,flag,cc]=fminunc(@c3mdixon,x0,ff,n); f0
end, max(abs(x0-1))
```

在较新版本的最优化工具箱中,很多描述似乎不适合使用附加参数,所以这里考虑一种替代的方法,即为MATLAB文件编写一个匿名函数接口,直接传入附加参数的方法,因为匿名函数可以直接使用MATLAB工作空间中的变量。这里将通过例子演示这样的方法。

例3-14 重新考虑例3-13中的问题,试不采用附加参数重新求解最优化问题。

解 例3-13中曾经给出了描述目标函数的MATLAB函数c3mdixon(),该函数使用了附加参数n。在后面将介绍的结构体调用格式下并不允许使用附加参数,这时应该为其建立一个匿名函数接口,将原来的附加参数在MATLAB工作空间内赋值,这样就可以调用下面的语句重新求解上述无约束最优化问题。

```
>> n=50; clear P                    %求出现有的P变量
   P.objective=@(x)c3mdixon(x,n);    %设计接口,避开附加变量
   P.x0=rand(n,1); P.options=ff; P.solver='fminunc';
   [x0,f0,flag,cc]=fminunc(P)
```

3.2.5 最优化问题的结构体描述

MATLAB最优化工具箱还支持用结构体变量描述最优化问题,这样可以使最优化问题的描述更规范。可以建立一个结构体变量problem,该结构体的各个成员变量在表3-3给出。注意,对无约束最优化问题而言,这四个成员变量必须都给出赋值,否则无法求解。注意,为避免麻烦,建议使用problem变量之前,先用clear命令清除该变量。

表3-3 无约束最优化结构体成员变量表

成员变量名	成员变量说明
objective	目标函数句柄,成员变量名也可以是Objective
x0	初始搜索向量
options	控制选项的设置,可以由problem.options=optimset语句设置成默认的选项,也可像前面例子介绍的那样,修改控制选项,然后将修改后的结构体赋给options
solver	应该将其设置为'fminunc'

完成结构体的描述,就可以由下面的语句直接求解最优化问题的结构体变量problem,得出的结果与前面介绍的函数完全一致。

$$[x,f_m,\text{flag},\text{out}]=\text{fminunc}(\text{problem})$$

注意,**fminsearch()**并不支持这样的调用格式,只能采用前面给出的一般调用方法使用,求解无约束最优化问题。

例 3-15 试用结构体的方式重新描述并求解例 3-6 中的无约束最优化问题。

解 可以用下面命令建立起最优化问题的结构体变量 P, 然后调用 **fminunc()** 函数即可以直接求解原始问题, 得出的结果与例 3-6 中的结果完全一致。

```
>> P.solver='fminunc';
   P.options=optimset;                      %用结构体描述整个问题
   P.objective=@(x)(x(1)^2-2*x(1))*exp(-x(1)^2-x(2)^2-x(1)*x(2));
   P.x0=[2; 1]; [x,b,c,d]=fminunc(P)        %直接求解最优化问题
```

例 3-16 试用结构体格式描述例 3-14 给出的最优化问题, 并重新求解该问题。

解 由于结构体的格式并不支持附加参数的使用, 所以应该仿照例 3-14 介绍的方法, 为目标函数 **c3mdixon()** 设置一个匿名函数的接口, 将 n 的值传入匿名函数, 这样就可以用结构体的格式描述原始的无约束最优化问题。可以考虑给出下面的语句重新求解最优化问题, 得出的结果与前面的方法完全一致。

```
>> P.solver='fminunc';
   n=50; P.options=optimset;
   P.objective=@(x)c3mdixon(x,n);          %建立匿名函数句柄
   P.x0=rand(n,1); [x,b,c,d]=fminunc(P)    %直接求解最优化问题
```

结构体的另一种生成方式是调用 **createOptimProblem()** 函数, 使用该函数定义结构体时, 若采用默认控制选项, 则不必另行定义 **options** 属性。由下面的语句可以直接描述最优化问题, 并得出相同的解。

```
>> n=50; f=@(x)c3mdixon(x,n);  %建立匿名函数句柄
   P=createOptimProblem('fminunc','Objective',f,'x0',rand(n,1));
   [x,b,c,d]=fminunc(P)                %直接求解最优化问题
```

3.2.6 梯度信息与求解精度

有时最优化问题求解速度较慢, 甚至无法搜索到较精确的最优点, 尤其是变量较多的最优化问题, 所以需要引入目标函数梯度, 以加快计算速度, 改进搜索精度。然而, 有时计算梯度也是需要时间的, 也会影响整个运算速度, 所以实际求解时应该考虑是否值得引入梯度的概念。

在利用 MATLAB 最优化工具箱求解最优化问题时, 也应该和目标函数在同一函数中描述梯度函数, 亦即这时 MATLAB 的目标函数应该返回两个变量, 第一个变量仍然表示目标函数, 第二个变量可以返回梯度函数。同时, 还应该将求解控制变量的 **GradObj** 属性设置成 **'on'**, 或将新的控制选项 **SpecifyObjectiveGradient** 设置为 **1** 或 **true**, 这样就可以利用梯度来求解最优化问题。

例 3-17 试考虑例 3-5 中的 Rosenbrock 函数, 并利用 MATLAB 的求解函数直接求出无约束最小值问题的解。

解 用下面语句可以绘制出目标函数的三维等高线图, 如图 3-11 所示。

```
>> [x1,x2]=meshgrid(0.5:0.01:1.5);          %生成网格数据
   z=100*(x2.^2-x1).^2+(1-x1).^2;           %计算目标函数
   contour3(x1,x2,z,100), zlim([0,310])     %绘制三维等高线图
```

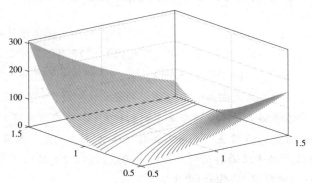

图 3-11　　Rosenbrock 目标函数的三维等高线图

由得出的曲线看,其最小值点在图中的一个很窄的白色带状区域内,故 Rosenbrock 目标函数又称为香蕉函数,而在这个区域内的函数值变化较平缓,这就给最优化求值带来很多麻烦。该函数经常用来测试最优化算法的优劣。现在观察用下面的语句求解最优化问题,可以尝试用 **fminunc()** 函数求解最优化问题,再将结果作为初值继续搜索,经过 100 次循环,即可求解最优化问题。

```
>> f=@(x)100*(x(2)-x(1)^2)^2+(1-x(1))^2; %目标函数的匿名函数描述
   ff=optimoptions('fminunc');
   ff.TolX=eps; ff.TolFun=eps; x=[0;0];
   for k=1:100, k
       [x,f0,flag,cc]=fminunc(f,x,ff)      %最优化问题的数值求解
   end
```

这时得出的最优解为 $\boldsymbol{x} = [0.999995588079578, 0.999991166415393]^{\mathrm{T}}$。可见,即使经过了长时间的运算,该算法也无法精确搜索到真值 $(1,1)$,用传统的最速下降法更无法搜索到真值,所以这时需要引入梯度的概念。对给定的 Rosenbrock 函数,利用符号运算工具箱即可求出其梯度向量。

```
>> syms x1 x2; f0=100*(x2-x1^2)^2+(1-x1)^2;
   J=jacobian(f0,[x1,x2])      %梯度计算
```

可以求出梯度向量为

$$\boldsymbol{J} = \big[-400(x_2 - x_1^2)x_1 - 2 + 2x_1, 200x_2 - 200x_1^2 \big]$$

这时,可以在目标函数中描述其梯度,故需要重新编写目标函数为

```
function [y,Gy]=c3fun3(x)
    y=100*(x(2)-x(1)^2)^2+(1-x(1))^2; %需返回两个变量,不能用匿名函数
    Gy=[-400*(x(2)-x(1)^2)*x(1)-2+2*x(1);
```

```
        200*x(2)-200*x(1)^2];
    end
```

这样, 就应该给出如下命令得出 $x = [1.000000000000012, 1.000000000000023]^{\mathrm{T}}$。

```
>> ff.GradObj='on';              %启用梯度函数选项
   x=fminunc(@c3fun3,[0;0],ff)   %利用梯度重新求解
```

可见, 引入梯度可以明显加快搜索的进度, 且最优解也基本逼近真值, 这是不使用梯度不可能得到的, 所以从本例可以看出梯度在搜索中的作用。然而, 在有些例子中引入梯度也不是很必要, 因为梯度本身的计算和编程需要更多的时间。

如果用结构体的方式描述最优化问题, 则可以得出与前面一致的解。

```
>> problem.solver='fminunc';           %求解器设定
   problem.x0=[2; 1];                  %初值设置
   problem.objective=@c3fun3;          %目标函数设置
   ff=optimset; ff.GradObj='on';       %控制选项设置
   ff.TolX=eps; ff.TolFun=eps; problem.options=ff;
   [x,b,c,d]=fminunc(problem)          %用结构体描述整个问题,直接求解
```

如果不使用梯度信息, 但采用 **fminsearch()** 函数进行求解, 则可以得出原问题精确的解。可见, 不基于梯度信息的求解方法也可能较好地求解这类问题。

```
>> ff.GradObj='off';
   x=fminsearch(f,[0;0],ff)          %直接求解
```

例 3-18　例 3-13 演示了一个比较复杂的最优化问题, 不论选择如何苛刻的控制选项, 都无法精确求解该问题, 实际误差可能高达 0.001 级。这是因为仅由目标函数难以获得精确的解。试考虑引入梯度信息, 重新求解最优化问题。

解　由于原来的决策变量可以每 10 个分成一组, 所以可以由下面的命令推导目标函数对每个决策变量的一阶导数。

```
>> syms x [1,10]
   f=(1-x1)^2+(1-x10)^2+sum((x(1:8).^2-x(2:9)).^2);
   df=simplify(jacobian(f,x))    %求解目标函数的梯度
```

可以得出

$$\boldsymbol{d}_f = [2x_1 - 4x_1(-x_1^2 + x_2) - 2, d_2, d_3, \cdots, d_8, -2x_8^2 + 2x_9, 2x_{10} - 2]$$

其中, $d_j = -2x_{j-1}^2 + 2x_j - 4x_j(x_{j+1} - x_j^2)$, $j = 2, 3, \cdots, 8$。这里的 x_j 事实上就是 $\boldsymbol{X}(j, i)$。由上面公式不难写出新的目标函数。

```
function [y,J]=c3mdixona(x,n)
    m=n/10; X=reshape(x,10,m); y-0; J=[];
    for i=1:m, j=3:7;
        y=y+(1-X(1,i))^2+(1-X(10,i))^2+...
            sum((X(1:8,i).^2-X(2:9,i)).^2);
        dj=-2*X(j-1,i).^2+2*X(j,i)-...
```

```
                4*X(j,i).*(X(j+1,i)-X(j,i).^2);
        J=[2*X(1,i)-4*X(1,i)*(-X(1,i)^2+X(2,i)-2;
           dj; -2*X(8,i)^2+2*X(9,i); 2*X(10,i)-2];
end, end
```

在该目标函数中,除了返回目标函数 y 的值之外,还返回目标函数对各个决策变量的一阶导数 J,以列向量形式返回。这样,就可以由下面语句直接求解最优化问题,得出的收敛示意图如图 3-12 所示。这时的目标函数达到 4.8071×10^{-31},决策变量与理论值的最大偏差低至 3.7748×10^{-15}。由此可见,引入梯度信息,可以大幅提升最优化问题的求解精度与求解速度。

```
>> ff=optimoptions('fminunc'); ff.PlotFcn=@optimplotfirstorderopt;
   ff.GradObj='on'; ff.TolX=eps; ff.TolFun=eps;   % 设置控制选项
   n=50; x0=rand(n,1);                            % 设置随机初值
   [x0,f0,k,cc]=fminunc(@c3mdixona,x0,ff,n); f0   % 求解最优化问题
   max(abs(x0-1))                                 % 决策变量最大误差
```

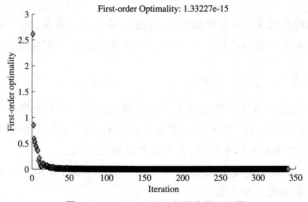

图 3-12   Dixon 目标函数的收敛示意图

需要指出的是,Rosenbrock 函数和 Dixon 函数是为检测寻优算法优劣而建立起来的人造函数,解决该问题的有效方法需要引入目标函数的梯度。实际应用中,很多寻优算法都是无须梯度信息的,用户可以根据需要决定是否引入梯度信息。

例 3-19   重新考虑例 3-7 中介绍的最优化问题,由于采用的最优化算法未利用梯度信息,所以得出的结果还是比较慢的,试利用梯度信息重新求解该问题。

解   由给定的目标函数,可以立即看出目标函数的梯度为 $2[x_1, x_2, \cdots, x_{20}] = 2\boldsymbol{x}$,所以可以利用 MATLAB 函数的形式将目标函数与梯度信息表示出来。注意,由于该函数需要返回两个变元,所以不能采用匿名函数的形式描述目标函数与梯度。

```
function [y,G]=c3mdej1(x)
    y=x(:).'*x(:); G=2*x;
end
```

有了相应的信息,则可以由下面的语句直接最优化问题。可以看出,利用梯度信息,则用 3 步迭代即可以得出问题的最优解,x 向量的范数低至 6.6243×10^{-30},目标函数的值低至 $f_0 = 4.3881 \times 10^{-59}$,精度远高于其他数值算法。

```
>> clear problem;
   problem.solver='fminunc';                %设定求解器
   problem.objective=@c3mdej1;              %设置目标函数
   ff=optimoptions('fminunc'); ff.TolX=eps; ff.TolFun=eps;
   ff.GradObj='on'; problem.options=ff;     %设置控制选项
   problem.x0=-100+200*rand(20,1);          %设置初值
   [x,f0]=fminunc(problem), norm(x)         %用结构体描述问题并求解
```

例 3-20　试利用置信域算法重新求解例 3-6 的最优化问题。

解　如果采用置信域算法,则需要首先获得目标函数的梯度。可以使用符号运算的方式,直接推导目标函数的梯度表达式。

```
>> syms x1 x2;
   f=exp(-x1^2-x1*x2-x2^2)*(x1^2-2*x1)    %输入目标函数的解析表达式
   G=simplify(jacobian(f,[x1,x2]))         %求解 Jacobi 矩阵
```

这样可以直接推导出目标函数的梯度为

$$G(x) = \mathrm{e}^{-x_1^2 - x_1 x_2 - x_2^2} \begin{bmatrix} 2x_1 + 2x_1 x_2 - x_1^2 x_2 + 4x_1^2 - 2x_1^3 - 2 \\ (-x_1^2 + 2x_1)(x_1 + 2x_2) \end{bmatrix}$$

有了目标函数与目标函数的梯度数学表达式,就可以建立下面的 MATLAB 函数,直接描述这两个量,通过下面的函数返回。

```
function [f,Gy]=c3mgrad(x)
   u=exp(-x(1)^2-x(1)*x(2)-x(2)^2); f=u*(x(1)^2-2*x(1));
   Gy=[2*x(1)+2*x(1)*x(2)-x(1)^2*x(2)+4*x(1)^2-2*x(1)^3-2;
       (-x(1)^2+2*x(1))*(x(1)+2*x(2))]*u;
end
```

由相关信息构造出最优化问题的结构体变量,可以将求解算法直接设置为置信域算法,然后给出 fminunc() 函数直接求解问题。

```
>> clear problem;
   problem.solver='fminunc';                %设定求解器
   problem.objective=@c3mgrad;              %目标函数
   ff=optimoptions('fminunc');
   ff.Algorithm='trust-region'; ff.GradObj='on';
   ff.Display='iter'; problem.options=ff;   %设置控制选项
   problem.x0=[2;1];                        %设置初值
   [x,f0]=fminunc(problem)                  %求解
```

下面是得出的中间结果:

Iteration	f(x)	Norm of step	First-order optimality	CG-iterations
0	0		0.00182	
1	0	10	0.00182	1
2	0	2.5	0.00182	0
3	-0.0120683	0.625	0.0558	0
4	-0.46831	1.25	0.434	1
5	-0.46831	1.25226	0.434	1
6	-0.602878	0.313066	0.252	0
7	-0.640866	0.296542	0.0372	1
8	-0.641424	0.0310125	6.49e-05	1
9	-0.641424	6.10566e-05	6.96e-10	1

从这里给出的例子来看,执行效率显然低于例 3-8 测试的拟 Newton 算法,所以可以得出结论:并不是所有无约束最优化问题都适合使用梯度信息。

3.2.7 基于问题的描述方法

从 MATLAB 2017b 版的 MATLAB 开始,最优化工具箱提出了最优化问题的一种新型描述方法:基于问题(problem based)的描述方法。早期的基于问题的描述方法只适合于描述线性或二次型函数,新的版本逐渐适合于更广泛的最优化问题的描述与求解。

对无约束最优化问题而言,需要按照如下步骤描述并求解:

(1)最优化问题的创建。可以由 optimproblem() 函数创建一个新的空白最优化问题,该函数的基本调用格式如下:

```
prob=optimproblem('ObjectiveSense','max')
```

如果不给出 'ObjectiveSense' 属性,则求解默认的最小值问题。

(2)决策变量的定义。可以由 optimvar() 函数实现,该语句的一般格式为

$$x=\text{optimvar}('x',n,m,k) \text{ 或 } x=\text{optimvar}('x',[n,m,k])$$

其中,n、m 和 k 为三维数组的维数;如果不给出 k,则可以定义出 $n \times m$ 决策矩阵 x;若 m 为 1,则可以定义 $n \times 1$ 决策列向量;若不给出维数,则定义标量。

(3)目标函数的描述。可以给 prob 变量的 Objective 成员变量直接赋值。

(4)初始条件的设置。若由 optimvar() 函数定义了决策变量 x、y、z,则可以对 $x_0.x$、$x_0.y$ 和 $x_0.z$ 进行设置,得出初值的结构体变量 x_0。

(5)最优化问题的求解。有了 prob 变量之后,就可以调用 sols=solve(prob,x_0) 函数直接求解相关的最优化问题,得出的结果将由结构体 sols 返回,该结构体的 x 成员变量即为最优化问题的解。对非线性目标函数而言,必须提供初值 x_0 结

构体,否则不能求解。

也可以由 options=optimset() 函数设置控制选项,或由 optimoptions() 函数设置,再由命令 [sols, f_0, flag]=solve(prob, x_0, 'options', options) 得出问题的解。

例3-21　试用基于问题的描述方程重新描述并求解例3-6中的最优化问题。

解　先由 optimproblem() 函数创建一个空白的问题模型 P,再由 optimvar() 函数创建决策变量向量。这样,就可以描述目标函数与搜索初值,调用 solve() 函数直接求解最优化问题,得出的结果与目标函数值同例3-6完全一致,得出的 flag 为字符串 'OptimalSolution',表示求解成功。

```
>> P=optimproblem;                        %创建最优化模型
   x=optimvar('x',2,1);                   %定义决策变量
   P.Objective=(x(1)^2-2*x(1))*...
          exp(-x(1)^2-x(2)^2-x(1)*x(2));  %目标函数描述
   x0.x=rand(2,1);                        %初值设定
   [sol,f0,flag]=solve(P,x0)              %直接求解最优化问题
   sol.x                                  %提取问题的解
```

由 show() 函数还可以由可读的方式显示模型。

```
>> show(P)        % 以可读的方式显示最优化问题
```

显示的可读形式为

```
OptimizationProblem:

    Solve for:
       x

    minimize:
       ((x(1).^2 - (2 .* x(1))) .* exp(((((-x(1).^2)
     - x(2).^2) - (x(1) .* x(2)))))
```

这里给出的基于问题的描述方法看起来似乎有局限性。如果由 optimvar() 函数定义了 x 变量,则在描述目标函数时不能直接使用 MATLAB 函数或匿名函数。可以调用 fcn2optimexpr() 函数,将 optimvar() 定义的变量与 MATLAB 函数建立关联。下面通过例子演示基于问题的复杂最优化问题的描述与求解,并演示该方法的优势。

例3-22　试用基于问题的方法重新描述并求解例3-14给出的最优化问题。

解　因为目标函数需要调用 c3mdixon.m 文件,所以不能直接使用 P.Objective= c3mdixon(x,n) 命令定义目标函数。因为 x 不是双精度向量,而是最优化变量,所以不能直接调用 MATLAB 函数,必须通过 fcn2optimexpr() 函数进行转换,具体格式参见后面的例子。此外,成员变量 Objective 不能写成 objective。

```
>> n=50;
```

```
P=optimproblem;                              %创建最优化模型
x=optimvar('x',n,1);                         %定义决策变量
P.Objective=fcn2optimexpr(@c3mdixon,x,n);    %描述目标函数
x0.x=rand(n,1);                              %设定初值
[sol,f0,flag]=solve(P,x0)                    %直接求解最优化问题
max(abs(sol.x-1))                            %提取问题的解
```

由这里给出的方法得出的最大误差为 1.0926×10^{-11}，对应的目标函数的值为 1.1935×10^{-22}。可以看出，这里给出的方法得出的结果远远优于 fminunc() 函数。

例 3-23 考虑下面的多维 Rosenbrock 问题，试利用基于问题的方法描述并求解最优化问题。

$$J = \sum_{i=1}^{10} 100 \left(y_i - x_i^2\right)^2 + \left(1 - x_i\right)^2$$

解 如果想用传统方法求解这个最优化问题，需要重新选择决策变量，使得决策变量变成单一的向量，再利用手工变换的方法，将目标函数变换成新决策变量的函数，这样的手工转换方法比较麻烦且容易出错。如果采用基于问题的描述方法，则可以构造两个决策变量 $\boldsymbol{x}$、$\boldsymbol{y}$，然后写出目标函数，再求解最优化问题。可以看出，这样描述的目标函数更简洁，求解过程也更直观。

```
>> n=10;
P=optimproblem;                              %创建最优化模型
x=optimvar('x',n,1);                         %定义决策变量
y=optimvar('y',n,1);                         %定义另一决策变量
P.Objective=sum(100*(y-x.^2).^2+(1-x).^2);   %描述目标函数
x0.x=10*rand(n,1); x0.y=10*rand(n,1);        %设定初值
[sol,f0,flag]=solve(P,x0)                    %直接求解最优化问题
max(abs(sol.x-1)), max(abs(sol.y-1))         %提取并检验问题的解
```

由上面的语句可见，这时得出的目标函数值为 2.5884×10^{-24}，得出的 $\boldsymbol{x}$ 向量误差为 1.3050×10^{-12}，$\boldsymbol{y}$ 向量的误差为 2.6192×10^{-12}。可以看出，这样的结果远远优于 fminunc() 函数的结果，其精度接近利用梯度信息得出的结果。

3.2.8 离散点最优化问题的求解

在实际应用中，有时某一个需要优化的目标函数原型是未知的，只有一些相应的、离散分布的样本数据点，这时，就可以采用样条插值或其他插值方法拟合目标函数，从而优化目标函数。下面分别介绍一元、二元函数甚至多元函数的插值方法，由这些插值方法即可以计算出感兴趣点的目标函数值。

（1）一元问题。如果已知样本点 $\boldsymbol{x}_0$ 和 $\boldsymbol{y}_0$，则对于任意的 $\boldsymbol{x}$ 向量，可以由匿名函数 $f = @(x) \text{interp1}(x_0, y_0, x, \text{'spline'})$ 计算出 $\boldsymbol{x}$ 向量各点的函数插值结果。

（2）二元问题。如果已知样本点向量 $\boldsymbol{x}_0$、$\boldsymbol{y}_0$ 和 $\boldsymbol{z}_0$，则可以令 $p_1 = x, p_2 = y$，这

样,函数值的插值结果就可以由函数句柄表示。

$f=@(p)\text{griddata}(x_0, y_0, z_0, p(1), p(2), \text{'v4'})$

（3）三元问题。如果已知样本点向量 x_0、y_0、z_0 与 v_0,则可以令 $p_1 = x$, $p_2 = y$, $p_3 = z$,这样,函数值的插值结果可以由函数句柄表示。

$f=@(p)\text{griddata}(x_0, y_0, z_0, v_0, p(1), p(2), p(3), \text{'v4'})$

（4）多元函数的散点插值还可以考虑使用 **griddatan()** 函数直接构造。

$f=@(p)\text{griddatan}([x_1(:), x_2(:), \cdots, x_m(:)], z, p)$

有了函数值,就可以调用 **fminunc()** 等函数直接求解最优化问题。下面将通过例子演示这样的最优化问题求解方法。

例 3-24　重新考虑例 3-6 中的函数,试由已知函数在 $x \in [-3, 3]$, $y \in [-2, 2]$ 时生成均匀分布的 200 个样本点,然后仅利用这些离散的散点求出对应函数的最小值,并检验所得出的结果。

解　仿照前面的例子,可以首先生成一些离散点,再由这些离散点通过插值方法构造目标函数的匿名函数,对该匿名函数进行优化,就可以得出最优解为 $x = 0.6069$, $y = -0.3085$。可以看出,这样得到的最优点很接近例 3-6 由目标函数表达式得出的最优解,所以这里给出的优化方法是可行的。

```
>> x=-3+6*rand(200,1); y=-2+4*rand(200,1);
   z=(x.^2-2*x).*exp(-x.^2-y.^2-x.*y);      %生成散点数据
   f=@(p)griddata(x,y,z,p(1),p(2),'v4');    %重建目标函数
   x=fminunc(f,[0,0])                        %由散点数据进行寻优
```

3.2.9　最优化问题的并行求解

通常,大规模最优化问题可能涉及巨大的运算量,所以在实际应用中可以考虑最优化工具箱提供的自动并行计算功能,这需要如下设置控制选项。

```
options=optimoptions('fminunc','UseParallel',true)
```

如果并行计算的选项开启,则求解机制会自动使用并行运算机制,利用并行计算的方法求解最优化问题;如果关闭并行计算机制,则采用普通的方法求解最优化问题。下面将给出较大规模最优化问题的求解实例,不过从无约束最优化问题求解看,开启并行计算机制的意义并不是很大。

例 3-25　考虑例 3-14 中给出的最优化问题,如果 $n = 2000$,试比较使用并行计算与不使用并行计算的求解方法。

解　由于并行计算机制的启动本身很耗时,公平起见,如果使用并行计算的方法,先单独启动并行机制,该过程耗时 74.32 s。

```
>> tic, p=parpool(4), toc
```

启动了并行计算机制,就需要给出下面的语句,直接求解最优化问题。事实上,即使不事先启动,最优化函数也会自动启动并行计算机制。启动了并行计算机制,后续计算步骤实际耗时为 $18.47\,\mathrm{s}$,得出的误差为 1.0505×10^{-8}。

```matlab
>> problem.solver='fminunc'; n=2000;
   ff=optimoptions('fminunc');
   ff.TolFun=eps; ff.TolX=eps; ff.GradObj='on';
   ff.MaxFunEvals=1000000; ff.MaxIter=1000000;
   ff.UseParallel=true; problem.options=ff;    %使用并行计算
   problem.objective=@(x)c3mdixona(x,n);        %建立匿名函数句柄
   x0=rand(n,1); problem.x0=x0;                 %选择随机初值
   tic, [x,b,c,d]=fminunc(problem); toc         %求解最优化问题
   max(abs(x-1))                                %决策变量的最大误差
```

如果不采用并行计算,则可以给出下面语句直接求解。为对比方便,采用了相同的初值,这时得出的误差与前面得出的完全一致,耗时为 $17.25\,\mathrm{s}$,与使用并行计算的纯计算步骤耗时相仿。不过,采用并行计算机制还应该再加上启动并行计算机制所需的时间,因而耗时远远高于常规的最优化计算。对此例而言并行计算并没有优势。

```matlab
>> delete(p)
   ff.UseParallel=false; problem.options=ff;   %关闭并行计算机制
   tic, [x,b,c,d]=fminunc(problem); toc        %重新计算
   max(abs(x-1))                               %决策变量最大误差
```

3.3 全局最优解的尝试

3.3.1 全局最优问题演示

前面介绍了全局最优解问题。本节将给出一个多谷底的基准测试函数,首先演示该测试函数最优解对初始值的依赖性,然后编写一个能尝试求出全局最优解的 MATLAB 函数,并探讨其求解效率。

    例 3-26 考虑一个著名的无约束最优化问题的基准测试函数 (benchmark problem)——Rastrigin 函数[11]。

$$f(x_1, x_2) = 20 + x_1^2 + x_2^2 - 10(\cos 2\pi x_1 + \cos 2\pi x_2)$$

试绘制出目标函数的表面图,并用简单的最优化求解函数求解这样的问题,看看会发生什么。

    解 目标函数的表面图可以由下面的语句直接得出,如图 3-13 所示。可以看出,表面图凹凸不平,其中有很多波峰与波谷。

```matlab
>> f=@(x1,x2)20+x1.^2+x2.^2-10*(cos(2*pi*x1)+cos(2*pi*x2));
   fsurf(f)      %绘制目标函数的表面图
```

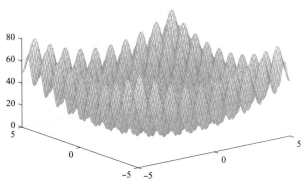

图 3-13　Rastrigin 函数的表面图

　　如果绘制目标函数的正视图与侧视图（见图 3-14，由于目标函数关于 x_1、x_2 是对称的，所以正视图与侧视图完全一致），可以发现，不同的"最优值"对应不同的目标函数值，$x_1 = x_2 = 0$ 点是原始问题的全局最优解，其他组合都是局部最优解。

```
>> view(0,0)                        %绘制目标函数的正视图
   figure, fsurf(f), view(90,0)     %绘制目标函数的侧视图
```

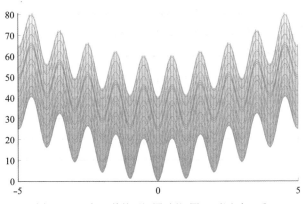

图 3-14　目标函数的正视图、侧视图（二者完全一致）

　　还可以得出目标函数的等高线图，如图 3-15 所示。从给出的图形可见，最中间的点是全局最小点，另外还有很多波谷点，但它们都是局部最小点。另外，全局最优点附近的几个点可以认为是次最优（subminimum）点。

```
>> fcontour(f,'MeshDensity',1000) %绘制等高线图
```

　　选择几个不同的初始搜索点，可以由下面的语句得出不同的优化结果。在重新定义目标函数时，没有必要全盘改写原有的匿名函数，只需在原来函数的基础上写一个新的接口函数即可。有了目标函数的匿名函数描述，就可以在以下几个初值下直接寻优计算，得出寻优结果。

```
>> f1=@(x)f(x(1),x(2));   %可以在前面匿名函数的基础上定义新函数
   x1=fminunc(f1,[2,3]), f1(x1), x2=fminunc(f1,[-1,2]), f1(x2)
```

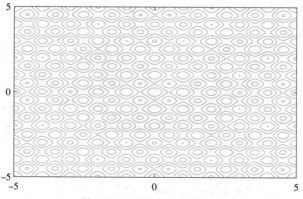

图3-15　目标函数的等高线图

```
x3=fminunc(f1,[8 2]), f1(x3), x4=fminunc(f1,[-4,6]), f1(x4)
```

得到如下几个结果：

$$\boldsymbol{x}_1=[1.9602,1.9602],\ f(\boldsymbol{x}_1)=7.8409,\quad \boldsymbol{x}_2=[-0.0000,1.9602],\ f(\boldsymbol{x}_2)=3.9205$$

$$\boldsymbol{x}_3=[7.8338,1.9602],\ f(\boldsymbol{x}_3)=66.6213,\quad \boldsymbol{x}_4=[-3.9197,5.8779],\ f(\boldsymbol{x}_4)=50.9570$$

可以看出，这样得出的最优化结果都是"最优"的，但有显著差异，大多数点为局部最小值点。可以看出，采用传统的最优化搜索方法，如果初始值选择不当，很可能陷入局部最小值。另外，上面并未得到全局最优解 $\boldsymbol{x}=[0,0]$。

3.3.2　全局最优思路与实现

为避免局部最小值问题，经常采用某些智能优化方法，如遗传算法（genetic algorithm）或其他进化类算法，这类方法将在后续章节中给出概略性的介绍。不过即使遗传算法之类的方法也不能确保得到全局最优解，只不过进化类算法号称更可能得出全局最优解。

类似于前面介绍的方程求解的思路，可以采用下面的新算法做全局寻优。首先，用随机的方式在感兴趣区域 (a,b) 选择初值，通过普通的搜索方法得出最优解 $\boldsymbol{x}$，并得出最优目标函数 $f_1=f(\boldsymbol{x})$，如果得出的最优目标值比已经得到的还小，则记录该最优值。重复 N 次这类求解过程，就可能得出问题的全局最优解。基于此思路，可以编写出如下 MATLAB 函数求解全局最优化问题。

```
function [x,f0]=fminunc_global(f,a,b,n,N,varargin)
    arguments, f, a(1,1) double
        b(1,1) double {mustBeGreaterThan(b,a)}
        n(1,1) {mustBePositiveInteger}
        N(1,1) {mustBePositiveInteger}
    end
    arguments (Repeating), varargin; end
```

```
    k0=0; f0=Inf;
    if isstruct(f), k0=1; end      % 可以用结构体描述
    for i=1:N
        x0=a+(b-a).*rand(n,1);     % 用循环结构生成随机初始搜索点
        if k0==1                   % 结构体描述问题求解
            f.x0=x0; [x1 f1 key]=fminunc(f);
        else                       % 一般无约束最优化的求解
            [x1 f1 key]=fminunc(f,x0,varargin{:});
        end
        if key>0&&f1<f0, x=x1; f0=f1; end % 若得到更好的解则更新
    end, end
```

该函数的调用格式为

$[x, f_0]=$fminunc_global$($fun$,a,b,n,N)$

$[x, f_0]=$fminunc_global$($fun$,a,b,n,N,x_0,$options$)$

式中，**fun** 为描述目标函数的 MATLAB 函数，它可以是匿名函数也可以是 MAT-LAB 函数，还可以是描述整个优化问题的结构体变量；a 和 b 为决策变量可能的区间；n 为自变量的个数；N 为尝试的次数。如果 N 的选择得当，则返回的变量 $\boldsymbol{x}$ 与 f_0 很可能是原始最优化问题的全局最优解。如果需要，a 和 b 还可以选择为向量。

需要指出的是，虽然函数调用时给出了 a 和 b 参数，这只是自动生成初值的范围，得出的最终解很可能超出这个范围。

例 3-27　考虑例 3-26 中的无约束最优化问题，试求出最优化问题的全局最优解，并评价这里给出的最优解方法。

解　如果将尝试的次数 N 选择为 50，可以看出，每次运行这个函数都能找到全局最优解 $x_1 = x_2 = 0$。

```
>> f=@(x)20+x(1)^2+x(2)^2-10*(cos(2*pi*x(1))+cos(2*pi*x(2)));
   [x,f0]=fminunc_global(f,-2*pi,2*pi,2,50) % 尝试获得全局最优解
```

为进一步演示这样的全局最优解求解过程，可以循环调用 100 次这一求解程序，可以看到，每次都能找到全局最优解。

```
>> F=[]; N=50;      % 建立一个目标函数值的存储向量，初始值为空白向量
   for i=1:100      % 调用求解函数 100 次并评估找到全局最优解的成功率
       [x,f0]=fminunc_global(f,-2*pi,2*pi,2,N); F=[F,f0];
   end
```

当然，由于使用了均匀分布的随机数，这样的全局最优解 $x_1 = x_2 = 0$ 很容易被找到，所以用这个例子评估全局优化算法并不公平，后面将试图给出更公平的测试函数评价全局最优算法。

例 3-28　假设将经典的 Rastrigin 函数修改成

$$f(x_1, x_2) = 20 + \left(\frac{x_1}{30} - 1\right)^2 + \left(\frac{x_2}{20} - 1\right)^2 - 10\left[\cos 2\pi\left(\frac{x_1}{30} - 1\right) + \cos 2\pi\left(\frac{x_2}{20} - 1\right)\right]$$

可以运行 100 次这个求解程序,测试一下找到全局最优解的成功率是多少。

解 显然,经过这样的改写,可以得出最优化问题全局最优解的理论值为 $x_1 = 30$, $x_2 = 20$。如果将感兴趣搜索区间扩展到 $[-100, 100]$,则可以进行如下测试。

```
>> f=@(x)20+(x(1)/30-1)^2+(x(2)/20-1)^2-...
        10*(cos(2*pi*(x(1)/30-1))+cos(2*pi*(x(2)/20-1)));
   F=[]; tic, N=100;
   for i=1:100          % 运行该求解函数 100 次
       [x,f0]=fminunc_global(f,-100,100,2,N); F=[F,f0]; % 记录最优值
   end, toc
   sum(F>0.1)           % 统计未得出全局最优解的次数
```

可以看出,这次执行 100 次寻优,有 21 次没有找到全局最优值 $(30, 20)$,其余的 79 次都找到了全局最优点,成功率 79%,总耗时 27.77 s。还可以看出,这里给出的函数 `fminunc_global()` 是可信赖的,一般情况下很可能得出全局最优解。如果将 N 改为 50,则总耗时降至 12.408 s,全局最优解成功率为 44%。

从这里给出的搜索算法看,应该很适合使用并行计算的策略加快搜索过程,不过若尝试使用并行计算,则 MATLAB 执行机构会给出错误信息,指出匿名函数句柄的处理不能进行并行资源的分派,从而不能使用并行计算的方法求解问题。

3.4 带有决策变量边界的最优化问题

本章前面的内容介绍了理论上的无约束最优化问题,但在很多演示例子中,采用的是指定决策变量范围的"无约束"最优化问题。例如,例 3-2 给出的函数在不同感兴趣区间的全局最优解是不同的,都不是数学意义下的无约束最优化问题,所以,本节将考虑带有决策变量边界的最优化问题的求解方法,首先介绍单变量最优化求解问题,然后给出多变量最优化的求解方法。

3.4.1 单变量最优化问题

本节先给出带有决策变量边界的单变量无约束最优化问题的定义,然后介绍 MATLAB 提供的直接求解函数,再介绍全局优化的解决方法。

定义 3-4 ▶ 带边界的最优化问题

带有决策变量边界的单变量最优化问题的数学形式为

$$\min_{x \text{ s.t. } x_m \leqslant x \leqslant x_M} f(x) \tag{3-4-1}$$

式中,x_m 与 x_M 分别为决策变量的下界与上界,决策变量 x 为标量。

式 (3-4-1) 中, 记号 s.t. 是英文 subject to 的缩写, 表示满足后面的关系。

MATLAB 最优化工具箱提供了 **fminbnd()** 函数, 可以用于直接求解带有决策变量的单变量最优化问题, 该函数的调用格式为

$x = \text{fminbnd}(f, x_\text{m}, x_\text{M})$

$[x, f_0, \text{flag}, \text{out}] = \text{fminbnd}(f, x_\text{m}, x_\text{M}, \text{options})$

$[x, f_0, \text{flag}, \text{out}] = \text{fminbnd}(\text{problem})$

式中, f 是单变量目标函数的句柄; x_m 和 x_M 分别为决策变量的下界与上界。如果采用结构体 **problem** 描述最优化问题, 则 x_m 和 x_M 相应的成员变量名分别为 **x1** 和 **x2**。注意, **fminbnd()** 函数不支持 optimoptions() 函数设置的控制选项, 只能由 **optimset()** 函数设置。

例 3-29　试重新求解例 3-3 中的最优化问题。

解　显然, 这个最优化问题带有决策变量的边界 $t_\text{m} = -0.5, t_\text{M} = 2.5$, 可以由下面的命令直接求解最优化问题, 得出的结果为 $t^* = 1.5511$。遗憾的是, 这样的求解函数并不能得出感兴趣区域的全局最优解, 即图 3-3 中标注的 t_0, 而是局部最优解 t_3, 而 **fminbnd()** 函数本身并不能选择初值, 所以, 只利用该函数并不能有效地求解全局最优化问题。

```
>> f=@(t)exp(-2*t).*cos(10*t)+exp(-3*(t+2)).*sin(2*t);
   tm=-0.5; tM=2.5; t=fminbnd(f,tm,tM)
```

还可以使用结构体描述原始问题, 由下面的语句求解问题, 得出完全一致的结果。

```
>> clear P                      % 清除现有的 P 变量
   P.objective=@(t)exp(-2*t).*cos(10*t)+exp(-3*(t+2)).*sin(2*t);
   P.options=optimset; P.solver='fminbnd';
   P.x1=-0.5; P.x2=2.5;         % 决策变量边界
   t=fminbnd(P)                 % 求解最优化问题
```

由于该函数本身没有可调的参数, 所以为得到全局最优解, 需要将 (x_m, x_M) 区间划分成 m 个子区间, 对每个子区间都求取最小值, 找出其中目标函数值最小的一个, 这个值就很可能是问题的全局最优解。利用这样的思路可以编写出下面的 MATLAB 函数, 该程序中使用的 **fminsearchbnd()** 函数后面将介绍。

```
function [x,f0]=fminbnd_global(f,xm,xM,n,m,varargin)
   arguments, f, xm(:,1), xM(:,1)
      n(1,1) {mustBePositiveInteger}
      m(1,1) {mustBePositiveInteger}
   end
   argumemts (Repeating), varargin; end
   f0=Inf; M=ones(n,1);
```

```
    if isscalar(xm), xm=xm*M; end
    if isscalar(xM), xM=xM*M; end
    for i=1:m
        if n==1, h=(xM-xm)/m;                    %单变量问题
            [x1,f1]=fminbnd(f,xm+(i-1)*h,xm+i*h,varargin{:});
        else, x0=xm+(xM-xm).*rand(n,1);       %多变量问题
            [x1 f1 key]=fminsearchbnd(f,x0,xm,xM,varargin{:});
        end                                   %用循环结构生成随机初始搜索点
        if f1<f0, x=x1; f0=f1; end    %如果得到更好的解,则更新记录
    end, end
```

该函数的调用格式为 $[x,f_0]=$fminbnd_global$(f,x_{\mathrm{m}},x_{\mathrm{M}},1,m)$,其中,应该为 m 取一个较大的值,这样得出的解 x 很可能是原始问题的全局最优解。

例3-30   试重新求解例3-2中的最优化问题,并得出全局最优解。

解   取子区间个数为 $m=10$,则可以调用新的求解函数计算原问题的全局最优解,得出的解为 $x=-0.3340$,确实能得到图3-3中标注的全局最优解 t_0。

```
>> f=@(t)exp(-2*t).*cos(10*t)+exp(-3*(t+2)).*sin(2*t);
   tm=-0.5; tM=2.5; x=fminbnd_global(f,tm,xM,1,10)
```

3.4.2 多变量最优化问题

如果定义3-4中的 x 为 $\boldsymbol{x}$ 向量,则相应的最优化问题可以改写成

$$\min_{\boldsymbol{x}\ \text{s.t.}\ \boldsymbol{x}_{\mathrm{m}}\leqslant\boldsymbol{x}\leqslant\boldsymbol{x}_{\mathrm{M}}} f(\boldsymbol{x}) \tag{3-4-2}$$

此时的最优化问题称为带有决策变量边界的多变量最优化问题。

式 (3-4-2)描述问题的物理意义是,$\boldsymbol{x}$ 在指定的范围内取多少时能使得目标函数取最优值,这样的问题由 fminsearch() 和 fminbnd() 函数是不能直接求解的。

John D'Errico 提出了一种变换方法[12],引入新决策变量 z_i,使得

$$x_i = x_{\mathrm{m}_i} + \frac{1}{2}(x_{\mathrm{M}_i} - x_{\mathrm{m}_i})(\sin z_i + 1) \tag{3-4-3}$$

这样,就可以将关于 x_i 的决策变量边界问题巧妙地转换成关于 z_i 的无约束最优化问题。John D'Errico 还开发了 fminsearchbnd() 函数,扩展了现有 fminsearch() 函数的功能,使其能直接求解式 (3-4-2)中的问题。fminsearchbnd() 函数的调用格式为

$[x,f_0,\text{flag},\text{out}]=$fminsearchbnd$(f,x_0,x_{\mathrm{m}},x_{\mathrm{M}})$

$[x,f_0,\text{flag},\text{out}]=$fminsearchbnd$(f,x_0,x_{\mathrm{m}},x_{\mathrm{M}},\text{opt})$

$$[x, f_0, \text{flag}, \text{out}] = \text{fminsearchbnd}(f, x_0, x_\text{m}, x_\text{M}, \text{opt}, p_1, p_2, \cdots)$$

如果没有给出上界或下界约束,则可以将其设置为空矩阵 [],这时,该函数会自动调整式(3-4-3)中的变换公式,仍然能正常求解最优化问题。

例 3-31　试求解下面函数的最小值。

$$f(x,y) = (1.5 - x + xy)^2 + \left(2.25 - x + xy^2\right)^2 + \left(2.625 - x + xy^3\right)^2$$

其中,$-4.5 \leqslant x, y \leqslant 4.5$。

解　令 $x_1 = x, x_2 = y$,可以将目标函数改写成

$$f(\boldsymbol{x}) = (1.5 - x_1 + x_1 x_2)^2 + \left(2.25 - x_1 + x_1 x_2^2\right)^2 + \left(2.625 - x_1 + x_1 x_2^3\right)^2$$

可以由匿名函数的形式直接由点运算描述目标函数,然后绘制出目标函数的曲面,如图 3-16 所示。

```
>> f=@(x,y)(1.5-x+x.*y).^2+(2.25-x+x.*y.^2).^2+...
           (2.625-x+x.*y.^3).^2;
   fsurf(f,[-4.5,4.5])
```

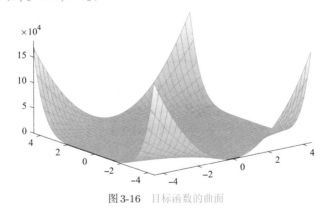

图 3-16　目标函数的曲面

如果想求解原始的最优化问题,并没有必要真采用上面 $f(\boldsymbol{x})$ 的格式重新输入目标函数,只需按照下面的形式改写目标函数,就可以构造出目标函数句柄 f_0。这时再求解最优化问题, 就可以得出全局最优解为 $\boldsymbol{x}_1 = [3, 0.5]^\text{T}$, 这时的目标函数为 $f(\boldsymbol{x}_1) = 2.6871 \times 10^{-29}$。

```
>> f0=@(x)f(x(1),x(2));
   opt=optimset; opt.TolX=eps; ff.TolFun=eps;
   [x1,f1]=fminsearchbnd(f0,[0;0],-4.5*[1;1],4.5*[1;1],opt)
```

如果 $-2 \leqslant x, y \leqslant 2$, 则显然刚才得到的最优解不在此区域内,所以可以利用下面的语句重新搜索,得出的最优解为 $\boldsymbol{x}_1 = [2, 0.1701]^\text{T}$, 这时的最优目标函数值为 $f_1 = 0.5233$。

```
>> [x1,f1]=fminsearchbnd(f0,[0;0],-2*[1;1],2*[1;1],opt)
   fsurf(f,[-2,2])     % 目标函数曲面
```

3.4.3　基于问题的描述与求解

前面介绍了 `optimvar()` 函数的调用格式，可以用该函数定义决策变量，事实上，该变量还可以由下面的语句直接定义。

x=optimvar('x',$[n,m,k]$,'LowerBound',x_{m},'UpperBound',x_{M}) 或

x=optimvar('x',$[n,m,k]$,LowerBound=x_{m},UpperBound=x_{M})

其中，n、m 和 k 为三维数组的维数；如果不给出 k，则可以定义出 $n \times m$ 决策矩阵 x；若 m 为 1，则可以定义 $n \times 1$ 决策列向量。如果 x_{m} 为标量，则可以将全部决策变量的下限都设置成相同的值。属性名 LowerBound 可以简化成 Lower。也可以用类似的方法定义 UpperBound 属性，简称 Upper。

用这样的方法定义决策变量，就可以直接限制其上限与下限，再调用 `solve()` 函数，直接求解带有决策变量边界的无约束最优化问题。

例 3-32　试用基于问题的求解方法求解例 3-31 中的问题。方便起见，这里重新给出了原始的目标函数。

$$f(x,y) = (1.5 - x + xy)^2 + (2.25 - x + xy^2)^2 + (2.625 - x + xy^3)^2$$

其中，$-4.5 \leqslant x, y \leqslant 4.5$。

解　定义两个决策变量，并指定其上下界，就可以直接用基于问题的方法求解最优化问题，得出的结果为 $x = 3, y = 0.5$，其目标函数为 2.5397×10^{-12}，与例 3-31 的结果完全一致。

```
>> P=optimproblem;                              %创建最优化模型
   x=optimvar('x',1,Lower=-4.5,Upper=4.5);      %定义决策变量
   y=optimvar('y',1,Lower=-4.5,Upper=4.5);      %定义决策变量
   P.Objective=(1.5-x+x*y)^2+(2.25-x+x*y^2)^2+(2.625-x+x*y^3)^2;
   x0.x=10*rand(1,1); x0.y=10*rand(1,1);        %设定初值
   [sol,f0,flag]=solve(P,x0), sol.x, sol.y      %直接求解最优化问题
```

3.4.4　边界问题全局最优解的尝试

对多峰的目标函数或大范围搜索，前面介绍的 `fminsearchbnd()` 函数可能不能确保得出问题的全局最优解，所以需要引入全局最优的方法。可以尝试前面编写的函数 `fminbnd_global()` 求取最优化问题的全局最优解。

例 3-33　如果 $-500 \leqslant x, y \leqslant 500$，试求解例 3-31 中的最优化问题。

解　如果使用 `fminsearchbnd()` 函数，当然可以给出下面的语句，不过得出的结果可能为 $x_1 = [-50, 1.0195]^{\mathrm{T}}$，且 $f_0 = 0.4823$，同时系统给出警告信息，"超过了函数计算的最大数目，请增大 MaxFunEvals 选项"，说明求解不成功。反复运行下面最后一条指令可以发现，大约有一半的运行得不出全局最优解 $[3, 0.5]$。

```
>> f=@(x,y)(1.5-x+x.*y).^2+...
        (2.25-x+x.*y.^2).^2+(2.625-x+x.*y.^3).^2;
   f0=@(x)f(x(1),x(2));
   ff=optimset; ff.TolX=eps; ff.TolFun=eps;
   [x1,f1]=fminsearchbnd(f0,500*rand(2,1),-500*[1;1],500*[1;1],ff)
```

调用前面编写的 **fminbnd_global()** 函数重新求解原始问题，反复运行下面的命令，可以看出 100% 的运行都能得到原始问题的全局最优解。

```
>> [x1,f1]=fminbnd_global(f0,-500,500,2,5,ff)
```

3.5　最优化问题应用举例

本节将给出几个最优化技术应用的实例。首先引入线性回归问题的求解方法，如果已知实验数据，则通过实验数据将其对应的数学模型重建出来。这类方法对应于超定线性方程的最小二乘求解方法。如果函数的数学模型的形式过于复杂，本节还将介绍基于最小二乘方法的曲线拟合技术。另外，本节还将通过例子演示基于最优化技术的微分方程边值问题与代数方程的求解方法。

其实，本节给出的几个例子是想演示一下，如何将看起来不相关的问题转换成最优化问题，通过最优化问题的建模与求解，得出原始问题的解。

3.5.1　线性回归问题的求解

假设已知某函数的线性组合为

$$g(x) = c_1 f_1(x) + c_2 f_2(x) + c_3 f_3(x) + \cdots + c_n f_n(x) \tag{3-5-1}$$

式中，$f_1(x), f_2(x), \cdots, f_n(x)$ 为已知函数；$c_1, c_2, \cdots, c_n$ 为待定系数。这时假设已经测出数据 $(x_1, y_1), (x_2, y_2), \cdots, (x_m, y_m)$，则可以建立如下线性方程：

$$\boldsymbol{Ac} = \boldsymbol{y} \tag{3-5-2}$$

式中，

$$\boldsymbol{A} = \begin{bmatrix} f_1(x_1) & f_2(x_1) & \cdots & f_n(x_1) \\ f_1(x_2) & f_2(x_2) & \cdots & f_n(x_2) \\ \vdots & \vdots & \ddots & \vdots \\ f_1(x_m) & f_2(x_m) & \cdots & f_n(x_m) \end{bmatrix}, \quad \boldsymbol{y} = \begin{bmatrix} y_1 \\ y_2 \\ \vdots \\ y_m \end{bmatrix} \tag{3-5-3}$$

且 $\boldsymbol{c} = [c_1, c_2, \cdots, c_n]^{\mathrm{T}}$，故该方程的最小二乘解为 $c = A \backslash y$。

例 3-34　假设测出了一组 (x_i, y_i)，由表 3-4 给出，且已知函数原型如下，试用已知的数据求出待定系数 c_i 的值。

$$y(x) = c_1 + c_2 \mathrm{e}^{-3x} + c_3 \cos(-2x) \mathrm{e}^{-4x} + c_4 x^2$$

表 3-4　例 3-34 实测数据

x_i	0	0.2	0.4	0.7	0.9	0.92	0.99	1.2	1.4	1.48	1.5
y_i	2.88	2.2576	1.9683	1.9258	2.0862	2.109	2.1979	2.5409	2.9627	3.155	3.2052

解　可以由表 3-4 中给出的数据直接拟合出曲线方程中的 c_i 参数。这样，就可以依照各个子函数的表达式，由点运算的方式构造 A 矩阵，再使用最小二乘命令求出各个待定系数。

```
>> x=[0,0.2,0.4,0.7,0.9,0.92,0.99,1.2,1.4,1.48,1.5]'; %样本点输入
   y=[2.88;2.2576;1.9683;1.9258;2.0862;2.109;2.1979;
      2.5409;2.9627;3.155;3.2052];
   A=[ones(size(x)) exp(-3*x),cos(-2*x).*exp(-4*x) x.^2];
   c=A\y; c1=c'                                      %最小二乘
```

可以得出拟合参数 $c^T = [1.22, 2.3397, -0.6797, 0.87]$，将更密集的 x 向量代入该原型函数，拟合曲线和已知数据点如图 3-17 所示，可见拟合效果是令人满意的。

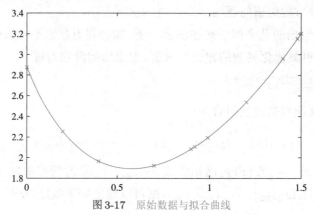

图 3-17　原始数据与拟合曲线

```
>> x0=[0:0.01:1.5]';
   B=[ones(size(x0)) exp(-3*x0) cos(-2*x0).*exp(-4*x0) x0.^2];
   y1=B*c; plot(x0,y1,x,y,'x') %拟合曲线计算与绘制
```

3.5.2　曲线的最小二乘拟合

前面介绍的线性回归方法中，首先假定 $f_i(x)$ 为已知函数，所以待定系数的计算才能转换成线性代数方程的求解问题。在实际应用中，$f_i(x)$ 这类函数本身可能带有其他待定系数，这时这类问题就不能由线性代数方程求解，必须将其转换为最优化问题进行求解。

定义 3-6 ▶ 最小二乘

假设有一组数据 $x_i, y_i, i = 1, 2, \cdots, m$，且已知这组数据满足某一函数原型 $\hat{y}(x) = f(\boldsymbol{a}, x)$，其中，$\boldsymbol{a}$ 为待定系数向量，则最小二乘曲线拟合的目标就是求出这一组待定系数的值，可以将问题转换成下面的最优化问题：

$$J = \min_{\boldsymbol{a}} \sum_{i=1}^{m} \left[y_i - \hat{y}(x_i) \right]^2 = \min_{\boldsymbol{a}} \sum_{i=1}^{m} \left[y_i - f(\boldsymbol{a}, x_i) \right]^2 \tag{3-5-4}$$

该最优化问题可以由底层求解的方式求解，也可以调用 MATLAB 的最优化工具箱中提供的 lsqcurvefit() 函数，该函数可以解决最小二乘曲线拟合的问题。该函数的调用格式为

$$[a, J_{\mathrm{m}}, cc, flag, out] = \text{lsqcurvefit}(Fun, a_0, x, y, options)$$

式中，Fun 为原型函数的 MATLAB 表示，可以是 M 函数或匿名函数；a_0 为最优化的初值；$\boldsymbol{x}$ 和 $\boldsymbol{y}$ 分别为原始输入和输出数据向量，对多元函数的拟合而言，这两个输入变元还可以是矩阵，后面将通过例子演示这种情况；options 则为最优化工具箱通用的控制模板。调用该函数将返回待定系数向量 $\boldsymbol{a}$，以及在此待定系数下的目标函数的值 J_{m}。如果 flag 的值为正，则说明求解成功。

例 3-35　假设由下面的语句生成一组数据 $\boldsymbol{x}$ 和 $\boldsymbol{y}$。

```
>> x=0:0.4:10;                %生成样本点数据
   y=0.12*exp(-0.213*x)+0.54*exp(-0.17*x).*sin(1.23*x);
```

并已知该数据满足原型函数为 $y(x) = a_1 e^{-a_2 x} + a_3 e^{-a_4 x} \sin(a_5 x)$，其中，$a_i$ 为待定系数。采用最小二乘曲线拟合的目的就是获得这些待定系数，使得目标函数的值为最小。

解　显然，这类问题不能由前面介绍的线性回归方法直接求解，只能采用这里介绍的最小二乘曲线拟合方法求解。

根据已知的函数原型，可以编写出如下匿名函数。建立起函数的原型，即可以由下面的语句得出待定系数向量为 $\boldsymbol{c} = [0.12, 0.213, 0.54, 0.17, 1.23]$，拟合残差为 1.7928×10^{-16}。可以看出，得出的待定系数精度较高。下面的语句还可以绘制出拟合曲线与样本点，如图 3-18 所示，可见拟合精度很高。

```
>> f=@(a,x)a(1)*exp(-a(2)*x)+a(3)*exp(-a(4)*x).*sin(a(5)*x);
   a0=[1,1,1,1,1]; [xx,res]=lsqcurvefit(f,a0,x,y); %最小二乘拟合
   x1=0:0.01:10; y1=f(xx,x1); plot(x1,y1,x,y,'o')   %拟合效果比较
```

其实，由底层命令求解该最优化问题也不困难，只需依赖前面给出的匿名函数，定义一个新的匿名函数描述目标函数，就可以由下面的语句直接求解出所需的待定系数，这样得出的结果与前面的结果完全一致。

```
>> F=@(a)norm(f(a,x)-y); x1=fminunc(F,a0)
```

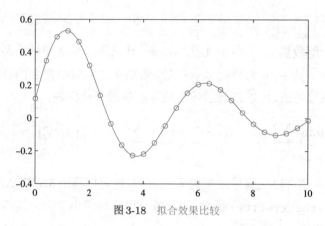

图 3-18 拟合效果比较

例 3-36 假设有一组实测数据由表 3-5 给出，且已知该数据可能满足的原型函数为 $y(x) = ax + bx^2 \mathrm{e}^{-cx} + d$，试求出满足下面数据的最小二乘解 a、b、c 和 d 的值。

表 3-5 例 3-36 实测数据

x_i	0.1	0.2	0.3	0.4	0.5	0.6	0.7	0.8	0.9	1
y_i	2.3201	2.6470	2.9707	3.2885	3.6008	3.9090	4.2147	4.5191	4.8232	5.1275

解 表 3-5 给出的样本点数据可以通过下面的语句直接输入 MATLAB 工作空间。

```
>> x=0.1:0.1:1;      %输入样本点数据
   y=[2.3201,2.6470,2.9707,3.2885,3.6008,3.9090,...
      4.2147,4.5191,4.8232,5.1275];
```

令 $a_1 = a$，$a_2 = b$，$a_3 = c$，$a_4 = d$，这样，原型函数可以写成 $y(x) = a_1 x + a_2 x^2 \mathrm{e}^{-a_3 x} + a_4$，可以用匿名函数描述该原型函数。下面的语句可以得出函数的待定参数 $\boldsymbol{a} = [3.1001, 1.5027, 4.0046, 2]^{\mathrm{T}}$。注意，本例若不采用循环，则可能收敛不到真值。

```
>> f=@(a,x)a(1)*x+a(2)*x.^2.*exp(-a(3)*x)+a(4);
   a=[1;2;2;3];      %原型函数与初值
   while (1)
     [a,f0,cc,flag]=lsqcurvefit(f,a,x,y);
     if flag>0, break;
   end, end          %最小二乘
```

用下面的语句还可以计算出各个点处的值，可以将拟合曲线与样本点曲线绘制在同一坐标系下，如图 3-19 所示。可见，二者还是很接近的，说明拟合效果较好。

```
>> y1=f(a,x); plot(x,y,x,y1,'o')      %拟合效果比较
```

如果某函数含有若干自变量，且已知其原型函数 $\boldsymbol{z} = f(\boldsymbol{a}, x_1, x_2, \cdots, x_m)$，则仍然可以使用 lsqcurvefit() 函数拟合参数 $\boldsymbol{a}$，其中，$\boldsymbol{a} = [a_1, a_2, \cdots, a_n]$，该函数仍需要用户编写一个匿名函数或 MATLAB 函数描述原型函数，然后调用函数

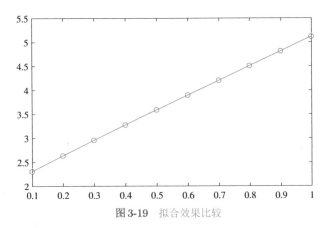

图 3-19　拟合效果比较

`lsqcurvefit()` 直接求解待定系数向量 $\boldsymbol{a}$。下面将通过例子演示多变量函数最小二乘拟合的求解方法。

例 3-37　假设某三元函数的原型函数为

$$v = a_1 x^{a_2 x} + a_3 y^{a_4(x+y)} + a_5 z^{a_6(x+y+z)}$$

且已知一组输入和输出数据, 由文本文件 **c3data1.dat** 给出, 该文件的前三列为自变量 x、y 和 z, 第四列为返回向量, 试采用拟合方法得出待定系数 a_i。

解　解决这类问题第一步仍然需要引入向量型的自变量 $\boldsymbol{x}$, 如令 $x_1 = x$, $x_2 = y$, $x_3 = z$, 这样, 原型函数可以重新表示为

$$v = a_1 x_1^{a_2 x_1} + a_3 x_2^{a_4(x_1+x_2)} + a_5 x_3^{a_6(x_1+x_2+x_3)}$$

因为给出的数据是纯文本文件, 故可以通过 `load()` 函数将其读入 MATLAB 工作空间。用子矩阵提取的方法将输入矩阵 $\boldsymbol{X}$ 和输出向量 $\boldsymbol{v}$ 提取出来, 可以用下面的语句拟合出待定系数的值 $\boldsymbol{a} = [0.1, 0.2, 0.3, 0.4, 0.5, 0.6]$, 使得拟合误差的最小平方和最小, 其值为 1.0904×10^{-7}。注意, 在匿名函数使用第 i 个自变量时, 一定要给出 $X(:, i)$ 命令提取该自变量。

```
>> f=@(a,X)a(1)*X(:,1).^(a(2)*X(:,1))+...
        a(3)*X(:,2).^(a(4)*(X(:,1)+X(:,2)))+...
        a(5)*X(:,3).^(a(6)*(X(:,1)+X(:,2)+X(:,3)));  %原型函数
   XX=load('c3data1.dat'); X=XX(:,1:3); v=XX(:,4);  %读入样本点数据
   a0=[2 3 2 1 2 3]; [a,f,err,flag]=lsqcurvefit(f,a0,X,v)  %最小二乘
```

事实上, 文件中给出的数据就是假设 $\boldsymbol{a} = [0.1, 0.2, 0.3, 0.4, 0.5, 0.6]$ 生成的, 所以用这里给出的拟合方法可以很精确地得出待定系数。

3.5.3　边值微分方程的打靶求解

本书卷 V 将全面介绍微分方程的解析解与数值解, 这里只给出一个简单的例子演示边值微分方程问题的打靶求解方法, 并介绍如何将这类方法转换成最优化

问题,得出问题的解。

对一般的微分方程而言,需要求解的是初值问题,即已知微分方程的数学描述

$$\boldsymbol{x}'(t) = \boldsymbol{f}(t, \boldsymbol{x}) \tag{3-5-5}$$

且已知 $\boldsymbol{x}(t_0)$,这样,该方程可以调用ode45()函数直接求出数值解。

在实际应用中,如果已知 $\boldsymbol{x}(t_0)$ 中的几个分量,同时还已知 $\boldsymbol{x}(t_n)$ 的另外几个值,如何求这里微分方程的数值解呢?打靶方法是常用的求解方法。

打靶法的思路是这样的:先给 $\boldsymbol{x}(t_0)$ 的另外几个值赋初值,就可以认为微分方程的初值为已知的,所以可以调用ode45()求解微分方程,得出终点处微分方程的数值解 $\hat{\boldsymbol{x}}(t_n)$。这样, $\hat{\boldsymbol{x}}(t_n)$ 与事先给定 $\boldsymbol{x}(t_n)$ 中的几个已知的量相比,就存在误差量了,根据该误差量就可以调整 $\boldsymbol{x}(t_0)$ 的初值,重新求解微分方程。采用这样的方法就可以构造一个循环,对 $\hat{\boldsymbol{x}}(t_n)$ 与 $\boldsymbol{x}(t_n)$ 中的几个已知的量的误差的范数之和作为最优化的目标函数,从而得出相容的初值,最终得出微分方程边值问题的数值解。

例3-38 假设已知微分方程:

$$\begin{cases} x_1'(t) = x_2(t) \\ x_2'(t) = -x_1(t) - 3x_2(t) + e^{-5t} \\ x_3'(t) = x_4(t) \\ x_4'(t) = 2x_1(t) - 4x_2(t) - 3x_3(t) - 4x_4(t) - \sin t \end{cases}$$

且已知边值 $x_1(0) = 1, x_2(0) = 2, x_3(10) = -0.021677, x_4(10) = 0.15797$,试求解该微分方程在 $t \in (0, 10)$ 时的数值解。

解 由于已知初值 $x_1(0)$ 和 $x_2(0)$,所以可以保留这两个给定的值,而将未知的 $x_3(0)$ 和 $x_4(0)$ 选作决策变量,这样原始问题就可以转换成最优化问题

$$\min_{x_3(0), x_4(0)} \|x_3(10) - \hat{x}_3(10)\| + \|x_4(10) - \hat{x}_4(10)\|$$

令 $y_1 = x_3(0), y_2 = x_4(0)$,则最优化问题的数学形式可以改写成

$$\min_{\boldsymbol{y}} \|y_1 - \hat{x}_3(10)\| + \|y_2 - \hat{x}_4(10)\|$$

而 $\hat{x}_3(10)$ 和 $\hat{x}_4(10)$ 是以 $[x_1(0), x_2(0), y_1, y_2]^{\mathrm{T}}$ 为初值的微分方程解的后两项终值,所以目标函数可以如下描述。注意,这里只能采用M函数描述微分方程,不能采用匿名函数,因为该函数的内部是有中间变量的。另外, $f, \boldsymbol{x}_0$ 与 $\boldsymbol{x}_n$ 是附加参数,后面将演示不采用附加参数的函数格式。

```
function z=c3mode(y,f,x0,xn)
    arguments, y(:,1), f, x0(:,1), xn(:,1); end
    x0=[x0(1:2); y]; [t,x]=ode45(f,[0,10],x0);
    z=norm(x(end,3:4)'-xn);
end
```

　　现在可以用匿名函数表示微分方程模型。将目标函数转换成不带有附加参数的匿名函数,可以由下面语句的直接求解等效的 $x_3(0)$ 与 $x_4(0)$,得出 $x_3(0) = 0.10158462116$
3685, $x_4(0) = -2.318606769109767$。在等效初值下求解微分方程,可以绘制出微分方程解的曲线,如图 3-20 所示。另外可以看出,得出微分方程的终值与给定的初值是完全一致的,说明求解过程是成功的。

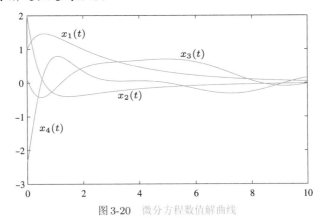

图 3-20　微分方程数值解曲线

```
>> f=@(t,x)[x(2); -x(1)-3*x(2)+exp(-5*t);
            x(4); 2*x(1)-3*x(2)-3*x(3)-4*x(4)-sin(t)];
   x0=[1; 2]; xn=[-0.021677; 0.15797];
   g=@(x)c3mode(x,f,x0,xn); %将带有附加参数的函数转换成普通匿名函数
   x2=rand(2,1); x3=fminunc(g,x2) %选择随机初值求解最优化问题
   [t,x]=ode45(f,[0,10],[x0; x3]); plot(t,x), x(end,:)
```

　　事实上,这里反推初值的方法得出的解可能是不唯一的。例如,如果初值向量选择为 $x_3(0) = -1$, $x_4(0) = 1$,则得出的微分方程解的终值也满足给定数值的终值条件,新初始条件下微分方程的解如图 3-21 所示。在前面的求解语句中,每次将 $\boldsymbol{x}_2$ 设置成不同的随机数向量,得出的相容初值都可能是不同的,由相容初值求解微分方程都得到满足给定的终值条件。

```
>> [t,x]=ode45(f,[0,10],[x0; -1; 1]); x(end,:)
```

　　其实,除了将原始问题转换成最优化问题之外,还可以将问题转换为代数方程的数值求解问题。例如,对上面的问题还可以建立下面的代数联立方程:

$$\begin{cases} y_1 - \hat{x}_3(10) = 0 \\ y_2 - \hat{x}_4(10) = 0 \end{cases}$$

并通过方程数值求解的方法求出相容的 $x_3(0)$ 和 $x_4(0)$,从而求解微分方程的边值问题。下面通过例子演示基于代数方程求解的微分方程边值问题求解方法。

　　例 3-39　重新考虑例 3-38 中的微分方程求解问题,试用解方程的方法求解微分方

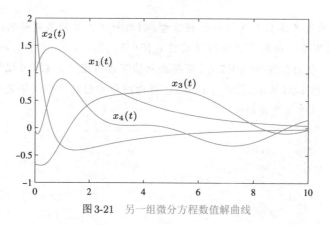

图 3-21   另一组微分方程数值解曲线

程的边值问题。

     解   仿照前面的 **c3mode()** 函数,可以编写下面的 MATLAB 函数,描述联立方程。

```
function z=c3mode2(y,f,x0,xn)
    arguments, y(:,1), f, x0(:,1), xn(:,1); end
    x0=[x0(1:2); y]; [t,x]=ode45(f,[0,10],x0);
    z=x(end,3:4)'-xn;
end
```

     由下面的语句求解代数方程,可以得出相容的初值,最终可以求解微分方程的边值问题。根据不同的随机初值,可能得出例 3-38 中微分方程的两个解。

```
>> f=@(t,x)[x(2); -x(1)-3*x(2)+exp(-5*t);
            x(4); 2*x(1)-3*x(2)-3*x(3)-4*x(4)-sin(t)];
   x0=[1; 2]; xn=[-0.021677; 0.15797];
   ff=optimoptions('fsolve'); ff.TolX=eps; ff.TolFun=eps;
   g=@(x)c3mode2(x,f,x0,xn);              %转换成普通匿名函数
   x2=rand(2,1); x3=fsolve(g,x2,ff)      %选择随机初值求解方程
   [t,x]=ode45(f,[0,10],[x0; x3]); plot(t,x), x(end,:)
```

3.5.4   方程求解问题转换为最优化问题

     第 2 章已经介绍了很多非线性方程求解的知识。其实,可以很容易地将方程求解问题转换为无约束最优化问题。假设想求解方程 $f(x) = 0$,那么方程的解 x 会满足什么条件呢?当然,方程的解满足使得方程等于 $f_i(x) = 0$ 这样的函数条件,所以可以考虑将这些函数的平方和作为目标函数进行寻优计算,找到决策变量 x。这样,可以写出下面的最优化问题:

$$\min_{x} \, f_1^2(x) + f_2^2(x) + \cdots + f_n^2(x) = \min_{x} \, \sum_{i=1}^{n} f_i^2(x) \tag{3-5-6}$$

例 3-40　试求解下面给出的二元联立方程组[4]。

$$\begin{cases} 4x_1^3 + 4x_1x_2 + 2x_2^2 - 42x_1 = 14 \\ 4x_2^3 + 2x_1^2 + 4x_1x_2 - 26x_2 = 22 \end{cases}$$

解　可以看出,这里的方程是例 2-51 欠定方程的变换表示形式。很自然地,可以将方程求解的问题变成如下最优化问题:

$$\min_{\boldsymbol{x}}\quad (4x_1^3 + 4x_1x_2 + 2x_2^2 - 42x_1 - 14)^2 + (4x_2^3 + 2x_1^2 + 4x_1x_2 - 26x_2 - 22)^2$$

可以先用匿名函数分别定义出两个方程,绘制出两个方程的隐函数曲线,如图 3-22 所示。从得出的曲线可见,原方程有九个实根,当然用前面介绍的 more_sols() 函数可以立即得出全部的九个根。

```
>> f1=@(x1,x2)4*x1.^3+4*x1.*x2+2*x2.^2-42*x1-14;
   f2=@(x1,x2)4*x2.^3+2*x1.^2+4*x1.*x2-26*x2-22;
   fimplicit({f1,f2})
```

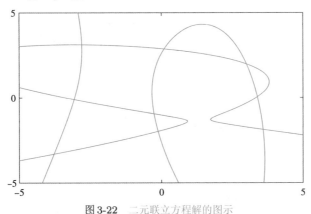

图 3-22　二元联立方程解的图示

现在考虑方程的最优化解法,借用前面定义的两个匿名函数构造出目标函数,然后选择初值求解,即可以得出方程的一个根。如果改变初值,则可能得出其他根。

```
>> f=@(x)(f1(x(1),x(2)))^2+(f2(x(1),x(2)))^2;
   [x,f0]=fminunc(f,rand(2,1));
```

从求解效率和精度看,该函数逊于专用于方程求解的 fsolve() 函数,这里给出这样的例子主要演示如何将一个一般问题转换为最优化问题,并利用最优化技术求解问题的思想。

从这里给出的例子可以看出,学习了最优化的思想,就可以有意识地在某些问题的研究中应用该思想。在实际应用中,比较关键的一步就是设计一个有物理意义的目标函数,并围绕该目标函数探讨最优化问题的求解方法。

本章习题

3.1 试求出使 $\displaystyle\int_0^1 (\mathrm{e}^x - cx)^2 \,\mathrm{d}x$ 取极小值的 c 值。

3.2 试求解下面的无约束最优化问题。

$$\min_{\boldsymbol{x}} \begin{aligned} & 100(x_2 - x_1^2)^2 + (1 - x_1)^2 + 90(x_4 - x_3^2) + (1 - x_3^2)^2 + \\ & 10.1\left[(x_2 - 1)^2 + (x_4 - 1)^2\right] + 19.8(x_2 - 1)(x_4 - 1) \end{aligned}$$

3.3 试找出下面二元函数曲面的全局谷底。

$$f(x_1, x_2) = -\frac{\sin\left(0.1 + \sqrt{(x_1 - 4)^2 + (x_2 - 9)^2}\right)}{1 + (x_1 - 4)^2 + (x_2 - 9)^2}$$

3.4 试求解 Griewangk 基准测试问题（$n = 20$）。

$$\min_{\boldsymbol{x}} \ \left(1 + \sum_{i=1}^n \frac{x_i^2}{4000} - \prod_{i=1}^n \cos \frac{x_i}{\sqrt{i}}\right), \ x_i \in [-600, 600]$$

3.5 试求解 Ackley 基准测试问题[13]。

$$\min_{\boldsymbol{x}} \ \left[20 + 10^{-20} \exp\left(-0.2\sqrt{\frac{1}{p}\sum_{i=1}^p x_i^2}\right) - \exp\left(\frac{1}{p}\sum_{i=1}^p \cos 2\pi x_i\right)\right]$$

3.6 试求解 Kursawe 基准测试问题。

$$J = \min_{\boldsymbol{x}} \ \sum_{i=1}^p |x_i|^{0.8} + 5\sin^3 x_i + 3.5828$$

其中，可取 $p = 2$ 或 $p = 20$。

3.7 试求 Easom 函数的极小值。

$$f(\boldsymbol{x}) = -\cos x_1 \cos x_2 \mathrm{e}^{-(x_1 - \pi)^2 - (x_2 - \pi)^2}$$

其中，搜索范围为 $-10 \leqslant x_1, x_2 \leqslant 10$，问题的解析解为 $x_1 = \pi, x_2 = \pi$。

3.8 试求解扩展的 Freudenstein–Roth 函数的最小值问题（$n = 20$）。

$$f(x) = \sum_{i=1}^{n/2} \left[-13 + x_{2i-1} + ((5 - x_{2i})x_{2i} - 2)x_{2i}\right]^2 + \left[-29 + x_{2i-1} + ((x_{2i} + 1)x_{2i} - 14)x_{2i}\right]^2$$

初始点 $\boldsymbol{x}_0 = [0.5, -2, \cdots, 0.5, -2]^{\mathrm{T}}$，解析解 $\boldsymbol{x}^* = [5, 4, \cdots, 5, 4]^{\mathrm{T}}$，$f_{\mathrm{opt}} = 0$。如果搜索范围变大，一般求解方法还能否得出问题的全局最优解？

3.9 试求解下面的最优化问题[14]，并用图形法和解析解方法分别检验得出的结果。

$$\min_{x, y} f(x, y)$$

其中，

$$\begin{aligned} f(x, y) = \ & \left[1 + (x + y + 1)^2(19 - 14x + 3x^2 - 14y + 6xy + 3y^2)\right] \times \\ & \left[30 + (2x - 3y)^2(18 - 32x + 12x^2 + 48y - 36xy + 27y^2)\right] \end{aligned}$$

3.10 试求解扩展三角函数的最小值问题($n = 20$)。

$$f(x) = \sum_{i=1}^{n} \left[\left(n - \sum_{j=1}^{n} \cos x_j \right) + i(1 - \cos x_i) - \sin x_i \right]^2$$

初始点 $\boldsymbol{x}_0 = [1/n, 1/n, \cdots, 1/n]^{\mathrm{T}}$，解析解 $x_i = 0$，$f_{\mathrm{opt}} = 0$。

3.11 试求解扩展 Rosenbrock 函数的最小值问题($n = 20$)。

$$f(x) = \sum_{i=1}^{n/2} 100 \left(x_{2i} - x_{2i-1}^2 \right)^2 + (1 - x_{2i-1})^2$$

初始点 $\boldsymbol{x}_0 = [-1.2, 1, \cdots, -1.2, 1]$，解析解 $x_i = 1$，$f_{\mathrm{opt}} = 0$。如果将 $x_{2i} - x_{2i-1}^2$ 替换成 $x_{2i} - x_{2i-1}^3$，则变成扩展 White–Holst 问题，试求解该问题。

3.12 试求解扩展 Beale 函数的最小值问题($n = 20$)。

$$f(x) = \sum_{i=1}^{n/2} \left[1.5 - x_{2i-1}(1 - x_{2i}) \right]^2 + \left[2.25 - x_{2i-1}(1 - x_{2i}^2) \right]^2 + \left[2.625 - x_{2i-1}(1 - x_{2i}^3) \right]^2$$

初始值 $\boldsymbol{x}_0 = [1, 0.8, \cdots, 1, 0.8]^{\mathrm{T}}$，解析解未知。

3.13 试求解两个 Raydan 函数的最小值问题($n = 20$)。

$$f_1(x) = \sum_{i=1}^{n} \frac{i}{10} \left(\mathrm{e}^{x_i} - x_i \right), \quad f_2(x) = \sum_{i=1}^{n} \left(\mathrm{e}^{x_i} - x_i \right)$$

初始值 $\boldsymbol{x}_0 = [1, 1, \cdots, 1]^{\mathrm{T}}$，解析解 $x_i = 1$，$f_{1\mathrm{opt}} = \sum_{i=1}^{n} \dfrac{i}{10}$，$f_{2\mathrm{opt}} = n$。

3.14 试求解扩展 Miele–Cantrell 函数的最小值问题($n = 20$)。

$$f(x) = \sum_{i=1}^{n/4} \left(\mathrm{e}^{4i-3} - x_{4i-2} \right)^2 + 100(x_{4i-2} - x_{4i-1})^6 + \tan^4(x_{4i-1} - x_{4i}) + x_{4i-3}^8$$

初始值 $\boldsymbol{x}_0 = [1, 2, 2, 2, \cdots, 1, 2, 2, 2]^{\mathrm{T}}$，解析解 $\boldsymbol{x}^* = [0, 1, 1, 1, \cdots, 0, 1, 1, 1]^{\mathrm{T}}$，$f_{\mathrm{opt}} = 0$。

3.15 上面很多习题都假设 $n = 20$，如果 $n = 200$，试重新求解这些习题。

3.16 对下面给出的 Hartmann 函数，试求解全局小值问题。

$$f(\boldsymbol{x}) = -\sum_{i=1}^{4} \alpha_i \exp \left[-\sum_{j=1}^{3} a_{ij}(x_j - p_{ij})^2 \right]$$

其中，$\boldsymbol{\alpha} = [1, 1, 2, 3, 3, 2]^{\mathrm{T}}$，且

$$\boldsymbol{A} = \begin{bmatrix} 3 & 10 & 30 \\ 0.1 & 10 & 35 \\ 3 & 10 & 30 \\ 0.1 & 10 & 35 \end{bmatrix}, \quad \boldsymbol{P} = 10^{-4} \times \begin{bmatrix} 3689 & 1170 & 2673 \\ 4699 & 4387 & 7470 \\ 1091 & 8732 & 5547 \\ 381.5 & 5743 & 8828 \end{bmatrix}$$

3.17 试求解 Schwefel 函数的全局最小化问题($n = 20$)。

$$f(\boldsymbol{x}) = 418.9829n - \sum_{i=1}^{n} x_i \sin \sqrt{|x_i|}$$

搜索范围为 $-500 \leqslant x_i \leqslant 500$，解析解 $x_i = 1, f_{\mathrm{opt}} = 0$。并绘制出 $n = 2$ 时目标函数的曲面。

3.18 试求 Eggholder 函数的全局最小值。

$$f(x, y) = -(y + 47) \sin \sqrt{\left| \frac{x}{2} + (y + 47) \right|} - x \sin \sqrt{|x - (y + 47)|}$$

并绘制出目标函数的曲面。

3.19 求解下面的最优化问题[15]。

$$\min_{\boldsymbol{x}} \sum_{i=1}^{10} \left[\ln^2(x_i - 2) + \ln^2(10 - x_i) \right] + \left(\prod_{i=1}^{10} x_i \right)^2$$

其中，$-2.001 \leqslant x_i \leqslant 9.999, i = 1, 2, \cdots, 10$。

3.20 试求解下面带有边界限制的最优化问题，其中目标函数为[4]

$$f(t) = \frac{588600}{(3r_0^2 - 4\cos\theta r_0^2 - 2(\sin^2\theta\cos(t - 2\pi/3) - \cos^2\theta)r_0^2)^6} -$$
$$\frac{1079.1}{(3r_0^2 - 4\cos\theta r_0^2 - 2(\sin^2\theta\cos(t - 2\pi/3) - \cos^2\theta)r_0^2)^3} +$$
$$\frac{600800}{(3r_0^2 - 4\cos\theta r_0^2 - 2(\sin^2\theta\cos t - \cos^2\theta)r_0^2)^6} -$$
$$\frac{1071.5}{(3r_0^2 - 4\cos\theta r_0^2 - 2(\sin^2\theta\cos t - \cos^2\theta)r_0^2)^3} +$$
$$\frac{481300}{(3r_0^2 - 4\cos\theta r_0^2 - 2(\sin^2\theta\cos(t + 2\pi/3) - \cos^2\theta)r_0^2)^6} -$$
$$\frac{1064.6}{(3r_0^2 - 4\cos\theta r_0^2 - 2(\sin^2\theta\cos(t + 2\pi/3) - \cos^2\theta)r_0^2)^3}$$

其中，$0 \leqslant t \leqslant 2\pi$，且常数 $r_0 = 1.54, \theta = 109.5°$。

3.21 试求全局最优化问题[14]。

$$\min_{x, y} 4x^2 - 2.1x^4 + \frac{1}{3}x^6 + xy - 4y^2 + 4y^4$$

3.22 试求出下面函数在 $-2 \leqslant x \leqslant 11$ 范围内的最小值，并用图形法检测结果。

$$f(x) = x^6 - \frac{52}{25}x^5 + \frac{39}{80}x^4 + \frac{71}{10}x^3 - \frac{79}{20}x^2 - x + \frac{1}{10}$$

3.23 试分别求出函数 $f(x) = x \sin 10\pi x + 2$ 在 $(-1, 2)$ 和 $(-10, 20)$ 区域下面函数的最大值，并绘制图形验证其结果。

3.24 试求出 $-10 \leqslant x, y \leqslant 10$ 时下面函数的最小值，并用图形显示这样的解。

$$f(x, y) = \sin^2 3\pi x + (x - 1)^2 (1 + \sin^2 3\pi y) + (y - 1)^2 (1 + \sin^2 2\pi y)$$

3.25 例 3-26 方程由许多波谷，如果仔细观察会发现谷底的函数值可能不同，试用图解法找出全局最优解（提示：考虑绘制侧视图与正视图，找出 x_1 和 x_2 的最优解）。

3.26 如果 $0 \leqslant x, y \leqslant 1$，试求出下面函数的最大值，并绘制图形验证结果。

$$f(x, y) = \sin 19\pi x + \frac{x}{1.7} + \sin 19\pi y + \frac{y}{1.7} + 2$$

3.27 试求 $-100 \leqslant x, y \leqslant 100$ 时下面函数的最小值。

$$f(x, y) = 0.5 + \frac{\cos^2\left(\sin|x^2 - y^2|\right) - 0.5}{\left[1 + 0.001(x^2 + y^2)\right]^2}$$

3.28 试求解下面的 Zakharov 函数测试问题。

$$\min \sum_{i=1}^{n} x_i^2 + \left(\sum_{i=1}^{n} 0.5ix_i\right)^2 + \left(\sum_{i=1}^{n} 0.5ix_i\right)^4$$

其中，$n = 20$，搜索范围为 $-5 \leqslant x_i \leqslant 10, i = 1, 2, \cdots, n$。

3.29 试求解下面的最优化问题。

$$f(\boldsymbol{x}) = 481.9829n + \sum_{j=1}^{n} \sin\sqrt{|x_j|}$$

其中，搜索范围为 $-500 \leqslant x_j \leqslant 500, n = 2$ 或 $n = 20$。

3.30 假设某一化学反应过程中压力 P 与温度 T 之间的关系为 $P = \alpha e^{\beta T}$，但 α 与 β 是未知的。现通过实验测得一些数据，在表 3-6 中给出，试确定未知参数 α 与 β[16]。

表 3-6 习题3.30 中已知的实验数据

温度 T / °C	20	25	30	35	40	50	60	70
压力 P / mmHg	15.45	19.23	26.54	34.52	48.32	68.11	98.34	120.45

3.31 试求解下面函数的最小值。

$$f(\boldsymbol{x}) = \sum_{k=1}^{n} k\cos((k+1)x_k + k) \sum_{k=1}^{n} k\cos((k+1)x_k + k)$$

其中，$n = 20, -10 \leqslant x_k \leqslant 10$。

3.32 试求解下面的无约束最优化问题。

$$f(x, y) = \left[1 + (x + y + 1)^2(19 - 14x + 3x^2 - 14y + 6xy + 3y^2)\right] \times$$
$$\left[30 + (2x - 3y)^2(18 - 32x + 12x^2 + 48y - 36xy + 27y^2)\right]$$

3.33 试求解下面的最优化问题。

$$f(\boldsymbol{x}) = 100(x_1^2 - x_2)^2 + (x_1 - 1)^2 + (x_3 - 1)^2 + 90(x_3^2 - x(4))^2 +$$
$$10.1((x_2 - 1)^2 + (x_4 - 1)^2) + 19.8(x_2^- 1) * (x_4 - 1)$$

3.34 试求出下面函数的最小值。

$$f(x_1, x_2) = \sum_{j=1}^{n} \sin x_j \left(\sin jx_j^2/\pi\right)^m$$

可以尝试 $n = 2$ 和 $n = 20, m = 10$。

3.35 试求解下面带有决策变量约束的最优化问题。

$$\min_{x_1, x_2} \cos x_1 \sin x_2 - \frac{x_1}{1 + x_2^2}$$

其中，$-1 \leqslant x_1 \leqslant 2, -1 \leqslant x_2 \leqslant 1$。

3.36 假设已知一组数据如表3-7所示，且已知该数据满足原型函数。

$$y(x) = \frac{1}{\sqrt{2\pi}\sigma} e^{-(x-\mu)^2/2\sigma^2}$$

试用最小二乘法求出 μ 和 σ 的值，并用得出的函数将函数曲线绘制出来，观察曲线拟合的效果。

表3-7 习题3.36数据

x_i	−2	−1.7	−1.4	−1.1	−0.8	−0.5	−0.2	0.1	0.4	0.7	1	1.3
y_i	0.1029	0.1174	0.1316	0.1448	0.1566	0.1662	0.1733	0.1775	0.1785	0.1764	0.1711	0.1630
x_i	1.6	1.9	2.2	2.5	2.8	3.1	3.4	3.7	4	4.3	4.6	4.9
y_i	0.1526	0.1402	0.1266	0.1122	0.0977	0.0835	0.0702	0.0577	0.0469	0.0373	0.0291	0.0224

3.37 假设有一组数据在文件 **data3ex5.dat** 中给出，其第一列为散点的 x 坐标，第二列为 y 坐标，第三列为函数值，试由文件的数据计算下面原型函数的待定系数 $a \sim e$。

$$f(x,y) = (ax^2 - bx)e^{-cx^2 - dy^2 - exy}$$

3.38 已知微分方程模型 $x_1'(t) = x_2(t)$, $x_2'(t) = 2x_1(t)x_2(t)$，且已知边值条件 $x_1(0) = -1, x_1(\pi/2) = 1$，试求解相应的微分方程数值解。

3.39 已知某常微分方程模型如下，试求出 α 和 β，并求解本微分方程。

$$x_1' = 4x_1 - \alpha x_1 x_2, \ x_2' = -2x_2 + \beta x_1 x_2$$

且已知 $x_1(0) = 2, x_2(0) = 1, x_1(3) = 4, x_2(3) = 2$。

3.40 例3-40中给出了将方程求解问题转换为最优化问题的方法，试运行该函数100次，并运行 **fsolve()** 函数100次解决同样的问题，比较方程求解的效率与精度。

3.41 试将习题2.12、习题2.14中给出的方程求解问题转换成最优化问题并求解方程，试比较方程求解的精度与速度。

第4章　凸优化

　　凸优化（convex optimization）是很有吸引力的最优化问题，因为若存在可行解，则凸优化问题总能找到全局最优解。本章先给出凸集与凸优化的概念。

定义 4-1 ▶ 凸集

　　凸集（convex set）是几何学上的概念。如果一个集合中任意两点 a 和 b 之间所连线段上的每个点都在这个集合内，则称这样的集合为凸集，否则称该集合为非凸集（non-convex set）。

凸集、非凸集的形象解释可以参见图 4-1。在图 4-1(a)中,由于集合内任意两点间的连线上所有的点都在集合内,所以该集合为凸集;在图 4-1(b)中,由于集合有空洞,可以找到两个点,使其连线上有的点不在集合内,所以该集合是非凸集;而在图 4-1(c)中,由于存在凹陷的地方,也可以找到两个点,使其连线上有些点不在集合内,所以该集合也是非凸集。

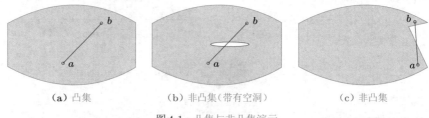

(a) 凸集   (b) 非凸集(带有空洞)   (c) 非凸集

图 4-1   凸集与非凸集演示

描述空间中两个点 x_1、x_2 之间的线段有多种方法,这里给出一种描述为 $y = \theta x_1 + (1-\theta)x_2$,其中 $\theta \in [0,1]$。凸集的更数学化的描述如下。

定义 4-2 ▶ 凸集

在集合 $C \subseteq \mathbb{R}^n$ 中,若任意两点 $x_1, x_2 \in C$,且对任意的 $\theta \in [0,1]$,都有 $\theta x_1 + (1-\theta)x_2 \in C$,则 C 为凸集。

定义 4-3 ▶ 凸组合

对任意点 $x_1, x_2, \cdots, x_n$,若 $\theta_1 + \theta_2 + \cdots + \theta_n = 1$,$\theta_i \geqslant 0$,则 $y = \theta_1 x_1 + \theta_2 x_2 + \cdots + \theta_n x_n$ 称为凸组合。

定义 4-4 ▶ 凸函数

对定义域内任意两点 $x_1, x_2 \in D$,若任取 $\theta \in [0,1]$,都有 $f(\theta x_1 + (1-\theta)x_2) \leqslant \theta f(x_1) + (1-\theta)f(x_2)$,则函数 $f(x)$ 称为凸函数。

定义 4-5 ▶ 凸优化问题

凸优化问题是指凸集中凸函数的最优化问题。

相对于第 3 章介绍的无约束最优化问题,从本章开始介绍有约束最优化(constrained optimization)问题。

本章首先介绍有约束最优化的定义与物理解释,然后侧重于介绍线性规划问题、二次型规划问题等凸优化问题的描述与求解方法。在后续的章节中将介绍一般非线性、非凸优化问题的求解方法。

定义 4-6 ▶ 有约束最优化问题

有约束最优化问题的一般数学描述为

$$\min_{\boldsymbol{x}\ \text{s.t.}\ \boldsymbol{g}(\boldsymbol{x})\leqslant\boldsymbol{0}} f(\boldsymbol{x}) \tag{4-0-1}$$

其中，$\boldsymbol{x}=[x_1,x_2,\cdots,x_n]^{\mathrm{T}}$；不等式 $\boldsymbol{g}(\boldsymbol{x})\leqslant 0$ 称为约束条件。

定义 4-7 ▶ 可行解

满足约束条件 $\boldsymbol{g}(\boldsymbol{x})\leqslant\boldsymbol{0}$ 的所有的解 $\boldsymbol{x}$ 称为最优化问题的可行解（feasible solutions）。

有约束最优化数学表示的物理意义是：求取一组向量 $\boldsymbol{x}$，能够在满足约束条件 $\boldsymbol{g}(\boldsymbol{x})\leqslant 0$ 的前提下，使得目标函数 $f(\boldsymbol{x})$ 最小化。在实际遇到的最优化问题中，有时约束条件可能是很复杂的，它既可以是等式约束，也可以是不等式约束；既可以是线性的，也可能是非线性的，有时甚至不能用纯数学函数描述。

从这里给出的约束条件一般形式看，$\boldsymbol{g}(\boldsymbol{x})\leqslant 0$ 似乎有局限性，因为实际问题还可能包含 $\geqslant$ 不等式。事实上，如果真含有 $\geqslant$ 不等式，则可以将不等式两边同时乘以 -1，这样不等式将统一变换为标准的 $\leqslant$ 不等式。

有约束的最优化问题一般又统称为数学规划问题（mathematical programming）。数学规划问题又可以细分为线性规划、非线性规划、整数规划等。

4.1 节简单介绍线性规划问题，给出线性规划问题的数学描述，通过例子演示图解方法，并演示最优化求解中最重要的单纯形算法。4.2 节介绍如何使用 MATLAB 提供的专门求解函数求解各类线性规划问题的方法，并演示线性规划的一个重要的应用——运输问题的建模与求解方法。4.3 节介绍 MATLAB 下线性规划问题的另一种直观描述方法——基于问题的描述方法，并介绍各种线性规划问题的直接描述与求解方法。4.4 节介绍二次型规划的数学模型与求解方法。4.5 节还介绍线性矩阵不等式的概念，并介绍基于线性矩阵不等式的线性规划问题的求解方法。4.6 节介绍其他常用的凸优化问题求解，包括锥规划、几何规划和半定规划等，并介绍基于 MATLAB 的 CVX 凸优化工具箱的凸优化问题求解方法。

4.1 线性规划问题简介

线性规划（linear programming，LP）问题是一类最简单也是最常用的有约束最优化问题。在线性规划问题中，目标函数与约束条件都可以写成决策变量 $\boldsymbol{x}$ 的线性表达式。

    美国学者 George Bernard Dantzig（1914—2005）在 1947 年提出了线性规划的单纯形算法（simplex method），并在 1953 年提出了改进的单纯形法。单纯形算法曾被评为"20 世纪十大算法"，其开创性的工作为后来若干诺贝尔经济学奖获得者提供了主要的数学工具。例如，1973 年诺贝尔经济学奖获奖者俄裔美国学者 Wassily Wassilyevich Leontief（1905—1999）的投入产出模型，苏联学者 Leonid Vitaliyevich Kantorovich（1912—1986）和荷裔美国学者 Tjalling Charles Koopmans（1910—1985）在 1975 年获得了诺贝尔经济学奖，其主要贡献是基于线性规划的最优资源配置理论。线性规划问题的求解算法是很高效的，在 1992 年的文献 [17] 就介绍了多达 12753313 个决策变量的线性规划问题的求解。文献 [18] 给出了比较全面的线性规划问题的历史回顾。

    本节将给出线性规划问题的数学模型，并用图形化方法解释二元线性规划问题的解。本节还将通过简单的例子介绍标准线性规划问题的单纯形法，以及将一般线性规划问题变换为标准线性规划问题的方法。

4.1.1　线性规划问题的数学模型

    在定义 4-6 给出的有约束最优化问题中，如果目标函数和约束函数都是决策变量 $\boldsymbol{x}$ 的线性函数，则最优化问题就变成了线性规划问题。这里首先给出线性规划问题的数学定义，然后演示线性规划问题的求解方法。

定义 4-8 ▶ 标准线性规划问题

    线性规划问题的标准数学描述为

$$\min_{\boldsymbol{x}} \quad \boldsymbol{f}^{\mathrm{T}}\boldsymbol{x} \tag{4-1-1}$$
$$\text{s.t.} \begin{cases} \boldsymbol{A}\boldsymbol{x} \leqslant \boldsymbol{B} \\ \boldsymbol{A}_{\mathrm{eq}}\boldsymbol{x} = \boldsymbol{B}_{\mathrm{eq}} \\ \boldsymbol{x}_{\mathrm{m}} \leqslant \boldsymbol{x} \leqslant \boldsymbol{x}_{\mathrm{M}} \end{cases}$$

    这里的约束条件已经进一步细化为线性等式约束 $\boldsymbol{A}_{\mathrm{eq}}\boldsymbol{x} = \boldsymbol{B}_{\mathrm{eq}}$、线性不等式约束 $\boldsymbol{A}\boldsymbol{x} \leqslant \boldsymbol{B}$、$\boldsymbol{x}$ 变量的上界向量 $\boldsymbol{x}_{\mathrm{M}}$ 和下界向量 $\boldsymbol{x}_{\mathrm{m}}$，使得 $\boldsymbol{x}_{\mathrm{m}} \leqslant \boldsymbol{x} \leqslant \boldsymbol{x}_{\mathrm{M}}$。

    对不等式约束而言，MATLAB 定义的标准型是 $\leqslant$ 不等式。如果约束条件中某个不等式是 $\geqslant$ 不等式，则在该不等号两边同时乘以 -1 就可以转换成 $\leqslant$ 不等式了，所以，本书统一采用 $\leqslant$ 不等式描述约束条件。

4.1.2　二元线性规划的图解法

    二元线性规划问题的求解是可以通过图解法演示的，本节首先探讨线性规划问题的可行解区域，然后结合前面介绍的凸集概念，说明线性规划的可行解是凸集，最后通过可行解区域的顶点得出凸集的全局最优解。

例4-1 试用图形方法描述下面最优化问题的可行解区域。

$$\min_{x,y} \quad -x-2y$$
$$\text{s.t.} \begin{cases} -x+2y\leqslant 4 \\ 3x+2y\leqslant 12 \\ x\geqslant 0,\ y\geqslant 0 \end{cases}$$

解 由两条直线方程 $-x+2y=4$，$3x+2y=12$ 可以变换出显式函数的形式：$y=2+x/2$，$y=6-3x/2$。这样，在 x-y 平面内绘制这两条直线，并得出它们与两个坐标轴围成的区域。该区域就是问题的可行解区域，如图4-2所示。

```
>> syms x;
   fplot([2+x/2, 6-3*x/2],[-1,5])          %两条直线
   line([-1,5],[0,0]), line([0,0],[-1,5])   %两个坐标轴
   hold on; fill([0,0,2,4,0],[0,2,3,0,0],'g')  %可行解区域填充
   hold off, axis([-1 5 -1 5])
```

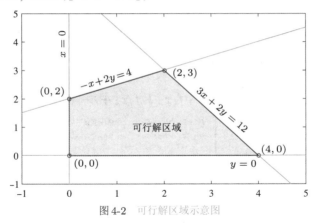

图4-2 可行解区域示意图

定理4-1 ▶ 可行解为凸集

如果线性规划问题存在可行解区域，则可行解区域为凸集。

定理4-2 ▶ 线性规划的解是全局最优解

如果可行解区域有界，则线性规划问题的目标函数一定在其可行解区域的顶点（vertex，复数为vertices）上达到最优[19]。

由定理4-1、定理4-2可知，如果能得出可行解区域的顶点，且顶点个数为有限个，则可以求出各个顶点处的目标函数值，比较这些点的目标函数值，从中选择值最小的点作为全局最优点，就可以求解线性规划问题。

例4-2 试求解例4-1中线性规划问题的最优解。

解 对图 4-2 中问题的凸集而言, 如果能求出这些顶点处的函数值, 则问题的全局最优解就是这些交点处函数值最小的点。由图 4-2 可见, 可行解区域有 4 个顶点: $(0,0)$, $(4,0)$, $(0,2)$, $(2,3)$, 在这些顶点处的函数值分别为 $0, -4, -4$ 与 -8, 所以可以看出, 得出的最优解为 $(2,3)$, 最优目标函数为 -8。

4.1.3 单纯形法简介

通过前面介绍的例子已知, 线性规划问题的全局最优解是可行解区域顶点中目标函数最小的点, 对二元问题而言可以通过图解法找出全部顶点, 并评价各个顶点处的函数值, 最终得出问题的全局最优解。对于多元线性规划问题, 要想找到全部的顶点并非易事, 所以应该借助合适的算法。

一般线性规划问题的原型是标准线性规划问题, 本节先给出标准线性规划问题的定义, 再介绍一般线性规划问题转换成标准线性规划问题的方法, 最后简单地介绍并演示常用的单纯形求解方法。

定义 4-9 ▶ 标准线性规划问题

标准线性规划问题的数学模型为

$$\min \quad f_1 x_1 + f_2 x_2 + \cdots + f_n x_n \tag{4-1-2}$$

$$\boldsymbol{x} \text{ s.t.} \begin{cases} a_{11}x_1 + a_{12}x_2 + \cdots + a_{1n}x_n = b_1 \\ a_{21}x_1 + a_{22}x_2 + \cdots + a_{2n}x_n = b_2 \\ \qquad\qquad\vdots \\ a_{m1}x_1 + a_{m2}x_2 + \cdots + a_{mn}x_n = b_m \\ x_j \geqslant 0, \ j = 1, 2, \cdots, n \end{cases}$$

由给出的线性规划标准形式, 可以根据线性等式约束条件, 通过解线性代数方程的方法消去几个决策变量, 从而得出线性规划问题的最优解。

例 4-3 试求解下面给出的标准线性规划问题[18]。

$$\min \quad x_1 + 2x_2 - x_4 + x_5$$

$$\boldsymbol{x} \text{ s.t.} \begin{cases} 2x_1 + x_2 + 3x_3 + 2x_4 = 5 \\ x_1 - x_2 + 2x_3 - x_4 + 3x_5 = 1 \\ x_1 - 2x_3 - 2x_5 = -1 \\ x_i \geqslant 0, \ i = 1, 2, \cdots, 5 \end{cases}$$

解 如果将等式约束条件写成矩阵形式, 则 $\boldsymbol{A}\boldsymbol{x} = \boldsymbol{B}$, 其中

$$\boldsymbol{A} = \begin{bmatrix} 2 & 1 & 3 & 2 & 0 \\ 1 & -1 & 2 & -1 & 3 \\ 1 & 0 & -2 & 0 & -2 \end{bmatrix}, \quad \boldsymbol{B} = \begin{bmatrix} 5 \\ 1 \\ -1 \end{bmatrix}$$

这样, 可以将 $\boldsymbol{A}$ 和 $\boldsymbol{B}$ 矩阵输入计算机, 再构造 $\boldsymbol{C} = \begin{bmatrix} \boldsymbol{A}, \boldsymbol{B} \end{bmatrix}$ 矩阵, 就可以用 MATLAB 对其进行直接处理, 得出简化行阶梯型 (reduced row echelon form, rref)。

```
>> A=[2,1,3,2,0; 1,-1,2,-1,3; 1,0,-2,0,-2];
   B=[5; 1; -1]; C=[A,B];
   D=rref(sym(C))      %直接推导简化行阶梯形式
```

利用 **rref()** 函数可以直接将 C 矩阵变成下面的标准型。

$$D = \begin{bmatrix} 1 & 0 & 0 & 2/11 & -4/11 & 7/11 \\ 0 & 1 & 0 & 15/11 & -19/11 & 14/11 \\ 0 & 0 & 1 & 1/11 & 9/11 & 9/11 \end{bmatrix}$$

若令 $x_4 = x_5 = 0$，则可以得出原问题的一个可行解 $x_1 = [7/11, 14/11, 9/11, 0, 0]$，目标函数值为 $f_1 = 35/11$。

由 D 矩阵直接得出 $x_1 = -2x_4/11 + 4x_5/11 + 7/11$，$x_2 = -15x_4/11 + 19x_5/11 + 14/11$，$x_3 = -x_4/11 - 9x_5/11 + 9/11$，这样就可以写出目标函数。

$$f = -\frac{2}{11}x_4 + \frac{4}{11}x_5 + \frac{7}{11} - \frac{30}{11}x_4 + \frac{38}{11}x_5 + \frac{28}{11} - x_4 + x_5 = \frac{35}{11} - \frac{43}{11}x_4 + \frac{53}{11}x_5$$

由上述结果可以建立起如表 4-1 所示的第一个单纯形表（simplex tableau）。其实，由 f 的表达式可见，为使得目标函数变小，x_5 的值应该尽可能小，x_4 的值应该尽可能大，所以，可以令 $x_5 = 0$，这样可以推导出 x_1、x_2 和 x_3 的表达式，并求解不等式。

$$\begin{cases} x_1 = -2x_4/11 + 7/11 \geqslant 0 \\ x_2 = -15x_4/11 + 14/11 \geqslant 0 \\ x_5 = -x_4/11 + 9/11 \geqslant 0 \end{cases} \Rightarrow \begin{cases} x_4 \leqslant 7/2 \\ x_4 \leqslant 14/15 \\ x_4 \leqslant 9 \end{cases}$$

表 4-1　单纯形表（一）

x_1	x_2	x_3	x_4	x_5	f	方程右端
1	0	0	2/11	−4/11		7/11
0	1	0	15/11	−19/11		14/11
0	0	1	1/11	9/11		9/11
0	0	0	−43/11	53/11	−1	−35/11

解联立不等式可以得出 $x_4 = \min(7/2, 14/15, 9) = 14/15$。这样可以得到一个改进的可行解为 $x_2 = [7/15, 0, 11/15, 14/15, 0]^{\mathrm{T}}$，这时的目标函数值为 $f_2 = -7/15$，显然，这样得出的新目标函数优于上一步得出的 f_1。

如果将 x_1、x_4 和 x_3 选作主元素，则可以交换原来 C 矩阵中的各列，重新调用函数 **rref()** 获得简化行阶梯形式，然后再将结果中各列重新交换回来，则

```
>> C1=C(:,[1,4,3,2,5,6]);
   D1=rref(C1); D1=D1(:,[1,4,3,2,5,6])
```

得出的简化行阶梯矩阵为

$$D_1 = \begin{bmatrix} 1 & -2/15 & 0 & 0 & -2/15 & 7/15 \\ 0 & 11/15 & 0 & 1 & -19/15 & 14/15 \\ 0 & -1/15 & 1 & 0 & 14/15 & 11/15 \end{bmatrix}$$

结合目标函数,则可以得出如表 4-2 所示的单纯形表。令 $x_2 = 0$,则可以得出

$$\begin{cases} x_1 = 7/15 + 2x_5/15 \geqslant 0 \\ x_4 = 14/15 + 19x_5/15 \geqslant 0 \\ x_3 = 11/15 - 14x_5/15 \geqslant 0 \end{cases} \Rightarrow \begin{cases} x_5 \geqslant -7/2 \\ x_5 \geqslant -19/14 \\ x_5 \leqslant 11/14 \end{cases}$$

表 4-2   单纯形表(二)

x_1	x_2	x_3	x_4	x_5	f	方程右端
1	$-2/15$	0	0	$-2/15$		$7/15$
0	$11/15$	0	1	$-19/15$		$14/15$
0	$-1/15$	1	0	$14/15$		$11/15$
0	$43/15$	0	0	$2/15$	-1	$7/15$

可以得出 $x_5 = 11/14$。将其代入上式,可以得出另一个更好的可行解 $x_3 = [4/7, 0, 0, 27/14, 11/14]^{\mathrm{T}}$,这时的目标函数值 $f_3 = -4/7$,比可行解的函数值 f_2 更小。

再将 x_1、x_4 和 x_5 选作主元素,则可以给出下面的命令。

```
>> C2=C(:,[1,4,5,2,3,6]); D2=rref(C2); D2=D2(:,[1,4,5,2,3,6])
```

则可以得出矩阵

$$\boldsymbol{D}_2 = \begin{bmatrix} 1 & -1/7 & 1/7 & 0 & 0 & 4/7 \\ 0 & 9/14 & 19/14 & 1 & 0 & 27/14 \\ 0 & -1/14 & 15/14 & 0 & 1 & 11/14 \end{bmatrix}$$

再考虑目标函数的值,则可以得出如表 4-3 所示的新单纯形表。可以得出,这时目标函数的最优解为 $x = [4/7, 0, 0, 27/14, 11/14]^{\mathrm{T}}$,最优目标函数为 $f = -4/7$。

表 4-3   单纯形表(三)

x_1	x_2	x_3	x_4	x_5	f	方程右端
1	$-1/7$	$1/7$	0	0		$4/7$
0	$9/14$	$19/14$	1	0		$27/14$
0	$-1/14$	$15/14$	0	1		$11/14$
0	$20/7$	$1/7$	0	0	-1	$4/7$

上面给出的是标准线性规划问题的求解方法,如果有不等式约束,则需要引入松弛变量,将其变换为具有等式约束的标准线性规划问题,然后再用单纯形法求解。下面通过例子给出松弛变量的引入方法,以及带有不等式约束的线性规划问题求解方法。

例 4-4   考虑例 4-3 中的问题,如果前两个等式约束都变成 ≤ 不等式约束,则

$$\min \quad x_1 + 2x_2 - x_4 + x_5$$

$$\boldsymbol{x} \ \text{s.t.} \begin{cases} 2x_1 + x_2 + 3x_3 + 2x_4 \leqslant 5 \\ x_1 - x_2 + 2x_3 - x_4 + 3x_5 \leqslant 1 \\ x_1 - 2x_3 - 2x_5 = -1 \\ x_i \geqslant 0, \ i = 1, 2, \cdots, 5 \end{cases}$$

试将其变换为线性规划的标准问题。

解 由于有两个不等式约束,所以应该引入两个松弛变量 $x_6 \geqslant 0, x_7 \geqslant 0$,这样不等式约束 $2x_1 + x_2 + 3x_3 + 2x_4 \leqslant 5$ 可以变换成 $2x_1 + x_2 + 3x_3 + 2x_4 + x_6 = 5$,对另一个不等式约束也可以同样变换成等式约束,所以原始的问题可以变换成线性规划的标准描述。

$$\min \quad x_1 + 2x_2 - x_4 + x_5$$

$$\boldsymbol{x} \ \text{s.t.} \begin{cases} 2x_1 + x_2 + 3x_3 + 2x_4 + x_6 = 5 \\ x_1 - x_2 + 2x_3 - x_4 + 3x_5 + x_7 = 1 \\ x_1 - 2x_3 - 2x_5 = -1 \\ x_i \geqslant 0, \ i = 1, 2, \cdots, 7 \end{cases}$$

4.2 线性规划问题的直接求解

单纯形法虽然有明确的数学表达式与计算步骤,但从底层应用该算法求解一个真正的多变量线性规划问题并非轻而易举的事,最好借助于合适的计算机工具,将想求解的线性规划问题按照计算机能够理解的方式输入计算机,由计算机代替人的繁杂劳动,直接获得问题的解。本节将介绍基于 MATLAB 最优化工具箱的各类线性规划问题的直接求解方法。

4.2.1 线性规划问题的求解函数

线性规划是一类最简单的有约束最优化问题,求解线性规划问题有多种算法。其中,单纯形法是最有效的一种方法,MATLAB 的最优化工具箱中实现了该算法与其他算法,提供了求解线性规划问题的 linprog() 函数。该函数的调用格式为

$[x, f_{\text{opt}}, \text{flag}, \text{out}] = \text{linprog}(f, A, B)$

$[x, f_{\text{opt}}, \text{flag}, \text{out}] = \text{linprog}(f, A, B, A_{\text{eq}}, B_{\text{eq}})$

$[x, f_{\text{opt}}, \text{flag}, \text{out}] = \text{linprog}(f, A, B, A_{\text{eq}}, B_{\text{eq}}, x_{\text{m}}, x_{\text{M}})$

$[x, f_{\text{opt}}, \text{flag}, \text{out}] = \text{linprog}(f, A, B, A_{\text{eq}}, B_{\text{eq}}, x_{\text{m}}, x_{\text{M}}, \text{options})$

$[x, f_{\text{opt}}, \text{flag}, \text{out}] = \text{linprog}(\text{problem})$

其中,$\boldsymbol{f}$、$\boldsymbol{A}$、$\boldsymbol{B}$、$\boldsymbol{A}_{\text{eq}}$、$\boldsymbol{B}_{\text{eq}}$、$\boldsymbol{x}_{\text{m}}$ 和 $\boldsymbol{x}_{\text{M}}$ 与定义 4-6 中列出的约束与目标函数公式中的记号是完全一致的。各个矩阵约束如果不存在,则应该用空矩阵 [] 占位。options 为控制选项。最优化运算完成后,结果将在变量 $\boldsymbol{x}$ 中返回,最优化的目标函数将在 f_{opt} 变量中返回。由于线性规划为凸问题,所以若能得出问题的最优解,则该最优解为原始问题的全局最优解,无须人为选择搜索初值。

从数学理论上看，f 应该为列向量，而实际调用中，MATLAB 做了相应的容错处理，即使将 f 写成行向量，函数内部仍能将其自动转换成列向量参与运算，对运算过程与结果没有任何影响。

线性规划求解函数仅有几个成员变量在表4-4中列出。和以前介绍的最优化求解算法相比，这里可以调整的成员变量并不多。用 optimset() 函数可以设置带有包括 TolX 在内的成员变量，但该成员变量对线性规划的求解没有影响。

表 4-4　线性规划问题成员变量表

成员变量名	成员变量说明
Algorithm	线性规划问题求解的算法，默认算法为'dual-simplex'（对偶单纯形法），一般情况下这种算法是比较合适的。此外，还可以选择的其他方法为'interior-point'与'interior-point-legacy'。这些选项可以直接选择合适的算法
Display	与前面介绍的 Display 一致
MaxIter	最大允许的迭代次数，默认值为10倍决策变量的个数与约束条件的个数
TolFun	误差函数误差限控制量。注意，线性规划求解函数不允许用户设置 TolX 成员变量

linprog() 函数的调用允许使用结构体变量 problem 描述整个线性规划问题，该结构体中的各个成员变量在表4-5中给出，其中，前3个成员变量是必要的。

表 4-5　线性规划结构体成员变量表

成员变量名	成员变量说明
f	目标函数系数向量 f
options	控制选项的设置，用户可以像前面例子中介绍的那样修改控制选项，然后将修改后的结构体赋给 options
solver	必须将其设置为'linprog'
Aineq, bineq	线性不等式约束的矩阵 A 和向量 b
Aeq, beq	线性等式约束的矩阵 A_{eq} 和向量 b_{eq}，其中，若某项约束条件不存在，则可以将其设置为空矩阵，或不进行设置
ub,lb	决策变量的上界向量 x_M 与下界向量 x_m

这里将通过下面的例子演示线性规划的求解问题。

例 4-5　回顾例4-3中的标准线性规划问题和例4-4中的一般线性规划问题，试利用 linprog() 函数直接求解这些问题。

解　由例4-3给出的问题可见，目标函数的系数向量为 $f = [1, 2, 0, -1, 1]^T$，且等式约束中的矩阵与向量可以写成

$$A_{eq} = \begin{bmatrix} 2 & 1 & 3 & 2 & 0 \\ 1 & -1 & 2 & -1 & 3 \\ 1 & 0 & -2 & 0 & -2 \end{bmatrix}, \quad B_{eq} = \begin{bmatrix} 5 \\ 1 \\ -1 \end{bmatrix}$$

另外, 因为没有不等式约束, 所以可以将 A 和 B 设置为空矩阵, 还可以设置下界为零向量, 这样可以由下面的语句直接求解最优化问题。

```
>> A=[]; B=[]; f=[1,2,0,-1,1];
   Aeq=[2 1 3 2 0; 1 -1 2 -1 3; 1 0 -2 0 -2];
   Beq=[5;1;-1]; xm=zeros(5,1);
   [x f0 flag]=linprog(f,A,B,Aeq,Beq,xm)
   x=norm(x-[4/7,0,0,27/14,11/14]'), f0=f0+4/7
```

如果用解析表达式表示得出的解, 则 $\boldsymbol{x} = [4/7, 0, 0, 27/14, 11/14]^{\mathrm{T}}$, 目标函数的最小值为 $f_0 = -4/7$。可见, 得出的结果与例 4-3 底层推导的结果完全一致, 但求解方法更简单直观, 得出的误差范数为 3.3307×10^{-16}。可以看出, 在默认控制选项下线性规划求解函数的精度还是很高的, 一般可以放心使用。

可以看出, 即使这里设置了更苛刻的 **TolFun** 选项, 用另外两种算法得出的求解误差分别为 $e_1 = 7.0655 \times 10^{-9}, e_2 = 1.2472 \times 10^{-8}$, 精度远低于默认算法, 所以, 没有特别的需要, 不建议设置成其他算法, 用默认的算法就能得出理想的结果。

```
>> ff=optimoptions('linprog');
   ff.Algorithm='interior-point';
   [x f0 flag]=linprog(f,A,B,Aeq,Beq,xm,[],ff)
   e1=norm(x-[4/7,0,0,27/14,11/14]'), f1=f0+4/7
   ff.Algorithm='interior-point-legacy';
   [x f0 flag]=linprog(f,A,B,Aeq,Beq,xm,[],ff)
   e2=norm(x-[4/7,0,0,27/14,11/14]'), f2=f0+4/7
```

现在考虑例 4-4 给出的不等式约束问题。在原有的例子中, 需要人为引入松弛变量, 将其手工变换为等式约束的标准线性规划问题, 然后再使用单纯形算法来求解, 这样的方法是很麻烦的, 所以采用 MATLAB 提供的 `linprog()` 函数对其直接求解。分析新的线性规划问题, 可以写出不等式与等式约束的矩阵。

$$\boldsymbol{A} = \begin{bmatrix} 2 & 1 & 3 & 2 & 0 \\ 1 & -1 & 2 & -1 & 3 \end{bmatrix}, \quad \boldsymbol{B} = \begin{bmatrix} 5 \\ 1 \end{bmatrix}$$

$$\boldsymbol{A}_{\mathrm{eq}} = \begin{bmatrix} 1 & 0 & -2 & 0 & -2 \end{bmatrix}, \quad \boldsymbol{B}_{\mathrm{eq}} = \begin{bmatrix} -1 \end{bmatrix}$$

这样, 就可以直接利用下面的语句求解原始问题, 得出的结果为 $\boldsymbol{x} = [0, 0, 0, 5/2, 1/2]$, 目标函数的最小值为 $f_0 = -2$。可以看出, 如果采用 MATLAB 工具箱的现成函数, 则无须过多的底层烦琐操作, 即可方便地得出原始问题的最优解。

```
>> A=Aeq(1:2,:); B=Beq(1:2); Aeq=Aeq(3,:); Beq=Beq(3);
   [x f0 flag]=linprog(f,A,B,Aeq,Beq,xm)
   x=sym(x), f0=sym(f0)
```

例4-6 试求解下面的线性规划问题。

$$\min \quad -2x_1 - x_2 - 4x_3 - 3x_4 - x_5$$

$$x \text{ s.t.} \begin{cases} 2x_2+x_3+4x_4+2x_5 \leqslant 54 \\ 3x_1+4x_2+5x_3-x_4-x_5 \leqslant 62 \\ x_1,x_2 \geqslant 0, x_3 \geqslant 3.32, x_4 \geqslant 0.678, x_5 \geqslant 2.57 \end{cases}$$

解 从给出的数学式子,对照线性规划问题的标准型,可以看出,其目标函数可以用其系数向量 $f = [-2,-1,-4,-3,-1]^T$ 表示,不等式约束有两个,即

$$A = \begin{bmatrix} 0 & 2 & 1 & 4 & 2 \\ 3 & 4 & 5 & -1 & -1 \end{bmatrix}, \quad B = \begin{bmatrix} 54 \\ 62 \end{bmatrix}$$

另外,由于没有等式约束,故可以定义 A_{eq} 和 B_{eq} 为空矩阵。由给出的数学问题还可以看出,x 的下界可以定义为 $x_m = [0,0,3.32,0.678,2.57]^T$,且对上界没有限制,故可以将其写成空矩阵。由前面的分析,可以给出如下MATLAB命令求解线性规划问题,并立即得出结果为 $x = [19.785,0,3.32,11.385,2.57]^T$,$f_{opt} = -89.5750$。

```
>> f=-[2 1 4 3 1]';
   A=[0 2 1 4 2; 3 4 5 -1 -1]; B=[54; 62]; Ae=[];
   Be=[]; xm=[0,0,3.32,0.678,2.57];   %输入相关矩阵与向量
   ff=optimset; ff.TolX=eps;          %描述控制参数
   [x,f_opt,key,c]=linprog(f,A,B,Ae,Be,xm,[],[],ff) %求线性规划问题
```

从列出的结果看,由于 key 值为1,故求解是成功的。以上只用了两步就得出了线性规划问题的解,可见求解程序功能是很强大的,可以很容易得出线性规划问题的解。其实在上面的求解过程中,ff 控制选项的设置是多余的,如果在求解过程中不给出该选项,也可以得出完全一致的结果。

```
>> [x1,f2,key,c]=linprog(f,A,B,Ae,Be,xm)  %不采用控制选项
   x-x1, f_opt-f2                          %与前面的结果完全一致
```

例4-7 试用结构体的形式描述并重新求解例4-6中的问题。

解 可以用下面的结构体方式构造出线性规划问题的变量P,某些值为默认值的成员变量可以不指定,如 Aeq 成员变量的默认值为空矩阵,既然本问题没有涉及 A_{eq} 矩阵,不给出该成员变量,可以同样解决原始问题,得出的解与前面方法完全一致。这里由于初值和决策变量上限采用了默认值,所以无须对结构体的相应成员变量赋值。

```
>> clear P
   P.f=-[2 1 4 3 1]';
   P.Aineq=[0 2 1 4 2; 3 4 5 -1 -1]; P.Bineq=[54; 62];
   P.lb=[0,0,3.32,0.678,2.57];
   P.solver='linprog'; P.options=optimoptions('linprog');
   [x,f_opt,key,c]=linprog(P)    %用结构体形式描述线性规划问题并求解
```

例 4-8 试求解下面的四元线性规划问题。

$$\max \quad 3x_1/4 - 150x_2 + x_3/50 - 6x_4$$

$$\boldsymbol{x} \text{ s.t.} \begin{cases} x_1/4 - 60x_2 - x_3/50 + 9x_4 \leqslant 0 \\ -x_1/2 + 90x_2 + x_3/50 - 3x_4 \geqslant 0 \\ x_3 \leqslant 1, x_1 \geqslant -5, x_2 \geqslant -5, x_3 \geqslant -5, x_4 \geqslant -5 \end{cases}$$

解 原问题中求解的是最大值问题，所以需要首先将其转换成最小化问题，即将原目标函数乘以 -1，目标函数将改写成 $-3x_1/4 + 150x_2 - x_3/50 + 6x_4$。另外，由第二条约束条件，可以得出线性规划问题的标准型为

$$\min \quad -3x_1/4 + 150x_2 - x_3/50 + 6x_4$$

$$\boldsymbol{x} \text{ s.t.} \begin{cases} x_1/4 - 60x_2 - x_3/50 + 9x_4 \leqslant 0 \\ x_1/2 - 90x_2 - x_3/50 + 3x_4 \leqslant 0 \\ x_3 \leqslant 1, x_1 \geqslant -5, x_2 \geqslant -5, x_3 \geqslant -5, x_4 \geqslant -5 \end{cases}$$

套用线性规划的格式可以得出 $\boldsymbol{f}^{\mathrm{T}}$ 向量为 $[-3/4, 150, -1/50, 6]$。

再分析约束条件，可见，最后一条可以写成 $x_i \geqslant -5$，所以可确定自变量的最小值向量和最大值向量为

$$\boldsymbol{x}_{\mathrm{m}} = [-5, -5, -5, -5]^{\mathrm{T}}, \quad \boldsymbol{x}_{\mathrm{M}} = [+\infty, +\infty, 1, +\infty]^{\mathrm{T}}$$

其中，可以使用 Inf 表示 $+\infty$。约束条件的前两条均为不等式约束，其中第二条为 $\geqslant$ 不等式，已经将两端均乘以 -1，转换成 $\leqslant$ 不等式，这样可以写出不等式约束为

$$\boldsymbol{A} = \begin{bmatrix} 1/4 & -60 & -1/50 & 9 \\ 1/2 & -90 & -1/50 & 3 \end{bmatrix}, \quad \boldsymbol{B} = \begin{bmatrix} 0 \\ 0 \end{bmatrix}$$

由于原问题中没有等式约束，故应该令 $A_{\mathrm{eq}} = []$，$B_{\mathrm{eq}} = []$，表示空矩阵。最终可以输入如下命令求解此最优化问题，得出原问题的最优解。

```
>> f=[-3/4,150,-1/50,6];
   A=[1/4,-60,-1/50,9; 1/2,-90,-1/50,3];    %线性不等式约束
   B=[0;0]; Aeq=[]; Beq=[];                 %线性等式约束
   xm=[-5;-5;-5;-5]; xM=[Inf;Inf;1;Inf];    %决策变量边界
   [x,f0,key,c]=linprog(f,A,B,Aeq,Beq,xm,xM) %直接求解
```

可见，经过 10 步迭代，就能得出原问题的最优解为 $\boldsymbol{x} = [-5, -0.1947, 1, -5]^{\mathrm{T}}$，该最优解的精度很高。最后一个语句可以用下面的语句取代，得出完全一致的结果。注意，求解之前应该采用 clear 命令清除 P 变量，否则以前使用的 P 变量的一些成员变量可能遗留下来，影响本次求解。

```
>> clear P;
   P.f=f; P.Aineq=A; P.Bineq=B; P.solver='linprog';
   P.lb=xm; P.ub=xM; P.options=optimoptoins('linprog');
   linprog(P)       %用结构体描述线性规划
```

例4-9 试求解下面的线性规划问题。

$$\max \qquad -22x_1 + 5x_2 - 7x_3 - 10x_4 + 8x_5 + 8x_6 - 9x_7$$

$$\boldsymbol{x} \text{ s.t.} \begin{cases} 3x_1 - 2x_3 - 2x_4 + 3x_7 \leqslant 4 \\ 2x_1 + 3x_2 + x_3 + 3x_6 + x_7 \leqslant 1 \\ 2x_1 + 4x_2 - 4x_3 + 2x_4 - 3x_5 + 2x_6 + 2x_7 \leqslant 2 \\ 2x_2 - 2x_3 - 3x_5 + 2x_6 + 2x_7 \geqslant -4 \\ x_2 - 2x_3 - x_4 + 5x_6 + x_7 = 2 \\ 5x_1 + x_2 - x_3 + x_4 - 5x_6 - x_7 \geqslant -3 \\ 5x_1 - 3x_2 + x_3 + 2x_4 + 3x_5 + 2x_6 + x_7 = -2 \\ x_1 - 2x_2 + 2x_3 - 3x_4 + x_5 + 6x_6 + 4x_7 \leqslant 3 \\ 3x_2 - 5x_3 - x_4 + 3x_5 + 3x_6 + 3x_7 \leqslant 2 \\ x_i \geqslant -5, \ i=1,2,\cdots,7 \end{cases}$$

解 由于这里需要求解的是最大值问题,所以应该将目标函数乘以 -1,将其变换成标准的最小值问题,这样可以得出问题的系数向量为

$$\boldsymbol{f} = [22, \ -5, \ 7, \ 10, \ -8, \ -8, \ 9]$$

由第五条与第七条约束看,它们为线性等式约束,所以应该写成矩阵形式。

$$\boldsymbol{A}_{\text{eq}} = \begin{bmatrix} 0 & 1 & -2 & -1 & 0 & 5 & 1 \\ 5 & -3 & 1 & 2 & 3 & 2 & 1 \end{bmatrix}, \quad \boldsymbol{b}_{\text{eq}} = \begin{bmatrix} 2 \\ -2 \end{bmatrix}$$

在剩余七条不等式约束中,第四条与第六条约束为 $\geqslant$ 不等式约束,需要两边乘以 -1 将其变换成 $\leqslant$ 型的不等式约束,这样可以写出其矩阵表达式如下:

$$\boldsymbol{A} = \begin{bmatrix} 3 & 0 & -2 & -2 & 0 & 0 & 3 \\ 2 & 3 & 1 & 0 & 0 & 3 & 1 \\ 2 & 4 & -4 & 2 & -3 & 2 & 2 \\ 0 & -2 & 2 & 0 & 3 & -2 & -2 \\ -5 & -1 & 1 & -1 & 0 & 5 & 1 \\ 1 & -2 & 2 & -3 & 1 & 6 & 4 \\ 0 & 3 & -5 & -1 & 3 & 3 & 3 \end{bmatrix}, \quad \boldsymbol{b} = \begin{bmatrix} 4 \\ 1 \\ 2 \\ 4 \\ 3 \\ 3 \\ 2 \end{bmatrix}$$

有了这些描述约束条件的向量与矩阵,就可以直接把它们输入MATLAB环境,然后调用求解函数直接求解线性规划问题。

```
>> f=[22,-5,7,10,-8,-8,9];
   Aeq=[0,1,-2,-1,0,5,1; 5,-3,1,2,3,2,1]; beq=[2; -2];
   A=[3,0,-2,-2,0,0,3; 2,3,1,0,0,3,1;
   2,4,-4,2,-3,2,2; 0,-2,2,0,3,-2,-2;
   -5,-1,1,-1,0,5,1; 1,-2,2,-3,1,6,4; 0,3,-5,-1,3,3,3];
   b=[4; 1; 2; 4; 3; 3; 2];
   xm=-5*ones(7,1);
   [x,f0,flag]=linprog(f,A,b,Aeq,beq,xm)
```

可以发现,由于 flag 的值为1,所以求解过程是成功的。得出的线性规划问题全局最优解为 $\boldsymbol{x} = [-1.9505, -3.1237, -5.0000, 3.0742, 0.1432, 0.4648, -4.1263]^{\text{T}}$,目标函数的最小值为 $f_0 = -73.5521$。

4.2.2 多决策变量向量的线性规划问题

前面介绍的线性规划问题中，决策变量是 x 向量，通过构造合适的矩阵、向量处理，可以将原始问题转换成标准形式，然后调用 linprog() 函数直接求解。这里将通过例子演示该问题的求解方法。

例 4-10 试求解下面给出的线性规划问题[20]。

$$\max \quad 30x_1 + 40x_2 + 20x_3 + 10x_4 - (15s_1 + 20s_2 + 10s_3 + 8s_4)$$

$$x,s \text{ s.t.} \begin{cases} 0.3x_1+0.3x_2+0.25x_3+0.15x_4 \leqslant 1000 \\ 0.25x_1+0.35x_2+0.3x_3+0.1x_4 \leqslant 1000 \\ 0.45x_1+0.5x_2+0.4x_3+0.22x_4 \leqslant 1000 \\ 0.15x_1+0.15x_2+0.1x_3+0.05x_4 \leqslant 1000 \\ x_1+s_1=800, \ x_2+s_2=750 \\ x_3+s_3=600, \ x_4+s_4=500 \\ x_j \geqslant 0, \ s_j \geqslant 0, \ j=1,2,3,4 \end{cases}$$

解 在这个问题中，决策变量是 x 与 s 两个向量，并不只是 x，所以这类问题是不能利用现成的 linprog() 这类函数直接求解的，必须先将其变换成单一决策向量的最优化问题。令 $x_5=s_1, x_6=s_2, x_7=s_3, x_8=s_4$，原始的最优化问题将变换成下面的标准型形式。

$$\min \quad -30x_1 - 40x_2 - 20x_3 - 10x_4 + 15x_5 + 20x_6 + 10x_7 + 8x_8$$

$$x \text{ s.t.} \begin{cases} 0.3x_1+0.3x_2+0.25x_3+0.15x_4 \leqslant 1000 \\ 0.25x_1+0.35x_2+0.3x_3+0.1x_4 \leqslant 1000 \\ 0.45x_1+0.5x_2+0.4x_3+0.22x_4 \leqslant 1000 \\ 0.15x_1+0.15x_2+0.1x_3+0.05x_4 \leqslant 1000 \\ x_1+x_5=800 \\ x_2+x_6=750 \\ x_3+x_7=600 \\ x_4+x_8=500 \\ x_j \geqslant 0, \ j=1,2,\cdots,8 \end{cases}$$

由这样的模型，不难提取出决策向量 $f = [-30,-40,-20,-10,15,20,10,8]$，并提取出线性约束的不等式与等式约束的相关矩阵为

$$A = \begin{bmatrix} 0.3 & 0.3 & 0.35 & 0.15 & 0 & 0 & 0 & 0 \\ 0.25 & 0.35 & 0.3 & 0.1 & 0 & 0 & 0 & 0 \\ 0.45 & 0.5 & 0.4 & 0.22 & 0 & 0 & 0 & 0 \\ 0.15 & 0.15 & 0.1 & 0.05 & 0 & 0 & 0 & 0 \end{bmatrix}, \quad b = \begin{bmatrix} 1000 \\ 1000 \\ 1000 \\ 1000 \end{bmatrix}$$

$$A_{eq} = \begin{bmatrix} 1 & 0 & 0 & 0 & 1 & 0 & 0 & 0 \\ 0 & 1 & 0 & 0 & 0 & 1 & 0 & 0 \\ 0 & 0 & 1 & 0 & 0 & 0 & 1 & 0 \\ 0 & 0 & 0 & 1 & 0 & 0 & 0 & 1 \end{bmatrix}, \quad b_{eq} = \begin{bmatrix} 800 \\ 750 \\ 600 \\ 500 \end{bmatrix}$$

有了这些矩阵与向量，就可以调用下面的语句直接求解原始问题。

```
>> f=[-30,-40,-20,-10,15,20,10,8];
   A=[0.3,0.3,0.35,0.15,0,0,0,0; 0.25,0.35,0.3,0.1,0,0,0,0;
      0.45,0.5,0.4,0.22,0,0,0,0; 0.15,0.15,0.1,0.05,0,0,0,0];
```

```
Aeq=[1,0,0,0,1,0,0,0; 0,1,0,0,0,1,0,0;
     0,0,1,0,0,0,1,0; 0,0,0,1,0,0,0,1];
b=[1000; 1000; 1000; 1000]; beq=[800; 750; 600; 500];
xm=zeros(8,1);                          %决策变量的下限
[x,f0,flag]=linprog(f,A,b,Aeq,beq,xm)   %求解线性规划问题
```

得出的线性规划问题的解为 $x = [800, 750, 387.5, 500, 0, 0, 212.5, 0]$，即 $x_1 = 800$，$x_2 = 750$，$x_3 = 387.5$，$x_4 = 500$，$s_1 = s_2 = s_4 = 0$，$s_3 = 212.5$，该解与文献 [20] 给出的结果完全一致。

4.2.3 双下标的线性规划问题

在某些研究领域中，决策变量不是由向量描述的，而是由矩阵描述的，这就需要考虑具有双下标决策变量的线性规划问题求解。可以引入一组新的向量型决策变量，将双下标的决策变量线性规划问题转换成标准的线性规划问题。这样就可以使用 linprog() 函数求解原始问题，求解后还应将得出的解代回决策变量矩阵。

例 4-11 试求解下面的双下标线性规划问题。

$$\min \quad 2800(x_{11}+x_{21}+x_{31}+x_{41})+4500(x_{12}+x_{22}+x_{32})+6000(x_{13}+x_{23})+7300x_{14}$$

$$\boldsymbol{x} \text{ s.t.} \begin{cases} x_{11}+x_{12}+x_{13}+x_{14}\geqslant15 \\ x_{12}+x_{13}+x_{14}+x_{21}+x_{22}+x_{23}\geqslant10 \\ x_{13}+x_{14}+x_{22}+x_{23}+x_{31}+x_{32}\geqslant20 \\ x_{14}+x_{23}+x_{32}+x_{41}\geqslant12 \\ x_{ij}\geqslant0,(i=1,2,3,4,j=1,2,3,4) \end{cases}$$

解 这样的问题显然不能用前面介绍的方法直接求解，引入决策变量 $x_1 = x_{11}$，$x_2 = x_{12}$，$x_3 = x_{13}$，$x_4 = x_{14}$，$x_5 = x_{21}$，$x_6 = x_{22}$，$x_7 = x_{23}$，$x_8 = x_{31}$，$x_9 = x_{32}$，$x_{10} = x_{41}$，这样将原问题手工改写成

$$\min \quad 2800(x_1 + x_5 + x_8 + x_{10}) + 4500(x_2 + x_6 + x_9) + 6000(x_3 + x_7) + 7300x_4$$

$$\boldsymbol{x} \text{ s.t.} \begin{cases} -(x_1+x_2+x_3+x_4)\leqslant-15 \\ -(x_2+x_3+x_4+x_5+x_6+x_7)\leqslant-10 \\ -(x_3+x_4+x_6+x_7+x_8+x_9)\leqslant-20 \\ -(x_4+x_7+x_9+x_{10})\leqslant-12 \\ x_i\geqslant0,i=1,2,\cdots,10 \end{cases}$$

这样就可以用下面的语句求出问题的最优解。

```
>> f([1,5,8,10])=2800; f([2,6,9])=4500;
   f([3,7])=6000; f(4)=7300;
   A=-[1 1 1 1 0 0 0 0 0 0; 0 1 1 1 1 1 1 0 0 0;   %目标函数与约束
       0 0 1 1 0 1 1 1 1 0; 0 0 0 1 0 0 1 0 1 1];
   B=-[15; 10; 20; 12]; Aeq=[]; Beq=[];
   xm=[0 0 0 0 0 0 0 0 0 0];
   [x,f0,flag]=linprog(f,A,B,Aeq,Beq,xm)   %直接求解线性规划问题
```

得出 $x = [5, 0, 0, 10, 0, 0, 0, 8, 2, 0]$。将得出的结果再反代回双下标自变量，可得 $x_{11} = 5$，$x_{14} = 10$，$x_{31} = 8$，$x_{32} = 2$，其余的自变量均为 0，目标函数为 118400。

4.2.4 线性规划的应用举例——运输问题

本节介绍运输问题的运筹学课程及实际应用中常见的问题。在介绍之前先看一个例子,然后给出运输问题的定义与求解方法。

例 4-12 假设某生产厂商在三个不同的城市有加工厂,在四个不同的城市有货栈。产品的运费在表 4-6 中给出[21]。如果给出每个货栈的容量,并给出每个加工厂需要运输的量,试设计一种运输方案,使得总的运费最少。

表 4-6 每车产品的运费表(单位:元/车)

城市 标号	不同货栈的运费与运量								产品的 运输量 s_i
	A 货栈运费	运 量	B 货栈运费	运 量	C 货栈运费	运 量	D 货栈运费	运 量	
一	464	x_{11}	513	x_{12}	654	x_{13}	867	x_{14}	75
二	352	x_{21}	416	x_{22}	690	x_{23}	791	x_{24}	125
三	995	x_{31}	682	x_{32}	388	x_{33}	685	x_{34}	100
容量 s_i	80		65		70		85		

解 表 4-6 中在给出运费的同时,还标注了从每个城市到各个货栈的运量,很显然总的运费可以如下计算,这就是所谓的目标函数。

$$f(\boldsymbol{X}) = 464x_{11} + 513x_{12} + 654x_{13} + 867x_{14} + 352x_{21} + 416x_{22} + 690x_{23} +$$
$$791x_{24} + 995x_{31} + 682x_{32} + 388x_{33} + 685x_{34}$$

除了目标函数之外,还应该满足下面的约束条件:

$$\begin{cases} x_{11} + x_{12} + x_{13} + x_{14} = 75 \\ x_{21} + x_{22} + x_{23} + x_{24} = 125 \\ x_{31} + x_{32} + x_{33} + x_{34} = 100 \\ x_{11} + x_{21} + x_{31} = 80 \\ x_{12} + x_{22} + x_{32} = 65 \\ x_{13} + x_{23} + x_{33} = 70 \\ x_{14} + x_{24} + x_{34} = 85 \end{cases}$$

可以看出,前面三个约束条件是决策变量矩阵各行的和,后面四个约束条件为决策变量各列的值。如何选择 x_{ij},在满足约束条件的前提下使得总运费 $f(\boldsymbol{X})$ 最少?

定义 4-10 ▶ 标准运输问题

标准的运输问题如表 4-7 所示[21]。假设有 m 个供货商,有 n 种货物需要运输。假设 j 为货物种类编号,i 为货源编号,并假设由第 i 货源进第 j 种货物的运费为 c_{ij}。另外已知第 j 种货物的总存储量为 d_j,第 i 货源的总供货量为 s_i,则运算问题求解的目标是从每个供货商处每种货物进多少件才能使得总运费最少。

表 4-7 运输问题的典型表格

货 源 编 号	不同货物种类的运费单价				供货商编号
	1	2	$\cdots$	n	s_i
1	c_{11}	c_{12}	$\cdots$	c_{1n}	s_1
2	c_{21}	c_{22}	$\cdots$	c_{2n}	s_2
$\vdots$	$\cdots$	$\cdots$	$\cdots$	$\cdots$	$\cdots$
m	c_{m1}	c_{m2}	$\cdots$	c_{mn}	s_m
需 求 量	d_1	d_2	$\cdots$	d_n	

定义 4-11 ► 运输问题

若想用数学方式描述这样的问题,则可以根据列出的单价 c_{ij} 选择决策变量 x_{ij},这样,运输问题可以由双下标线性规划形式描述:

$$\min_{\boldsymbol{X}} \quad \sum_{i=1}^{m}\sum_{j=1}^{n}c_{ij}x_{ij} \qquad (4\text{-}2\text{-}1)$$

$$\text{s.t.} \begin{cases} \sum_{j=1}^{n}x_{ij}=s_i,\ i=1,2,\cdots,m \\ \sum_{i=1}^{m}x_{ij}=d_j,\ j=1,2,\cdots,n \\ x_{ij}\geqslant0,\ i=1,2,\cdots,m,\ j=1,2,\cdots,n \end{cases}$$

不过要求解双下标线性规划问题是件比较麻烦且容易出错的事,因为前面介绍的方法需要手工将原问题转换成单下标标准线性规划问题。下面编写一个自动建模与求解函数,该方法只需输入矩阵 $\boldsymbol{C}$ 与向量 $\boldsymbol{s}$ 和 $\boldsymbol{d}$ 即可。

该函数的调用格式为 $\boldsymbol{X}=\text{transport\_linprog}(\boldsymbol{C},\boldsymbol{s},\boldsymbol{d})$。该函数将直接得出运算问题的最优解 $\boldsymbol{X}$ 矩阵。其中,关于整数规划的问题后面将探讨,这里暂不给出解释。

```
function [x,f0,flag]=transport_linprog(C,s,d,intkey)
   arguments, C, s(:,1), d(:,1), intkey(1,1)=1; end
   [m,n]=size(C); A=[]; B=[];
   for i=1:n, Aeq(i,(i-1)*m+1:i*m)=1; end
   for i=1:m, Aeq(n+i,i:m:n*m)=1; end
   xm=zeros(1,n*m); f=C(:); Beq=[s; d];
   if intkey~=0         % 一般线性规划的求解
      [x,f0,flag]=linprog(f,A,B,Aeq,Beq,xm);
   else                 % 整数线性规划的求解
      [x,f0,flag]=intlinprog(f,1:n*m,A,B,Aeq,Beq,xm);
      x=round(x);
```

```
  end
  x=reshape(x,m,n); % 将向量型的解还原成矩阵所需的形式
end
```

例 4-13 试求解例 4-12 的运输问题,并给出结果的物理解释。

解 由已知的表格可以直接建立运费矩阵 C,该矩阵即表 4-6 中间的 3×4 矩阵,可以直接将其输入计算机。另外由表格的最末一列可以建立产品的运输量列向量 d,由最末一行可以建立起货栈容量行向量 c。有了这些已知的矩阵与向量,就可以直接调用函数 transport_linprog() 制定最优运输方案。

```
>> C=[464,513,654,867; 352,416,690,791; 995,682,388,685];
   s=[80,65,70,85]; d=[75; 125; 100];
   [x0,f0]=transport_linprog(C,s,d)
```

运行该函数可以得出下面的结果:

$$x_0 = \begin{bmatrix} 0 & 20 & 0 & 55 \\ 80 & 45 & 0 & 0 \\ 0 & 0 & 70 & 30 \end{bmatrix}, \quad f_0 = 152535$$

剩下的工作就是解释得出的结果:从得出的 x_0 矩阵可见,需要将第一生产厂的 20 车货物运输到 B 货栈,55 车货物运输到 D 货栈;第二生产厂的 80 车货物运送到 A 货栈,45 车运往 B 货栈;第三生产厂的 70 车货物运输到 C 货栈,30 车货物运输到 D 货栈。需要的运费最少为 152535 元。

例 4-14 假设某百货店想从 I、II、III 三个城市进衣服,而衣服又有 A、B、C、D 四种款式,若 A、B、C、D 四种衣服总的需求量分别为 1500、2000、3000、3500 件,并已知三个城市衣服最大供货量分别为 2500、2500 和 5000。假设每件衣服的利润在表 4-8 中给出,试设计一个进货方案,使得总利润最大化。

表 4-8　每件衣服的利润(单位:元)

城　市 标　号	不同种类的衣服				城市总 供货量 s_i
	A	B	C	D	
I	10	5	6	7	2500
II	8	2	7	6	2500
III	9	3	4	8	5000
总的需求量 d_i	1500	2000	3000	3500	

解 原始问题是利润最大化问题,所以需要将目标函数乘以 -1,转化为最小化问题。另外,决策变量的下限为 0。这样可以由下面的语句直接求解原始问题。

```
>> C=[10 5 6 7; 8 2 7 6; 9 3 4 8];
   s=[2500 2500 5000]; d=[1500 2000 3000 3500]; % 相关矩阵与向量
   X=transport_linprog(-C,s,d)                    % 求解运输问题
```

```
        f=sum(C(:).*X(:))                          % 计算最大利润
```

通过上述的函数调用可以得出

$$X = \begin{bmatrix} 0 & 2000 & 500 & 0 \\ 0 & 0 & 2500 & 0 \\ 1500 & 0 & 0 & 3500 \end{bmatrix}, \quad f = 72000$$

其含义为，从城市 I 进 B 类衣服 2000 件，C 类衣服 500 件；从城市 II 进 C 类衣服 2500 件；从城市 III 进 A 类衣服 1500 件，D 类衣服 3500 件，最大利润为 $f = 72000$ 元。

如果总需求量变成 $d = [1500, 2500, 3000, 3500]$，则得出的决策变量可能出现小数，不合常理，所以应该引入整数规划的概念与求解方法，下节将详细介绍有关的内容。

4.3　基于问题的线性规划描述与求解

前面介绍了 MATLAB 最优化工具箱函数 linprog() 的使用方法，从给出的例子看，该方法可以比较容易地描述并求解线性规划问题。从应用角度看，还有很多其他关于线性规划的内容需要进一步考虑，例如，如果存在由其他语言生成的通用线性规划问题的数据文件，如何在 MATLAB 下直接使用这些文件，而不用重新将其输入 MATLAB 环境；另外，前面介绍的描述方法有时比较复杂，需要用户做很多手工转换的工作，能否用一种更简洁易行的方式描述并求解原始的线性规划问题。

本节首先介绍将通用的 MPS 文件描述的线性规划问题读入 MATLAB 环境的方法，并介绍相应的求解方法。然后给出较新版本支持的基于问题的最优化问题描述方法，将使得线性规划等问题的描述更加直观方便。

4.3.1　线性规划的 MPS 文件描述

MPS（mathematical programming system）文件是 IBM 公司早期采用的描述线性规划问题的一种文件格式，后来被很多最优化软件采用，将线性规划问题直接用 MPS 文件描述出来。有很多线性规划的基准测试问题也是通过 MPS 文件描述的。本节先给出一个例子演示 MPS 文件格式，然后介绍如何在 MATLAB 下直接使用 MPS 文件，求解已经描述的大型线性规划问题。

例 4-15　试理解例 4-1 对应的线性规划问题的 MPS 文件描述。

$$\min_{x,y} \quad -x - 2y$$
$$\text{s.t.} \begin{cases} -x+2y \leqslant 4 \\ 3x+2y \leqslant 12 \\ x \geqslant 0, \ y \geqslant 0 \end{cases}$$

对应的 MPS 文件清单为

```
NAME mytest.mps    // 问题的名称
ROWS               // 每行(包括目标函数与约束条件)
```

```
    N    obj          // 第一行为目标函数, N 表示没有关系式
    L    c1           // 第一条约束条件, L 表示 ≤ 不等式, G 表示 ≥, E 表示等式
    L    c2           // 第二条约束条件
COLUMNS               // 具体各个决策变量的描述, 最多写 5 列
    x    obj    -1    c1   -1  // x 变量出现的位置及系数
    x    c2     3              // x 变量还出现在第二条约束
    y    obj    -2    c1   2   // y 变量的描述
    y    c2     2
RHS                   // 关系符右侧的数据
    rhs c1     4      c2  12   // 两条约束条件的右侧数值
BOUNDS                // 决策变量的上、下界
    LO   x     0      y   0    // LO 表示下界, UP 表示上界
ENDATA
```

解 本书无意详细解释 MPS 文件的语法与编写, 只想通过一个例子演示线性规划问题的 MPS 文件格式, 可能有助于读者理解一般最优化问题的 MPS 描述方法。其实, 对照数学表达式与 MPS 文件, 不难理解 MPS 文件的编写方法。

MATLAB 的最优化工具箱提供了 p=mpsread('文件名') 命令, 可以直接将 MPS 文件描述的最优化问题读入 MATLAB 环境, 读入之后, p 的数据结构就是描述最优化问题的结构体变量, 有了该变量, 就可以调用 linprog() 这类函数直接求解相应的最优化问题。

下面将通过例子演示该命令与最优化问题的求解方法。

例 4-16 试用 MATLAB 直接求解例 4-15 中 MPS 文件描述的线性规划问题。

解 要想求解 MPS 文件描述的问题, 第一步需要将其读入 MATLAB 环境, 然后调用 linprog() 函数直接求解。对这个具体问题而言, 可以给出如下命令直接求解, 得出的结果为 $x = [2,3]$, 其结果与例 4-1 得出的结果完全一致。

```
>> p=mpsread('mytest.mps');    % 读入线性规划问题文件
   x=linprog(p)                % 问题的直接求解
```

例 4-17 网站 http://www.netlib.org/lp/data 中给出了大量的线性规划基准测试问题[18], 其中很多是大规模甚至是超大规模的问题。MATLAB 提供的一个 MPS 文件 eil33.2.mps 描述的是一个有 4516 个决策变量、32 个等式约束的整数线性规划问题, 该 MPS 文件有 25660 行程序代码。试将该问题读入 MATLAB 工作空间, 并修改为普通的线性规划问题, 然后用 MATLAB 直接求解这个问题, 并记录下耗时与最优的目标函数值。

解 与后面将介绍的整数规划问题相比, 在描述最优化问题的结构体中, 一般的线性规划问题需要将 solver 成员变量从 'intlinprog' 替换成 'linprog', 另外, 需要把控制选项设置为默认的选项, 然后就可以调用 linprog() 函数直接求解。可以看出, 原

来一个有 4516 个决策变量的线性规划问题在 $0.114\,\mathrm{s}$ 内就可以得出结果,这时的最优目标函数值为 811.2790。

```
>> p=mpsread('eil33.2.mps');    %读入线性规划模型
   p.solver='linprog'; p.options=optimset;
   tic, [x,f0,flag]=linprog(p); toc, size(x), f0
```

4.3.2 基于问题的线性规划描述

除了前面介绍的将目标函数、约束条件写成矩阵表示之外,线性规划问题还可以用表达式直接描述,这样的描述更接近于最优化问题的数学描述,原本很多需要手工转换的问题无须再进行转换,直接按照给出的数学格式写出即可。这种描述方法在 MATLAB 手册中称为基于问题(problem based)的描述方法,是从 2017b 版开始支持的,目前该描述方法只支持线性规划与二次型规划的问题描述。下面给出基于问题的线性规划问题描述与求解步骤。

(1)最优化问题的创建:可以由 optimproblem() 函数创建一个新的空白最优化问题,该函数的基本调用格式如下。

prob=optimproblem('ObjectiveSense','max')

如果不给出 'ObjectiveSense' 属性,则求解默认的最小值问题。

(2)决策变量的定义:可以由 optimvar() 函数实现,其一般调用格式为

x=optimvar('x',[n,m,k],LowerBound=x_{m})

其中,n、m 和 k 为三维数组的维数;如果不给出 k,则可以定义出 $n \times m$ 决策矩阵 x;若 m 为 1,则可以定义 $n \times 1$ 决策列向量。如果 x_{m} 为标量,则可以将全部决策变量的下限都设置成相同的值。属性名 LowerBound 可以简化成 Lower。也可以用类似的方法定义 UpperBound 属性,简称 Upper。

有了上述两条定义之后,就可以为 prob 问题定义出目标函数和约束条件属性,具体的定义格式后面将通过例子直接演示。

(3)最优化问题的求解:有了 prob 问题之后,则可以调用 sols=solve(prob) 函数直接求解相关的最优化问题,得出的结果将在结构体 sols 返回,该结构体的 x 成员变量即为最优化问题的解。也可以由 options=optimset() 函数设置控制选项,再由 sols=solve(prob,'options',options) 命令得出问题的解。

例 4-18 重新考虑例 4-8 中的线性规划问题,为叙述方便,重新列出原问题。

$$\max \quad 3x_1/4 - 150x_2 + x_3/50 - 6x_4$$

$$x \text{ s.t.} \begin{cases} x_1/4 - 60x_2 - x_3/50 + 9x_4 \leqslant 0 \\ -x_1/2 + 90x_2 + x_3/50 - 3x_4 \geqslant 0 \\ x_3 \leqslant 1, x_1 \geqslant -5, x_2 \geqslant -5, x_3 \geqslant -5, x_4 \geqslant -5 \end{cases}$$

试用基于问题的语句描述并求解最优化问题。

解 由于原问题中有很多地方和一般线性规划模型给出的标准型不一致，需要手工转换，例如，最大值问题、$\geqslant$ 不等式问题、矩阵的提取等，容易出现错误，所以这里演示一种简单、直观的基于问题的描述与求解语句，得出的结果与例 4-8 完全一致。

```
>> P=optimproblem('ObjectiveSense','max');   %最大值问题
   x=optimvar('x',[4,1],LowerBound=-5);       %决策变量及下界
   P.Objective=3*x(1)/4-150*x(2)+x(3)/50-6*x(4);
   P.Constraints.cons1=x(1)/4-60*x(2)-x(3)/50+9*x(4) <= 0;
   P.Constraints.cons2=-x(1)/2+90*x(2)+x(3)/50-3*x(4) >= 0;
   P.Constraints.cons3=x(3) <= 1;             %决策变量上界
   sols=solve(P);                             %求解最优化问题
   x0=sols.x                                  %提取问题的解
```

在约束条件描述语句中，cons1 等只是内部标记，可以写成任何标记，只要不重名、不冲突即可。这些标记的名称对模型及求解结果没有任何影响。

例 4-19 试重新求解例 4-9 中的最优化问题，方便起见，重新列出问题。

$$\max \quad -22x_1 + 5x_2 - 7x_3 - 10x_4 + 8x_5 + 8x_6 - 9x_7$$

$$\boldsymbol{x}\ \text{s.t.}\ \begin{cases} 3x_1-2x_3-2x_4+3x_7\leqslant 4 \\ 2x_1+3x_2+x_3+3x_6+x_7\leqslant 1 \\ 2x_1+4x_2-4x_3+2x_4-3x_5+2x_6+2x_7\leqslant 2 \\ 2x_2-2x_3-3x_5+2x_6+2x_7\geqslant -4 \\ x_2-2x_3-x_4+5x_6+x_7=2 \\ 5x_1+x_2-x_3+x_4-5x_6-x_7\geqslant -3 \\ 5x_1-3x_2+x_3+2x_4+3x_5+2x_6+x_7=-2 \\ x_1-2x_2+2x_3-3x_4+x_5+6x_6+4x_7\leqslant 3 \\ 3x_2-5x_3-x_4+3x_5+3x_6+3x_7\leqslant 2 \\ x_i\geqslant -5,\ i=1,2,\cdots,7 \end{cases}$$

解 仿照前面介绍的基于问题的描述方式，可以直接列写出原线性规划问题的 MATLAB 表示，无须像例 4-9 那样先将最优化问题手工变换成标准型，所以这里的方法不容易出错，求解过程更可靠，也更利于纠错。调用 solve() 语句求解，得出的结果与例 4-9 完全一致。注意，约束条件属性可以任意命名，不必满足任何规则。

```
>> P=optimproblem('ObjectiveSense','max'); %最大值问题
   x=optimvar('x',[7,1],LowerBound=-5);     %决策变量及下界
   P.Objective=-22*x(1)+5*x(2)-7*x(3)-10*x(4)+8*x(5)+8*x(6)-9*x(7);
   P.Constraints.c1=3*x(1)-2*x(3)-2*x(4)+3*x(7)<=4;
   P.Constraints.c2=2*x(1)+3*x(2)+x(3)+3*x(6)+x(7)<=1;
   P.Constraints.c3=2*x(1)+4*x(2)-4*x(3)+2*x(4) ...
                   -3*x(5)+2*x(6)+2*x(7)<=2;
   P.Constraints.c4=2*x(2)-2*x(3)-3*x(5)+2*x(6)+2*x(7)>=-4;
   P.Constraints.c5=x(2)-2*x(3)-x(4)+5*x(6)+x(7)==2; %注意双等号
   P.Constraints.c6=5*x(1)+x(2)-x(3)+x(4)-5*x(6)-x(7)>=-3;
   P.Constraints.a=5*x(1)-3*x(2)+x(3)+2*x(4)+3*x(5)+2*x(6)+x(7)==-2;
```

```
P.Constraints.b=x(1)-2*x(2)+2*x(3)-3*x(4)+x(5)+6*x(6)+4*x(7)<=3;
P.Constraints.c9=3*x(2) -5*x(3)-x(4)+3*x(5)+3*x(6)+3*x(7)<=2;
sols=solve(P);        % 求解最优化问题
x0=sols.x             % 提取解向量
```

例4-20 试用基于问题的方法重新描述例6-21中的问题。方便起见，这里列出了原始问题。

$$\max \quad 30x_1 + 40x_2 + 20x_3 + 10x_4 - (15s_1 + 20s_2 + 10s_3 + 8s_4)$$

$$\boldsymbol{x},\boldsymbol{s} \text{ s.t.} \begin{cases} 0.3x_1+0.3x_2+0.25x_3+0.15x_4\leqslant1000 \\ 0.25x_1+0.35x_2+0.3x_3+0.1x_4\leqslant1000 \\ 0.45x_1+0.5x_2+0.4x_3+0.22x_4\leqslant1000 \\ 0.15x_1+0.15x_2+0.1x_3+0.05x_4\leqslant1000 \\ x_1+s_1=800, \ x_2+s_2=750 \\ x_3+s_3=600, \ x_4+s_4=500 \\ x_j\geqslant0, \ s_j\geqslant0, \ j=1,2,3,4 \end{cases}$$

解 例6-21曾对原始的问题进行了手工变换，将其变换成标准型问题，然后再套用函数 linprog() 的格式，求解该最优化问题。如果采用基于问题的方法描述原始问题，则不必首先进行手工转换，直接定义两个决策变量向量，按照原始数学模型描述最优化问题，再进行求解，即可以得出原问题的解，与例6-21中的结果完全一致。

```
>> P=optimproblem('ObjectiveSense','max');    % 最大值问题
   x=optimvar('x',[4,1],LowerBound=0);         % 决策变量及下界
   s=optimvar('s',[4,1],LowerBound=0);         % 决策变量及下界
   P.Constraints.c1=0.3*x(1)+0.3*x(2)+0.25*x(3)+0.15*x(4)<=1000;
   P.Constraints.c2=0.25*x(1)+0.35*x(2)+0.3*x(3)+0.1*x(4)<=1000;
   P.Constraints.c3=0.45*x(1)+0.5*x(2)+0.4*x(3)+0.22*x(4)<=1000;
   P.Constraints.c4=0.15*x(1)+0.15*x(2)+0.1*x(3)+0.05*x(4)<=1000;
   P.Constraints.A=x(1)+s(1)==800; P.Constraints.B=x(2)+s(2)==750;
   P.Constraints.C=x(3)+s(3)==600; P.Constraints.D=x(4)+s(4)==500;
   P.Objective=30*x(1)+40*x(2)+20*x(3)+10*x(4) ...
                -(15*s(1)+20*s(2)+10*s(3)+8*s(4));
   sols=solve(P);            % 求解最优化问题
   x0=sols.x, s0=sols.s      % 提取两个解向量
```

在基于问题的描述中支持矩阵运算，例如，约束条件 A~D 可以简化成

```
>> P.Constraints.cnew=x+s==[800; 750; 600; 500]; % 向量化命令
```

还可以用下面的命令删除约束条件 A~D。

```
>> P.Constraints.A=[]; P.Constraints.B=[];        % 删除约束
   P.Constraints.C=[]; P.Constraints.D=[];
```

例4-21 试重新求解例4-11中的双下标线性规划问题,方便起见,重新给出如下。

$$\min_{\boldsymbol{x}} \quad 2800(x_{11}+x_{21}+x_{31}+x_{41})+4500(x_{12}+x_{22}+x_{32})+6000(x_{13}+x_{23})+7300x_{14}$$

$$\text{s.t.} \begin{cases} x_{11}+x_{12}+x_{13}+x_{14}\geqslant 15 \\ x_{12}+x_{13}+x_{14}+x_{21}+x_{22}+x_{23}\geqslant 10 \\ x_{13}+x_{14}+x_{22}+x_{23}+x_{31}+x_{32}\geqslant 20 \\ x_{14}+x_{23}+x_{32}+x_{41}\geqslant 12 \\ x_{ij}\geqslant 0,\ (i=1,2,3,4,j=1,2,3,4) \end{cases}$$

解 基于问题的描述方法可以直接求解矩阵型甚至多维数组的形式描述决策变量,所以,这样的决策变量矩阵可以设置为 4×4 矩阵,然后由下面的语句直接描述最优化问题,最后直接求解该线性规划问题。

```
>> P=optimproblem;
   x=optimvar('x',[4,4],LowerBound=0);
   P.Objective=2800*(x(1,1)+x(2,1)+x(3,1)+x(4,1))+...
       4500*(x(1,2)+x(2,2)+x(3,2))+6000*(x(1,3)+x(2,3))+7300*x(1,4);
   P.Constraints.cons1=x(1,1)+x(1,2)+x(1,3)+x(1,4) >= 15;
   P.Constraints.c2=x(1,2)+x(1,3)+x(1,4)+x(2,1)+x(2,2)+x(2,3)>=10;
   P.Constraints.c3=x(1,3)+x(1,4)+x(2,2)+x(2,3)+x(3,1)+x(3,2)>=20;
   P.Constraints.cons4=x(1,4)+x(2,3)+x(3,2)+x(4,1) >= 12;
   sols=solve(P);
   x0=sols.x
```

得出的最优解矩阵与最优目标函数为

$$\boldsymbol{x} = \begin{bmatrix} 3 & 0 & 0 & 12 \\ 0 & 0 & 0 & 0 \\ 8 & 0 & 0 & 0 \\ 0 & 0 & 0 & 0 \end{bmatrix}, \quad f_{\text{opt}} = 118400$$

可以看出,虽然得出的结果与例4-11中给出的不完全一致,但目标函数的值是一致的,说明原始问题的解是不唯一的,二者都是原问题的全局最优解。

也可以用向量化形式描述目标函数与约束条件,并求解线性规划问题,得出完全一致的结果。

```
>> P=optimproblem;
   x=optimvar('x',[4,4],LowerBound=0);
   P.Objective=2800*sum(x(:,1))+4500*sum(x(1:3,2))+...
               6000*sum(x(1:2,3))+7300*x(1,4);
   P.Constraints.cons1=sum(x(1,:)) >= 15;
   P.Constraints.c2=sum(x(1,2:4))+sum(x(2,1:3))>=10;
   P.Constraints.c3=x(1,3)+x(1,4)+x(2,2)+x(2,3)+x(3,1)+x(3,2)>=20;
   P.Constraints.cons4=x(1,4)+x(2,3)+x(3,2)+x(4,1) >= 12;
   sols=solve(P);      % 求解最优化问题
   x0=sols.x           % 提取问题的解
```

例 4-22　试用基于问题的描述方法重新求解例 4-12 的运输问题。

解　可以直接输入运费矩阵 C，然后用基于问题的描述方法输入并求解原始问题，得出的结果与例 4-12 完全一致。在下面的约束条件命令中，$\mathrm{sum}(x,1)$ 表示对矩阵 x 每列元素单独相加，结果是行向量；$\mathrm{sum}(x,2)$ 表示逐行相加，结果是列向量。

```
>> C=[464,513,654,867; 352,416,690,791; 995,682,388,685];
   s=[80,65,70,85]; d=[75; 125; 100];
   P=optimproblem;                 %创建最优化问题模型
   x=optimvar('x',[3,4],Lower=0);  %创建决策变量
   P.Objective=sum(sum(C.*x)); P.Constraints.c1=sum(x,1)==s;
   P.Constraints.c2=sum(x,2)==d;   %描述约束条件
   sol=solve(P);                   %求解最优化问题
   x0=sol.x                        %提取解向量
```

例 4-23　考虑 Klee–Minty 测试问题[22]，试求出 $n=25, a=2$ 的最优解。

$$\max \quad \sum_{j=1}^{n} a^{n-j} x_j$$

$$\boldsymbol{x} \text{ s.t.} \begin{cases} 2\sum_{j=1}^{i-1} a^{i-j} x_j + x_i \leqslant (a^2)^{i-1}, \ i=1,2,\cdots,n \\ x_j \geqslant 0, \ j=1,2,\cdots,n \end{cases}$$

解　将这样的问题转换成线性规划问题的标准型并不是个容易的事，因为逐一写出 A 矩阵的元素不是一件容易的事，所以可以考虑采用基于问题的描述方法，只需按照给出的公式就可以写出线性规划模型。原问题中 $a=10, n=25$，而在双精度数据结构下，如果 $a=10$，则参与运算的数值过大，在 MATLAB 下无法正常求解，所以这里考虑令 $a=2, n=25$。由于涉及的约束较多，所以考虑采用循环的形式描述各条约束，这样，就可以由下面的语句直接求解原始问题。

```
>> P=optimproblem('ObjectiveSense','max'); n=25;
   x=optimvar('x',[n,1],LowerBound=0); a=2;
   P.Objective=a.^[n-1:-1:0]*x;
   P.Constraints.c1= x(1)<=1;      %第一个约束条件
   for i=2:n                       %用循环结构生成其他约束条件
       cons(i-1,1)=2*a.^[i-1:-1:0]*x(1:i)+x(i)<=(a^2)^(i-1);
   end
   P.Constraints.c2=cons;          %将约束条件写入模型
   sols=solve(P);                  %求解最优化问题
   x0=sols.x                       %提取最优解向量
```

4.3.3　线性规划问题的转换

到现在为止，本章介绍了线性规划问题的三种描述方法——矩阵与向量的描述方法、结构体变量描述方法和基于问题的描述方法。前两种方法是同源的，需要用

户将最优化问题表示成标准的矩阵与向量形式, 这两种方法之间的转换是很自然、很直接的。

基于问题的描述方法是和矩阵与向量的描述方法完全不同的方法, 需要用户声明决策变量, 然后利用表达式将最优化问题直观地描述出来。这样做的好处是无须将原始问题转换成线性规划的标准型形式, 直接利用表达式就可以生成原始最优化问题的 MATLAB 模型。最优化工具箱提供了两个函数进一步处理这类模型。

（1）最优化问题显示: 可以由 $showproblem(P)$ 显示最优化问题；也可以由命令 $showconstr(P.\text{Constraints.c1})$ 单独显示约束条件 **c1**。在较新的版本中, 还可以使用更简洁的 **show()** 函数实现上述显示。

（2）问题的转换: 可以将基于问题描述的模型 P 通过 $p=prob2struct(P)$ 命令转换成一般的最优化问题结构体 p。

（3）问题的存储: 使用 **writeproblem()** 函数将最优化问题存入文本文件。

下面通过例子演示这几个 MATLAB 函数的使用方法。

例 4-24 考虑例 4-18 中给出的线性规划问题, 试先用基于问题的方法描述该数学模型, 并将其转换成结构体变量。

解 可以由例 4-18 给出的语句直接输入这个最优化模型 P。

```
>> P=optimproblem('ObjectiveSense','max');    %最大值问题
   x=optimvar('x',[4,1],LowerBound=-5);         %决策变量及下界
   P.Objective=3*x(1)/4-150*x(2)+x(3)/50-6*x(4);
   P.Constraints.cons1=x(1)/4-60*x(2)-x(3)/50+9*x(4) <= 0;
   P.Constraints.cons2=-x(1)/2+90*x(2)+x(3)/50-3*x(4) >= 0;
   P.Constraints.cons3=x(3) <= 1;                 %决策变量上界
```

有了该模型, 可以使用 **showproblem()** 函数直接显示原始问题的数学模型, 这里显示的数学模型与原始的数学问题很接近, 便于比较与排查错误。

```
>> showproblem(P)
   writeproblem(P,'c4myprob.txt')         %将最优化问题存储为文本文件
```

原始问题的显示格式如下。注意, 从版面角度考虑这里微调了显示的具体格式。

```
OptimizationProblem :

    max : 0.75*x(1, 1) - 150*x(2, 1) + 0.02*x(3, 1) - 6*x(4, 1)

    subject to cons1:
        0.25*x(1, 1) - 60*x(2, 1) - 0.02*x(3, 1) + 9*x(4, 1) <- 0

    subject to cons2:
        -0.5*x(1, 1) + 90*x(2, 1) + 0.02*x(3, 1) - 3*x(4, 1) >= 0

    subject to cons3:
        x(3, 1) <= 1

    variable bounds:
```

```
-5 <= x(1, 1)
-5 <= x(2, 1)
-5 <= x(3, 1)
-5 <= x(4, 1)
```

可见,这里显示的最优化数学问题的形式是通俗易懂的,用户可以将得出的基于问题的方法与原始问题的数学表达式相比较,观察是否存在建模错误。

由 prob2struct() 函数还可以将这里的最优化问题自动转换成普通的线性规划问题,其 f 与 Aineq 等成员变量是可以自动转换出来的。注意,默认情况下, Aineq 等成员变量是用稀疏矩阵的模式存储的,所以若想显示该矩阵,应该先用 full() 函数将其转换成常规矩阵。

```
>> p=prob2struct(P)                    %将基于问题的模型转成结构体
   f=p.f, p.Aineq, A=full(p.Aineq)     %显示线性不等式系数矩阵
```

得出的结果如下。可以看出,这里得出的结果与例 4-8 中通过手工转换得出的结果是完全一致的,所以这里给出的描述方法与转换方法是可靠的。

$$\boldsymbol{f} = \begin{bmatrix} -0.75 \\ 150 \\ -0.02 \\ 6 \end{bmatrix}, \quad \boldsymbol{A} = \begin{bmatrix} 0.25 & -60 & -0.02 & 9 \\ 0.5 & -90 & -0.02 & 3 \\ 0 & 0 & 1 & 0 \end{bmatrix}$$

可以看出,这里给出的基于问题的描述方法对描述小规模线性规划等问题是很方便的,有时应该比矩阵与向量的描述方式更直观,所以除了线性规划问题之外,即使对后面将介绍的非线性规划问题,也可以考虑由基于问题的描述方式搭建线性部分的框架,再将其手工改造为非线性规划的结构体模型。这方面的内容后面还将详细介绍。

4.4 二次型规划问题的求解

二次型规划问题是另一种简单的有约束最优化问题,其目标函数为 $\boldsymbol{x}$ 的二次型形式,约束条件仍然为线性等式与不等式约束。本节先给出二次型规划问题的数学形式,然后介绍非线性规划问题的不同描述方法,最后将通过例子演示二次型规划问题的直接求解方法。

4.4.1 二次型规划的数学模型

定义 4-12 ▶ 二次型规划

一般二次型规划问题的数学表示为

$$\min \quad \boldsymbol{f}^{\mathrm{T}}\boldsymbol{x} + \frac{1}{2}\,\boldsymbol{x}^{\mathrm{T}}\boldsymbol{H}\boldsymbol{x} \qquad (4\text{-}4\text{-}1)$$

$$\boldsymbol{x} \ \text{s.t.} \ \begin{cases} \boldsymbol{A}\boldsymbol{x} \leqslant \boldsymbol{B} \\ \boldsymbol{A}_{\mathrm{eq}}\boldsymbol{x} = \boldsymbol{B}_{\mathrm{eq}} \\ \boldsymbol{x}_{\mathrm{m}} \leqslant \boldsymbol{x} \leqslant \boldsymbol{x}_{\mathrm{M}} \end{cases}$$

二次型规划问题的约束条件与线性规划问题是完全一致的,不同的是目标函数描述。二次型规划目标函数中多了一个二次项 $\boldsymbol{x}^{\mathrm{T}}\boldsymbol{H}\boldsymbol{x}/2$ 项,用以描述 x_i^2 和 $x_i x_j$ 项,所以需要根据实际问题构造出 $\boldsymbol{H}$ 矩阵,又称为 Hesse 矩阵,是以德国数学家 Ludwig Otto Hesse(1811−1874)命名的。

定义 4-13 ▶ 二次型

二次型规划问题的目标函数中二次型项的另外一种描述可以写成

$$\frac{1}{2}\left(h_{11}x_1^2 + h_{12}x_1x_2 + \cdots + h_{1n}x_1x_n + h_{21}x_2x_1 + h_{22}x_2^2 + \cdots + h_{nn}x_n^2\right) \quad (4\text{-}4\text{-}2)$$

定理 4-3 ▶ 二次型规划的凸性

如果 $\boldsymbol{H}$ 矩阵为正定矩阵,则二次型规划问题是凸问题。

换句话说,凸二次型规划问题的求解也是与搜索初值无关的。只要原始问题有可行解,找到的最优解就是原始问题的全局最优解。

4.4.2 二次型规划的直接求解

MATLAB 的最优化工具箱提供了求解凸二次型规划问题的 quadprog() 函数,调用格式为

$[x, f_{\mathrm{opt}}, \mathrm{flag}, \mathrm{out}] = \mathrm{quadprog}(\mathrm{problem})$

$[x, f_{\mathrm{opt}}, \mathrm{flag}, \mathrm{out}] = \mathrm{quadprog}(H, f, A, B)$

$[x, f_{\mathrm{opt}}, \mathrm{flag}, \mathrm{out}] = \mathrm{quadprog}(H, f, A, B, A_{\mathrm{eq}}, B_{\mathrm{eq}})$

$[x, f_{\mathrm{opt}}, \mathrm{flag}, \mathrm{out}] = \mathrm{quadprog}(H, f, A, B, A_{\mathrm{eq}}, B_{\mathrm{eq}}, x_{\mathrm{m}}, x_{\mathrm{M}})$

$[x, f_{\mathrm{opt}}, \mathrm{flag}, \mathrm{out}] = \mathrm{quadprog}(H, f, A, B, A_{\mathrm{eq}}, B_{\mathrm{eq}}, x_{\mathrm{m}}, x_{\mathrm{M}}, \mathrm{options})$

若二次型规划问题由结构体描述,则可将其 H 成员变量描述为 $\boldsymbol{H}$ 矩阵,solver 成员变量设置为 'quadprog' 即可。注意:如果二次型规划问题非凸,则该函数不能得出原始问题的全局最优解,甚至可能无法得出可行解,需要其他求解方法。

例 4-25 试求解下面的四元二次型规划问题。

$$\min \quad (x_1-1)^2 + (x_2-2)^2 + (x_3-3)^2 + (x_4-4)^2$$

$$\boldsymbol{x} \ \text{s.t.} \ \begin{cases} x_1+x_2+x_3+x_4 \leqslant 5 \\ 3x_1+3x_2+2x_3+x_4 \leqslant 10 \\ x_1, x_2, x_3, x_4 \geqslant 0 \end{cases}$$

解　首先应该将原始问题写成二次型规划的模式。展开目标函数得

$$f(x) = x_1^2 + x_2^2 + x_3^2 + x_4^2 - 2x_1 - 4x_2 - 6x_3 - 8x_4 + 30$$

因为目标函数中的常数对最优化结果没有影响，所以可以放心地略去。这样就可以将二次型规划标准型中的 $\boldsymbol{H}$ 矩阵和 $\boldsymbol{f}^{\mathrm{T}}$ 向量写为

$$\boldsymbol{H} = \mathrm{diag}([2, 2, 2, 2]), \quad \boldsymbol{f}^{\mathrm{T}} = \begin{bmatrix} -2, -4, -6, -8 \end{bmatrix}$$

从而给出下列MATLAB命令求解二次型最优化问题。

```
>> f=[-2,-4,-6,-8]; H=diag([2,2,2,2]);      %输入目标函数与二次型矩阵
   A=[1,1,1,1; 3,3,2,1]; B=[5;10];
   Aeq=[]; Beq=[]; xm=zeros(4,1);           %输入约束
   [x,f_opt]=quadprog(H,f,A,B,Aeq,Beq,xm)   %直接求解二次型规划问题
```

这样得出的最优解为 $\boldsymbol{x} = [0, 0.6667, 1.6667, 2.6667]^{\mathrm{T}}$，目标函数的值为 -23.6667。

套用二次型规划标准型时，一定要注意 $\boldsymbol{H}$ 矩阵的生成，因为在式（4-4-1）中有一个 $1/2$ 项，所以在本例中，$\boldsymbol{H}$ 矩阵对角元素是2，而不是1。另外，这里得出的目标函数实际上不是原始问题中的最优函数，因为人为地除去了常数项。将得出的结果再补上已经除去了的常数项，就可以求出原问题目标函数的值 6.3333。

4.4.3　基于问题的二次型规划描述

类似于前面介绍的线性规划问题，还可以用基于问题的模式描述二次型规划问题。这里将通过例子演示基于问题的二次型规划描述方法，并介绍求解方法。

例 4-26　试求解例 4-25 的四元二次型规划问题。方便起见，这里列出了原问题。

$$\min_{\boldsymbol{x}} \ (x_1 - 1)^2 + (x_2 - 2)^2 + (x_3 - 3)^2 + (x_4 - 4)^2$$

$$\boldsymbol{x} \ \text{s.t.} \begin{cases} x_1 + x_2 + x_3 + x_4 \leqslant 5 \\ 3x_1 + 3x_2 + 2x_3 + x_4 \leqslant 10 \\ x_1, x_2, x_3, x_4 \geqslant 0 \end{cases}$$

解　采用基于问题的描述方法，则没有必要手工推导 $\boldsymbol{H}$ 矩阵，可以给出下面的语句描述原始问题，并由 solve() 函数得出原始问题的解，该解与例 4-25 得出的结果是完全一致的。

```
>> P=optimproblem;                              %创建问题
   x=optimvar('x',[4,1],LowerBound=0);          %建立决策变量
   P.Objective=(x(1)-1)^2+(x(2)-2)^2+(x(3)-3)^2+(x(4)-4)^2;
   P.Constraints.cons1=x(1)+x(2)+x(3)+x(4) <= 5;
   P.Constraints.cons2=3*x(1)+3*x(2)+2*x(3)+x(4) <= 10;
   sols=solve(P); x=sols.x                      %求解最优化问题
```

其实，目标函数和约束条件还可以采用向量化的方法描述，使得描述语句更简洁。运行这段语句的结果与前面得出的结果是完全一致的。

```
>> P=optimproblem;                          %创建问题
   x=optimvar('x',[4,1],LowerBound=0);      %建立决策变量
   P.Objective=sum((x-[1:4]').^2);          %向量化描述目标函数
   P.Constraints.cons1=sum(x) <= 5;         %向量化描述约束条件
   P.Constraints.cons2=[3 3 2 1]*x <= 10;
   sols=solve(P); x0=sols.x                 %求解最优化问题
```

例4-27 试求解下面的二次型规划问题。

$$\min \quad -2x_1+3x_2-4x_3+4x_1^2+2x_2^2+7x_3^2-2x_1x_2-2x_1x_3+3x_2x_3$$

$$\boldsymbol{x} \text{ s.t.} \begin{cases} 2x_1+x_2+3x_3 \geqslant 8 \\ x_1+2x_2+x_3 \leqslant 7 \\ -3x_1+2x_2 \leqslant -5 \\ x_1,x_2,x_3 \geqslant 0 \end{cases}$$

解 若想使用 quadprog() 函数求解这个二次型规划问题，则需要将原始问题用
式 (4-4-1) 中的标准型表示出来，这需要一定的手工转换，对这个具体问题而言，手工
写出 $\boldsymbol{H}$ 矩阵比较麻烦，使用基于问题的描述方式可能更容易，因为目标函数和约束条
件表达式可以直接写出，无须任何手工转换。可以由下面的语句将二次型规划问题直接
输入计算机，并得出问题的结果为 $\boldsymbol{x} = [1.7546, 0.13188, 1.453]^{\mathrm{T}}$。

```
>> P=optimproblem;                          %创建最优化模型
   x=optimvar('x',[3,1],LowerBound=0);      %定义决策变量
   P.Objective=-2*x(1)+3*x(2)-4*x(3)+4*x(1)^2+2*x(2)^2+...
               7*x(3)^2-2*x(1)*x(2)-2*x(1)*x(3)+3*x(2)*x(3);
   P.Constraints.c1=2*x(1)+x(2)+3*x(3) >= 8;
   P.Constraints.c2=x(1)+2*x(2)+x(3) <= 7;
   P.Constraints.c3=-3*x(1)+2*x(2)<=-5;     %定义约束条件
   sols=solve(P); x0=sols.x                 %求解最优化问题
```

在求解过程中系统给出警告信息，指出自动生成的 Hesse 矩阵是非对称矩阵，所以
建议用 $(\boldsymbol{H} + \boldsymbol{H}^{\mathrm{T}})/2$ 将其转化成对称矩阵。由于基于问题的模型自动生成的模型本身
是不能手工修改的，可以将其模型转换成结构体模型，再处理 Hesse 矩阵，这样，应该给
出如下转换与求解命令，得出的结果与前面是完全一致的。

```
>> p=prob2struct(P)                         %转换成结构体变量
   p.H=(p.H+p.H')/2, p.f, x1=quadprog(p)    %求解二次型规划
```

通过上面的变换还可以得出二次型标准型的矩阵与向量。

$$\boldsymbol{H} = \begin{bmatrix} 8 & -2 & -2 \\ -2 & 4 & 3 \\ -2 & 3 & 14 \end{bmatrix}, \quad \boldsymbol{f} = \begin{bmatrix} -2 \\ 3 \\ -4 \end{bmatrix}$$

例4-28 试求解 $n = 20$ 时下面的二次型无约束最小化问题。

$$f(x) = \sum_{i=1}^{n} ix_i^2 + \frac{1}{n}\left(\sum_{i=1}^{n} x_i\right)^2$$

解 虽然没有约束条件, 但由于目标函数是二次型表达式, 所以仍然可以尝试使用二次型最优化问题的求解程序直接求解。不过这样的问题想建立起二次型规划的标准型 H 与 f 向量并非简单的事, 所以可以考虑利用基于问题的描述方法求解原始问题。这里给出如下命令直接描述目标函数, 再求解最优化问题, 得出的最优解为 $x_i = 0$, 解向量的范数为 2.6668×10^{-15}。

```
>> n=20;
   P=optimproblem;
   x=optimvar('x',[n,1]);                    % 决策变量
   P.Objective=sum((1:n)'.*x.^2)+sum(x)^2/n; % 目标函数
   sols=solve(P);                            % 求解
   x0=sols.x, norm(x0)                       % 验证
```

例 4-29 其实, 将解析解设置成 0 的所谓基准测试问题不是特别有意义, 因为选择离 0 点较近的初始搜索点正是一般搜索方法所采用的方法。如果想构造一个更有意义的基准测试问题, 可以令 $n = 100$, 并将二次型无约束最优化问题改写成如下的形式, 试重新求解该问题。

$$f(x) = \sum_{i=1}^{n} i(x_i - i)^2 + \frac{1}{n} \left(\sum_{i=1}^{n} (x_i - i) \right)^2$$

解 因为这里给出的目标函数为二次型, 所以可以尝试使用前面介绍的方法直接求解。当然这样的问题更难于写出 H 矩阵和 f 向量, 只能借助于基于问题的描述方法表示原问题。通过简单的求解, 即可以得出原始问题的全局最优解 $x_i = i$, 得出最优解向量误差的范数为 1.1590×10^{-13}。

```
>> n=100; N=(1:n)';
   P=optimproblem;             % 创建最优化问题模型
   x=optimvar('x',[n,1]);      % 设置决策变量
   P.Objective=sum(N.*(x-N).^2)+sum(x-N)^2/n;
   sols=solve(P)               % 求解无约束最优化问题
   x0=sols.x, norm(x0-N)       % 提取解, 并计算目标函数
```

如果对这样问题的 H 矩阵与 f 向量感兴趣, 则需要选择 $n = 7$ 或其他小的正整数, 再将这样的问题转换成结构体形式, 然后显示出相应的矩阵。

```
>> n=7; N=(1:n)';
   P=optimproblem;             % 创建最优化问题模型
   x=optimvar('x',[n,1]);      % 设置决策变量
   P.Objective=sum(N.*(x-N).^2)+sum(x-N)^2/n;
   p=prob2struct(P)            % 转换为结构体数据结构
   H=sym(p.H), f=sym(p.f)      % 显示转换后的矩阵
```

得出的相关矩阵与向量为

$$H = \frac{2}{7}\begin{bmatrix} 8 & 1 & 1 & 1 & 1 & 1 & 1 \\ 1 & 15 & 1 & 1 & 1 & 1 & 1 \\ 1 & 1 & 22 & 1 & 1 & 1 & 1 \\ 1 & 1 & 1 & 29 & 1 & 1 & 1 \\ 1 & 1 & 1 & 1 & 36 & 1 & 1 \\ 1 & 1 & 1 & 1 & 1 & 43 & 1 \\ 1 & 1 & 1 & 1 & 1 & 1 & 50 \end{bmatrix}, \quad f = \begin{bmatrix} -10 \\ -16 \\ -26 \\ -40 \\ -58 \\ -80 \\ -106 \end{bmatrix}$$

由原问题直接手工写出 H 矩阵与 f 向量并非容易的事, 故可以采用这里的方法, 选择不同的阶次, 直接由表达式构造二次型规划问题, 再将其转化成标准的二次型问题, 从而总结出一般的规则。

例 4-30　试求解下面给出的二次型优化测试问题[14]。

$$\min \quad c^{\mathrm{T}}x + d^{\mathrm{T}}y - \frac{1}{2}x^{\mathrm{T}}Qx$$

$$x \text{ s.t.} \begin{cases} 2x_1 + 2x_2 + y_6 + y_7 \leqslant 10 \\ 2x_1 + 2x_3 + y_6 + y_8 \leqslant 10 \\ 2x_2 + 2x_3 + y_7 + y_8 \leqslant 10 \\ -8x_1 + y_6 \leqslant 0 \\ -8x_2 + y_7 \leqslant 0 \\ -8x_3 + y_8 \leqslant 0 \\ -2x_4 - y_1 + y_6 \leqslant 0 \\ -2y_2 - y_3 + y_7 \leqslant 0 \\ -2y_4 - y_5 + y_8 \leqslant 0 \\ 0 \leqslant x_i \leqslant 1, \ i = 1,2,3,4 \\ 0 \leqslant y_i \leqslant 1, \ i = 1,2,3,4,5,9 \\ y_i \geqslant 0, \ i = 6,7,8 \end{cases}$$

其中, $c = [5,5,5,5]$, $d = [-1,-1,-1,-1,-1,-1,-1,-1,-1]$, $Q = 10I$。

解　这样的问题用常规的 quadprog() 函数难以求解, 因为若想输入这样的模型, 需要事先将 x 与 y 向量合并成一个更长的决策向量, 然后手工改写原始问题, 这样的方法是比较烦琐也是容易出错的, 所以这里采用表达式基于问题的描述方法。由下面的语句可以将原始的问题输入计算机, 然后直接求解。

```
>> P=optimproblem;
   c=5*ones(1,4); d=-1*ones(1,9); Q=10*eye(4);
   x=optimvar('x',[4,1],LowerBound=0,UpperBound=1);
   y=optimvar('y',[9,1],LowerBound=0);
   P.Objective=c*x+d*y-x'*Q*x/2;      % 目标函数
   clear cons1                         % 准备写约束条件
   cons1=[2*x(1)+2*x(2)+y(6)+y(7)<=10;
          2*x(1)+2*x(3)+y(6)+y(8)<=10;
          2*x(2)+2*x(3)+y(7)+y(8)<=10;
          -8*x(1)+y(6)<=0; -8*x(2)+y(7)<=0; -8*x(3)+y(8)<=0;
          -2*x(4)-y(1)+y(6)<=0; -2*y(2)-y(3)+y(7)<=0;
          -2*y(4)-y(5)+y(8)<=0; y([1 2 3 4 5 9])<=1];
```

```
P.Constraints.cons1=cons1;        %将约束条件写入模型
sols=solve(P);                    %求解最优化问题
x0=sols.x, y0=sols.y              %提取两个解向量
```

在求解结果中系统给出提示 The problem is non-convex（该问题非凸），所以不能保证得出问题的全局最优解。由上述求解语句可以直接得出结果为

$$\boldsymbol{x}_0 = [0.55,0.55,0.55,0.55]^{\mathrm{T}}, \quad \boldsymbol{y}_0 = [0.55,0.55,0.55,0.55,0.55,1,1,1,1]^{\mathrm{T}}$$

由于问题非凸，所以这里得出的结果并非全局最优解，全局最优解如下[14]。不过该解是不能由二次型规划求解函数或 solve() 函数获得的。

$$\boldsymbol{x} = [1,1,1,1]^{\mathrm{T}}, \quad \boldsymbol{y} = [1,1,1,1,1,3,3,3,1]^{\mathrm{T}}$$

非凸二次型规划问题的全局最优解问题留待第 5 章探讨。

4.4.4　双下标二次型规划

对定义 4-11 中描述的运输问题直接扩展，引入二次型项，可以直接定义出带有二次型的运输问题，这类问题是双下标的二次型规划问题。不过可以证明，这里的二次型问题是凹问题，用普通二次型最优化求解函数是不能保证得出全局最优解的，有时甚至连可行解都得不到。

定义 4-14 ► 凹费用运输问题

凹费用（concave cost）运输问题的数学形式为

$$\min \quad \sum_{i=1}^{m}\sum_{j=1}^{n} c_{ij}x_{ij} + d_{ij}x_{ij}^2 \tag{4-4-3}$$

$$\boldsymbol{X} \text{ s.t.} \begin{cases} \sum_{i=1}^{m} x_{ij}=b_j, & j=1,2,\cdots,n \\ \sum_{j=1}^{n} x_{ij}=a_i, & i=1,2,\cdots,m \\ x_{ij}\geqslant 0, & i=1,2,\cdots,m;\ j=1,2,\cdots,n \end{cases}$$

且

$$d_{ij}\leqslant 0, \quad \sum_{i=1}^{m}a_i=\sum_{j=1}^{n}b_j \tag{4-4-4}$$

例 4-31　求解定义 4-14 给出的凹费用运输问题，若 $n=4$，$m=6$，且 $\boldsymbol{a}=[8,24,20,24,16,12]^{\mathrm{T}}$，$\boldsymbol{b}=[29,41,13,21]^{\mathrm{T}}$，并已知

$$\boldsymbol{C} = \begin{bmatrix} 300 & 270 & 460 & 800 \\ 740 & 600 & 540 & 380 \\ 300 & 490 & 380 & 760 \\ 430 & 250 & 390 & 600 \\ 210 & 830 & 470 & 680 \\ 360 & 290 & 400 & 310 \end{bmatrix}, \quad \boldsymbol{D} = \begin{bmatrix} -7 & -4 & -6 & -8 \\ -12 & -9 & -14 & -7 \\ -13 & -12 & -8 & -4 \\ -7 & -9 & -16 & -8 \\ -4 & -10 & -21 & -13 \\ -17 & -9 & -8 & -4 \end{bmatrix}$$

解 依照给出的数学形式,可以容易地将二次型运输问题直接输入计算机。其实对比这里给出的 MATLAB 语句和定义 4-14 给出的数学表达式,可以发现这里使用的简洁语句可以完美地匹配原始的数学表达式。不过由于已知问题是凹问题,所以可以尝试下面的直接求解方法,但系统给出提示 The problem is non-convex,得出的结果为 $x_{ij}=1$,显然,这样的解不满足约束条件,所以得出的解甚至不是可行解。这类问题的求解留待第 5 章探讨。

```matlab
>> n=4; m=6;
   b=[29,41,13,21]; a=[8,24,20,24,16,12]';   %前者行向量,后者列向量
   C=[300,270,460,800; 740,600,540,380; 300,490,380,760;
      430,250,390,600; 210,830,470,680; 360,290,400,310];
   D=[-7,-4,-6,-8; -12,-9,-14,-7; -13,-12,-8,-4;
      -7,-9,-16,-8; -4,-10,-21,-13; -17,-9,-8,-4];
   P=optimproblem;                       %创建最优化问题模型
   x=optimvar('x',[m,n],LowerBound=0);   %创建决策变量矩阵
   P.Objective=sum(sum(C.*x+D.*x.^2));   %计算目标函数
   P.Constraints.c1=sum(x,1)==b;         %按列相加
   P.Constraints.c2=sum(x,2)==a;         %按行相加
   sols=solve(P);                        %求解最优化问题
   x0=sols.x                             %提取解向量
```

如果将其转换成结构体的数学模型,可以发现对应的 Hesse 矩阵为对角矩阵,其对角元素都是负值,所以原始问题为非凸的二次型规划问题,不能用二次型规划求解函数直接求解。

```matlab
>> p=prob2struct(P); H=full(p.H)
```

4.4.5 带有二次型约束的最优化问题

前面介绍的二次型规划问题的约束条件是线性的。在某些特殊的应用中,约束条件是以二次型形式给出的。如何描述并求解这样的问题呢?显然,由 quadprog() 函数是不能求解这类问题的,因为这类问题不能转换成标准的二次型规划问题。

若想求解这类问题,可以考虑采用基于问题的描述方式,将相应的数学模型表示出来。

例 4-32 试求解下面的最优化问题[14]。

$$\min \quad -2x_1+x_2-x_3$$

$$\boldsymbol{x} \ \text{s.t.} \ \begin{cases} x_1+x_2+x_3 \leqslant 4 \\ x_1 \leqslant 2 \\ x_3 \leqslant 3 \\ 3x_2+x_3 \leqslant 6 \\ \boldsymbol{x}^{\mathrm{T}}\boldsymbol{B}^{\mathrm{T}}\boldsymbol{B}\boldsymbol{x}-2\boldsymbol{r}\boldsymbol{B}\boldsymbol{x}+||\boldsymbol{r}||^2-0.25||\boldsymbol{b}-\boldsymbol{r}||^2 \geqslant 0 \end{cases}$$

其中，

$$B = \begin{bmatrix} 0 & 0 & 1 \\ 0 & -1 & -6 \\ 1.5 & -0.5 & -5 \end{bmatrix}, \quad r = [1.5, -0.5, -5], \quad b = [3, 0, -4], \quad v = [0, -1, -6]$$

解 由下面的语句可以直接描述原始问题。随机选择初始搜索点，就可以求解最优化问题。不过因为这个问题不是凸问题，所以得出的解可能不是原问题的全局最优解。

```
>> B=[0,0,1; 0,-1,-6; 1.5,-0.5,-5];
   b=[3,0,-4]; v=[0,-1,-6]; r=[1.5,-0.5,-5];
   P=optimproblem;                          %创建最优化模型
   x=optimvar('x',[3,1],LowerBound=0);      %创建决策变量向量
   P.Objective=-2*x(1)+x(2)-x(3);           %目标函数
   P.Constraints.N=[sum(x)<=4; x(1)<=2; x(3)<=3; 3*x(2)+x(3)<=6];
   P.Constraints.M=x'*B'*B*x-2*r*B*x+norm(r)^2-norm(b-v)^2/4>=0;
   x0.x=rand(3,1);                          %选择随机初值
   sols=solve(P,x0); sol.x                  %求解最优化问题
```

4.5 线性矩阵不等式问题

线性矩阵不等式（linear matrix inequalities，LMI）的理论与应用是近 30 年来在控制界受到较广泛关注的问题[23]。线性矩阵不等式的概念及其在控制系统研究中的应用是由 Willems 提出的[24]，该方法可以将很多控制中的问题变换成线性规划问题的求解，而线性规划问题的求解是很成熟的，所以由线性矩阵不等式求解控制问题是很有意义的。

本节将首先给出线性矩阵不等式的基本概念和常见形式，介绍必要的变换方法，然后介绍基于 MATLAB 中鲁棒控制工具箱和免费工具箱 YALMIP 的线性矩阵不等式的描述与求解方法。

4.5.1 线性矩阵不等式的一般描述

定义 4-15 ▶ 线性矩阵不等式

线性矩阵不等式的一般描述为

$$F(x) = F_0 + x_1 F_1 + \cdots + x_m F_m < 0 \qquad (4\text{-}5\text{-}1)$$

式中，$x = [x_1, x_2, \cdots, x_m]^T$ 为多项式系数向量，又称为决策向量；F_i 为实对称矩阵或复 Hermite 矩阵。整个矩阵不等式小于 0 表示 $F(x)$ 为负定矩阵。

线性矩阵不等式的解 x 是凸集，即

$$F[\alpha x_1 + (1-\alpha)x_2] = \alpha F(x_1) + (1-\alpha)F(x_2) < 0 \qquad (4\text{-}5\text{-}2)$$

式中,$\alpha > 0, 1 - \alpha > 0$。该解又称为可行解。这样的线性矩阵不等式可以作为最优化问题的约束条件。

定义 4-16 ▶ 联立不等式

假设有两个线性矩阵不等式 $\boldsymbol{F}_1(\boldsymbol{x}) < \boldsymbol{0}$ 和 $\boldsymbol{F}_2(\boldsymbol{x}) < \boldsymbol{0}$,则可以构造出一个单一的线性矩阵不等式如下:

$$\begin{bmatrix} \boldsymbol{F}_1(\boldsymbol{x}) & 0 \\ 0 & \boldsymbol{F}_2(\boldsymbol{x}) \end{bmatrix} < \boldsymbol{0} \tag{4-5-3}$$

这样两个线性矩阵不等式可以写成一个单一的线性矩阵不等式。

定义 4-17 ▶ 多个联立不等式

类似地,多个线性矩阵不等式 $\boldsymbol{F}_i(\boldsymbol{x}) < \boldsymbol{0}, i = 1, 2, \cdots, k$ 也可以合并成单一的线性矩阵不等式 $\boldsymbol{F}(\boldsymbol{x}) < \boldsymbol{0}$,其中,

$$\boldsymbol{F}(\boldsymbol{x}) = \begin{bmatrix} \boldsymbol{F}_1(\boldsymbol{x}) & & & \\ & \boldsymbol{F}_2(\boldsymbol{x}) & & \\ & & \ddots & \\ & & & \boldsymbol{F}_k(\boldsymbol{x}) \end{bmatrix} < \boldsymbol{0} \tag{4-5-4}$$

4.5.2 Lyapunov 不等式

为演示一般控制问题和线性矩阵不等式之间的关系,首先考虑 Lyapunov 稳定性判定问题。对线性系统来说,若对给定的正定矩阵 $\boldsymbol{Q}$,Lyapunov 方程

$$\boldsymbol{A}^{\mathrm{T}}\boldsymbol{X} + \boldsymbol{X}\boldsymbol{A} = -\boldsymbol{Q} \tag{4-5-5}$$

存在正定的解 $\boldsymbol{X}$,则该系统是稳定的。上述问题很自然地可以表示成对下面的 Lyapunov 不等式的求解问题。

定义 4-18 ▶ Lyapunov 不等式

Lyapunov 不等式的一般数学形式为

$$\boldsymbol{A}^{\mathrm{T}}\boldsymbol{X} + \boldsymbol{X}\boldsymbol{A} < \boldsymbol{0} \tag{4-5-6}$$

由于 $\boldsymbol{X}$ 是对称矩阵,所以用 $n(n+1)/2$ 个元素构成的向量 $\boldsymbol{x}$ 即可以描述该矩阵

$$x_i = X_{i,1}, i = 1, 2, \cdots, n, \ x_{n+i} = X_{i,2}, i = 2, 3, \cdots, n, \cdots \tag{4-5-7}$$

该规律可以写成 $x_{(2n-j+2)(j-1)/2+i} = X_{i,j}, \ j = 1, 2, \cdots, n, i = j, j+1, \cdots, n$,给出 $\boldsymbol{x}$ 的下标即可以求出 i, j 的值。根据这样的思路可以编写出如下 MATLAB 函数,该函数可以将 Lyapunov 方程转换为线性矩阵不等式。

```
function F=lyap2lmi(A0)
    arguments, A0, end
    if isscalar(A0), n=A0; A=sym('a%d%d',n);
    else, n=size(A0,1); A=A0; end
    vec=0; for i=1:n, vec(i+1)=vec(i)+n-i+1; end
    for k=1:n*(n+1)/2          %用循环结构生成所需的不等式
        X=zeros(n); i=find(vec>=k); i=i(1)-1; j=i+k-vec(i)-1;
        X(i,j)=1; X(j,i)=1; F(:,:,k)=A.'*X+X*A; %构造线性矩阵不等式
    end, end
```

该函数允许两种调用格式。若已知 $\boldsymbol{A}$ 矩阵，执行命令 $F=\text{lyap2lmi}(A)$，则返回的 $\boldsymbol{F}$ 是三维数组，其第 i 层，即 $F(:,:,i)$ 为所需的 $\boldsymbol{F}_i$ 矩阵。若只想得出 $n \times n$ 的 $\boldsymbol{A}$ 矩阵转换出的线性矩阵不等式，则 $F=\text{lyap2lmi}(n)$，这时得出的 $\boldsymbol{F}$ 仍为上述定义的三维数组。在程序中，若使 $x_i = 1$，而其他 x_i 的值都为 0，则可以求出 $\boldsymbol{F}_i$ 矩阵。

例 4-33　若 $\boldsymbol{A} = \begin{bmatrix} 1 & 2 & 3 \\ 4 & 5 & 6 \\ 7 & 8 & 0 \end{bmatrix}$，试求出其 Lyapunov 线性矩阵不等式。若 $\boldsymbol{A}$ 为一般 3×3 实矩阵，试得出相应的线性矩阵不等式。

解　输入 $\boldsymbol{A}$ 矩阵，再给出求解语句

```
>> A=[1,2,3; 4,5,6; 7,8,0]; F=lyap2lmi(A)   %对给定矩阵生成LMI
```

可以得出 $\boldsymbol{F}_i$ 矩阵分别为

$$x_1 \begin{bmatrix} 2 & 2 & 3 \\ 2 & 0 & 0 \\ 3 & 0 & 0 \end{bmatrix} + x_2 \begin{bmatrix} 8 & 6 & 6 \\ 6 & 4 & 3 \\ 6 & 3 & 0 \end{bmatrix} + x_3 \begin{bmatrix} 14 & 8 & 1 \\ 8 & 0 & 2 \\ 1 & 2 & 6 \end{bmatrix} +$$

$$x_4 \begin{bmatrix} 0 & 4 & 0 \\ 4 & 10 & 6 \\ 0 & 6 & 0 \end{bmatrix} + x_5 \begin{bmatrix} 0 & 7 & 4 \\ 7 & 16 & 5 \\ 4 & 5 & 12 \end{bmatrix} + x_6 \begin{bmatrix} 0 & 0 & 7 \\ 0 & 0 & 8 \\ 7 & 8 & 0 \end{bmatrix} < \boldsymbol{0}$$

若研究一般 3×3 矩阵，则可以给出如下命令。

```
>> F=lyap2lmi(3)  %若只给出维数，则对任意矩阵生成线性矩阵不等式
```

这时得出的线性矩阵不等式为

$$x_1 \begin{bmatrix} 2a_{11} & a_{12} & a_{13} \\ a_{12} & 0 & 0 \\ a_{13} & 0 & 0 \end{bmatrix} + x_2 \begin{bmatrix} 2a_{21} & a_{22}+a_{11} & a_{23} \\ a_{22}+a_{11} & 2a_{12} & a_{13} \\ a_{23} & a_{13} & 0 \end{bmatrix} + x_3 \begin{bmatrix} 2a_{31} & a_{32} & a_{33}+a_{11} \\ a_{32} & 0 & a_{12} \\ a_{33}+a_{11} & a_{12} & 2a_{13} \end{bmatrix} +$$

$$x_4 \begin{bmatrix} 0 & a_{21} & 0 \\ a_{21} & 2a_{22} & a_{23} \\ 0 & a_{23} & 0 \end{bmatrix} + x_5 \begin{bmatrix} 0 & a_{31} & a_{21} \\ a_{31} & 2a_{32} & a_{33}+a_{22} \\ a_{21} & a_{33}+a_{22} & 2a_{23} \end{bmatrix} + x_6 \begin{bmatrix} 0 & 0 & a_{31} \\ 0 & 0 & a_{32} \\ a_{31} & a_{32} & 2a_{33} \end{bmatrix} < \boldsymbol{0}$$

某些非线性不等式也可以通过变换转换成线性矩阵不等式。其中，分块矩阵不等式的 Schur 补性质[25] 是进行这种变换常用的方法。

定理 4-4 ▶ Schur 补性质

若某个仿射函数矩阵 $\boldsymbol{F}(\boldsymbol{x})$ 可以分块表示成

$$\boldsymbol{F}(\boldsymbol{x}) = \left[\begin{array}{c|c} \boldsymbol{F}_{11}(\boldsymbol{x}) & \boldsymbol{F}_{12}(\boldsymbol{x}) \\ \hline \boldsymbol{F}_{21}(\boldsymbol{x}) & \boldsymbol{F}_{22}(\boldsymbol{x}) \end{array} \right] \tag{4-5-8}$$

式中,$\boldsymbol{F}_{11}(\boldsymbol{x})$ 是方阵,则下面三个矩阵不等式是等价的。

$$\boldsymbol{F}(\boldsymbol{x}) < \boldsymbol{0} \tag{4-5-9}$$

$$\boldsymbol{F}_{11}(\boldsymbol{x}) < \boldsymbol{0}, \boldsymbol{F}_{22}(\boldsymbol{x}) - \boldsymbol{F}_{21}(\boldsymbol{x})\boldsymbol{F}_{11}^{-1}(\boldsymbol{x})\boldsymbol{F}_{12}(\boldsymbol{x}) < \boldsymbol{0} \tag{4-5-10}$$

$$\boldsymbol{F}_{22}(\boldsymbol{x}) < \boldsymbol{0}, \boldsymbol{F}_{11}(\boldsymbol{x}) - \boldsymbol{F}_{12}(\boldsymbol{x})\boldsymbol{F}_{22}^{-1}(\boldsymbol{x})\boldsymbol{F}_{21}(\boldsymbol{x}) < \boldsymbol{0} \tag{4-5-11}$$

例如,对一般 Riccati 代数方程稍加变换,就可以得出 Riccati 不等式

$$\boldsymbol{A}^{\mathrm{T}}\boldsymbol{X} + \boldsymbol{X}\boldsymbol{A} + (\boldsymbol{X}\boldsymbol{B} - \boldsymbol{C})\boldsymbol{R}^{-1}(\boldsymbol{X}\boldsymbol{B} - \boldsymbol{C}^{\mathrm{T}})^{\mathrm{T}} < \boldsymbol{0} \tag{4-5-12}$$

式中,$\boldsymbol{R} = \boldsymbol{R}^{\mathrm{T}} > \boldsymbol{0}$。显然,因为该不等式含有二次项,所以它本身不是线性矩阵不等式。由 Schur 补性质可以看出,原非线性不等式可以等价地变换成

$$\boldsymbol{X} > \boldsymbol{0}, \left[\begin{array}{c|c} \boldsymbol{A}^{\mathrm{T}}\boldsymbol{X} + \boldsymbol{X}\boldsymbol{A} & \boldsymbol{X}\boldsymbol{B} - \boldsymbol{C}^{\mathrm{T}} \\ \hline \boldsymbol{B}^{\mathrm{T}}\boldsymbol{X} - \boldsymbol{C} & -\boldsymbol{R} \end{array} \right] < \boldsymbol{0} \tag{4-5-13}$$

4.5.3 线性矩阵不等式问题分类

线性矩阵不等式问题通常可以分为三类:可行解问题、线性目标函数最优化问题与广义特征值最优化问题。

(1)可行解问题。所谓可行解问题就是最优化问题中的约束条件求解问题,即得出满足不等式

$$\boldsymbol{F}(\boldsymbol{x}) < \boldsymbol{0} \tag{4-5-14}$$

一个解的问题。求解线性矩阵不等式可行解等价于求解 $\boldsymbol{F}(\boldsymbol{x}) < \sigma\boldsymbol{I}$,其中,$\sigma$ 是能够用数值方法找到的最小值。如果找到的 $\sigma < 0$,则得出的解是原问题的可行解,否则会提示无法找到可行解。

(2)线性目标函数最优化问题。考虑下面的最优化问题。

$$\min_{\boldsymbol{x} \text{ s.t. } \boldsymbol{F}(\boldsymbol{x}) < \boldsymbol{0}} \boldsymbol{c}^{\mathrm{T}}\boldsymbol{x} \tag{4-5-15}$$

由于约束条件是由线性矩阵不等式表示的,而目标函数也可以由决策变量 $\boldsymbol{x}$ 构造的线性矩阵表示,所以这样的问题就是普通的线性规划求解问题。

(3)广义特征值最优化问题。广义特征值问题是线性矩阵不等式理论最一般

的一类问题。回顾第 3 章介绍的广义特征值问题，$Ax = \lambda Bx$，由该式演化可以得到更一般的不等式 $A(x) < \lambda B(x)$，可将 λ 看作矩阵的广义特征值，从而归纳出下面的最优化问题：

$$\min_{\lambda,x \ \text{s.t.}} \quad \lambda \qquad\qquad (4\text{-}5\text{-}16)$$
$$\begin{cases} A(x) < \lambda B(x) \\ B(x) > 0 \\ C(x) < 0 \end{cases}$$

另外，还可以有其他约束，归类成 $C(x) < 0$。在这样约束条件下求取最小的广义特征值的问题可以由一类特殊的线性矩阵不等式表示。事实上，若将这几个约束归并成单一的线性矩阵不等式，则这样的最优化问题和线性目标函数最优化问题是同样的问题。

4.5.4 线性矩阵不等式问题的 MATLAB 求解

早期的 MATLAB 中提供了线性矩阵不等式工具箱，可以直接求解相应的问题。新版本的 MATLAB 中将该工具箱并入了鲁棒控制工具箱，调用该工具箱中的函数可以求解线性矩阵不等式的各种问题。描述线性矩阵不等式的方法是比较烦琐的，用鲁棒控制工具箱中相应的函数描述这样的问题也是比较烦琐的。这里将介绍相关 MATLAB 语句的调用方法，并将给出例子演示相关函数的使用方法。

描述线性矩阵不等式应该有以下几个步骤：

（1）创建 LMI 模型。若想描述一个含有若干的 LMI 的整体线性矩阵不等式问题，应该首先调用 setlmis([]) 函数建立 LMI 的模型框架。

（2）定义需要求解的变量。未知矩阵变量可以由 lmivar() 函数声明，该函数的调用格式为 P=lmivar(key,$[n_1, n_2]$)，其中，key 是未知矩阵类型的标记，若 key 的值为 2，则变量 P 表示为 $n_1 \times n_2$ 的一般矩阵；若 key 为 1，则 P 矩阵为 $n_1 \times n_1$ 的对称矩阵；若 key 为 1，且 n_1 和 n_2 为向量，则 P 为块对角对称矩阵；若 key 值取 3，则表示 P 为特殊类型的矩阵。

（3）描述分块形式给出线性矩阵不等式。声明了需求解的变量名后，可以由 lmiterm() 函数描述各个 LMI，该函数的调用格式为

    lmiterm($[k,i,j,P]$,A,B,flag)

其中，k 为 LMI 编号，一个线性矩阵不等式问题可以由若干 LMI 构成，用这样的方法可以分别描述各个 LMI。k 取负值时表示不等号 < 右侧的项。一个 LMI 子项可以由多个 lmiterm() 函数描述。若第 k 个 LMI 是以分块形式给出的，则 i, j 表示该分块所在的行号和列号。P 为已经由 lmivar() 函数声明过的变量名。A, B 矩阵表示该项中变量 P 左乘和右乘的矩阵，即该项含有 APB。A 和 B 设置成 1 和

−1 分别表示单位矩阵 I 或负单位阵 $-I$。若 flag 选择为 's'，则该项表示对称项 $APB + (APB)^T$。如果该项为常数矩阵，则可以将相应的 P 设置为 0，同时略去 B 矩阵。

（4）完成 LMI 模型描述。由 lmiterm() 函数定义所有 LMI 后，就可以用函数 getlmis() 确定 LMI 问题的描述，该函数的调用格式为 G=getlmis。

（5）求解 LMI 问题。定义 G 模型后，就可以根据问题的类型调用相应函数直接求解最优化问题。

$$[t_{\min}, x] = \text{feasp}(G, \text{options}, \text{target}) \qquad \text{\% 可行解问题}$$
$$[c_{\text{opt}}, x] = \text{mincx}(G, c, \text{options}, x_0, \text{target}) \qquad \text{\% 线性目标函数问题}$$
$$[\lambda, x] = \text{gevp}(G, \text{nlfc}, \text{options}, \lambda_0, x_0, \text{target}) \qquad \text{\% 广义特征值问题}$$

得出的解 x 是向量，可以调用 dec2mat() 函数解提取矩阵。options 控制选项是由 5 个值构成的向量，其第一个量表示要求的求解精度，通常可以取为 10^{-5} 或其他数值。

例 4-34　考虑 Riccati 不等式 $A^T X + XA + XBR^{-1}B^T X + Q < 0$，其中

$$A = \begin{bmatrix} -2 & -2 & -1 \\ -3 & -1 & -1 \\ 1 & 0 & -4 \end{bmatrix}, \quad B = \begin{bmatrix} -1 & 0 \\ 0 & -1 \\ -1 & -1 \end{bmatrix}, \quad Q = \begin{bmatrix} -2 & 1 & -2 \\ 1 & -2 & -4 \\ -2 & -4 & -2 \end{bmatrix}, \quad R = I_2$$

试求出该不等式的一个正定可行解 X。

解　该不等式显然不是线性矩阵不等式，类似前面介绍的 Riccati 不等式，可以引用 Schur 补性质对其进行变换，得出分块的 LMI 表示为

$$\left[\begin{array}{c:c} A^T X + XA + Q & XB \\ \hdashline B^T X & -R \end{array} \right] < 0$$

考虑到需要求出原不等式的正定解 X，故除了上面变换后的 Riccati 不等式外还需要满足 $X > 0$。可以将 Riccati 不等式设置成不等式 1，正定不等式设置成不等式 2，这样使用 lmiterm() 函数时，将 k 设置成 1 和 2 即可。另外，根据 A 和 B 矩阵的维数，可以假定 X 为 3×3 对称矩阵。这样，就可以用下面的语句建立并求解可行解问题。因为第二不等式为 $X > 0$，所以序号采用 −2。

```
>> A=[-2,-2,-1; -3,-1,-1; 1,0,-4]; B=[-1,0; 0,-1; -1,-1];
   Q=[-2,1,-2; 1,-2,-4; -2,-4,-2]; R=eye(2); % 输入已知矩阵
   setlmis([]);                    % 建立空白的 LMI 框架
   X=lmivar(1,[3 1]);              % 声明需要求解的矩阵 X 为 3×3 对称矩阵
   lmiterm([1 1 1 X],A',1,'s')     % (1,1)分块，对称表示为 A^T X + XA
   lmiterm([1 1 1 0],Q)            % (1,1)分块后面补一个 Q 常数矩阵
   lmiterm([1 1 2 X],1,B)          % (1,2)分块，填写 XB
   lmiterm([1 2 2 0],-1)           % (2,2)分块，填写 -R
```

```
lmiterm([-2,1,1,X],1,1)        %设置第二不等式,即不等式 X > 0
G=getlmis;                     %完成 LMI 框架的设置
[tmin b]=feasp(G);             %求问题的可行解
X=dec2mat(G,b,X)               %提取解矩阵
```

这样可以得出 $t_{\min} = -0.3962$,原问题的可行解为

$$X = \begin{bmatrix} 1.0329 & 0.4647 & -0.23583 \\ 0.4647 & 0.77896 & -0.050684 \\ -0.23583 & -0.050684 & 1.4336 \end{bmatrix}$$

需要指出的是,可能是由于该工具箱本身的问题,如果在描述 LMI 时给出了对称项,如 `lmiterm([1,2,1,X],B',1)`,则该函数将得出错误的结果,所以在求解线性矩阵不等式问题时一定不能给出对称项。

由于鲁棒控制工具箱提供的线性矩阵不等式描述方法不是很方便,能够求解的问题也只是局限于线性矩阵不等式本身,不能扩展到其他最优化问题,所以这里不推荐使用该工具箱,应该寻求更好的描述与求解方法。

4.5.5　基于 YALMIP 工具箱的最优化求解方法

瑞典学者 Johan Löfberg 博士开发了一个基于符号运算工具箱编写的模型优化工具箱 YALMIP(yet another LMI package)[26],该工具箱提供的线性矩阵不等式求解方法和鲁棒控制工具箱中的 LMI 函数相比要直观得多。Johan Löfberg 还介绍了其他相关的最优化问题求解方法[27]。

YALMIP 工具箱提供了简单的决策变量表示方法,可以调用 `sdpvar()` 函数表示,该函数的调用方法为

X=sdpvar(n)   %对称方阵的表示方法

X=sdpvar(n,m)   %长方形一般矩阵的表示方法

X=sdpvar(n,n,'full')   %一般方阵的表示方法

这样定义的矩阵还可以进一步利用。例如,这样定义的向量还可以和 `hankel()` 函数联合使用,构造出 Hankel 矩阵。类似地,由 `intvar()` 和 `binvar()` 函数还可以定义整型变量和二进制变量,从而求解整数规划和 0–1 规划问题。

由该工具箱针对 `sdpvar` 型的变量还可以由方括号描述矩阵不等式。如果有若干这样的矩阵不等式,则可以将联立的若干不等式用方括号罗列起来。

当然使用类似的方法还可以定义目标函数,描述了矩阵不等式约束后就可以分别如下调用 `optimize()` 函数直接求解各类问题:

optimize(约束条件, 目标函数)   %求解一般最优化问题

其中,目标函数与约束条件为 LMI 表示。求解结束后,可以由 double(X) 语句提取

得出的解矩阵, 还可以由 value(X) 命令提取。这里的求解语句类似于 MATLAB 后来出现的基于问题的描述方法。

当前的 YALMIP 工具箱的功能已不局限于解决线性矩阵不等式领域的问题, 它可以用于解决各类最优化问题, 包括非凸二次型规划、非线性规划、双层规划问题等用其他工具难以求解的问题, 本书后续内容也将兼顾 YALMIP 工具箱使用的介绍。

例 4-35 试利用 YALMIP 工具箱重新求解例 4-34 中的问题。

解 有了 YALMIP 工具箱, 就可以由下面的语句更简洁地求解相应的矩阵不等式问题, 这里的结果和前面得出的完全一致。这里有两点需要说明, 其一是, YALMIP 不再支持纯粹 > 或 < 的约束条件, 只能使用 >=、<= 或 == 的约束条件; 其二, 这里解决的是可行解问题, 所以列出约束条件即可, 不必给出目标函数。得到结果后, 应该采用 double() 命令将解提取出来。

```
>> A=[-2,-2,-1; -3,-1,-1; 1,0,-4]; B=[-1,0; 0,-1; -1,-1];
   Q=[-2,1,-2; 1,-2,-4; -2,-4,-2]; R=eye(2);    % 输入已知矩阵
   X=sdpvar(3);                                  % 声明解矩阵形式
   F=[[A'*X+X*A+Q, X*B; B'*X, -R]<=0, X>=0];     % 描述线性矩阵不等式
   optimize(F);                                  % 求解可行解
   X0=double(X)                                  % 提取解矩阵
```

例 4-36 试用 YALMIP 工具箱求解例 4-6 中给出的线性规划问题。

解 显然, x 是一个 5×1 列向量, 通过下面的语句求解原问题, 即可得出问题的解 $x = [19.785, 0, 3.32, 11.385, 2.57]^{\mathrm{T}}$, 与前面得出的完全一致。

```
>> x=sdpvar(5,1);
   A=[0 2 1 4 2; 3 4 5 -1 -1]; B=[54; 62];
   xm=[0,0,3.32,0.678,2.57]';          % 给定矩阵输入
   F=[A*x<=B, x>=xm];                   % 描述线性矩阵不等式
   optimize(F,-[2 1 4 3 1]*x);         % 求解最优化问题
   x=double(x)                         % 提取解向量
```

例 4-37 对线性系统 $(\boldsymbol{A}, \boldsymbol{B}, \boldsymbol{C}, \boldsymbol{D})$ 来说, 其 $\mathcal{H}_\infty$ 范数可以由控制系统工具箱中的 norm() 函数直接求解。采用 LMI 方法也可以求解系统的 $\mathcal{H}_\infty$ 范数, 其数学描述为

$$\min_{\gamma, \boldsymbol{P}} \quad \gamma \tag{4-5-17}$$

$$\text{s.t.} \begin{cases} \begin{bmatrix} \boldsymbol{A}^{\mathrm{T}}\boldsymbol{P}+\boldsymbol{P}\boldsymbol{A} & \boldsymbol{P}\boldsymbol{B} & \boldsymbol{C}^{\mathrm{T}} \\ \boldsymbol{B}^{\mathrm{T}}\boldsymbol{P} & -\gamma\boldsymbol{I} & \boldsymbol{D}^{\mathrm{T}} \\ \boldsymbol{C} & \boldsymbol{D} & -\gamma\boldsymbol{I} \end{bmatrix} < \boldsymbol{0} \\ \boldsymbol{P} > \boldsymbol{0} \end{cases}$$

试求解下面给出的线性系统模型的 $\mathcal{H}_\infty$ 范数。

$$\boldsymbol{A} = \begin{bmatrix} -4 & -3 & 0 & -1 \\ -3 & -7 & 0 & -3 \\ 0 & 0 & -13 & -1 \\ -1 & -3 & -1 & -10 \end{bmatrix}, \quad \boldsymbol{B} = \begin{bmatrix} 0 \\ -4 \\ 2 \\ 5 \end{bmatrix}, \quad \boldsymbol{C} = [0,0,4,0], \quad \boldsymbol{D} = 0$$

解 通过下面的语句，可以利用YALMIP工具箱描述$\mathcal{H}_\infty$范数问题，得出其值为 0.4640，该结果和norm()函数得出的结果完全一致。

```
>> A=[-4,-3,0,-1; -3,-7,0,-3; 0,0,-13,-1; -1,-3,-1,-10];
   B=[0; -4; 2; 5]; C=[0,0,4,0]; D=0;         %已知矩阵
   gam=sdpvar(1); P=sdpvar(4);               %设置决策变量
   F=[[A*P+P*A',P*B,C'; B'*P,-gam,D'; C,D,-gam]<0, P>0];
   sol=solvesdp(F,gam); double(gam)          %解最优化问题
   norm(ss(A,B,C,D),'inf')                   %计算无穷范数
```

YALMIP工具箱还可以求解二次型规划问题。这里首先看一下无约束二次型目标函数的描述与求解，然后再重新求解有约束二次型规划的问题。YALMIP最优化问题求解的内核即MATLAB的最优化工具箱底层函数。

例4-38 试用YALMIP工具箱重新求解例4-28中的无约束最优化问题。

解 由于目标函数是二次型，所以可以仿照例4-28给出的基于问题的描述方法重新描述目标函数，然后利用YALMIP工具箱相应的命令，给出原始最优化问题的描述，并求出问题的解。得出的结果与例4-28给出的完全一致，x_0的范数为2.6668×10^{-15}，与该例中的结果也是完全一致的，因为求解的内核是相同的。

```
>> n=20; x=sdpvar(n,1);                     %创建决策变量
   opt=sum((1:n)'.*x.^2)+sum(x)^2/n;        %目标函数
   optimize([],opt);                         %求解最优化问题
   x0=double(x), norm(x0)                    %提取解矩阵并求范数
```

例4-39 试利用YALMIP工具箱重新求解例4-25中的二次型规划问题。

解 仿照前面给出的基于问题的描述方法，可以重新描述并求解最优化问题，得出的结果与例4-25得出的结果是完全一致的。

```
>> x=sdpvar(4,1);
   opt=sum((x-(1:4)').^2);                  %目标函数
   const=[sum(x)<=5, [3 3 2 1]*x<=10, x>=0]; %约束条件
   optimize(const,opt);                      %求解最优化问题
   x0=double(x)                              %提取解向量
```

4.5.6 非凸最优化问题求解的尝试

传统YALMIP工具箱使用的最优化搜索方法是基于线性矩阵不等式的方法，所以很多非凸的问题是不能正确求解的。YALMIP工具箱引入了一个名为bmibnb的分支定界法求解函数，可以求解某些非凸问题的全局最优解问题，具体的求解方法是设置求解函数选项，再调用optimize()函数直接求解最优化问题。函数的调用格式为

```
options=sdpsettings('solver','bmibnb');
```

optimize(约束条件, 目标函数, options)

例 4-40 重新求解例 4-30 中给出的非凸二次型规划问题。

解 仿照前面介绍的基于问题的描述方法可以将该问题输入 MATLAB 工作空间，然后调用 optimize() 函数直接求解，不过，系统给出的提示为 The problem is non-convex，说明原问题非凸，并不能直接求解。

```
>> c=5*ones(1,4); d=-1*ones(1,9); Q=10*eye(4);
   x=sdpvar(4,1); y=sdpvar(9,1); opt=c*x+d*y-x'*Q*x/2;
   const=[2*x(1)+2*x(2)+y(6)+y(7)<=10;
          2*x(1)+2*x(3)+y(6)+y(8)<=10;
          2*x(2)+2*x(3)+y(7)+y(8)<=10;
          -8*x(1)+y(6)<=0; -8*x(2)+y(7)<=0; -8*x(3)+y(8)<=0;
          -2*x(4)-y(1)+y(6)<=0; -2*y(2)-y(3)+y(7)<=0;
          -2*y(4)-y(5)+y(8)<=0; y([1 2 3 4 5 9])<=1;
          x>=0; x<=1; y>=0];        % 描述全部约束条件
   optimize(const,opt);             % 求解最优化问题
   x0=double(x), y0=double(y)       % 得出局部最优解
```

现在，可以设置全局寻优方法，得出问题的全局最优解。

```
>> options=sdpsettings('solver','bmibnb');
   optimize(const,opt,options)      % 重新求解二次型规划问题
   x0=double(x), y0=double(y)       % 得出全局最优解
```

得出的全局最优解如下，与文献 [14] 中给出的完全一致，说明已经成功求解这里给出的非凸二次型规划问题。

$$\boldsymbol{x} = [1,1,1,1]^{\mathrm{T}}, \quad \boldsymbol{y} = [1,1,1,1,1,3,3,3,1]^{\mathrm{T}}$$

4.5.7 带有二次型约束条件问题的求解

MATLAB 基于问题的描述方法不能描述含有二次型的约束条件，而 YALMIP 工具箱可以直接描述这类条件，使得问题的输入变得异常简单。不过带有二次型约束条件的问题经常是非凸的，YALMIP 工具箱求解函数是否能得出其全局最优解是一个值得注意的问题。

例 4-41 试由 YALMIP 工具箱描述并求解带有二次型约束条件的最优化问题[28]。

$$\min_{\boldsymbol{q},w,k} k$$

$$\text{s.t.} \begin{cases} q_3+9.625q_1w+16q_2w+16w^2+12-4q_1-q_2-78w=0 \\ 16q_1w+44-19q_1-8q_2-q_3-24w=0 \\ 2.25-0.25k\leqslant q_1\leqslant 2.25+0.25k \\ 1.5-0.5k\leqslant q_2\leqslant 1.5+0.5k \\ 1.5-1.5k\leqslant q_3\leqslant 1.5+1.5k \end{cases}$$

解 对这种带有二次型约束的最优化问题而言，如果目标函数是线性的或二次型的，则可以用 YALMIP 工具箱直接描述出来，不必事先做任何手工变换。可以看出，这

里的目标函数与约束条件描述几乎与给出的数学公式完全一致。看似复杂的最优化问题由下面的语句就可以直接求解，这时得出的最优解为 $k=1.1448$。不过该解是不是原始问题的全局最优解尚有待考证，这个问题还将在第 5 章重新求解。

```
>> q=sdpvar(3,1); w=sdpvar(1,1); k=sdpvar(1,1);
   con=[q(3)+9.625*q(1)*w+16*q(2)*w+16*w^2+12-4*q(1)-q(2)-78*w==0;
        16*q(1)*w+44-19*q(1)-8*q(2)-q(3)-24*w==0;
        2.25-0.25*k <= q(1) <= 2.25+0.25*k;
        1.5-0.5*k   <= q(2) <= 1.5+0.5*k;
        1.5-1.5*k   <= q(3) <= 1.5+1.5*k];
   optimize(con,k)                 % 求解最优化问题
   value(k), value(q), value(w)    % 提取最优解
```

如果将算法设置为全局最优解算法 **'bmibnb'**，则可以重新求解最优化问题，得出该问题的全局最优解 $k=0.8175$。

```
>> options=sdpsettings('solver','bmibnb');
   optimize(con,k,options)         % 重新求解二次型规划问题
   value(k), value(q), value(w)    % 得出全局最优解
```

例4-42 试求解下面的二次型约束问题[15]。

$$\min \quad x_1^2+x_2^2+2x_3^2+x_4^2-5x_1-5x_2-21x_3+7x_4$$
$$\boldsymbol{x}\ \text{s.t.}\ \begin{cases} 8-x_1^2-x_2^2-x_3^2-x_4^2-x_1+x_2-x_3+x_4 \geqslant 0 \\ 10-x_1^2-2x_2^2-x_3^2-2x_4^2+x_1+x_4 \geqslant 0 \\ 5-2x_1^2-x_2^2-x_3^2-2x_1+x_2+x_4 \geqslant 0 \end{cases}$$

解 利用下面的命令可以直接描述原始问题，然后求解最优化问题，得出的结果为 $\boldsymbol{x}=[0.0029,0.9976,1.9984,-1.0014]^{\mathrm{T}}$，目标函数的值为 -43.9928。

```
>> x=sdpvar(4,1);
   opt=x(1)^2+x(2)^2+2*x(3)^2+x(4)^2-5*x(1)-5*x(2)-21*x(3)+7*x(4);
   const=[8-sum(x.^2)-x(1)+x(2)-x(3)+x(4)>=0,
          10-x(1)^2-2*x(2)^2-x(3)^2-2*x(4)^2+x(1)+x(4)>=0,
          5-2*x(1)^2-x(2)^2-x(3)^2-2*x(1)+x(2)+x(4)>=0];
   optimize(const,opt)    % 求解最优化问题
   value(x), value(opt)   % 提取得出的解
```

文献 [15] 给出了该问题的全局最优解为 $\boldsymbol{x}=[0,1,2,0-1]$，目标函数值为 -44，所以这里得出的结果精度偏低。该问题采用的默认算法为 lmilab，该算法下的精度控制属性为 reltol，所以应该采用下面的命令设置控制参数，然后重新求解最优化问题，实际的误差为 10^{-10}。

```
>> ops=sdpsettings('solver','lmilab','lmilab.reltol',eps);
   optimize(const,opt,ops)   % 求解最优化问题
   value(x), value(opt)      % 提取问题的最优解
```

4.6 其他常用的凸优化问题

除了前面介绍的线性规划与二次型规划问题之外，还有很多其他形式的凸优化问题。这里首先引进一个专门用于凸优化问题求解的 MATLAB 工具箱——CVX 工具箱，然后基于不同的求解工具，介绍锥规化、几何规划与半定规划等凸优化问题的求解方法。

4.6.1 凸优化工具箱简介

CVX 工具箱是美国学者 Michael C Grant 和 Stephen P Boyd 开发的凸优化问题描述与求解工具箱[29]，该工具箱有 MATLAB 版本。该工具箱提供了大量描述与求解最优化问题的语句，这些语句的描述步骤有些类似于前面介绍的基于问题的描述方法，且更接近于原始问题的数学描述。本节对 CVX 工具箱的描述与求解格式给出简单介绍。

1. CVX 工具箱的安装方法

CVX 工具箱是可以免费下载并使用的。将 CVX 解压到某个文件夹，从 MAT-LAB 工作窗口进入该文件夹，运行 `cvx_setup` 命令，则该工具箱会自动在 MAT-LAB 环境中设置路径。这样，就可以在 MATLAB 工作路径下直接使用 CVX 工具箱的命令与函数了。

2. CVX 工具箱的命令结构

CVX 工具箱提供了一对命令 `cvx_begin` 和 `cvx_end`，允许用户在这段命令之间用类似于数学公式的方法描述最优化问题。为避免麻烦，在开始一个新问题描述与求解之前，可以使用 `cvx_clear` 命令清除现有的模型。

在这段命令中，可以嵌入下面的语句。

（1）定义变量。由 `variable x(n)` 命令可以定义 x 向量，还可以定义矩阵。

（2）优化命令。可以由 `minimize()` 函数或 `maximize()` 函数描述最优化命令。

（3）约束条件。以 `subject to` 命令引导后面的约束条件。

如果原始最优化问题是凸问题，则可以直接得出问题的解，而优化问题决策变量的解在同名变量 x 等变量中直接返回。求解结束后，由 `cvx_optval` 命令可以显示目标函数的值。

例 4-43 假设已知矛盾方程 $\boldsymbol{Ax} = \boldsymbol{B}$,试求其最小二乘解,其中

$$\boldsymbol{A} = \begin{bmatrix} -1 & 7 & -1 & -1 & 2 \\ 7 & 2 & -1 & 2 & 2 \\ 7 & -5 & 7 & -1 & -1 \\ 7 & 7 & 2 & 2 & 7 \\ 2 & 2 & 2 & 7 & -1 \\ 2 & 2 & -5 & 2 & -5 \\ -5 & 2 & 7 & 2 & 2 \end{bmatrix}, \boldsymbol{B} = \begin{bmatrix} 2 \\ 2 \\ -5 \\ -5 \\ -5 \\ -1 \\ 7 \end{bmatrix}$$

解 输入这两个矩阵,就可以由矩阵左除符号得出方程的最小二乘解。

```
>> A=[-1,7,-1,-1,2; 7,2,-1,2,2; 7,-5,7,-1,-1; 7,7,2,2,7;
     2,2,2,7,-1; 2,2,-5,2,-5; -5,2,7,2,2];
   B=[2; 2; -5; -5; -5; -1; 7];
   x=A\B        %直接求方程的最小二乘解
```

这样得出的解 $\boldsymbol{x} = [-0.5738, 0.2128, 0.0793, -0.2716, 0.0529]^{\mathrm{T}}$。

当然,这里给出的方法是求解线性方程最小二乘解的最直接、最简单的方法。另一种解法是引入最优化思想,将原始问题转换成最优化问题。令决策变量为 $\boldsymbol{x}$,可以将方程求解的问题转换成如下最优化问题。

$$\min_{\boldsymbol{x}} \|\boldsymbol{Ax} - \boldsymbol{b}\|_p, \ p > 0, p \in \mathbb{Z} \tag{4-6-1}$$

如果 $p = 2$,则最优化问题得出的是最小二乘解。如果采用下面的语句,则可以直接求出方程的最小二乘解,该结果与上面的结果完全一致。

```
>> cvx_begin
     variable x(5,1);        %声明决策变量
     minimize(norm(A*x-B)) %给出最优化求解命令
   cvx_end
   x, cvx_optval            %显示最优决策变量与目标函数的值
```

使用这样的思路与求解方法,不但能得出原方程的最小二乘解,还可以得出其他最优化指标下的最优解。例如,CVX 工具箱定义了 $n = \mathtt{norm\_largest}(\boldsymbol{A}*\boldsymbol{x}-\boldsymbol{b}, k)$ 函数,可以求出误差向量的前 k 个范数之和。

$$n = \|\boldsymbol{Ax} - \boldsymbol{b}\|_1 + \|\boldsymbol{Ax} - \boldsymbol{b}\|_2 + \cdots + \|\boldsymbol{Ax} - \boldsymbol{b}\|_k \tag{4-6-2}$$

例 4-44 求解例 4-43 中的方程,使得误差的前 6 个范数与无穷范数之和最小。

解 使用下面的语句,可以得出所需的解为 $\boldsymbol{x} = [-0.5754, 0.1225, -0.1396, -0.5540, -0.0632]$。虽然这样的解不同于最小二乘解,但该解亦有其合理性。

```
>> A=[-1,7,-1,-1,2; 7,2,-1,2,2; 7,-5,7,-1,-1; 7,7,2,2,7;
     2,2,2,7,-1; 2,2,-5,2,-5; -5,2,7,2,2];
   B=[2; 2; -5; -5; -5; -1; 7];
   cvx_begin
     variable x(5,1);                                    %声明决策变量
```

```
    minimize(norm_largest(A*x-B,6)+norm(A*x-B,inf)) %最优化求解
cvx_end
x, cvx_optval                    %显示最优决策变量与目标函数的值
```

很显然,如果线性规划问题已经变换成定义 4-8 给出的标准形式,则可以由下面一组命令就可以直接描述并求解线性规划问题:

```
cvx_begin
    variable x(n,1);             %声明决策变量
    minimize(f*x);              %给出最优化求解命令
    subject to                  %下面的语句直接描述约束条件
        A*x<=b;
        Aeq*x==beq;
        xm<=x<=xM;
cvx_end
```

可见,CVX 工具箱提供的问题描述与求解方法是最像数学原型的计算机描述方法。下面通过例子演示非标准线性规划、二次型规划问题的求解方法。

例 4-45　试重新求解例 4-8 给出的非标准型线性规划问题。

解　若使用 CVX 工具箱描述并求解该问题,则无须事先将其转换成标准型的形式,只需原原本本将目标函数、约束条件的数学形式表示出来即可。例如,可以由下面的语句直接描述线性规划问题,得出的解与例 4-8 完全一致。

```
>> cvx_begin
    variable x(4,1);
    maximize(3*x(1)/4-150*x(2)+x(3)/50-6*x(4)); %最优化命令
    subject to                               %约束条件
        x(1)/4-60*x(2)-x(3)/50+9*x(4) <= 0;
        -x(1)/2+90*x(2)+x(3)/50-3*x(4) >= 0;
        x(3) <= 1; x >= -5;                  %决策变量边界
cvx_end
x, cvx_optval                                %解与目标函数
```

例 4-46　试用 CVX 工具箱重新描述并求解例 4-30 中的非凸二次型规划问题。

解　可以由下面的语句尝试描述并求解原始问题。

```
>> c=5*ones(1,4); d=-1*ones(1,9); Q=10*eye(4);
cvx_begin
    variables x(4,1) y(9,1);
    minimize(c*x+d*y-x'*Q*x/2);
    subject to
        2*x(1)+2*x(2)+y(6)+y(7)<=10;
        2*x(1)+2*x(3)+y(6)+y(8)<=10;
```

```
2*x(2)+2*x(3)+y(7)+y(8)<=10;
-8*x(1)+y(6)<=0;  -8*x(2)+y(7)<=0;  -8*x(3)+y(8)<=0;
-2*x(4)-y(1)+y(6)<=0;  -2*y(2)-y(3)+y(7)<=0;
-2*y(4)-y(5)+y(8)<=0;  y([1 2 3 4 5 9])<=1;
x>=0;  x<=1;  y>=0;

cvx_end;
```

遗憾的是,上面的求解语句直接给出下面的错误信息,说明原始问题是非凸的,不能直接求解。

```
错误使用 cvxprob/newobj
Disciplined convex programming error:
    Cannot minimize a(n) concave expression.
```

4.6.2 锥规划问题

定义 4-19 ▶ 锥规划

锥规划(cone programming)问题的标准数学模型为[30]

$$\min \quad \boldsymbol{f}^{\mathrm{T}}\boldsymbol{x} \tag{4-6-3}$$

$$\boldsymbol{x} \ \text{s.t.} \begin{cases} ||\boldsymbol{A}_{\mathrm{sc}}(i)\boldsymbol{x}-\boldsymbol{b}_{\mathrm{sc}}(i)|| \leqslant \boldsymbol{d}_{\mathrm{sc}}^{\mathrm{T}}(i)-\gamma(i) \\ \boldsymbol{A}\boldsymbol{x} \leqslant \boldsymbol{b} \\ \boldsymbol{A}_{\mathrm{eq}}\boldsymbol{x} = \boldsymbol{b}_{\mathrm{eq}} \\ \boldsymbol{x}_{\mathrm{m}} \leqslant \boldsymbol{x} \leqslant \boldsymbol{x}_{\mathrm{M}} \end{cases}$$

和线性规划相比,锥规划多了约束条件 $||\boldsymbol{A}_{\mathrm{sc}}(i)\boldsymbol{x} - \boldsymbol{b}_{\mathrm{sc}}(i)|| \leqslant \boldsymbol{d}_{\mathrm{sc}}^{\mathrm{T}}(i) - \gamma(i)$,该约束又称为二阶锥(second-order cone)约束,该约束条件在几何上为锥形。

MATLAB 提供的 coneprog() 函数可以直接求解锥规划问题,该函数的调用格式为

$[\boldsymbol{x}, f_{\mathrm{opt}}, \mathrm{flag}, \mathrm{out}] = \mathrm{coneprog}(\boldsymbol{f}, \mathrm{soc})$

$[\boldsymbol{x}, f_{\mathrm{opt}}, \mathrm{flag}, \mathrm{out}] = \mathrm{coneprog}(\boldsymbol{f}, \mathrm{soc}, \boldsymbol{A}, \boldsymbol{B})$

$[\boldsymbol{x}, f_{\mathrm{opt}}, \mathrm{flag}, \mathrm{out}] = \mathrm{coneprog}(\boldsymbol{f}, \mathrm{soc}, \boldsymbol{A}, \boldsymbol{B}, \boldsymbol{A}_{\mathrm{eq}}, \boldsymbol{B}_{\mathrm{eq}})$

$[\boldsymbol{x}, f_{\mathrm{opt}}, \mathrm{flag}, \mathrm{out}] = \mathrm{coneprog}(\boldsymbol{f}, \mathrm{soc}, \boldsymbol{A}, \boldsymbol{B}, \boldsymbol{A}_{\mathrm{eq}}, \boldsymbol{B}_{\mathrm{eq}}, \boldsymbol{x}_{\mathrm{m}}, \boldsymbol{x}_{\mathrm{M}})$

$[\boldsymbol{x}, f_{\mathrm{opt}}, \mathrm{flag}, \mathrm{out}] = \mathrm{coneprog}(\boldsymbol{f}, \mathrm{soc}, \boldsymbol{A}, \boldsymbol{B}, \boldsymbol{A}_{\mathrm{eq}}, \boldsymbol{B}_{\mathrm{eq}}, \boldsymbol{x}_{\mathrm{m}}, \boldsymbol{x}_{\mathrm{M}}, \mathrm{options})$

$[\boldsymbol{x}, f_{\mathrm{opt}}, \mathrm{flag}, \mathrm{out}] = \mathrm{coneprog}(\mathrm{problem})$

其中,soc 是描述二阶锥约束的结构体,其第 i 个元素 soc(i) 结构体的 $\boldsymbol{A}$、$\boldsymbol{b}$、$\boldsymbol{d}$ 和 gamma 成员变量描述数学模型中的 $\boldsymbol{A}_{\mathrm{sc}}(i)$、$\boldsymbol{b}_{\mathrm{sc}}(i)$、$\boldsymbol{d}_{\mathrm{sc}}(i)$ 和 $\gamma(i)$。若使用 problem 结构体描述锥规划问题,则除了线性规划的成员变量外,还多了一个 socConstraints 成员变量。

若已知 $\boldsymbol{A}_{\mathrm{sc}}(i)$、$\boldsymbol{b}_{\mathrm{sc}}(i)$、$\boldsymbol{d}_{\mathrm{sc}}(i)$ 和 $\gamma(i)$,则可以由 soc=secondordercone$(A_{\mathrm{sc}}(i),$ $b_{\mathrm{sc}}(i),d_{\mathrm{sc}}(i),\gamma(i))$ 命令建立锥约束。

例 4-47　考虑一个简单的二阶锥数学模型 $\|\boldsymbol{x}-1\|_2=t$。如果 $\boldsymbol{x}$ 为二维向量,试用图形的方法显示这样的二阶锥曲面。

解　如果 $\boldsymbol{x}$ 为二维向量,则曲面可以写成 $t=\sqrt{(x_1-1)^2+(x_2-1)^2}$。由下面的语句可以绘制 $-1\leqslant x_1,x_2\leqslant 3$ 时的三维曲面,如图 4-3 所示。可以看出,这样的曲面为锥曲面。

```
>> syms x1 x2 t
   t=sqrt((x1-1)^2+(x2-1)^2), fsurf(t,[-1,3])
```

对这个二阶锥模型而言,可以得出

$$\boldsymbol{A}_{\mathrm{sc}}=\begin{bmatrix}1&0\\0&1\end{bmatrix},\ \boldsymbol{b}_{\mathrm{sc}}=\begin{bmatrix}1\\1\end{bmatrix},\ \boldsymbol{d}_{\mathrm{sc}}=\begin{bmatrix}0\\1\end{bmatrix},\ \gamma_{\mathrm{sc}}=0$$

该二阶锥可以由下面的命令输入。

```
>> sc=secondordercone([1,0; 0,1],[1;1],[0;1],0)
```

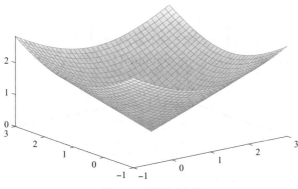

图 4-3　锥曲面示意图

例 4-48　已知两个二阶锥为

$$\boldsymbol{A}_{\mathrm{sc}}(1)=\begin{bmatrix}2&-0.5&0.1\\-0.5&3&0\\0.1&0&4\end{bmatrix},\ \boldsymbol{b}_{\mathrm{sc}}(1)=\begin{bmatrix}0\\0\\0\end{bmatrix},\ \boldsymbol{d}_{\mathrm{sc}}(1)=\begin{bmatrix}2\\2\\0\end{bmatrix},\ \gamma_{\mathrm{sc}}(1)=-1$$

$$\boldsymbol{A}_{\mathrm{sc}}(2)=\begin{bmatrix}2&0.5&-0.1\\0.5&5&0\\-0.1&0&2\end{bmatrix},\ \boldsymbol{b}_{\mathrm{sc}}(2)=\begin{bmatrix}0.3\\0.2\\0.5\end{bmatrix},\ \boldsymbol{d}_{\mathrm{sc}}(2)=\begin{bmatrix}1\\0\\1\end{bmatrix},\ \gamma_{\mathrm{sc}}(2)=0$$

且已知目标函数向量为 $\boldsymbol{f}=[1,2,3]$,试求解锥规划问题。

解　可以由下面的语句输入两个二阶锥模型,然后直接求解规划问题,得出的解为 $\boldsymbol{x}=[0.1674,0.00072,0.1243]$,目标函数值为 0.5418。

```
>> sc(1)=secondordercone([2 -0.5 0.1; -0.5 3 0; 0.1 0 4],...
                [0; 0; 0],[2; 2; 0],-1);
```

```
sc(2)=secondordercone([2 0.5 -0.1; 0.5 5 0; -0.1 0 2],...
            [0.3; 0.2; 0.5],[1; 0; 1],0);
f=[1 2 3]; [x,f0,key]=coneprog(f,sc)  % 求解锥规划问题
```

4.6.3　几何规划问题

> **定义 4-20 ▶ 单项式**
>
> 假设 $x_1, x_2, \cdots, x_n$ 为正的变量，则向量 $\boldsymbol{x} = [x_1, x_2, \cdots, x_n]$ 的实函数
>
> $$f(\boldsymbol{x}) = c x_1^{a_1} x_2^{a_2} \cdots x_n^{a_n} \qquad (4\text{-}6\text{-}4)$$
>
> 称为单项式（monomial），其中，$c > 0, a_i \in \mathbb{R}$。

> **定理 4-5 ▶ 单项式运算**
>
> 若 $f(\boldsymbol{x})$ 与 $g(\boldsymbol{x})$ 都是单项式，则 $f(\boldsymbol{x})g(\boldsymbol{x})$、$f(\boldsymbol{x})/g(\boldsymbol{x})$ 与 $f^\gamma(\boldsymbol{x})$ 都是单项式，其中，$\gamma \in \mathbb{R}$。

> **定义 4-21 ▶ 正项式**
>
> 多个单项式的和称为正项式（posynomial），其中，$c_k > 0$。
>
> $$f(\boldsymbol{x}) = \sum_{k=1}^{K} c_k x_1^{a_{1k}} x_2^{a_{2k}} \cdots x_n^{a_{nk}} \qquad (4\text{-}6\text{-}5)$$

> **定义 4-22 ▶ 几何规划**
>
> 几何规划（geometric programming, GP）[31] 的数学形式为
>
> $$\min_{\boldsymbol{x}} \quad f_0(\boldsymbol{x}) \qquad (4\text{-}6\text{-}6)$$
> $$\text{s.t.} \begin{cases} f_i(\boldsymbol{x}) \leqslant 1, & i=1,2,\cdots,m \\ g_i(\boldsymbol{x}) = 1, & i=1,2,\cdots,p \end{cases}$$
>
> 其中，$f_i(\boldsymbol{x})$ 为正项式；$g_i(\boldsymbol{x})$ 为单项式。

> **定理 4-6 ▶ 几何规划的凸性**
>
> 定义 4-22 给出的几何规划问题为凸问题。

> **定义 4-23 ▶ 广义几何规划**
>
> 如果单项式中的系数含有负值，则几何规划问题称为广义几何规划。

例 4-49　试求解下面的几何规划问题。该问题是由文献 [31] 给出的模型修改而成，

之所以修改, 是因为原文献的模型没有可行解。

$$\min \quad x^{-1}y^{-1/2}z^{-1} + 2.3xz + 4xyz$$

$$\boldsymbol{x} \text{ s.t.} \begin{cases} (1/3)x^{-2}y^{-2} + (4/3)y^{1/2}z^{-1} \leqslant 1 \\ x^{-2} + 2y^3 + 3z^{-6} \leqslant 1 \\ (1/2)xy = 1 \\ x, y, z \geqslant 0 \end{cases}$$

解 可以考虑采用 YALMIP 或 CVX 工具箱直接描述、求解这里的几何规划问题。这里给出基于 YALMIP 工具箱的描述与求解方法, 得出的结果为 $x = 3.8439$, $y = 0.5203$, $z = 1.4045$。经检验, 所有约束条件都满足, 这时的目标函数值为 23.7862。对这里的问题而言, 采用 CVX 工具箱的求解语句, 在描述乘方时可能导致错误。

```
>> sdpvar x y z;                         % 标量决策变量
   f=x^-1*y^(1/2)*z^-1+2.3*x*z+4*x*y*z;  % 目标函数
   C=[1/3*x^-2*y^-2+4/3*y^(1/2)*z^-1<=1;  % 第一约束条件
      x^-2+2*y^2+3*z^-6<=1; x*y/2==1;     % 第二、三约束条件
      x>=0; y>=0; z>=0];                  % 描述全部约束条件
   optimize(C,f)                          % 求解最优化问题
   x=double(x), y=double(y), z=double(z)  % 提取解
```

例 4-50 试求解下面的广义几何规划问题[4]。

$$\min \quad 0.4x_1^{0.67}x_7^{-0.67} + 0.4x_2^{0.67}x_8^{-0.67} + 10 - x_1 - x_2$$

$$\boldsymbol{x} \text{ s.t.} \begin{cases} 0.0588x_5x_7 + 0.1x_1 \leqslant 1 \\ 0.0588x_6x_8 + 0.1x_1 + 0.1x_2 \leqslant 1 \\ 4x_3x_5^{-1} + 2x_3^{-0.71}x_5^{-1} + 0.0588x_3^{-1.3}x_7 \leqslant 1 \\ 4x_4x_6^{-1} + 2x_4^{-0.71}x_6^{-1} + 0.0588x_4^{-1.3}x_8 \leqslant 1 \\ 0.1 \leqslant x_i \leqslant 10, \ i = 1, 2, \cdots, 8 \end{cases}$$

解 可以考虑用基于问题的方法描述并求解广义几何规划问题, 得出的结果为 $\boldsymbol{x} = [6.4651, 2.2327, 0.6674, 0.5958, 5.9327, 5.5272, 1.0133, 0.4407]$, 目标函数的值为 3.9512, 该结果很接近文献 [1] 给出的已知最好结果, 其目标函数值为 3.9511。经检验, 该解满足所有约束条件。

```
>> P=optimproblem;                        % 创建最优化问题模型
   x=optimvar('x',[8,1],Lower=0.1,Upper=10);  % 创建决策变量向量
   P.Objective=0.4*x(1)^0.67*x(7)^-0.67+...   % 目标函数
            0.4*x(2)^0.67*x(8)^-0.67+10-x(1)-x(2);
   C=[0.0588*x(5)*x(7)+0.1*x(1)<=1;          % 约束条件
      0.0588*x(6)*x(8)+0.1*x(1)+0.1*x(2)<=1;
      4*x(3)/x(5)+2*x(3)^-0.71/x(5)+0.0588*x(3)^-1.3*x(7)<=1;
      4*x(4)/x(6)+2*x(4)^-0.71/x(6)+0.0588*x(4)^-1.3*x(8)<=1];
   P.Constraints.C=C;
   x0.x=10*rand(8,1); sol=solve(P,x0), x=sol.x % 提取解
```

4.6.4 半定规划

> **定义 4-24 ▶ 半定规划**
>
> 半定规划(semidefinite programming,SDP)的一般数学形式为
>
> $$\min \quad \boldsymbol{f}^{\mathrm{T}}\boldsymbol{x} \tag{4-6-7}$$
>
> $$\boldsymbol{x} \text{ s.t. } \begin{cases} \boldsymbol{F}_0+x_1\boldsymbol{F}_1+x_2\boldsymbol{F}_2+\cdots+x_n\boldsymbol{F}_n \preccurlyeq \boldsymbol{0} \\ \boldsymbol{A}\boldsymbol{x}=\boldsymbol{b} \end{cases}$$
>
> 其中,$\boldsymbol{F}_i \in \mathbb{R}^{n \times n}, i=0,1,2,n$ 为对称矩阵。

可以看出,半定规划是线性规划的一种特殊形式,可以由线性规划的求解工具直接求解,这里将通过例子演示半定规划问题的求解方法。

例 4-51 试求解下面的半定规划问题[32]。

$$\min \quad 10x_1+20x_2$$
$$\boldsymbol{x} \text{ s.t. } x_1\boldsymbol{F}_1+x_2\boldsymbol{F}_2-\boldsymbol{F}_0 \succcurlyeq \boldsymbol{0}$$

其中,

$$\boldsymbol{F}_0=\begin{bmatrix} 1 & 0 & 0 & 0 \\ 0 & 2 & 0 & 0 \\ 0 & 0 & 3 & 0 \\ 0 & 0 & 0 & 4 \end{bmatrix}, \ \boldsymbol{F}_1=\begin{bmatrix} 1 & 0 & 0 & 0 \\ 0 & 1 & 0 & 0 \\ 0 & 0 & 0 & 0 \\ 0 & 0 & 0 & 0 \end{bmatrix}, \ \boldsymbol{F}_2=\begin{bmatrix} 0 & 0 & 0 & 0 \\ 0 & 1 & 0 & 0 \\ 0 & 0 & 5 & 2 \\ 0 & 0 & 2 & 6 \end{bmatrix}$$

解 可以由下面的语句直接描述半定规划问题。这里给出的描述方法比较直观,通过solve()函数还可以得出最优化问题的解为 $\boldsymbol{x}=[4/3,2/3]$。

```
>> P=optimproblem;
   x=optimvar('x',[2,1]);
   F0=diag([1 2 3 4]); F1=diag([1 1 0 0]);
   F2=blkdiag(0,1,[5 2; 2 6]);
   P.Objective=10*x(1)+20*x(2);
   P.Constraints.c=x(1)*F1+x(2)*F2-F0>=0;
   sol=solve(P), sol.x
```

本章习题

4.1 试用图解法求解下面的线性规划问题。

(1) $\max \quad 2x_1+x_2$

$$\boldsymbol{x} \text{ s.t. } \begin{cases} 2x_1+x_2 \leqslant 4 \\ 2x_1+3x_2 \leqslant 3 \\ 4x_1+x_2 \leqslant 5 \\ x_1+5x_2 \leqslant 1 \\ x_1,x_2 \geqslant 0 \end{cases}$$

（2）

$$\min \quad -2x_1 - x_2$$

$$\boldsymbol{x} \text{ s.t.} \begin{cases} x_1+x_2 \leqslant 5 \\ 2x_1+3x_2 \leqslant 12 \\ x_1 \leqslant 4 \\ x_1,x_2 \geqslant 0 \end{cases}$$

4.2 试求解下面的最优化问题。

$$\min \quad -(x_1+x_2+x_3+x_4+x_5)$$

$$\boldsymbol{x} \text{ s.t.} \begin{cases} -\sum_{i=1}^{5}(9+i)x_i+50000 \geqslant 0 \\ x_i \geqslant 0, i=1,2,3,4,5 \end{cases}$$

4.3 试求解下面的线性规划问题。

$$\min \quad 10x_1 - 57x_2 + 9x_3 - 24x_4$$

$$\boldsymbol{x} \text{ s.t.} \begin{cases} 0.5x_1-5.5x_2-2.5x_3+9x_4 \leqslant 0 \\ 0.5x_1-1.5x_2-0.5x_3+x_4 \leqslant 0 \\ x_1 \leqslant 1 \\ x_1,x_2,x_3,x_4 \geqslant 0 \end{cases}$$

4.4 试求解下面的线性规划问题。

$$\max \quad v$$

$$\boldsymbol{x},v \text{ s.t.} \begin{cases} -x_2+2x_3+v \leqslant 0 \\ 3x_1-4x_3+v \leqslant 0 \\ -5x_1+6x_2+v \leqslant 0 \\ x_1+x_2+x_3=1 \\ x_1,x_2,x_3 \geqslant 0 \end{cases}$$

4.5 试求解下面的线性规划问题。

（1）

$$\min \quad -3x_1+4x_2-2x_3+5x_4$$

$$\boldsymbol{x} \text{ s.t.} \begin{cases} 4x_1-x_2+2x_3-x_4=-2 \\ x_1+x_2-x_3+2x_4 \leqslant 14 \\ 2x_1-3x_2-x_3-x_4 \geqslant -2 \\ x_{1,2,3} \geqslant -1, x_4 \text{无约束} \end{cases}$$

（2）

$$\min \quad x_6+x_7$$

$$\boldsymbol{x} \text{ s.t.} \begin{cases} x_1+x_2+x_3+x_4=4 \\ -2x_1+x_2-x_3-x_6+x_7=1 \\ 3x_2+x_3+x_5+x_7=9 \\ x_{1,2,\cdots,7} \geqslant 0 \end{cases}$$

4.6 试求解下面的线性规划问题。

$$\min \quad x_{11}+8x_{13}+9x_{14}+2x_{23}+7x_{24}+3x_{34}$$

$$\boldsymbol{x} \text{ s.t.} \begin{cases} x_{12}+x_{13}+x_{14} \geqslant 1 \\ -x_{12}+x_{23}+x_{24}=0 \\ -x_{13}-x_{23}+x_{34}=0 \\ x_{14}+x_{24}+x_{34} \leqslant 0 \\ x_{12},x_{13},\cdots,x_{34} \geqslant 0 \end{cases}$$

4.7 试求解下面的线性规划问题。

$$\max \quad -3x_1-x_2+x_3+2x_4-x_5+x_6-x_7-4x_8$$

$$\boldsymbol{x} \text{ s.t.} \begin{cases} x_1+4x_3+x_4-5x_5-2x_6+3x_7-6x_8=7 \\ x_2-3x_3-x_4+4x_5+x_6-2x_7+5x_8=-3 \\ 0 \leqslant x_1 \leqslant 8, \ 0 \leqslant x_2 \leqslant 6, \ 0 \leqslant x_3 \leqslant 10, \ 0 \leqslant x_4 \leqslant 15 \\ 0 \leqslant x_5 \leqslant 2, \ 0 \leqslant x_6 \leqslant 10, \ 0 \leqslant x_7 \leqslant 4, \ 0 \leqslant x_8 \leqslant 3 \end{cases}$$

4.8 试求解下列的运输问题,并给出结果的物理解释。

供 应 商	目 的 地				供 应 量
S1	3	7	6	4	5
S2	2	4	3	2	2
S3	4	3	8	5	3
D	3	3	2	2	

（1）

供 应 商	运 费				出 口 量
S1	464	513	654	867	75
S2	352	416	690	791	125
S3	995	682	388	685	100
D	80	65	70	85	

（2）

4.9 试求解下面的二次型规划问题,并用图示的形式解释结果。

（1） $\min \quad 2x_1^2 - 4x_1x_2 + 4x_2^2 - 6x_1 - 3x_2$

$$\boldsymbol{x} \text{ s.t.} \begin{cases} x_1+x_2 \leqslant 3 \\ 4x_1+x_2 \leqslant 9 \\ x_{1,2} \geqslant 0 \end{cases}$$

（2） $\min \quad (x_1-1)^2 + (x_2-2)^2$

$$\boldsymbol{x} \text{ s.t.} \begin{cases} -x_1+x_2=1 \\ x_1+x_2 \leqslant 2 \\ x_{1,2} \geqslant 0 \end{cases}$$

4.10 试求解下面的二次型规划问题[15]。

$$\min \quad x_1^2 + 0.5x_2^2 + x_3^2 + 0.5x_4^2 - x_1x_2 + x_3x_4 - x_1 - 3x_2 + x_3 - x_4$$

$$\boldsymbol{x} \text{ s.t.} \begin{cases} 5-x_1-2x_2-x_3-x_4 \geqslant 0 \\ 4-3x_1-x_2+x_3-x_4 \geqslant 0 \\ x_2+4x_3-1.5 \geqslant 0 \\ x_i \geqslant 0, i=1,2,3,4 \end{cases}$$

4.11 在例 4-31 的求解语句中,$\boldsymbol{b}$ 选作行向量,$\boldsymbol{a}$ 选作列向量,为什么?

4.12 试求解 Finkbeiner–Kall 二次型规划问题[33]。

$$\min \quad \frac{1}{2}x_1^2 + \frac{1}{2}x_2^2 + 3x_1 + 7x_2 + x_4$$

$$\boldsymbol{x} \text{ s.t.} \begin{cases} x_1+2x_2+x_3=8 \\ x_1+2x_2+x_4=5 \\ x_{1,2,3,4} \geqslant 0 \end{cases}$$

4.13 重新考虑例 4-29 中给出的问题,试总结出一般形式的 $\boldsymbol{H}$ 矩阵与 $\boldsymbol{f}$ 向量。

4.14 试求解下面非凸的二次型规划问题。

$$\min \quad \boldsymbol{c}^{\mathrm{T}}\boldsymbol{x} - \frac{1}{2}\boldsymbol{x}^{\mathrm{T}}\boldsymbol{Q}\boldsymbol{x}$$

$$\boldsymbol{x} \text{ s.t.} \begin{cases} \boldsymbol{A}\boldsymbol{x} \leqslant \boldsymbol{b} \\ 0 \leqslant x_i \leqslant 10, \ i=1,2,\cdots,10 \end{cases}$$

其中, $c^T = [48, 42, 48, 45, 44, 41, 47, 42, 45, 46]$, $Q = 10I$, 且

$$A = \begin{bmatrix} -2 & -6 & -1 & 0 & -3 & -3 & -2 & -6 & -2 & -2 \\ 6 & -5 & 8 & -3 & 0 & 1 & 3 & 8 & 9 & -3 \\ -5 & 6 & 5 & 3 & 8 & -8 & 9 & 2 & 0 & -9 \\ 9 & 5 & 0 & -9 & 1 & -8 & 3 & -9 & -9 & -3 \\ -8 & 7 & -4 & -5 & -9 & 1 & -7 & -1 & 3 & -2 \end{bmatrix}, \quad b = \begin{bmatrix} -4 \\ 22 \\ -6 \\ -23 \\ -12 \end{bmatrix}$$

4.15 试将下面的二次型规划问题[14] 输入 MATLAB 环境。

$$\min_{x} \quad c^T x + d^T y - \frac{1}{2} x^T Q x$$

$$\text{s.t.} \begin{cases} AX \leqslant b, \quad X = [x; y] \\ 0 \leqslant X \leqslant 1 \end{cases}$$

其中,

$$A = \begin{bmatrix} -2 & -6 & -1 & 0 & -3 & -3 & -2 & -6 & -2 & -2 \\ 6 & -5 & 8 & -3 & 0 & 1 & 3 & 8 & 9 & -3 \\ -5 & 6 & 5 & 3 & 8 & -8 & 9 & 2 & 0 & -9 \\ 9 & 5 & 0 & -9 & 1 & -8 & 3 & -9 & -9 & -3 \\ -8 & 7 & -4 & -5 & -9 & 1 & -7 & -1 & 3 & -2 \\ -7 & -5 & -2 & 0 & -6 & -6 & -7 & -6 & 7 & 7 \\ 1 & -3 & -3 & -4 & -1 & 0 & -4 & 1 & 6 & 0 \\ 1 & -2 & 6 & 9 & 0 & -7 & 9 & -9 & -6 & 4 \\ -4 & 6 & 7 & 2 & 2 & 0 & 6 & 6 & -7 & 4 \\ 1 & 1 & 1 & 1 & 1 & 1 & 1 & 1 & 1 & 1 \\ -1 & -1 & -1 & -1 & -1 & -1 & -1 & -1 & -1 & -1 \end{bmatrix}, \quad b = \begin{bmatrix} -4 \\ 22 \\ -6 \\ -23 \\ -12 \\ -3 \\ 1 \\ 12 \\ 15 \\ 9 \\ -1 \end{bmatrix}$$

其中, x 有三个元素, y 有七个元素, $Q = 10I$, 且

$$d = [10, 10, 10]^T, \quad c = [-20, -80, -20, -50, -60, -90, 0]^T$$

4.16 试用鲁棒控制工具箱和 YALMIP 工具箱求解下面的最优化问题。

$$\min_{X} \quad \text{trace}(X)$$

$$\text{s.t.} \begin{cases} \begin{bmatrix} A^T X + XA + Q & XB \\ B^T X & -I \end{bmatrix} < 0 \\ X < 0 \end{cases}$$

其中,

$$A = \begin{bmatrix} -1 & -2 & 1 \\ 3 & 2 & 1 \\ 1 & -2 & -1 \end{bmatrix}, \quad B = \begin{bmatrix} 1 \\ 0 \\ 1 \end{bmatrix}, \quad Q = \begin{bmatrix} 1 & -1 & 0 \\ -1 & -3 & -12 \\ 0 & -12 & -36 \end{bmatrix}$$

4.17 求解下面的线性矩阵不等式问题。

$$\begin{cases} P^{-1} > 0, \ \text{或等效地} \ P > 0 \\ A_1 P + P A_1^T + B_1 Y + Y^T B_1^T < 0 \\ A_2 P + P A_2^T + B_2 Y + Y^T B_2^T < 0 \end{cases}$$

其中,

$$A_1 = \begin{bmatrix} -1 & 2 & -2 \\ -1 & -2 & 1 \\ -1 & -1 & 0 \end{bmatrix}, \quad B_1 = \begin{bmatrix} -2 \\ 1 \\ -1 \end{bmatrix}, \quad A_2 = \begin{bmatrix} 0 & 2 & 2 \\ 2 & 0 & 2 \\ 2 & 0 & 1 \end{bmatrix}, \quad B_2 = \begin{bmatrix} -1 \\ -2 \\ -1 \end{bmatrix}$$

4.18 试用 YALMIP 工具箱表示下面的含有二次型约束的模型,并尝试求解该问题[4]。

$$\min \quad x_1 + x_2 + x_3$$

$$\boldsymbol{x} \text{ s.t.} \begin{cases} -1+0.0025(x_4+x_6) \leqslant 0 \\ -1+0.0025(-x_4+x_5+x_7) \leqslant 0 \\ -1+0.01(-x_5+x_8) \leqslant 0 \\ 100x_1 - x_1x_6 + 8333.33252x_4 - 83333.333 \leqslant 0 \\ x_2x_4 - x_2x_7 - 1250x_4 + 1250x_5 \leqslant 0 \\ x_3x_5 - x_3x_8 - 2500x_5 + 1250000 \leqslant 0 \\ 100 \leqslant x_1 \leqslant 10000 \\ 1000 \leqslant x_2, x_3 \leqslant 10000 \\ 10 \leqslant x_4, x_5, x_6, x_7, x_8 \leqslant 1000 \end{cases}$$

文献 [4] 给出了问题的一个解如下,用 YALMIP 工具箱函数能得到更好的解还是更差的解?

$$\boldsymbol{x}^* = [579.19, 1360.13, 5109.92, 182.01, 295.6, 271.99, 286.4, 395.6]^{\mathrm{T}}, \quad f_0 = 7079.25$$

4.19 试求解下面的最优化问题。

$$\min \quad 5.3578547x_3^2 + 0.8356891x_1x_5 + 37.293239x_1 - 40792.141$$

$$\boldsymbol{x} \text{ s.t.} \begin{cases} 85.334407 + 0.0056858x_2x_5 + 0.0006262x_1x_4 - 0.0022053x_3x_5 \leqslant 12 \\ 85.334407 + 0.0056858x_2x_5 + 0.0006262x_1x_4 - 0.0022053x_3x_5 \geqslant 0 \\ 80.51249 + 0.0071317x_2x_5 + 0.0029955x_1x_2 + 0.0021813x_3^2 \leqslant 110 \\ 80.51249 + 0.0071317x_2x_5 + 0.0029955x_1x_2 + 0.0021813x_3^2 \geqslant 90 \\ 9.300961 + 0.0047026x_3x_5 + 0.0012547x_1x_3 + 0.0019085x_3x_4 \leqslant 25 \\ 9.300961 + 0.0047026x_3x_5 + 0.0012547x_1x_3 + 0.0019085x_3x_4 \geqslant 20 \\ 78 \leqslant x_1 \leqslant 102 \\ 33 \leqslant x_2 \leqslant 45 \\ 27 \leqslant x_3, x_4, x_5 \leqslant 45 \end{cases}$$

4.20 试求解下面的最优化问题。

$$\min \quad x_1 + x_2 + x_3$$

$$\boldsymbol{x} \text{ s.t.} \begin{cases} -1+0.0025(x_4+x_6) \leqslant 0 \\ -1+0.0025(-x_4+x_5+x_7) \leqslant 0 \\ -1+0.01(-x_5+x_8) \leqslant 0 \\ 100x_1 - x_1x_6 + 833.33252x_4 \leqslant 83333.333 \\ x_2x_4 - x_2x_7 - 1250x_4 + 1250x_5 \leqslant 0 \\ x_3x_5 - x_3x_8 - 2500x_5 + 1250000 \leqslant 0 \\ 100 \leqslant x_1 \leqslant 1000 \\ 1000 \leqslant x_2, x_3 \leqslant 10000 \\ 10 \leqslant x_4, x_5, x_6, x_7, x_8 \leqslant 1000 \end{cases}$$

4.21 试求解下面的最优化问题。

$$\min \quad (x_1 - 10)^3 + (x_2 - 20)^3$$

$$\boldsymbol{x} \text{ s.t.} \begin{cases} (x_1-5)^2 + (x_2-5)^2 \geqslant 100 \\ (x_1-6)^2 + (x_2-5)^2 \leqslant 82.81 \\ 13 \leqslant x_1 \leqslant 100 \\ 0 \leqslant x_2 \leqslant 100 \end{cases}$$

4.22 试求解下面带有二次型约束的二次型规划问题。

$$\min \quad f(\boldsymbol{x})$$

$$\boldsymbol{x} \text{ s.t.} \begin{cases} 4x_1+5x_2-3x_7+9x_8 \leqslant 105 \\ 10x_1-8x_2-17x_7+2x_8 \leqslant 0 \\ -8x_1+2x_2+5x_9-2x_{10} \leqslant 12 \\ 3(x_1-2)^2+4(x_2-3)^2+2x_3^2-7x_4 \leqslant 120 \\ 5x_1^2+8x_2+(x_3-6)^2-2x_4 \leqslant 40 \\ 0.5(x_1-8)^2+2(x_2-4)^2+3x_5^2-x_6 \leqslant 30 \\ x_1^2+2(x_2-2)^2-2x_1x_2+14x_5-6x_6 \leqslant 0 \\ -3x_1+6x_2+12(x_9-8)^2-7x_{10} \leqslant 0 \end{cases}$$

其中, $f(\boldsymbol{x}) = x_1^2 + x_2^2 + x_1x_2 - 14x_1 - 16x_2 + (x_3-10)^2 + 4(x_4-5)^2 + (x_5-3)^2 + 2(x_6-1)^2 + 5x_7^2 + 7(x_8-11)^2 + 2(x_9-10)^2 + (x_{10}-7)^2 + 45, -10 \leqslant x_i \leqslant 10,$ $i = 1, 2, \cdots, 10$。

4.23 试求解下面的二次型规划问题。

$$\min \quad 5\sum_{i=1}^{4} x_i - 5\sum_{i=1}^{4} x_i^2 - \sum_{i=5}^{13} x_i$$

$$\boldsymbol{x} \text{ s.t.} \begin{cases} 2x_1+2x_2+x_{10}+x_{11} \leqslant 10 \\ 2x_1+2x_3+x_{10}+x_{12} \leqslant 10 \\ 2x_2+2x_3+x_{11}+x_{12} \leqslant 10 \\ -8x_1+x_{10} \leqslant 0 \\ -8x_2+x_{11} \leqslant 0 \\ -8x_3+x_{12} \leqslant 0 \\ -2x_4-x_5+x_{10} \leqslant 0 \\ -2x_6-x_7+x_{11} \leqslant 0 \\ -2x_8-x_9+x_{12} \leqslant 0 \\ x_i \geqslant 0, i=1,2,\cdots,13 \\ x_i \leqslant 1, i=1,2,\cdots,9,13 \end{cases}$$

4.24 试描述下面的最优化问题, 并尝试得出其解。

$$\min \quad \begin{aligned}&(x_1-10)^2+5(x_2-12)^2+x_3^4+3(x_4-11)^2+ \\ &10x_5^6+7x_6^2+x_7^4-4*x_6x_7-10x_6-8x_7\end{aligned}$$

$$\boldsymbol{x} \text{ s.t.} \begin{cases} 2x_1^2+3x_2^4+x_3+4x_4^2+5x_5 \leqslant 127 \\ 7x_1+3x_2+10x_3^2+x_4-x_5 \leqslant 282 \\ 23x_1+x_2^2+6x_6^2-8x_7 \leqslant 196 \\ 4x_2^2+x_1^2-3x_1x_2+2x_3^2+5x_6-11x_7 \leqslant 0 \\ -10 \leqslant x_i \leqslant 10, i=1,2,\cdots,7 \end{cases}$$

4.25 试求解下面的几何规划问题[14]。

$$\min \quad -x_4$$

$$\boldsymbol{x} \text{ s.t.} \begin{cases} x_1+k_1x_1x_5=1 \\ x_2-x_1+k_2x_2x_6=0 \\ x_3+x_1+k_3x_3x_5=1 \\ x_4-x_3+x_2-x_1+k_4x_4x_6=0 \\ x_5^{0.5}+x_6^{0.5} \leqslant 4 \end{cases}$$

其中, $k_1 = 0.09755988, k_2 = 0.99k_1, k_3 = 0.0391908, k_4 = 0.9$。

4.26 试求解下面的广义几何规划问题[4]。

$$\min \quad 5.3578t_3^2 + 0.8357t_1t_5 + 37.2392t_1$$

$$t \text{ s.t.} \begin{cases} 0.00002584t_3t_5 - 0.00006663t_2t_5 - 0.0000734t_1t_4 \leqslant 1 \\ 0.000353007t_2t_5 + 0.00009395t_1t_4 - 0.00033085t_3t_5 \leqslant 1 \\ 1330.3294t_2^{-1}t_5^{-1} - 0.42t_1t_5^{-1} - 0.30586t_2^{-1}t_3^2t_5^{-1} \leqslant 1 \\ 0.00024186t_2t_5 + 0.00010159t_1t_2 + 0.00007379t_3^2 \leqslant 1 \\ 2275.1327t_3^{-1}t_5^{-1} - 0.2668t_1t_5^{-1} - 0.40584t_4t_5^{-1} \leqslant 1 \\ 0.00029955t_3t_5 + 0.00007992t_1t_3 + 0.00012157t_3t_4 \leqslant 1 \end{cases}$$

且已知 $78 \leqslant t_1 \leqslant 102, 33 \leqslant t_2 \leqslant 45, 27 \leqslant t_3, t_4, t_5 \leqslant 45$。

4.27 试求解下面的半定规划问题[34]。

$$\min \quad x_1 + x_2 + x_3 + x_4$$
$$x \text{ s.t.} \quad x_1F_1 + x_2F_2 + x_3F_3 + x_4F_4 + F_0 \leqslant 0$$

其中，

$$F_0 = \begin{bmatrix} 0 & 0 & 0 & 0 \\ 0 & 0 & 0 & 0 \\ 0 & 0 & 1 & 2 \\ 0 & 0 & 2 & 1 \end{bmatrix}, \quad F_1 = \begin{bmatrix} 1 & 0 & 0 & 0 \\ 0 & 1 & 0 & 0 \\ 0 & 0 & 0 & 0 \\ 0 & 0 & 0 & 0 \end{bmatrix}, \quad F_2 = \begin{bmatrix} 1 & 0 & 0 & 0 \\ 0 & 0 & 0 & 0 \\ 0 & 0 & 1 & 0 \\ 0 & 0 & 0 & 0 \end{bmatrix}$$

$$F_3 = \begin{bmatrix} 0 & 1 & 0 & 0 \\ 1 & 0 & 0 & 0 \\ 0 & 0 & 0 & 1 \\ 0 & 0 & 1 & 0 \end{bmatrix}, \quad F_4 = \begin{bmatrix} 0 & 0 & 0 & 0 \\ 0 & 1 & 0 & 0 \\ 0 & 0 & 0 & 0 \\ 0 & 0 & 0 & 1 \end{bmatrix}$$

4.28 试求解下面的二次型规划问题,找出简洁的描述方法,并得出最优解。

$$\min \quad -0.5\sum_{i=1}^{10}\lambda_i(x_i - \alpha_i)^2 + 0.5\sum_{i=1}^{10}\mu_i(x_i - \beta_i)^2$$

$$x,y \text{ s.t.} \begin{cases} A_1x + A_2y \leqslant b \\ x, y \geqslant 0 \end{cases}$$

其中，

$$A_1 = \begin{bmatrix} 3 & 5 & 5 & 6 & 4 & 4 & 5 & 6 & 4 & 4 \\ 5 & 4 & 5 & 4 & 1 & 4 & 4 & 2 & 5 & 2 \\ 1 & 5 & 2 & 4 & 7 & 3 & 1 & 5 & 7 & 6 \\ 3 & 2 & 6 & 3 & 2 & 1 & 6 & 1 & 7 & 3 \\ 6 & 6 & 6 & 4 & 5 & 2 & 2 & 4 & 3 & 2 \\ 5 & 5 & 2 & 1 & 3 & 5 & 5 & 7 & 4 & 3 \\ 3 & 6 & 6 & 3 & 1 & 6 & 1 & 6 & 7 & 1 \\ 1 & 2 & 1 & 7 & 8 & 7 & 6 & 5 & 8 & 7 \\ 8 & 5 & 2 & 5 & 3 & 8 & 1 & 3 & 3 & 5 \\ 1 & 1 & 1 & 1 & 1 & 1 & 1 & 1 & 1 & 1 \end{bmatrix}, \quad A_2 = \begin{bmatrix} 8 & 2 & 4 & 1 & 1 & 1 & 2 & 1 & 7 & 3 \\ 3 & 6 & 1 & 7 & 7 & 5 & 8 & 7 & 2 & 1 \\ 1 & 7 & 2 & 4 & 7 & 5 & 3 & 4 & 1 & 2 \\ 7 & 7 & 8 & 2 & 3 & 4 & 5 & 8 & 1 & 2 \\ 7 & 5 & 3 & 6 & 7 & 5 & 8 & 4 & 6 & 3 \\ 4 & 1 & 7 & 3 & 8 & 3 & 1 & 6 & 2 & 8 \\ 4 & 3 & 1 & 4 & 3 & 6 & 4 & 6 & 5 & 4 \\ 2 & 3 & 5 & 5 & 4 & 5 & 4 & 2 & 2 & 8 \\ 4 & 5 & 5 & 6 & 1 & 7 & 1 & 2 & 2 & 4 \\ 1 & 1 & 1 & 1 & 1 & 1 & 1 & 1 & 1 & 1 \end{bmatrix}$$

$$\lambda = [63, 15, 44, 91, 45, 50, 89, 58, 86, 82]$$
$$\mu = [42, 98, 48, 91, 11, 63, 61, 61, 38, 26]$$
$$\alpha = [-19, -27, -23, -53, -42, 26, -33, -23, 41, 19]$$
$$\beta = [-52, -3, 81, 30, -85, 68, 27, -81, 97, -73]$$
$$b = [380, 415, 385, 405, 470, 415, 400, 460, 400, 200]^{\text{T}}$$

第5章　非线性规划

第4章介绍的线性规划问题与二次型规划问题只是非线性规划问题的两个特例，由于其应用范围更广，更重要的，线性规划问题是直接可以获得全局最优解的凸问题，更适合于直接求解，不必担心局部最优解问题，如果能找到可行解，则得出的结果自然是原始问题的全局最优解。对二次型规划而言，如果二次型项为正定的，则二次型问题也是凸问题，可以得出原始问题的全局最优解。当然，第4章也演示过，如果二次型项不是正定的，则二次型最优化求解算法可能得不到问题的全局最优解，甚至得不到问题的可行解，所以有必要引入一种更一般问题的求解方法。

另外，因为第4章介绍的线性规划与二次型规划数学模型本身的局限性，例如，约束条件只能是决策变量的线性表达式,不能使用非线性表达式,而目标函数也往往要求扩展到任意的非线性函数,所以有必要引入一般非线性有约束最优化问题的概念与求解方法。非线性最优化问题一般又称为非线性规划。

5.1 节给出一般非线性规划问题的数学模型,将约束条件区分为线性约束与非线性约束,并演示简单最优化问题的可行解区域的概念与几何解释。还介绍两种底层的最优化问题求解算法与 MATLAB 实现。因为底层算法的局限性还是很大的,所以 5.2 节给出非线性规划的一般数学模型,并介绍 MATLAB 工具箱提供的通用求解函数,以及该函数使用的一些技巧,例如,有时求解函数并不能得出问题的最优解,所以考虑使用循环的方式逐步计算出问题的一个解。另外,考虑几类复杂非线性规划问题的求解方法。鉴于传统的非线性规划算法可能得不出最优化问题的全局最优解,5.3 节给出一个通用的搜索方法,试图得出一般非线性规划问题的全局最优解,并探讨非凸二次型规划问题等特殊问题的直接求解方法。5.4 节给出双层规划问题的定义与求解方法。5.5 节介绍非线性规划问题的应用,包括单位圆内接多边形面积最大问题、半无限规划问题与二单元热交换网络的优化计算问题的求解。

5.1 非线性规划简介

本节探讨如何求取一般的非线性规划问题。首先介绍图解法,并通过例子演示可行解区域和二元非线性规划问题的图示,还介绍一般的非线性规划问题数值解思路与 MATLAB 实现。

5.1.1 一般非线性规划问题的数学模型

定义 4-6 给出了有约束非线性最优化问题的一般描述。从实际求解算法的方便性角度考虑,应该将约束条件中的线性部分分离出来,由此可以给出如下的非线性规划一般形式。

定义 5-1 ▶ 有约束非线性规划

有约束非线性规划问题数学模型的一般形式为

$$\min_{\boldsymbol{x}} \quad f(\boldsymbol{x}) \tag{5-1-1}$$

$$\boldsymbol{x} \ \text{s.t.} \begin{cases} \boldsymbol{A}\boldsymbol{x} \leqslant \boldsymbol{B} \\ \boldsymbol{A}_{\text{eq}}\boldsymbol{x} = \boldsymbol{B}_{\text{eq}} \\ \boldsymbol{x}_{\text{m}} \leqslant \boldsymbol{x} \leqslant \boldsymbol{x}_{\text{M}} \\ \boldsymbol{C}(\boldsymbol{x}) \leqslant 0 \\ \boldsymbol{C}_{\text{eq}}(\boldsymbol{x}) = 0 \end{cases}$$

其中,$\boldsymbol{x} = [x_1, x_2, \cdots, x_n]^{\text{T}}$ 为决策变量;目标函数 $f(\boldsymbol{x})$ 为标量函数。

5.1.2　可行解区域与图解法

这里首先给出非线性规划问题可行解区域的概念,然后通过简单例子演示可行解区域的绘制方法,并给出简单非线性规划问题的图解法。

　　满足式(5-1-1)全部约束条件的 x 范围称为非线性规划问题的可行解区域(feasible region)。

类似于方程求解,一元问题与二元问题是可以通过图解法研究的。下面通过例子演示二元问题的可行解范围与图解结果。

　　例 5-1　考虑下面二元最优化问题的求解,试用图解方法对该问题进行研究。

$$\max_{x} \quad -x_1^2 - x_2$$
$$\text{s.t.} \begin{cases} 9 \geqslant x_1^2 + x_2^2 \\ x_1 + x_2 \leqslant 1 \end{cases}$$

　　解　选择 $-3 \leqslant x_1, x_2 \leqslant 3$,就可以先在 x_1-x_2 平面内生成网格点,求出网格点上的函数值,这样得出的是在选定区域内无约束目标函数的三维图形数据。

```
>> [x1,x2]=meshgrid(-3:0.01:3);  %生成网格数据
   z=-x1.^2-x2;                   %计算出网格点处的函数值
```

引入了约束条件,在图形上需要将不满足约束条件的点剔除,即找到这些点的下标,将其函数值设置成不定式 NaN 即可。这样可以使用如下语句进行求解。

```
>> i=find(x1.^2+x2.^2>9); z(i)=NaN; %找出 x₁²+x₂²>9 的点并置 NaN
   i=find(x1+x2>1); z(i)=NaN;       %找出 x₁+x₂>1 的点并置 NaN
   surfc(x1,x2,z); shading flat;    %绘制三维表面图
```

该语句可以直接绘制出如图 5-1 所示的三维图形。由于使用了 surfc() 函数绘制三维图,所以在 x_1-x_2 平面上还叠印了等值线。可以看出,在图形残存部分曲面的最高点就是原始问题的最大值点,在图上用圆圈标注了出来。

从数学意义上看,第一个约束条件是一个圆心位于原点、半径为 3 的圆的内部,而第二个约束条件则是一条斜线下方的区域。求解这两个联立不等式,可以容易地得出可行解区域。

其实,若想从上向下观察该图形,则可以使用 view() 函数得到俯视图,用隐函数绘制方法绘制出两个约束条件的边界线,如图 5-2 所示。

```
>> view(0,90), hold on;
   syms x1 x2;
   fimplicit([x1+x2-1, x1^2+x2^2-9]), hold off  %叠印边界
```

图形上阴影的区域为相应最优化问题的可行解区域,即满足约束条件的区域。该区域内对应目标函数的最大值就是原问题的解,故从图形可以直接得出结论,问题的解为

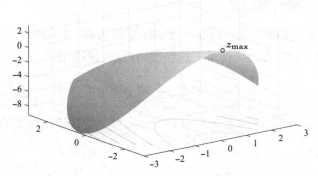

图5-1 可行区域的三维图形绘制

$x_1 = 0, x_2 = -3$, 用 max(z(:)) 可以得出最大值为 3。

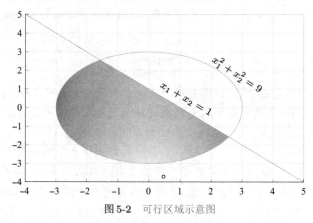

图5-2 可行区域示意图

例5-2 考虑下面的 Marsha 函数与测试问题, 试用图解法求解最优化问题。

$$\min_{x,y \text{ s.t. } (x+5)^2+(y+5)^2<25} e^{(1-\cos x)^2}\sin y + e^{(1-\sin y)^2}\cos x + (x-y)^2$$

解 由给定的约束条件可见, 可行解区域是圆心位于 $(-5,-5)$、半径为 5 的一个圆, 所以可以考虑在 $-10 \leqslant x, y \leqslant 0$ 这个区域内生成网格数据, 并计算出各个网格点处的函数值。还可以由 find() 函数找出不满足约束条件的点的下标, 并强行将这些点的目标函数值设置为 NaN, 这样就可以绘制出可行解区域内的函数表面图, 如图 5-3 所示。

```
>> [x,y]=meshgrid(-10:0.01:0);          % 生成网格
   z=exp((1-cos(x)).^2).*sin(y)+...      % 计算目标函数值
     exp((1-sin(y)).^2).*cos(x)+(x-y).^2;
   i=find((x+5).^2+(y+5).^2>25); z(i)=NaN; % 剪掉可行解区域外的点
   surfc(x,y,z), shading flat            % 绘制目标函数表面图
```

对于一般的一元问题和二元问题, 可以用图解法直接得出问题的最优解。但对于一般的多元问题和较复杂的问题, 则不适合用图解法求解, 而只能用数值解的方

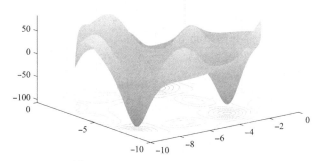

图 5-3 Marsha 函数的最优化图形表示

法进行求解,也没有检验全局最优性的方法。

5.1.3 数值求解方法举例

第 3 章中曾介绍了无约束最优化问题的求解方法,可以考虑调用 MATLAB 提供的 fminunc() 函数直接求解无约束最优化问题。当然,该方法是不能直接求解有约束最优化问题的,所以可以考虑采用一个变通的方法:把不满足约束条件的中间搜索点的函数值人为地设置成大的值,这样就可以将有约束最优化问题巧妙地转换成无约束最优化问题,调用 fminunc() 函数就可以尝试求解有约束最优化问题。

这种人为变换目标函数值的方法通常称为惩罚函数方法。其实惩罚函数方法是不唯一的,可以引入多种不同的惩罚函数,这里只探讨一种最直观的惩罚函数方法,将通过例子演示无约束最优化求解函数在有约束最优化问题求解中的应用。

例 5-3 试借助惩罚函数的思路,利用无约束最优化求解函数求解例 5-2 中的问题。

解 由于原始问题的决策变量是 x 与 y,而 fminunc() 这类求解函数只能接受决策变量向量的形式,所以可以引入 $x_1 = x, x_2 = y$,这样原始的目标函数可以手工改写成

$$f(\boldsymbol{x}) = \mathrm{e}^{(1-\cos x_1)^2} \sin x_2 + \mathrm{e}^{(1-\sin x_2)^2} \cos x_1 + (x_1 - x_2)^2$$

如果 $(x_1 + 5)^2 + (x_2 + 5)^2 \geqslant 25$,则可以将目标函数的值设置为一个很大的值,如 10^5,在不可行区域设置一个禁区。有了这样的思想,就可以编写出带有惩罚性质的目标函数表达式,如下所示。

```
function y=c5mmar1(x)
   if sum((x+5).^2)>=25, y=1e5;   % 不满足约束条件的函数值设为大值
   else                            % 计算目标函数值
      y=exp((1-cos(x(1)))^2)*sin(x(2))+...
      exp((1-sin(x(2)))^2)*cos(x(1))+(x(1)-x(2))^2;
end, end
```

由于这样的问题可能存在局部最优解,不适宜调用 fminunc() 函数求解,建议使用第 3 章介绍的全局最优解搜索函数 fminunc_global() 求解问题的全局最优解。给出

下面的命令直接求解原始问题, 得出全局最优解 $x_1 = [-3.1302, -1.5821]^{\mathrm{T}}$, 这时最优目标函数的值为 $f_0 = -106.7645$, 多次运行这段代码反复求解也不能得出更好的求解结果, 所以可以认定该解是原始问题的全局最优解。

```
>> x1=fminunc_global(@c5mmar1,-10,0,2,100)      % 求解最优化问题
   f0=c5mmar1(x1)                               % 目标函数
```

从上面的求解方法看, 似乎一般非线性最优化问题都可以考虑采用这样的禁区方法直接求解, 事实上并非如此。对不等式约束条件而言, 可以考虑引入这样的转换, 虽然这种算法效率很低, 但是仍不失为一种可行的方法, 但如果约束条件中含有等式约束, 则完全不可能使用这样的方法, 必须使用可行的且效率更高的求解方法。在实际应用中还可以采用更精细的惩罚函数, 而不是仅仅设置禁区。

如果存在等式约束, 则可以使用 Lagrange 乘子 (Lagrange multiplier) 求解方法, 该方法是以法国数学家 Joseph-Louis Lagrange(1736−1813)命名的, 该方法也是将有约束的最优化问题变换成无约束最优化问题的一种方法, 这里只通过例子给出其简单思路。

定义 5-3 ▶ Lagrange 乘子法

对于含有一个等式约束条件的非线性规划问题:

$$\min_{\boldsymbol{x} \text{ s.t. } g(\boldsymbol{x})=0} f(\boldsymbol{x})$$

可以引入一个正的 Lagrange 乘子 $\lambda > 0$, 并构造新的目标函数。

$$H(\boldsymbol{x}) = f(\boldsymbol{x}) + \lambda g(\boldsymbol{x}) \tag{5-1-2}$$

使得原始的有约束最优化问题可以变换成关于 $H(\boldsymbol{x})$ 的无约束最优化问题。如果有多个约束条件, 则可以引入多个 Lagrange 乘子。对无约束问题而言, 可以求解相应的代数方程。

$$\frac{\partial H}{\partial x_1} = 0, \ \frac{\partial H}{\partial x_2} = 0, \cdots, \frac{\partial H}{\partial x_n} = 0, \ \frac{\partial H}{\partial \lambda} = 0 \tag{5-1-3}$$

通过求解方程的方法可能得出方程的解, 再将这些解代入目标函数的二阶导数, 则可以判断得出的解是最小解还是最大解。

例 5-4 试用 Lagrange 乘子算法求解下面的有约束最优化问题。

$$\min_{x_1, x_2 \text{ s.t. } x_1^2 + x_2^2 = 4} \frac{3}{2}x_2^2 + 4x_1^2 + 5x_1 x_2$$

解 应该选择一个 Lagrange 乘子 $\lambda > 0$, 构造出新的目标函数 $H(\boldsymbol{x})$, 并求出该函数对各个变量的一阶导数(即对这些自变量的梯度), 然后调用 vpasolve() 函数得出原始

问题的高精度数值解。

```
>> syms x1 x2; syms lam positive
   f=3*x2^2/2+4*x1^2+5*x1*x2; g=x1^2+x2^2-4;
   H=f+lam*g; J=jacobian(H,[x1,x2,lam]);
   [x0,y0,lam0]=vpasolve(J,[x1,x2,lam])
```

可见，得出的 $\lambda = 0.045085$，且 $\boldsymbol{x}_a = [1.05146, -1.7013]$，$\boldsymbol{x}_b = -\boldsymbol{x}_a$。将这两个点代入原始的目标函数，则 $f(\boldsymbol{x}_a) = f(\boldsymbol{x}_b) = -0.1803$，都是原问题的全局最优解。

```
>> fa=subs(f,{x1,x2},{x0(1),y0(1)})
   fb=subs(f,{x1,x2},{x0(2),y0(2)})
```

当然，如果原函数的导数未知，可以考虑采用数值的求解方法得出相应函数的导数，从而求解最优化的问题。不过这里的具体方法就不再演示了，因为 MATLAB 最优化工具箱提供了更强大、更方便的现成求解函数。本章主要侧重基于最优化工具箱函数的直接求解方法。

5.2　非线性规划问题的直接求解

前面介绍的很多底层非线性规划求解方法可以求解某些有约束最优化问题，不过，由于使用过于复杂，且处理的问题局限性比较大，所以很难将这些方法用于一般非线性规划问题的求解。本节考虑采用更一般化的非线性规划问题的求解方法，然后通过例子演示使用直接求解函数的方法与技巧。

5.2.1　MATLAB 的直接求解函数

考虑定义 5-1 给出的一般非线性规划问题，针对该非线性规划的标准型，MATLAB 最优化工具箱中提供了一个 `fmincon()` 函数，专门用于求解各种约束下的最优化问题。该函数的调用格式为

$[\boldsymbol{x}, f_0, \mathrm{flag}, \mathrm{out}] = \mathtt{fmincon}(\mathrm{problem})$

$[\boldsymbol{x}, f_0, \mathrm{flag}, \mathrm{out}] = \mathtt{fmincon}(\mathrm{F}, \boldsymbol{x}_0, \boldsymbol{A}, \boldsymbol{B})$

$[\boldsymbol{x}, f_0, \mathrm{flag}, \mathrm{out}] = \mathtt{fmincon}(\mathrm{F}, \boldsymbol{x}_0, \boldsymbol{A}, \boldsymbol{B}, \boldsymbol{A}_{\mathrm{eq}}, \boldsymbol{B}_{\mathrm{eq}})$

$[\boldsymbol{x}, f_0, \mathrm{flag}, \mathrm{out}] = \mathtt{fmincon}(\mathrm{F}, \boldsymbol{x}_0, \boldsymbol{A}, \boldsymbol{B}, \boldsymbol{A}_{\mathrm{eq}}, \boldsymbol{B}_{\mathrm{eq}}, \boldsymbol{x}_{\mathrm{m}}, \boldsymbol{x}_{\mathrm{M}})$

$[\boldsymbol{x}, f_0, \mathrm{flag}, \mathrm{out}] = \mathtt{fmincon}(\mathrm{F}, \boldsymbol{x}_0, \boldsymbol{A}, \boldsymbol{B}, \boldsymbol{A}_{\mathrm{eq}}, \boldsymbol{B}_{\mathrm{eq}}, \boldsymbol{x}_{\mathrm{m}}, \boldsymbol{x}_{\mathrm{M}}, \mathrm{C})$

$[\boldsymbol{x}, f_0, \mathrm{flag}, \mathrm{out}] = \mathtt{fmincon}(\mathrm{F}, \boldsymbol{x}_0, \boldsymbol{A}, \boldsymbol{B}, \boldsymbol{A}_{\mathrm{eq}}, \boldsymbol{B}_{\mathrm{eq}}, \boldsymbol{x}_{\mathrm{m}}, \boldsymbol{x}_{\mathrm{M}}, \mathrm{C}, \mathrm{ff})$

$[\boldsymbol{x}, f_0, \mathrm{flag}, \mathrm{c}] = \mathtt{fmincon}(\mathrm{F}, \boldsymbol{x}_0, \boldsymbol{A}, \boldsymbol{B}, \boldsymbol{A}_{\mathrm{eq}}, \boldsymbol{B}_{\mathrm{eq}}, \boldsymbol{x}_{\mathrm{m}}, \boldsymbol{x}_{\mathrm{M}}, \mathrm{C}, \mathrm{ff}, p_1, p_2, \cdots)$

其中，F 是为目标函数写的 M 函数或匿名函数，$\boldsymbol{x}_0$ 为初始搜索点。各个矩阵约束如果不存在，则应该用空矩阵占位。C 是为非线性约束函数写的 M 函数，该函数必须带有两个返回变元——$\boldsymbol{c}$ 和 $\boldsymbol{c}_{\mathrm{eq}}$，前者描述非线性不等式，后者描述非线性等式。由

于需要返回两个变元，所以不能采用匿名函数的格式描述非线性约束条件，只能采用 M 函数的形式描述这些约束，ff 为控制选项。

最优化运算完成后，结果将在变量 x 中返回，最优化的目标函数将在 f_0 变量中返回。和其他优化函数一样，返回变元 flag 是很重要的，其值为 1 表示求解成功。

如果需要通过附加参数传递一些参数，则调用函数与目标函数、约束条件函数必须采用同样格式与顺序的附加参数。

如果用结构体描述一般非线性规划问题，则相关的成员变量在表 5-1 中列出，其中，前四个成员变量是必须提供的，其他成员变量根据实际问题给出。这些成员变量可以直接设置，如果没有相关的约束也可以不设置。如果采用结构体描述最优化问题，则不支持附加参数的使用，用户可以通过全局变量传递相关的附加参数，或将附加参数写入相应的 MATLAB 描述函数。由 createOptimProblem() 函数也可以直接输入非线性规划的结构体描述，后面将给出演示。

表 5-1   非线性规划结构体成员变量表

成员变量名	成员变量说明
Objective	目标函数的句柄
solver	可以将其设置为 'fmincon'
options	控制选项的设置，用户可以像前面例子中介绍的那样，自己修改成员变量，然后将修改后的结构体赋给 options
x0	初始搜索点向量 x_0
Aineq、bineq	线性不等式约束的矩阵 A 和向量 b
Aeq、beq	线性等式约束的矩阵 A_{eq} 和向量 b_{eq}，其中，若某项约束条件不存在，则可以将其设置为空矩阵，或不进行设置
ub,lb	决策变量的上界 x_M 与下界向量 x_m
nonlcon	非线性约束的 MATLAB 函数句柄，该函数应该返回两个变元，即 c 和 c_{eq}

例 5-5   试求解下面的有约束最优化问题。

$$\min_{x} \quad 1000 - x_1^2 - 2x_2^2 - x_3^2 - x_1 x_2 - x_1 x_3$$

$$\text{s.t.} \begin{cases} x_1^2 + x_2^2 + x_3^2 - 25 = 0 \\ 8x_1 + 14x_2 + 7x_3 - 56 = 0 \\ x_1, x_2, x_3 \geqslant 0 \end{cases}$$

解   分析给出的最优化问题可以发现，约束条件中含有非线性不等式，故而不能使用二次型规划的方式求解，必须用非线性规划的方式求解。根据给出的问题可以直接写出目标函数为

```
>> f=@(x)1000-x(1)*x(1)-2*x(2)*x(2)-x(3)*x(3)-x(1)*x(2)-x(1)*x(3);
```

同时，给出的两个约束条件均为等式约束，应该将其设置为空矩阵，这样可以写出如下非线性约束函数。

```
function [c,ceq]=opt_con1(x)
    c=[];          %没有非线性不等式约束,所以设置为空矩阵
    ceq=[x(1)^2+x(2)^2+x(3)^2-25; 8*x(1)+14*x(2)+7*x(3)-56];
end
```

非线性约束函数返回变量分为 c 和 ceq 两个量,其中,前者为不等式约束的数学描述,后者为非线性等式约束,如果某个约束不存在,则应该将其值赋为空矩阵。

描述了给出的非线性等式约束后,A、B、A_{eq} 和 B_{eq} 都将为空矩阵。另外,应该设置最优化问题的决策变量下界为 $x_m = [0,0,0]^T$,再选择搜索初值向量为 $x_0 = [1,1,1]^T$,可以调用 fmincon() 函数求解约束最优化问题。

```
>> ff=optimoptions('fmincon');    %求解控制参数设置
   ff.Display='iter'; ff.TolFun=eps; ff.TolX=eps; ff.TolCon=eps;
   x0=[1;1;1]; xm=[0;0;0]; xM=[];
   A=[]; B=[]; Aeq=[]; Beq=[];    %约束条件
   [x,f_opt,flag,d]=fmincon(f,x0,A,B,Aeq,Beq,xm,xM,@opt_con1,ff)
```

由上述语句可以得出最优结果为 $x = [3.5121, 0.2170, 3.5522]^T$,目标函数最优值为 $f_{opt} = 961.7151$。由 d 的分量还可以看出,求解过程中共进行了 15 步迭代,调用目标函数的总次数是 113 次,迭代过程的中间显示如下。

Iter	F-count	f(x)	Feasibility	First-order optimality	Norm of step
0	4	9.940000e+02	2.700e+01	4.070e-01	
1	8	9.862197e+02	2.383e+01	1.355e+00	1.898e+00
2	12	9.854621e+02	2.307e+01	1.407e+00	1.026e-01
3	16	9.509871e+02	1.323e+01	4.615e+00	3.637e+00
4	20	9.570458e+02	4.116e+00	3.569e+00	2.029e+00
5	24	9.611754e+02	4.729e-01	1.203e+00	6.877e-01
6	28	9.615389e+02	1.606e-01	4.060e-01	4.007e-01
...					
13	56	9.617152e+02	1.208e-13	9.684e-07	3.351e-07
14	76	9.617152e+02	0.000e+00	8.081e-07	3.272e-11

非线性规划问题还可以通过下面的语句描述并求解,得出的结果与前面得出的完全一致。可见用结构体的方法描述原始问题更简洁,求解也更直观。

```
>> clear P;
   P.objective=f; P.nonlcon=@opt_con1;
   P.x0=x0; P.lb=xm; P.options=ff;         %最优化问题的结构体描述
   P.solver='fmincon'; [x,f_opt,c,d]=fmincon(P)  %求解
```

还可以由下面的语句构建非线性规划的结构体模型,并得出完全一致的结果。

```
>> P=createOptimProblem('fmincon','objective',f,...
       'nonlcon',@opt_con1,'x0',x0,'lb',xm);  %最优化问题的结构体描述
```

```
[x,f_opt,c,d]=fmincon(P)                    % 求解
```

第二个约束条件是线性等式约束,可以将其从非线性约束函数中除去,则该约束函数简化为

```
function [c,ceq]=opt_con2(x) % 新的非线性约束函数,剔除了线性等式约束
    ceq=x(1)*x(1)+x(2)*x(2)+x(3)*x(3)-25;
    c=[];                                    % 没有表达式约束,设置空矩阵
end
```

线性等式约束可以由相应的矩阵定义出来,这时可以用下面的命令求解原始的最优化问题,且可以得出与前面完全一致的结果。

```
>> x0=[1;1;1]; Aeq=[8,14,7]; Beq=56; % 用矩阵描述前面提出的等式约束
   [x,f_opt,c,d]=fmincon(f,x0,A,B,Aeq,Beq,xm,xM,@opt_con2,ff)
```

例 5-6 试重新求解例 5-2 中的 Marsha 测试问题。

$$\min_{x,y \ \text{s.t.} \ (x+5)^2+(y+5)^2<25} \quad e^{(1-\cos x)^2}\sin y + e(1-\sin y)^2\cos x + (x-y)^2$$

解 由于原始问题的决策变量是 x 与 y,不是期望的 x 向量,所以有必要引入向量型的决策变量,如令 $x_1=x, x_2=y$,这样就能将原始问题手工转换为下面的标准形式。

$$\min_{x \ \text{s.t.} \ (x_1+5)^2+(x_2+5)^2-25<0} \quad e^{(1-\cos x_1)^2}\sin x_2 + e(1-\sin x_2)^2\cos x_1 + (x_1-x_2)^2$$

由于约束条件本身是非线性的,必须为其编写一个 MATLAB 函数描述它。由于原始问题只有不等式约束,没有等式约束,所以应该将返回的变元 ce 设置成空矩阵。

```
function [c,ce]=c5mmarsha(x)
    ce=[];
    c=(x(1)+5)^2+(x(2)+5)^2-25;
end
```

有了约束条件的描述,则其他线性约束就都可以设置成空矩阵。给出下面的命令就可以直接求解原始问题,得出 $x=[-3.1302,-1.5821]$,$f_0=-106.7645$。

```
>> f=@(x)exp((1-cos(x(1)))^2)*sin(x(2))+...
        exp((1-sin(x(2)))^2)*cos(x(1))+(x(1)-x(2))^2;
   x0=[-10; 10];
   A=[]; B=[]; Aeq=[]; Beq=[]; xm=[]; xM=[];
   [x f0 flag d]=fmincon(f,x0,A,B,Aeq,Beq,xm,xM,@c5mmarsha)
```

其实,既然多数约束条件都是空矩阵,本问题更适合于用结构体描述,可以由下面的命令直接求解原始问题,得出完全一致的结果。

```
>> clear P;
   P.solver='fmincon';
   P.options=optimoptions('fmincon');
   P.Objective=f; P.x0=x0; P.nonlcon=@c5mmarsha;
   [x f0 flag d]=fmincon(P)
```

例5-7　试求解下面 Townsend 函数的最优化问题。

$$\min_{x,y} \quad -\cos^2\big((x-0.1)y\big) - x\sin(3x+y)$$

$$\text{s.t.} \begin{cases} x^2+y^2-(2\cos t-\cos 2t/2-\cos 3t/4-\cos 4t/8)^2-4\sin^2 t \leqslant 0 \\ t=\text{atan2}(x,y) \end{cases}$$

解　这里的决策变量为 x 和 y，而非线性规划决策变量要求给出的决策变量向量，所以应该定义 $x_1 = x, x_2 = y$，并将原始最优化问题改写成

$$\min_{\boldsymbol{x}} \quad -\cos^2((x_1-0.1)x_2) - x_1\sin(3x_1+x_2)$$

$$\text{s.t.} \begin{cases} x_1^2+x_2^2-(2\cos t-\cos 2t/2-\cos 3t/4-\cos 4t/8)^2-4\sin^2 t \leqslant 0 \\ t=\text{atan2}(x_1,x_2) \end{cases}$$

在非线性约束条件中，需要事先计算出中间变量 t，然后利用这样的 t 计算非线性不等式约束 c，而非线性等式约束 ce 可以设置为空矩阵，这样可以建立起下面的 MATLAB 函数描述相应的非线性约束。

```
function [c,ce]=c5mtown(x)
    ce=[]; t=atan2(x(1),x(2));
    c=x(1)^2+x(2)^2-4*sin(t)^2-(2*cos(t)-cos(2*t)/2 ...
        -cos(3*t)/4-cos(4*t)/8)^2;
end
```

有了这些描述，就可以给出下面的语句直接求解非线性规划问题，比如说选择初值 $\boldsymbol{x}_0 = [1,1]^{\mathrm{T}}$，可以直接求解原始问题，得出最优解为 $\boldsymbol{x} = [0.7525, -0.3235]^{\mathrm{T}}$，目标函数值为 $f_0 = -1.6595$。

```
>> f=@(x)-(cos((x(1)-0.1)*x(2)))^2-x(1)*sin(3*x(1)+x(2));
   x0=[1; 1];
   A=[]; B=[]; Aeq=[]; Beq=[]; xm=[]; xM=[];
   [x f0 flag d]=fmincon(f,x0,A,B,Aeq,Beq,xm,xM,@c5mtown)
```

选择另一个初值 $\boldsymbol{x}_0 = [-10,10]^{\mathrm{T}}$，则得出的结果为 $\boldsymbol{x} = [-2.0206, -0.0561]^{\mathrm{T}}$，最优的目标函数为 $f_0 = -2.0240$。很显然，这样得出的解优于前面得出的结果。

```
>> f=@(x)-(cos((x(1)-0.1)*x(2)))^2-x(1)*sin(3*x(1)+x(2));
   x0=[-10; 10];
   A=[]; B=[]; Aeq=[]; Beq=[]; xm=[]; xM=[];
   [x f0 flag d]=fmincon(f,x0,A,B,Aeq,Beq,xm,xM,@c5mtown)
```

如果想用图解法获得原始问题的全局最优解，则可以给出如下语句，生成网格数据，绘制出可行解区域内目标函数的曲面，并在 x-y 平面上绘制出如图 5-4 所示的等高线曲线。通过视角旋转可见，该问题的全局最优解即上面得出的最优解。另外，由得出的等高线图可见，该可行解可能含有多个谷底，如果初始值选择不当，则不能得出问题的全局最优解。

```
>> [x,y]=meshgrid(-2.5:0.01:2.5); t=atan2(x,y);
```

```
z=-(cos((x-0.1).*y)).^2-x.*sin(3*x+y);
ii=find(x.^2+y.^2-4*sin(t).^2 ...
    -(2*cos(t)-cos(2*t)/2-cos(3*t)/4-cos(4*t)/8).^2>0);
z(ii)=NaN; surfc(x,y,z), shading interp
```

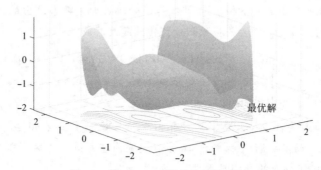

图 5-4　Townsend 函数的最优化图形表示

5.2.2　基于问题的描述方法

在较新的 MATLAB 版本中，可以使用基于问题的描述方法描述非线性规划问题，这使得某些复杂的非线性规划问题的描述与求解变得更简单。

对非线性规划而言，若已经建立了基于问题的模型 P，还需要提供初值 $\boldsymbol{x}_0$。初值应该以结构体的形式给出。例如，若最优化问题中定义了决策变量 $\boldsymbol{x}$ 和 $\boldsymbol{y}$，则应该给结构体成员变量 $x_0.x$、$x_0.y$ 直接赋值。这样，非线性规划问题可以由命令 sol=solve(P,x_0) 直接求解。由于非线性规划问题很可能是非凸的，所以不同的初值可能得出不同的结果。

例 5-8　用基于问题的描述方法重新求解例 5-2 中的最优化问题。

解　和以前介绍的基于问题的建模方法一样，先创建一个最优化问题变量 P，并声明决策变量 x、y，无须统一决策变量为新的向量，这样，就可以分别描述目标函数和约束条件，再随机生成决策变量的初值结构体，然后调用 solve() 函数直接求解最优化问题。下面语句得出的结果与例 5-2 中的结果完全一致。

```
>> P=optimproblem;
   x=optimvar('x',1); y=optimvar('y',1);
   P.Constraints.c=(x+5)^2+(y+5)^2<=25;
   P.Objective=exp((1-cos(x))^2)*sin(y)+...
       exp((1-sin(y))^2)*cos(x)+(x-y)^2
   x0=[]; x0.x=rand(1); x0.y=rand(1);
   sol=solve(P,x0)
   x=sol.x, y=sol.y
```

5.2.3 搜索过程提前结束的处理

在求解非线性规划问题时,有时求解过程可能不成功,例如,如果采用求解函数时返回 0 或负的 **flag** 值,往往会被求解者所忽视。事实上,一般出现 **flag** 为 0 或负值,是因为最大迭代步数或目标函数的调用次数超过了最大的容许值,以至于搜索过程被提前结束。这样,得出的结果可能不是原始问题的一个最优解。

如何避免这样的现象出现呢?正常情况下可以修改控制选项中的 **MaxIter** 或 **MaxFunEvals** 的成员变量值,将其设置成更大的值,如 10000,就像第 3 章介绍的那样,采用这样的方法往往能解决问题。另外,还可以考虑采用循环结构,将得出的最优值作为初值重新搜索,如果 **flag** 的值变成正值,则结束循环过程,否则继续重复这样的过程,直到 **flag** 的值变成正值。

通过这样的方法一般情况下可以得到原始非线性规划问题的一个最优解,但这个最优解不一定是原始问题的全局最优解。求解全局最优解的方法后面还将进一步探讨,并给出可行的方法与求解函数。

例 5-9 试求出下面有约束非线性规划问题的解。

$$\min_{\boldsymbol{x}} \qquad \mathrm{e}^{x_1}(4x_1^2 + 2x_2^2 + 4x_1x_2 + 2x_2 + 1)$$

$$\text{s.t.} \begin{cases} x_1 + x_2 \leqslant 0 \\ -x_1x_2 + x_1 + x_2 \geqslant 1.5 \\ x_1x_2 \geqslant -10 \\ -10 \leqslant x_1, x_2 \leqslant 10 \end{cases}$$

解 由下面的语句可以先描述出原始问题的约束函数。由于原始问题没有非线性的等式,所以将其设置为空矩阵。第一条约束是线性的不等式,这里也没有严格区分,直接将其在非线性不等式约束中描述出来。另外,由于后两个不等式约束使用的是 ⩾ 不等式,应该将其变成标准的 ⩽ 0 形式,从而写出如下约束函数。

```
function [c,ce]=c5exmcon(x)
    ce=[];       % 非线性约束,其中,等式约束为空矩阵
    c=[x(1)+x(2); x(1)*x(2)-x(1)-x(2)+1.5; -10-x(1)*x(2)];
end
```

这样,可以给出下面的命令直接求解原始的最优化问题。这里采用结构体数据结构描述整个非线性规划问题,可以直接得出问题的解。

```
>> clear P;
   P.nonlcon=@c5exmcon; P.solver='fmincon';
   P.objective=@(x)exp(x(1))*(4*x(1)^2+2*x(2)^2+...
                   4*x(1)*x(2)+2*x(2)+1);
   ff=optimoptions('fmincon');
   ff.TolX=eps; ff.TolFun=eps; P.options=ff; % 控制选项
   P.lb=[-10; -10]; P.ub=-P.lb; P.x0=[0;0];
```

```
[x,f0,flag]=fmincon(P)                        % 直接求解
```

该函数运行结束后将显示得出的"最优解"为 $x = [0.4195, 0.4195]^{\mathrm{T}}$，目标函数值为 $f_1 = 5.4737$。仔细观察得出的解，特别是 flag 变量，会发现该值为 0，并不是表示求解成功的正数，所以得出的结果并非原问题的最优解。得到的警告信息提示为 fmincon stopped because it exceeded the function evaluation limit，说明目标函数调用次数超过最高允许次数，函数调用异常终止。这也提示在使用 MATLAB 求解科学运算问题时，不但应该关注得出的解，同样也应关注得出的其他信息。如果得出的解伴随警告或错误信息，则应该想办法重新求解原始问题。可以把前面得到的 x 向量作为初值重新搜索最优解，求解后仍需要检验是否有警告信息，或 flag 的值是否为正数，如果不是，则应该再以得出的结果为初值继续搜索。这样的搜索过程适合用循环结构实现，如果得出的 flag 为正数，则结束循环。经过下面的求解语句可以得出原问题的最优解为 $x = [1.1825, -1.7398]^{\mathrm{T}}$，最优目标函数值为 3.0608，迭代步数为 $i = 4$。

```
>> i=1;
   while 1
      P.x0=x; [x,f0,flag]=fmincon(P);
      if flag>0, break; end, i=i+1;        % 如果成功，则终止循环过程
   end
```

不过这样得出的结果仍可能是局部最优解。可以选择另一个初值 $x_0 = [-10, -10]$，再重新求解，看看能不能得到更好的解。

5.2.4 梯度信息的利用

3.2 节中曾介绍过梯度信息在无约束最优化问题的最优解搜索过程中的作用，其实，在有约束最优化问题中，如果有需求，仍然可以利用梯度信息，加速最优解的收敛速度，或提高解的精度等。本节将介绍梯度信息在非线性规划问题求解中的使用方法。

例 5-10 重新考虑例 5-5 中的最优化问题，试利用梯度求解最优化问题，并比较该方法和原题方法的优劣。

解 由给出的目标函数 $f(x)$ 可以立即求出下面的梯度函数（或 Jocobi 矩阵）。

```
>> syms x1 x2 x3;
   f=1000-x1*x1-2*x2*x2-x3*x3-x1*x2-x1*x3; % 目标函数的符号表示
   J=jacobian(f,[x1,x2,x3])                 % 计算梯度向量
```

其数学形式可以写成：

$$J = \left[\frac{\partial f}{\partial x_1}, \frac{\partial f}{\partial x_2}, \frac{\partial f}{\partial x_3}\right]^{\mathrm{T}} = \begin{bmatrix} -2x_1 - x_2 - x_3 \\ -4x_2 - x_1 \\ -2x_3 - x_1 \end{bmatrix}$$

与 3.2 节中介绍的方法一样，有了梯度，就可以将其写入目标函数，作为第二个输出变元，重新改写目标函数如下：

```
function [y,Gy]=opt_fun2(x)                    %描述目标函数与梯度函数
    y=1000-x(1)*x(1)-2*x(2)*x(2)-x(3)*x(3)-x(1)*x(2)-x(1)*x(3);
    Gy=[-2*x(1)-x(2)-x(3); -4*x(2)-x(1); -2*x(3)-x(1)]; %梯度
end
```

其中,`Gy` 表示目标函数的梯度向量。

在求解过程中,如果想用到梯度信息,则需要将控制选项中的 `GradObj` 成员变量设置为 `'on'`,再调用最优化求解函数将得出下面的结果。

```
>> x0=[1;1;1]; xm=[0;0;0]; xM=[];
   A=[]; B=[]; Aeq=[]; Beq=[];                      %约束条件
   ff=optimoptions('fmincon'); ff.GradObj='on';    %控制选项
   ff.TolFun=eps; ff.TolX=eps; ff.TolCon=eps;       %控制选项设置
   [x,f0,flag,cc]=fmincon(@opt_fun2,x0,A,B,Aeq,Beq,...
        xm,xM,@opt_con1,ff)                          %求解最优化问题
```

采用结构体方法描述原始问题,可以由下面语句直接求解,得出相同结果。

```
>> clear P;
   P.x0=x0; P.lb=xm; P.options=ff;
   P.objective=@opt_fun2; P.nonlcon=@opt_con1;
   P.solver='fmincon'; x=fmincon(P)   %结构体描述并求解
```

可见,若已知目标函数的偏导数,则仅需 14 步迭代、86 步目标函数的调用就能求出原问题的解,比前面需要的步数(113 步)明显减少。但考虑求取和编写梯度函数所需的时间,实际需要的时间可能更多。注意,若已知梯度函数,则应该将 `GradObj` 选项设置成 `'on'`,否则不能识别该梯度。

5.2.5 多决策变量问题的求解

从非线性规划的标准型看,决策变量应该由向量 x 给出,而在实际应用中,通常最优化问题有多个决策变量向量,这样应该重新定义决策变量,将所有决策变量做成一个向量,并手工改写原始的最优化问题,将其写成单一决策变量向量的形式,从而利用 `fmincon()` 这类函数进行求解。下面将通过例子演示这类问题的处理方法与求解方法。

例 5-11 试重新求解例 4-41 中的最优化问题,方便起见,这里重新列出该问题的数学模型[28]。

$$\min_{q,w,k} \quad k$$

$$q,w,k \text{ s.t.} \begin{cases} q_3+9.625q_1w+16q_2w+16w^2+12-4q_1-q_2-78w=0 \\ 16q_1w+44-19q_1-8q_2-q_3-24w=0 \\ 2.25-0.25k\leqslant q_1\leqslant 2.25+0.25k \\ 1.5-0.5k\leqslant q_2\leqslant 1.5+0.5k \\ 1.5-1.5k\leqslant q_3\leqslant 1.5+1.5k \end{cases}$$

解 从给出的最优化问题看,这里要求解的决策变量为 q、w 和 k,而标准最优化方法只能求解向量型决策变量,所以应该做变量替换,把需要求解的决策变量由决策变

量向量表示出来。对本例来说，可以引入 $x_1 = q_1, x_2 = q_2, x_3 = q_3, x_4 = w, x_5 = k$，另外，需要将一些不等式进一步处理，可以将原始问题手工改写成

$$\min_{x} \quad x_5$$

$$x \text{ s.t.} \begin{cases} x_3 + 9.625x_1x_4 + 16x_2x_4 + 16x_4^2 + 12 - 4x_1 - x_2 - 78x_4 = 0 \\ 16x_1x_4 + 44 - 19x_1 - 8x_2 - x_3 - 24x_4 = 0 \\ -0.25x_5 - x_1 \leqslant -2.25 \\ x_1 - 0.25x_5 \leqslant 2.25 \\ -0.5x_5 - x_2 \leqslant -1.5 \\ x_2 - 0.5x_5 \leqslant 1.5 \\ -1.5x_5 - x_3 \leqslant -1.5 \\ x_3 - 1.5x_5 \leqslant 1.5 \end{cases}$$

从手工变换后的结果看，原始问题有两个非线性等式约束，没有不等式约束，所以可以由下面的语句描述原问题的非线性约束条件。

```
function [c,ce]=c5mnls(x)
    c=[];        %非线性约束条件,其中,不等式约束为空矩阵
    ce=[x(3)+9.625*x(1)*x(4)+16*x(2)*x(4)+16*x(4)^2+12...
        -4*x(1)-x(2)-78*x(4);
        16*x(1)*x(4)+44-19*x(1)-8*x(2)-x(3)-24*x(4)];
end
```

原模型的线性约束可以写成线性不等式的矩阵形式 $Ax \leqslant b$，其中

$$A = \begin{bmatrix} -1 & 0 & 0 & 0 & -0.25 \\ 1 & 0 & 0 & 0 & -0.25 \\ 0 & -1 & 0 & 0 & -0.5 \\ 0 & 1 & 0 & 0 & -0.5 \\ 0 & 0 & -1 & 0 & -1.5 \\ 0 & 0 & 1 & 0 & -1.5 \end{bmatrix}, \quad b = \begin{bmatrix} -2.25 \\ 2.25 \\ -1.5 \\ 1.5 \\ -1.5 \\ 1.5 \end{bmatrix}$$

该问题没有线性等式约束，也没有决策变量的下界与上界约束，所以可以将这些约束条件用空矩阵表示，或直接采用结构体描述最优化问题，不用考虑这些约束的设置。方便起见，这里采用结构体形式描述原始问题。可以随机选择初值求解原问题，从而得出原问题的解为 $x = [1.9638, 0.9276, -0.2172, 0.0695, 1.1448]$，与例 4-41 中的结果是一致的，且标志 flag 为 1，说明求解成功。

```
>> clear P;
    P.objective=@(x)x(5);      %问题的结构体描述
    P.nonlcon=@c5mnls; P.solver='fmincon';
    P.Aineq=[-1,0,0,0,-0.25; 1,0,0,0,-0.25;
             0,-1,0,0,-0.5; 0,1,0,0,-0.5;
             0,0,-1,0,-1.5; 0,0,1,0,-1.5];
    P.Bineq=[-2.25; 2.25; -1.5; 1.5; -1.5; 1.5];
    P.options=optimset; P.x0=rand(5,1);
    [x,f0,flag]=fmincon(P)         %给出初值并求解
```

需要指出的是，用随机选择初值的方法有可能得到局部最优值，如果多试几个不同

的初值,则可能得出目标函数值更小的解。一般情况下,试验几次上面最后两行语句,就能得到一个解,其对应的目标函数值为 0.8175,这至少可以证明,上述解与例 4-41 得出的解不是全局最优解。下节将介绍一种全局最优求解方法。

例 5-12　由基于问题的描述方法也可以对非线性规划问题直接建模。试利用基于问题的描述方法重新建模与求解例 5-11 中的多决策变量的最优化问题。

解　在前面的模型表示中,需要用户先选择统一的决策变量向量,再将原始问题手工转换成标准形式,这种手工转换方法比较麻烦且容易出错。现在考虑采用基于问题的建模方法重新建立非线性规划模型。设置三个决策变量向量,其中 q 为 3×1 向量,w、k 为标量。这样,可以直接建立最优化模型。注意,在描述等式约束与不等式约束时,可以分别表示,并写入问题模型 P。选择决策变量的初值结构体,就可以调用 solve() 函数直接求解最优化问题。运行几次后三行代码,可能得出全局最优解 $k = 0.8175$。

```
>> P=optimproblem;
   q=optimvar('q',[3,1]); w=optimvar('w',1); k=optimvar('k',1);
   P.Objective=k;
   cons=[q(3)+9.625*q(1)*w+16*q(2)*w+16*w^2+12-4*q(1)-q(2)-78*w==0;
         16*q(1)*w+44-19*q(1)-8*q(2)-q(3)-24*w==0];
   con2=[2.25-0.25*k <= q(1); q(1) <= 2.25+0.25*k;
         1.5-0.5*k  <= q(2); q(2) <= 1.5+0.5*k;
         1.5-1.5*k  <= q(3); q(3) <= 1.5+1.5*k];
   P.Constraints.A=cons; P.Constraints.B=con2;
   x0=[]; x0.q=rand(3,1); x0.w=3*rand(1); x0.k=rand(1);
   sol=solve(P,x0)                %求解最优化问题
   k=sol.k, q=sol.q, w=sol.w      %提取最优解
```

5.2.6　复杂非线性规划问题

很多实际应用问题中,最优化问题的目标函数或约束条件并不总像式 (5-1-1) 那样明显地给出,有时需要求解者自己总结、变换,得出相应问题的解。本节将给出一个例子演示复杂最优化问题的建模求解方法。

例 5-13　假设某最小化问题的目标函数[35] 为

$$f(\boldsymbol{x}) = 0.7854x_1x_2^2(3.3333x_3^2 + 14.9334x_3 - 43.0934) - 1.508x_1(x_6^2 + x_7^2) + 7.477(x_6^3 + x_7^3) + 0.7854(x_4x_6^2 + x_5x_7^2)$$

相应的约束条件为

$$x_1x_2^2x_3 \geqslant 27, \ x_1x_2^2x_3^2 \geqslant 397.5, \ x_2x_3x_6^4/x_4^3 \geqslant 1.93, \ x_2x_3x_7^4/x_5^3 \geqslant 1.93 \qquad (5\text{-}2\text{-}1)$$

$$A_1/B_1 \leqslant 1100, \ \text{其中} \ A_1 = \sqrt{\left[745x_4/(x_2x_3)\right]^2 + 16.91 \times 10^6}, \ B_1 = 0.1x_6^3 \qquad (5\text{-}2\text{-}2)$$

$$A_2/B_2 \leqslant 850, \ \text{其中} \ A_2 = \sqrt{\left[745x_5/(x_2x_3)\right]^2 + 157.5 \times 10^6}, \ B_2 = 0.1x_7^3 \qquad (5\text{-}2\text{-}3)$$

$$x_2 x_3 \leqslant 40, \ 5 \leqslant x_1/x_2 \leqslant 12, \ 1.5x_6 + 1.9 \leqslant x_4, \ 1.1x_7 + 1.9 \leqslant x_5 \qquad (5\text{-}2\text{-}4)$$

$$2.6 \leqslant x_1 \leqslant 3.6, \ 0.7 \leqslant x_2 \leqslant 0.8, \ 17 \leqslant x_3 \leqslant 28 \qquad (5\text{-}2\text{-}5)$$

$$7.3 \leqslant x_4, x_5 \leqslant 8.3, \ 2.9 \leqslant x_6 \leqslant 3.9, \ 5 \leqslant x_7 \leqslant 5.5 \qquad (5\text{-}2\text{-}6)$$

解 目标函数的形式比较简单，可以直接由下面的匿名函数表示。

```
>> f=@(x)0.7854*x(1)*x(2)^2*(3.3333*x(3)^2+14.9334*x(3)-43.0934)...
    -1.508*x(1)*(x(6)^2+x(7)^2)+7.477*(x(6)^3+x(7)^3)...
    +0.7854*(x(4)*x(6)^2+x(5)*x(7)^2);
```

式 (5-2-1)～式 (5-2-4) 描述非线性不等式约束，虽然式 (5-2-4) 后两个约束是线性的，这里也不再区分，直接写入非线性约束。另外，该问题没有非线性等式约束。此外，在计算式 (5-2-2) 和式 (5-2-3) 之前，需要先计算 A_1、B_1、A_2 和 B_2，从而写出如下不等式约束。注意，写每条不等式约束之前一定将其变换成 $\leqslant 0$ 的形式。

```
function [c,ceq]=c5mcpl(x)
    ceq=[];    % 没有等式约束,故返回空矩阵
    A1=sqrt((745*x(4)/x(2)/x(3))^2+16.91e6); B1=0.1*x(6)^3;
    A2=sqrt((745*x(5)/x(2)/x(3))^2+157.5e6); B2=0.1*x(7)^3;
    c=[-x(1)*x(2)^2*x(3)+27; -x(1)*x(2)^2*x(3)^2+397.5;
       -x(2)*x(6)^4*x(3)/x(4)^3+1.93; A1/B1-1100;
       -x(2)*x(7)^4*x(3)/x(5)^3+1.93; A2/B2-850;
       x(2)*x(3)-40; -x(1)/x(2)+5; x(1)/x(2)-12;
       1.5*x(6)+1.9-x(4); 1.1*x(7)+1.9-x(5)];
end
```

由式 (5-2-5) 和式 (5-2-6) 可以归纳出决策变量的下限与上限分别为

$$\boldsymbol{x}_{\mathrm{m}} = [2.6, 0.7, 17, 17, 7.3, 2.9, 5]^{\mathrm{T}}, \ \boldsymbol{x}_{\mathrm{M}} = [3.6, 0.8, 28, 8.3, 8.3, 3.9, 5.5]^{\mathrm{T}}$$

综上所述，可以由下面的语句直接求解最优化问题。

```
>> A=[]; B=[]; Aeq=[]; Beq=[];
   xm=[2.6,0.7,17,7.3,7.3,2.9,5];
   xM=[3.6,0.8,28,8.3,8.3,3.9,5.5];
   [x,f0]=fmincon(f,rand(7,1),A,B,Aeq,Beq,xm,xM,@c5mcpl)
```

得出的结果为 $\boldsymbol{x} = [3.5, 0.7, 17, 7.3, 7.7153, 3.3505, 5.2867]$，最优目标函数为 $f_0 = 2994.4$，与文献 [35] 给出的完全一致。

如果采用结构体描述原始的最优化问题，则可以给出下面的语句直接求解原问题，经过八步迭代，调用 72 次目标函数，则得出的结果也是完全一致的，耗时 $0.036\,\mathrm{s}$。

```
>> clear P;
   P.Objective=f; P.nonlcon=@c5mcpl;
   P.lb=xm; P.ub=xM; P.solver='fmincon'; P.options=optimset;
   P.x0=rand(7,1);
   tic, [x,f0,flag,cc]=fmincon(P), toc
```

例 5-14　对例 5-13 的最优化问题而言,给出的求解方法需要用户太多的手工变换,需要写出非线性约束条件函数,这是很容易出错的。试用基于问题的描述方式重新描述并求解这个非线性规划问题。

解　如果采用基于问题的描述方法,则无须进行事先手工变换,只需创建问题和决策变量,然后逐条表示目标函数与约束条件。这样,随机选择初值,就可以由 solve() 函数计算出问题的最优解,这里得出的结果与例 5-13 完全一致。

```
>> P=optimproblem;
   x=optimvar('x',[7,1]);
   P.Objective=0.7854*x(1)*x(2)^2*(3.3333*x(3)^2+...
           14.9334*x(3)-43.0934)...
       -1.508*x(1)*(x(6)^2+x(7)^2)+7.477*(x(6)^3+x(7)^3)+...
       0.7854*(x(4)*x(6)^2+x(5)*x(7)^2);
   P.Constraints.c1=x(1)*x(2)^2*x(3)>=27;
   P.Constraints.c2=x(1)*x(2)^2*x(3)^2>=397.5;
   P.Constraints.c3=x(2)*x(3)*x(6)^4/x(4)^3>=1.93;
   P.Constraints.c4=x(2)*x(3)*x(7)^4/x(5)^3>=1.93;
   A1=sqrt((745*x(4)/x(2)/x(3))^2+16.91e6); B1=0.1*x(6)^3;
   A2=sqrt((745*x(5)/x(2)/x(3))^2+157.5e6); B2=0.1*x(7)^3;
   P.Constraints.A=[A1/B1<=1100, A2/B2<=850];
   P.Constraints.b1=[5<=x(1)/x(2), x(1)/x(2)<=12];
   P.Constraints.b2=[1.5*x(6)+1.9<=x(4), 1.1*x(7)+1.9<=x(5)];
   P.Constraints.b3=x(2)*x(3)<=40;          % 逐条描述约束条件
   P.Constraints.a1=[2.6<=x(1), x(1)<=3.6]; % 描述决策变量边界
   P.Constraints.a2=[0.7<=x(2), x(2)<=0.8];
   P.Constraints.a3=[17<=x(3), x(3)<=28];
   P.Constraints.a4=[7.3<=x(4:5), x(4:5)<=8.3];
   P.Constraints.a6=[2.9<=x(6), x(6)<=3.9];
   P.Constraints.a7=[5<=x(7), x(7)<=5.5];
   x0=[]; x0.x=rand(7,1);                    % 随机生成初值结构体
   sol=solve(P,x0)                           % 求解最优化问题
   x=sol.x                                   % 提取结果
```

5.3　非线性规划的全局最优解探讨

MATLAB 最优化工具箱提供了强大的非线性规划搜索算法,使得原本看起来很复杂的非线性规划问题的求解变得非常简单,只需将原始的问题套入现成的框架,就可以直接求解出原始问题的数值解。不过该函数的最大问题是,其求解结果对最优化搜索的初值依赖程度很大,如果初值选择不是很合适,则该函数不能得出

原始问题的全局最优解。最优化问题的初值选取并没有广泛接受且行之有效的通用方法,所以,需要在搜索的方法上做出有意义的尝试。

本节将给出一种尝试方法,给出搜索全局最优化问题的通用求解程序。另外,将进一步探讨两类特殊问题——非凸二次型规划问题和凹费用运输问题的全局最优问题的求解方法。

5.3.1　全局最优解的尝试

前面的例子演示过,传统的搜索算法可能得出局部最优解,所以可以考虑引入3.3节的思路,仍然采用循环结构,并将随机数赋给 **fmincon()** 函数作为初值,逐次调用 **fmincon()** 函数求解原始问题,并比较每次得出的目标函数值,记录下得出的最小的目标函数值,这样,就可能得出原始问题的全局最优解。

有了这样的思路,就可以编写出求解有约束最优化问题的MATLAB函数,其最终目标是得出原始问题的全局最优解。

```
function [x,f0]=fmincon_global(f,a,b,n,N,varargin)
   arguments, f(1,1), a(1,1), b(1,1)
      n(1,1) {mustBePositiveInteger}
      N(1,1) {mustBePositiveInteger}
   end
   arguments (Repeating), varargin; end
   x0=rand(n,1); k0=0;
   if isstruct(f), k0=1; end                    % 处理结构体
   if k0==1, f.x0=x0; [x,f0]=fmincon(f);        % 若为结构体描述
   else, [x,f0]=fmincon(f,x0,varargin{:}); end  % 若非结构体描述
   for i=1:N
      x0=a+(b-a).*rand(n,1);     % 用循环结构尝试不同的随机搜索初值
      if k0==1
         f.x0=x0; [x1,f1,key]=fmincon(f);        % 结构体问题求解
      else
         [x1,f1,key]=fmincon(f,x0,varargin{:}); % 非结构体问题求解
      end
      if key>0&&f1<f0, x=x1; f0=f1; end       % 若解更优,则存储该解
end, end
```

该函数的调用格式为 $[x, f_0]$=fmincon_global(fun, a, b, n, N, 其他参数),其中,**fun** 可以是结构体变量,也可以是目标函数的函数句柄;a 和 b 为决策变量所在的区间,如果 x_m 与 x_M 为有限的向量,还可以直接将 a 和 b 设置成 x_m 和 x_M 向量;n 为决策变量的个数;N 为每次寻优中,底层函数 **fmincon()** 的调用次数,

通常情况下 $N = 5 \sim 10$ 就足够。如果 fun 为目标函数的函数句柄,则"其他参数"应该包含描述约束的参数,具体格式与顺序和 fmincon() 函数完全一致,亦即 fmincon() 函数调用中除了 F 与 x_0 之外所有的后续变元。返回的变量 x 很可能是问题的全局最优解,f_0 为最优目标函数。

一般情况下,该函数的可能调用格式如下。如果某项约束条件不存在,可以直接将相应的变元写成空矩阵。

$[x, f_0]$=fmincon_global(problem,a,b,n,N)

$[x, f_0]$=fmincon_global($f,a,b,n,N,A,B,A_{eq},B_{eq},x_m,x_M$)

$[x, f_0]$=fmincon_global($f,a,b,n,N,A,B,A_{eq},B_{eq},x_m,x_M$,nfun)

$[x, f_0]$=fmincon_global($f,a,b,n,N,A,B,A_{eq},B_{eq},x_m,x_M$,nfun,ff)

例 5-15　试用 fmincon_global() 函数求解例 5-11 的全局最优解。

解　选择每次求解全局最优解需要调用底层函数 fmincon() 的次数为 $N = 10$,则用下面的语句可以直接求解全局最优化问题。一般情况下,每次都能得出该问题的全局最优解为 $x = [2.4544, 1.9088, 2.7263, 1.3510, 0.8175]^T$,其中,第五个决策变量 x_5 即为目标函数的值,耗时 0.395 s。

```
>> clear P;
   P.objective=@(x)x(5);
   P.nonlcon=@c5mnls; P.solver='fmincon';
   P.Aineq=[-1,0,0,0,-0.25; 1,0,0,0,-0.25;
           0,-1,0,0,-0.5; 0,1,0,0,-0.5;
           0,0,-1,0,-1.5; 0,0,1,0,-1.5];          %结构体描述
   P.Bineq=[-2.25; 2.25; -1.5; 1.5; -1.5; 1.5];
   P.options=optimset; P.x0=rand(5,1);
   tic, [x,f0]=fmincon_global(P,-10,10,5,10), toc %求全局最优解
```

如果调用 100 次这个求解程序,则极有可能得出原问题的全局最优解。就本例而言,测试的 100 次全得出了全局最优解,总的测试时间大约为 32.4 s。

```
>> tic, X=[];      %启动秒表,并设置空矩阵记录每次求解结果
   for i=1:100     %运行100次求解函数,并评价找到全局最优解的成功率
       [x,f0]=fmincon_global(P,-10,10,5,10); X=[X; x']; %记录结果
   end, toc                           %显示全程求解所需的总时间
```

该函数的另一种调用格式如下。其中,原始的最优化问题由目标函数 f 与约束条件为 A 和 B 等变元直接描述,其使用顺序与 fmincon() 函数完全一致。该函数得出的结果与前面结构体描述的问题也是完全一致的。

```
>> f=@(x)x(5);
   Aeq=[]; Beq=[]; xm=[]; xM=[];
   A=[-1,0,0,0,-0.25; 1,0,0,0,-0.25; 0,-1,0,0,-0.5;
```

```
      0,1,0,0,-0.5; 0,0,-1,0,-1.5; 0,0,1,0,-1.5];
   B=[-2.25; 2.25; -1.5; 1.5; -1.5; 1.5];
   X=[];              %启动秒表,并设置空矩阵记录每次求解结果
   for i=1:100
      [x,f0]=fmincon_global(f,0,5,5,10,A,B,Aeq,Beq,xm,xM,@c6exnls);
      X=[X; x']; %记录本次搜索的结果
   end, toc
```

5.3.2　非凸二次型规划问题的全局寻优

文献 [14] 给出了很多非凸二次型规划的基准测试问题,这些问题用第 4 章中介绍的 quadprog() 函数均不能求解,所以应该借助于一般非线性规划求解函数重新尝试求解方法。

如果建立了基于问题的模型 P,则给定不同的随机初值比较麻烦,因为需要已知决策变量的名字与维数,才能给初值结构体变量赋随机初值。这样的处理方法比较可能,所以,这里建议由 $p=\text{prob2struct}(P)$ 命令将基于问题的模型转换为结构体模型,这样,就会统一决策变量向量,可以使用 fmincon_global() 函数求解最优化问题。注意,得到转换模型之后,一定要查看 p 的 solver 属性,必须确保其为'fmincon'。如果是'quadprog'或其他凸优化选项,一定要强制将其置为'fmincon',否则不能利用 fmincon_global() 函数获得问题的全局最优解。注意,如果目标函数或约束条件中还有非线性元素,则在当前的 MATLAB 路径下将自动生成两个文件:generatedObjective.m 和 generatedConstraints.m,分别描述目标函数和约束条件。

本节将通过例子演示非线性规划问题的全局寻优方法。

例 5-16　试用非线性规划方法重新求解例 4-30 中的二次型规划问题,为叙述方便,这里重新给出原问题的数学模型。

$$\min \quad c^{\mathrm{T}}x + d^{\mathrm{T}}y - \frac{1}{2}x^{\mathrm{T}}Qx$$

$$x \text{ s.t.} \begin{cases} 2x_1+2x_2+y_6+y_7 \leqslant 10 \\ 2x_1+2x_3+y_6+y_8 \leqslant 10 \\ 2x_2+2x_3+y_7+y_8 \leqslant 10 \\ -8x_1+y_6 \leqslant 0 \\ -8x_2+y_7 \leqslant 0 \\ -8x_3+y_8 \leqslant 0 \\ -2x_4-y_1+y_6 \leqslant 0 \\ -2y_2-y_3+y_7 \leqslant 0 \\ -2y_4-y_5+y_8 \leqslant 0 \\ 0 \leqslant x_i \leqslant 1, \ i=1,2,3,4 \\ 0 \leqslant y_i \leqslant 1, \ i=1,2,3,4,5,9 \\ y_i \geqslant 0, \ i=6,7,8 \end{cases}$$

其中,$c = [5,5,5,5]$,$d = [-1,-1,-1,-1,-1,-1,-1,-1,-1]$,$Q = 10I$。

解 由于这个问题比较复杂,有两个决策向量 x 和 y,所以直接在 MATLAB 下描述这样的模型比较麻烦,需要大量的手工转换。例 4-30 曾使用基于问题的方式,将这个二次型规划问题直接输入计算机。不过由于原始问题不是凸问题,用二次型规划的算法是不能得出该问题全局最优解的,所以需要采用其他方法求解该问题。例如,用本章介绍的 fmincon() 或全局最优解搜索函数 fmincon_global() 求解问题。

若想使用这两个函数,则需要用户按照该函数要求的格式将模型重新输入计算机,这是比较麻烦的,所以这里借助于例 4-30 介绍的基于问题的方法,将约束条件输入计算机,然后采用 prob2struct() 函数将其转化成描述二次型规划问题的结构体变量 p。在自动转换过程中,新的决策向量会自动转换为 x 与 y 串接起来的向量,所以其前 4 个元素是原来的 x 向量,后 9 个元素是原来的 y 向量。

```matlab
>> P=optimproblem;
   c=5*ones(1,4); d=-1*ones(1,9); Q=10*eye(4);
   x=optimvar('x',[4,1],Lower=0,Upper=1);
   y=optimvar('y',[9,1],Lower=0);         %设置两个决策变量向量
   P.Objective=c*x+d*y-0.5*x'*Q*x;        %描述目标函数
   cons1=[2*x(1)+2*x(2)+y(6)+y(7)<=10;    %约束条件
          2*x(1)+2*x(3)+y(6)+y(8)<=10;
          2*x(2)+2*x(3)+y(7)+y(8)<=10;
          -8*x(1)+y(6)<=0; -8*x(2)+y(7)<=0; -8*x(3)+y(8)<=0;
          -2*x(4)-y(1)+y(6)<=0; -2*y(2)-y(3)+y(7)<=0;
          -2*y(4)-y(5)+y(8)<=0; y([1 2 3 4 5 9])<=1];
   P.Constraints.cons1=cons1; %上面同例 4-30 中的语句
   p=prob2struct(P);                   %直接转换成结构体的数据结构
```

此外,还有许多成员变量需要微调,例如,p 结构体对应的 solver 成员变量应该从 'quadprog' 替换成 'fmincon',还需重新在新的决策变量下由匿名函数描述目标函数,并设置求解误差容限等,这样就可以给出如下语句,搜索原始问题的全局最优解。

```matlab
>> p.solver='fmincon';
   ff=optimoptions('fmincon');
   ff.TolX=eps; ff.TolFun=eps;
   f=@(x)c*x(1:4)+d*x(5:13)-0.5*x(1:4)'*Q*x(1:4);
   p.Objective=f; p.options=ff; p.x0=100*rand(13,1); %精度设定
   x0=fmincon_global(p,-100,100,13,10); norm(x0-round(x0))
```

得出的解为 $x_0 = [1,1,1,1,1,1,1,1,1,3,3,3,1]^{\mathrm{T}}$,最优目标函数为 -15,与文献 [14] 中给出的全局最优解完全一致,解误差的范数为 1.9978×10^{-10}。

例 5-17 试求下面的非凸二次型规划问题[14]。

$$\min_{\boldsymbol{x}} \quad -\frac{1}{2}\sum_{i=1}^{10}\lambda_i(x_i-\alpha_i)^2 + \frac{1}{2}\sum_{i=1}^{10}\mu_i(y_i-\beta_i)^2$$

$$\text{s.t.} \begin{cases} \boldsymbol{A_1x+A_2y}\leqslant\boldsymbol{b} \\ \boldsymbol{x,y}\geqslant\boldsymbol{0} \end{cases}$$

其中, 约束条件中的矩阵与向量分别为

$$\boldsymbol{A_1}=\begin{bmatrix} 3 & 5 & 5 & 6 & 4 & 4 & 5 & 6 & 4 & 4 \\ 5 & 4 & 5 & 4 & 1 & 4 & 4 & 2 & 5 & 2 \\ 1 & 5 & 2 & 4 & 7 & 3 & 1 & 5 & 7 & 6 \\ 3 & 2 & 6 & 3 & 2 & 1 & 6 & 1 & 7 & 3 \\ 6 & 6 & 6 & 4 & 5 & 2 & 2 & 4 & 3 & 2 \\ 5 & 5 & 2 & 1 & 3 & 5 & 5 & 7 & 4 & 3 \\ 3 & 6 & 6 & 3 & 1 & 6 & 1 & 6 & 7 & 1 \\ 1 & 2 & 1 & 7 & 8 & 7 & 6 & 5 & 8 & 7 \\ 8 & 5 & 2 & 5 & 3 & 8 & 1 & 3 & 3 & 5 \\ 1 & 1 & 1 & 1 & 1 & 1 & 1 & 1 & 1 & 1 \end{bmatrix}, \boldsymbol{A_2}=\begin{bmatrix} 8 & 2 & 4 & 1 & 1 & 1 & 2 & 1 & 7 & 3 \\ 3 & 6 & 1 & 7 & 7 & 5 & 8 & 7 & 2 & 1 \\ 1 & 7 & 2 & 4 & 7 & 5 & 3 & 4 & 1 & 2 \\ 7 & 7 & 8 & 2 & 3 & 4 & 5 & 8 & 1 & 2 \\ 7 & 5 & 3 & 6 & 7 & 5 & 8 & 4 & 6 & 3 \\ 4 & 1 & 7 & 3 & 8 & 3 & 1 & 6 & 2 & 8 \\ 4 & 3 & 1 & 4 & 3 & 6 & 4 & 6 & 5 & 4 \\ 2 & 3 & 5 & 5 & 4 & 5 & 4 & 2 & 2 & 8 \\ 4 & 5 & 5 & 6 & 1 & 7 & 1 & 2 & 2 & 4 \\ 1 & 1 & 1 & 1 & 1 & 1 & 1 & 1 & 1 & 1 \end{bmatrix}, \boldsymbol{b}=\begin{bmatrix} 380 \\ 415 \\ 385 \\ 405 \\ 470 \\ 415 \\ 400 \\ 460 \\ 400 \\ 200 \end{bmatrix}$$

$$\boldsymbol{\lambda}=[63,15,44,91,45,50,89,58,86,82]^{\mathrm{T}}, \quad \boldsymbol{\mu}=[42,98,48,91,11,63,61,61,38,26]^{\mathrm{T}}$$

$$\boldsymbol{\alpha}=[-19,-27,-23,-53,-42,26,-33,-23,41,19]^{\mathrm{T}}$$

$$\boldsymbol{\beta}=[-52,-3,81,30,-85,68,27,-81,97,-73]^{\mathrm{T}}$$

解 直接由目标函数构造出 $\boldsymbol{H}$ 矩阵与 $\boldsymbol{f}$ 向量并非简单的事, 所以这里仍采用基于问题的方法输入整个二次型规划模型, 并将其变换成结构体格式。

```
>> A1=[3,5,5,6,4,4,5,6,4,4; 5,4,5,4,1,4,4,2,5,2;
       1,5,2,4,7,3,1,5,7,6; 3,2,6,3,2,1,6,1,7,3;
       6,6,6,4,5,2,2,4,3,2; 5,5,2,1,3,5,5,7,4,3;
       3,6,6,3,1,6,1,6,7,1; 1,2,1,7,8,7,6,5,8,7;
       8,5,2,5,3,8,1,3,3,5; 1,1,1,1,1,1,1,1,1,1];
   A2=[8,2,4,1,1,1,2,1,7,3; 3,6,1,7,7,5,8,7,2,1;
       1,7,2,4,7,5,3,4,1,2; 7,7,8,2,3,4,5,8,1,2;
       7,5,3,6,7,5,8,4,6,3; 4,1,7,3,8,3,1,6,2,8;
       4,3,1,4,3,6,4,6,5,4; 2,3,5,5,4,5,4,2,2,8;
       4,5,5,6,1,7,1,2,2,4; 1,1,1,1,1,1,1,1,1,1];
   b=[380 415 385 405 470 415 400 460 400 200]';
   alpha=[-19,-27,-23,-53,-42,26,-33,-23,41,19]';
   beta=[-52,-3,81,30,-85,68,27,-81,97,-73]';
   lambda=[63,15,44,91,45,50,89,58,86,82]';
   mu=[42,98,48,91,11,63,61,61,38,26]';      % 输入已知矩阵
   P=optimproblem;                            % 创建最优化模型
   x=optimvar('x',[10,1],Lower=0);            % 创建两个决策变量向量
   y=optimvar('y',[10,1],Lower=0);
   P.Constraints.cons=A1*x+A2*y<=b;           % 约束条件
```

```
P.Objective=(sum([-lambda.*(x-alpha).^2; mu.*(y-beta).^2]))/2;
p=prob2struct(P);                    %直接转换成结构体的数据结构
```

由于这里描述的问题本质上是二次型优化的问题,所以 prob2struct() 函数自动转换的结构体为二次型优化的结构,由此,需要将其 Objective 与 solver 成员变量重新赋值,变成平台的 fmincon 结构体。这样,就可以由全局最优化求解函数直接求解原始问题,得出全局最优解,其中,$x_4 = 62.6087, y_6 = 4.3478$,其余元素都是 0,该结果与文献 [14] 给出的结果完全一致。

```
>> f=@(x)0.5*x(:)'*p.H*x(:)+[p.f]'*x(:);
   p.Objective=f; p.solver='fmincon';    %用结构体描述问题
   x=fmincon_global(p,0,100,20,10)        %求全局最优解
   x0=x(1:10)', y0=x(11:20)'              %提取解向量
```

5.3.3 凹费用运输问题的全局寻优

定义 4-14 中给出了凹费用运输问题的数学表达式,该问题为双下标的最优化问题,通过合适的转换是可以变换成普通的二次型规划问题的,不过由于 $\boldsymbol{H}$ 矩阵不是正定矩阵,所以该问题并不能由二次型规划函数进行求解。本节将尝试利用一般非线性规划问题求取该问题的最优解。

例 5-18   试用全局最优化方法重新求解例 4-31 中给出的凹二次型规划问题。

解   由于原始问题是凹问题,所以第 4 章介绍的二次型规划求解算法并不能求解该问题,甚至连一个可行解都得不到。如果将其改造成普通的非线性规划问题,则能不能求出其全局最优解往往取决于初始搜索点的选择,除非运气特别好,否则并不能直接得出原始问题的全局最优解,所以应该考虑借助于本节给出的 fmincon_global() 函数求解这个问题。

如果想用 fmincon() 类函数求解非线性规划问题,则需要将原始问题输入 MAT-LAB 环境。对这个复杂问题而言,全盘重新输入并不是一个明智的选择,完全可以借助于基于问题的描述方式将原始模型的约束条件输入计算机,这样就可以调用 prob2struct() 命令将模型改写成二次型规划的结构体模型 p。

```
>> n=4; m=6; b=[29,41,13,21]; a=[8,24,20,24,16,12];
   C=[300,270,460,800; 740,600,540,380; 300,490,380,760;
      430,250,390,600; 210,830,470,680; 360,290,400,310];
   D=[-7,-4,-6,-8; -12,-9,-14,-7; -13,-12,-8,-4;
      -7,-9,-16,-8; -4,-10,-21,-13; -17,-9,-8,-4];
   P=optimproblem;                          %创建最优化问题
   X=optimvar('X',[m,n],LowerBound=0);      %创建决策变量矩阵并指定下界
   P.Objective=sum(C(:).*x+D(:).*x.^2);     %目标函数
   P.Constraints.c1=sum(X)==b;              %约束条件
   P.Constraints.c2=sum(X')==a;
```

```
p=prob2struct(P);                           % 转换成结构体变量
```

当然，由于这个问题是非凸的，所以 p 对应的 solver 成员变量应该从 'quadprog' 手工替换成 'fmincon'，并用匿名函数描述目标函数，约束条件沿用转换而来的约束条件。还需要设置一个 x0 成员变量，只需将其设置成一个 $nm \times 1$ 的向量，主要用来占位。为获得高精度的解，尚需设定一个比较苛刻的误差限，如 eps，这样就可以用下面的语句直接求解原始问题。

```
>> p.solver='fmincon';                      % 修改必要的参数
   p.Objective=@(x)sum(C(:).*x+D(:).*x.^2); % 目标函数
   ff=optimoptions('fmincon');
   ff.TolX=eps; ff.TolFun=eps; p.options=ff; % 控制选项
   p.x0=100*rand(m*n,1);                     % 初值设定
   x0=fmincon_global(p,-10,10,n*m,50)        % 全局最优解
   X0=reshape(x0,m,n)                        % 还原成矩阵
   f0=f(x0), norm(x0-round(x0))              % 目标函数与误差
```

可以得出如下最优解矩阵，与文献 [14] 给出的结果完全一致。最优目标函数值为 $f_0 = 15639$，$\boldsymbol{X}_0$ 的误差范数为 4.5309×10^{-15}。

$$\boldsymbol{X}_0^{\mathrm{T}} = \begin{bmatrix} 6 & 2 & 0 & 0 \\ 0 & 3 & 0 & 21 \\ 20 & 0 & 0 & 0 \\ 0 & 24 & 0 & 0 \\ 3 & 0 & 13 & 0 \\ 0 & 12 & 0 & 0 \end{bmatrix}$$

5.3.4 全局最优化求解程序的测试

前面介绍过全局最优解的概念，对非凸最优化问题而言，如果初始值选择不当，则可能只得出局部最优解。为求解非线性规划问题的全局最优解，出现了各种各样的算法，但这些算法良莠不齐，且一般都很耗时。这里给出一个测试例子，演示本节介绍的全局最优化求解算法的优势。

例 5-19 文献 [36] 给出了一个最小化问题的测试问题，其目标函数为

$$f(x) = l(x_1 x_2 + x_3 x_4 + x_5 x_6 + x_7 x_8 + x_9 x_{10})$$

约束条件为

$$\frac{6Pl}{x_9 x_{10}^2} - \sigma_{\max} \leqslant 0, \quad \frac{6P(2l)}{x_7 x_8^2} - \sigma_{\max} \leqslant 0$$

$$\frac{6P(3l)}{x_5 x_6^2} - \sigma_{\max} \leqslant 0, \quad \frac{6P(4l)}{x_3 x_4^2} - \sigma_{\max} \leqslant 0, \quad \frac{6P(5l)}{x_1 x_2^2} - \sigma_{\max} \leqslant 0$$

$$\frac{Pl^3}{E} \left(\frac{244}{x_1 x_2^3} + \frac{148}{x_3 x_4^3} + \frac{76}{x_5 x_6^3} + \frac{28}{x_7 x_8^3} + \frac{4}{x_9 x_{10}^3} \right) - \delta_{\max} \leqslant 0$$

$$\frac{x_2}{x_1} - 20 \leqslant 0, \quad \frac{x_4}{x_3} - 20 \leqslant 0, \quad \frac{x_6}{x_5} - 20 \leqslant 0, \quad \frac{x_8}{x_7} - 20 \leqslant 0, \quad \frac{x_{10}}{x_9} - 20 \leqslant 0$$

且已知决策变量的上下界满足

$$1 \leqslant x_{1,7,9} \leqslant 5,\ 30 \leqslant x_{2,8,10} \leqslant 65,\ 2.4 \leqslant x_{3,5} \leqslant 3.1,\ 45 \leqslant x_{4,6} \leqslant 60$$

其中，$l = 100, P = 50000, \delta_{\max} = 2.7, \sigma_{\max} = 14000, E = 2 \times 10^7$。试求出该非线性规划问题的全局最优解，并与文献 [36] 给出的方法比较求解效果。

解 文献 [36] 给出不同方法对应的最小目标函数值为 63113.61, 63631.55, 74125.97，现在尝试本书提出的全局最优化求解程序。

可以写出下面的函数直接描述各个不等式约束条件。

```
function [c,ceq]=c5mglo1(x)
    P=50000; del=2.7; l=100; sig=14000; E=2e7; ceq=[];
    c=[6*P*l/x(9)/x(10)^2-sig;
        6*P*(2*l)/x(7)/x(8)^2-sig; 6*P*(3*l)/x(5)/x(6)^2-sig;
        6*P*(4*l)/x(3)/x(4)^2-sig; 6*P*(5*l)/x(1)/x(2)^2-sig;
        P*l^3/E*(244/x(1)/x(2)^3+148/x(3)/x(4)^3+76/x(5)/x(6)^3+...
            28/x(7)/x(8)^3+4/x(9)/x(10)^3)-del;
        x(2)/x(1)-20; x(4)/x(3)-20; x(6)/x(5)-20;
        x(8)/x(7)-20; x(10)/x(9)-20];
end
```

有了该函数，可以用下面的语句直接求解最优化问题，得出问题的全局最优解，耗时为 0.801 s。得出的数值解为 $x_1 = 3.0577, x_2 = 61.1546, x_3 = 2.8133, x_4 = 56.2653, x_5 = 2.5236, x_6 = 50.4717, x_7 = 2.2046, x_8 = 44.0911, x_9 = 1.7498, x_{10} = 34.9951$。

```
>> ff=optimoptions('fmincon');
    l=100; ff.TolX=eps; ff.TolFun=eps;
    f=@(x)l*(x(1)*x(2)+x(3)*x(4)+x(5)*x(6)+x(7)*x(8)+x(9)*x(10));
    xm=[1,30,2.4,45,2.4,45,1,30,1,30]';
    xM=[5,65,3.1,60,3.1,60,5,65,5,65]';
    n=10; N=10; A=[]; B=[]; Aeq=[]; Beq=[]; tic
    [x,fv]=fmincon_global(f,xm,xM,n,N,A,B,Aeq,Beq,...
            xm,xM,@c5mglo1,ff)              % 求全局最优解
    toc, d1=max(c5mglo1(x)), d2=max(x-xM), d3=max(xm-x)
```

得出的目标函数值为 63108.748，明显小于文献 [36] 给出的最小值，且这些约束的最大值满足 $d_1 = -6.6791 \times 10^{-13}, d_2 = -0.2867, d_3 = -0.1236$，说明求解过程是成功的。也可以看出，这里给出算法的效率远高于文献 [36] 列出的几种进化类算法。连续执行 100 次上述代码，每次都得出了问题的全局最优解，成功率为 100%。

例 5-20 试利用基于问题的建模方法重新求解例 5-19 中的问题，获得全局最优解。

解 这样的模型由于只有一个决策变量向量，可以用前面介绍的方法写出约束条件的 MATLAB 函数，描述整个最优化问题，然后直接求解。如果采用基于问题的描述方法，可以直接给出如下命令，用类似描述数学公式的方法直接描述最优化问题，这样的

描述方法更利于排查错误。利用这样方法的另一个好处是无须编写额外的 MATLAB 函数。利用这样的方法描述最优化问题之后，可以将其转换成结构体变量，再调用 `fmincon_global()` 函数，搜索原问题的全局最优解。

```
>> l=100; P0=50000; del=2.7; sig=14000; E=2e7;
   P=optimproblem; x=optimvar('x',[10,1]);
   P.Objective=l*(x(1)*x(2)+x(3)*x(4)+...
                 x(5)*x(6)+x(7)*x(8)+x(9)*x(10));
   P.Constraints.c1=6*P0*l/x(9)/x(10)^2-sig<=0;
   P.Constraints.c2=6*P0*2*l/x(7)/x(8)^2-sig<=0;
   P.Constraints.c3=6*P0*3*l/x(5)/x(6)^2-sig<=0;
   P.Constraints.c4=6*P0*4*l/x(3)/x(4)^2-sig<=0;
   P.Constraints.c5=6*P0*5*l/x(1)/x(2)^2-sig<=0;
   P.Constraints.a1=P0*l^3/E*(244/x(1)/x(2)^3+...
      148/x(3)/x(4)^3+76/x(5)/x(6)^3+...
      28/x(7)/x(8)^3+4/x(9)/x(10)^3)-del<=0;
   P.Constraints.b1=[x(2)/x(1)-20<=0, x(4)/x(3)-20<=0,...
      x(6)/x(5)-20<=0, x(8)/x(7)-20<=0, x(10)/x(9)-20<=0];
   P.Constraints.d1=[1<=x([1,7,9]), x([1,7,9])<=5];
   P.Constraints.d2=[30<=x([2,8,10]), x([2,8,10])<=65];
   P.Constraints.d3=[2.4<=x([3,5]), x([3,5])<=3.1];
   P.Constraints.d4=[45<=x([4,6]), x([4,6])<=60];
   p=prob2struct(P);
   xm=[1,30,2.4,45,2.4,45,1,30,1,30]';
   xM=[5,65,3.1,60,3.1,60,5,65,5,65]';
   n=10; N=10; [x,fv]=fmincon_global(p,xm,xM,n,N)
   save c5ex20 p P      %将两个最优化模型变量存文件备用
```

5.3.5 最优化模型的可视化编辑

MATLAB 提供了强大的可视化编辑命令 openvar，可以打开 MATLAB 工作空间内任意数据结构的变量，进行可视化编辑。这里将通过例子简单地演示该函数对基于问题的最优化模型与结构体变量的编辑方法。

例 5-21 例 5-20 将基于问题的模型 P 和最优化结构体变量 p 存入 c5ex20.mat。试用可视化编辑的方法访问这两个最优化模型。

解 从文件中读入变量 P 和 p，可以由 openvar p 命令打开如图 5-5 所示的变量编辑器界面。如果想获取结构体的某个成员变量进一步的信息，则双击成员变量名，将打开下一级可视界面，查看或修改相关的内容。

```
>> load c5ex20    %由文件读入存储的变量
   openvar p      %打开变量编辑器界面
```

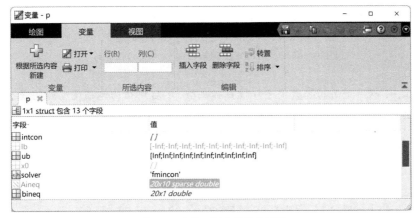

图 5-5　变量可视化编辑器界面

5.3.6　分段目标函数的处理

如果目标函数或约束条件是分段函数，或者是其他更复杂的形式，仍可以用 MATLAB 把这些因素原原本本地描述出来，直接求解。

例 5-22　假设目标函数为 $f(\boldsymbol{x}) = f_1(\boldsymbol{x}) + f_2(\boldsymbol{x})$，其中，这两个函数都是分段函数。

$$f_1(\boldsymbol{x}) = \begin{cases} 30x_1, & 0 \leqslant x_1 < 300 \\ 31x_1, & 300 \leqslant x_1 \leqslant 400 \end{cases}$$

$$f_2(\boldsymbol{x}) = \begin{cases} 28x_2, & 0 \leqslant x_2 < 100 \\ 29x_2, & 100 \leqslant x_2 < 200 \\ 30x_2, & 200 \leqslant x_2 < 1000 \end{cases}$$

约束条件为

$$\begin{cases} 300 - x_1 - x_3 x_4 \cos(b - x_6)/a + cd x_3^2/a = 0 \\ -x_2 - x_3 x_4 \cos(b + x_6)/a + cd x_4^2/a = 0 \\ -x_5 - x_3 x_4 \sin(b + x_6)/a + ce x_4^2/a = 0 \\ 200 - x_3 x_4 \sin(b - x_6)/a + ce x_3^2/a = 0 \end{cases}$$

其中，$a = 131.078$，$b = 1.48577$，$c = 0.90798$，$d = \cos 1.47588$，$e = \sin 1.47588$，且决策变量边界为

$$0 \leqslant x_1 \leqslant 400, \ 0 \leqslant x_2 \leqslant 1000, \ 340 \leqslant x_3, x_4 \leqslant 420$$
$$-1000 \leqslant x_5 \leqslant 10000, \ 0 \leqslant x_6 \leqslant 0.5236$$

解　由给出的约束条件，可以编写出如下非线性约束条件函数。注意，这里的不等式约束用变量 cc 表示，而不是用 c，因为 c 用于表示已知常数，这里一定要区分开，否则可能错误地描述问题，得出错误的结果。

```
function [cc,ceq]=c5mtest(x)
   cc=[];          % 不等式约束是空矩阵,另外,注意其变量名
   a=131.078; b=1.48577; c=0.90798;
   d=cos(1.47588); e=sin(1.47588);
   ceq=[300-x(1)-x(3)*x(4)*cos(b-x(6))/a+c*d*x(3)^2/a;
```

```
            -x(2)-x(3)*x(4)*cos(b+x(6))/a+c*d*x(4)^2/a;
            -x(5)-x(3)*x(4)*sin(b+x(6))/a+c*e*x(4)^2/a;
            200-x(3)*x(4)*sin(b-x(6))/a+c*e*x(3)^2/a];
    end
```

现在,可以用下面的函数描述分段目标函数,然后用结构体描述原始问题,并随机选择初值,直接求解非线性规划问题。

```
>> f1=@(x)30*x(1).*(x(1)<300)+31*x(1).*(x(1)>=300);
   f2=@(x)28*x(2).*(x(2)<100)+29*x(2).*(100<=x(2)&x(2)<200)+...
           30*x(2).*(x(2)>=200);
   P=createOptimProblem('fmincon',...
       'objective',@(x)f1(x)+f2(x),'nonlcon',@c5mtest,...
       'x0',100*rand(6,1),'lb',[0,0,340,340,-1000,0],...
       'ub',[400,1000,420,420,10000,0.5236]);
   [x0,fx,flag]=fmincon(P)
```

运行上面的程序可能得出如下结果,该结果比文献 [15] 给出的最优结果差,所以应该进一步判定这里得出的解是不是全局最优解。

$$\boldsymbol{x} = [106.5627, 200, 373.6757, 419.9997, 22.0580, 0.1554]^{\mathrm{T}}, \ f_x = 8996.9$$

现在运行 **fmincon_global()** 函数 100 次,选择每次求解次数 $N = 10$,则找到全局最优解的成功率为 55%,总耗时为 95.01 s。如果得出全局最优解,则可以发现等式约束的范数大约为 6.2112×10^{-12}。

```
>> X=[]; N=10; tic
   for i=1:100
       [x fx]=fmincon_global(P,P.lb,P.ub,6,N);   % 求全局最优解
       X=[X; x' fx];                             % 存储每次得出的解
   end, toc
   C=length(find(X(:,7)<8926.2))                 % 全局最优解次数
   [c,ce]=c5mtest(x), norm(ce)
```

这时得出的最优解与最优目标函数值为

$$\boldsymbol{x} = [204.2024, 100, 383.0571, 419.8597, -11.2665, 0.07221]^{\mathrm{T}}, \ f_x = 8926.1$$

如果选择 $N = 20$,则得到全局最优解的成功率可以提高到 69%,耗时 157.17 s;若选择 $N = 30$,则成功率高达 91%,耗时 264.42 s(平均每次求解 2.64 s)。

现在观察文献 [15] 给出的结果,可以如下检验该结果。

```
>> x0=[107.8199,196.3186,373.8707,420,213.0713,0.1533];
   fx=P.Objective(x0), [cc,ceq]=c5mtest(x0)
```

这时得出的目标函数为 $f_x = 8927.8$,与文献 [15] 提供的是一致的,略大于上面得出的全局最优解,不过将文献 [15] 给出的结果代入约束条件,则 4 个等式约束的值为 $\boldsymbol{c}_{\mathrm{eq}} = [1.1359, \ 1.2134, \ -191.8102, \ -0.1994]^{\mathrm{T}}$,与期望的零值有巨大差异。可以说,由于

不满足给出的等式约束条件,所以文献 [15] 给出的结果是错误的。

5.4　双层规划问题

如果一个非线性规划问题的结果被用作另一个优化问题的约束条件的一部分,则这种优化问题又称为双层规划(bilevel programming)。双层规划是数学规划中的一类重要应用问题。双层规划问题最早是德国经济学家 Heinrich Freiherr von Stackelberg(1905−1946)提出的,用来解决一类对策问题(game problems)。

定义 5-4 ▶ 双层规划

一般双层规划的数学模型为

$$\min_{\boldsymbol{x},\boldsymbol{y}} \quad F(\boldsymbol{x},\boldsymbol{y}) \tag{5-4-1}$$

$$\boldsymbol{x},\boldsymbol{y} \text{ s.t.} \begin{cases} \boldsymbol{G}(\boldsymbol{x},\boldsymbol{y}) \leqslant \boldsymbol{0} \\ \boldsymbol{H}(\boldsymbol{x},\boldsymbol{y}) = \boldsymbol{0} \\ \min\limits_{\boldsymbol{y}} \quad f(\boldsymbol{x},\boldsymbol{y}) \\ \boldsymbol{y} \text{ s.t.} \begin{cases} \boldsymbol{g}(\boldsymbol{x},\boldsymbol{y}) \leqslant \boldsymbol{0} \\ \boldsymbol{h}(\boldsymbol{x},\boldsymbol{y}) = \boldsymbol{0} \end{cases} \end{cases}$$

从双层规划的意义看,可以将其数学问题理解成两个博弈者的决策过程,一个称为主博弈者(leader),另一个称为从博弈者(follower)。主博弈者根据自己的目标函数与约束条件做出了一个决策,在决策完成之后,从博弈者再根据现有的状况,根据自己的目标函数与约束条件做出响应的决策。

本节将给出双层线性规划、双层二次型规划问题的数学描述与转换方法,然后基于 YALMIP 工具箱提供的求解函数直接求解双层规划问题。

5.4.1　双层线性规划问题的求解

一般双层规划问题的求解是比较麻烦的,所以这里先观察双层线性规划问题的变换与求解方法,并利用 YALMIP 工具箱提供的工具求解相关的问题。

定义 5-5 ▶ 双层线性规划

双层线性规划问题是应用最广的一类双层规划问题,其数学形式为

$$\min_{\boldsymbol{x},\boldsymbol{y}} \quad \boldsymbol{c}_1^{\mathrm{T}}\boldsymbol{x} + \boldsymbol{d}_1^{\mathrm{T}}\boldsymbol{y} \tag{5-4-2}$$

$$\boldsymbol{x},\boldsymbol{y} \text{ s.t.} \begin{cases} \boldsymbol{A}_1\boldsymbol{x}+\boldsymbol{B}_1\boldsymbol{y} \leqslant \boldsymbol{f}_1 \\ \boldsymbol{C}_1\boldsymbol{x}+\boldsymbol{D}_1\boldsymbol{y} = \boldsymbol{g}_1 \\ \min\limits_{} \quad \boldsymbol{c}_2^{\mathrm{T}}\boldsymbol{x} + \boldsymbol{d}_2^{\mathrm{T}}\boldsymbol{y} \\ \boldsymbol{y} \text{ s.t.} \begin{cases} \boldsymbol{A}_2\boldsymbol{x}+\boldsymbol{B}_2\boldsymbol{y} \leqslant \boldsymbol{f}_2 \\ \boldsymbol{C}_2\boldsymbol{x}+\boldsymbol{D}_2\boldsymbol{y} = \boldsymbol{g}_2 \\ \boldsymbol{x}_{\mathrm{m}} \leqslant \boldsymbol{x} \leqslant \boldsymbol{x}_{\mathrm{M}}, \ \boldsymbol{y}_{\mathrm{m}} \leqslant \boldsymbol{y} \leqslant \boldsymbol{y}_{\mathrm{M}} \end{cases} \end{cases}$$

MATLAB 最优化工具箱并未提供双层规划问题的求解函数,所以这里先看一下在双层线性规划领域应用较广的 Karush–Kuhn–Tucker 算法,将双层线性规划问题转换成普通线性规划问题。

先考虑内层线性规划问题。如果不等式约束的个数为 m 个,则可以引入一个 s 向量,使得 $s \geqslant 0$,且 s 向量有 m 个元素。另外,内层的目标函数可以通过引入乘子 λ 和 μ,改写成算子的形式,这样就可以将双层线性规划问题转换成普通的线性规划问题,然后调用 linprog() 这类函数直接求解。

定理 5-1 ▶ 双层线性规划问题的转换

双层线性规划问题可以转换成下面的普通线性规划问题[4]:

$$\min \quad \boldsymbol{c}_1^{\mathrm{T}}\boldsymbol{x} + \boldsymbol{d}_1^{\mathrm{T}}\boldsymbol{y} \qquad (5\text{-}4\text{-}3)$$

$$\boldsymbol{x},\boldsymbol{y} \text{ s.t.} \begin{cases} \boldsymbol{A}_1\boldsymbol{x}+\boldsymbol{B}_1\boldsymbol{y}\leqslant\boldsymbol{f}_1 \\ \boldsymbol{C}_1\boldsymbol{x}+\boldsymbol{D}_1\boldsymbol{y}=\boldsymbol{g}_1 \\ \boldsymbol{c}_2+\boldsymbol{\lambda}^{\mathrm{T}}\boldsymbol{B}_2+\boldsymbol{\mu}^{\mathrm{T}}\boldsymbol{D}_2=0 \\ \boldsymbol{A}_2\boldsymbol{x}+\boldsymbol{B}_2\boldsymbol{y}+\boldsymbol{s}=\boldsymbol{f}_2 \\ \boldsymbol{C}_2\boldsymbol{x}+\boldsymbol{D}_2\boldsymbol{y}=\boldsymbol{g}_2 \\ \boldsymbol{\lambda}^{\mathrm{T}}\boldsymbol{s}=0 \\ \boldsymbol{\lambda},\boldsymbol{s}\geqslant0 \\ \boldsymbol{x}_{\mathrm{m}}\leqslant\boldsymbol{x}\leqslant\boldsymbol{x}_{\mathrm{M}}, \ \boldsymbol{y}_{\mathrm{m}}\leqslant\boldsymbol{y}\leqslant\boldsymbol{y}_{\mathrm{M}} \end{cases}$$

由于原始问题转换成普通线性规划问题的过程比较烦琐,所以这里不给出底层求解程序的实现,只通过例子演示利用工具求解双层线性规划问题的直接方法。

5.4.2 双层二次型规划问题

双层二次型规划问题也是经常遇到的双层规划问题,本节将给出双层二次型规划的定义与转换方法。双层二次型规划问题的求解留待后面通过工具直接给出,这里不再赘述。

定义 5-6 ▶ 双层二次型规划

双层二次型规划的一般数学模型为

$$\min \quad \boldsymbol{c}_1^{\mathrm{T}}\boldsymbol{x} + \boldsymbol{d}_1^{\mathrm{T}}\boldsymbol{y} + \boldsymbol{x}^{\mathrm{T}}\boldsymbol{Q}_{11}\boldsymbol{x} + \boldsymbol{x}^{\mathrm{T}}\boldsymbol{Q}_{12}\boldsymbol{y} + \boldsymbol{y}^{\mathrm{T}}\boldsymbol{Q}_{13}\boldsymbol{y} \qquad (5\text{-}4\text{-}4)$$

$$\boldsymbol{x},\boldsymbol{y} \text{ s.t.} \begin{cases} \boldsymbol{A}_1\boldsymbol{x}+\boldsymbol{B}_1\boldsymbol{y}\leqslant\boldsymbol{f}_1 \\ \boldsymbol{C}_1\boldsymbol{x}+\boldsymbol{D}_1\boldsymbol{y}=\boldsymbol{g}_1 \\ \quad \min \quad \boldsymbol{c}_2^{\mathrm{T}}\boldsymbol{x} + \boldsymbol{d}_2^{\mathrm{T}}\boldsymbol{y} + \boldsymbol{x}^{\mathrm{T}}\boldsymbol{Q}_{21}\boldsymbol{y} + \boldsymbol{y}^{\mathrm{T}}\boldsymbol{Q}_{22}\boldsymbol{y} \\ \quad \boldsymbol{y} \text{ s.t.} \begin{cases} \boldsymbol{A}_2\boldsymbol{x}+\boldsymbol{B}_2\boldsymbol{y}\leqslant\boldsymbol{f}_2 \\ \boldsymbol{C}_2\boldsymbol{x}+\boldsymbol{D}_2\boldsymbol{y}=\boldsymbol{g}_2 \\ \boldsymbol{x}_{\mathrm{m}}\leqslant\boldsymbol{x}\leqslant\boldsymbol{x}_{\mathrm{M}}, \ \boldsymbol{y}_{\mathrm{m}}\leqslant\boldsymbol{y}\leqslant\boldsymbol{y}_{\mathrm{M}} \end{cases} \end{cases}$$

定理 5-2 ▶ 双层二次型规划问题的转换

双层二次型规划问题可以转换成下面的普通二次型规划问题[4]。

$$\min \quad c_1^{\mathrm{T}}x + d_1^{\mathrm{T}}y + x^{\mathrm{T}}Q_{11}x + x^{\mathrm{T}}Q_{12}y + y^{\mathrm{T}}Q_{13}y \qquad (5\text{-}4\text{-}5)$$

$$x,y \ \text{s.t.} \ \begin{cases} A_1 x + B_1 y \leqslant f_1 \\ C_1 x + D_1 y = g_1 \\ 2y^{\mathrm{T}}Q_{22} + x^{\mathrm{T}}Q_{21} + c_2 + \lambda^{\mathrm{T}}B_2 + \mu^{\mathrm{T}}D_2 = 0 \\ A_2 x + B_2 y + s = f_2 \\ C_2 x + D_2 y = g_2 \\ \lambda^{\mathrm{T}}s = 0 \\ \lambda, s \geqslant 0 \\ x_{\mathrm{m}} \leqslant x \leqslant x_{\mathrm{M}}, \ y_{\mathrm{m}} \leqslant y \leqslant y_{\mathrm{M}} \end{cases}$$

5.4.3　基于 YALMIP 工具箱的双层规划问题直接求解

YALMIP 工具箱提供了双层规划问题求解的专门函数。对一般线性或二次型的双层规划问题，可以调用 YALMIP 工具箱函数 solvebilevel() 函数直接求解。在求解之前需要用户首先用表达式描述四个变量——CI（内层约束条件）、OI（内层目标函数）、CO（外层约束条件）、OO（外层目标函数），然后就可以由下面的语句直接求解双层规划问题。

```
solvebilevel(CO,OO,CI,OI,y)
```

当前的 YALMIP 工具箱只提供了可以直接求解双层线性规划与双层二次型规划问题的函数，并不能求解一般的非线性双层规划问题。这里将通过例子给出基于 YALMIP 工具箱的双层规划问题的描述方法与求解方法。

例 5-23　试求解下面给出的双层线性规划问题[4]。

$$\min \quad -8x_1 - 4x_2 + 4y_1 - 40y_2 - 4y_3$$

$$x,y \ \text{s.t.} \ \begin{cases} x \geqslant 0, \ y \geqslant 0 \\ \min \quad x_1 + 2x_2 + y_1 + y_2 + 2y_3 \\ y \ \text{s.t.} \ \begin{cases} H_1 y + H_2 x \leqslant b \\ y \geqslant 0 \end{cases} \end{cases}$$

其中

$$H_1 = \begin{bmatrix} -1 & 1 & 1 & 1 & 0 & 0 \\ -1 & 2 & -0.5 & 0 & 1 & 0 \\ 2 & -1 & -0.5 & 0 & 0 & 1 \end{bmatrix}, \ H_2 = \begin{bmatrix} 0 & 0 \\ 2 & 0 \\ 0 & 2 \end{bmatrix}, \ b = \begin{bmatrix} 1 \\ 1 \\ 1 \end{bmatrix}$$

解　由 H_1 与 H_2 的维数可以看出，决策变量 y 应该为 6×1 列向量，x 为 2×1 列向量。这样，通过工具原始问题可以写出这两层的目标函数与约束条件，然后调用 solvebilevel() 函数直接求解原始问题。

```
>> x=sdpvar(2,1); y=sdpvar(6,1);          %定义决策向量
   H1=[-1,1,1,1,0,0; -1,2,-0.5,0,1,0; 2,-1,-0.5,0,0,1];
```

```
H2=[0,0; 2,0; 0,2]; b=[1; 1; 1];
CI=[y>=0, H1*y+H2*x<=b];                      % 内层约束条件
OI=[y(1)+y(2)+2*y(3)+x(1)+2*x(2)];            % 内层目标函数
CO=[x>=0, y>=0];                              % 外层约束条件
OO=-8*x(1)-4*x(2)+4*y(1)-40*y(2)-4*y(3);      % 外层目标函数
solvebilevel(CO,OO,CI,OI,y)                   % 求解双层规划问题
value(x), value(y), value(OO)                 % 提取决策变量与目标函数
```

得出的结果为 $x = [0, 0.9]^T$，$y = [0, 0.6, 0.4, 0, 0, 0]^T$，与文献 [4] 给出的完全一致。

例 5-24 试求解下面的双层二次型规划问题[4]，其中，外层的目标函数是线性的。

$$\min_{x,y} \quad 2x_1 + 2x_2 - 3y_1 - 3y_2 - 60$$

$$\text{s.t.} \begin{cases} x_1 + x_2 + y_1 - 2y_2 - 40 \leqslant 0 \\ 0 \leqslant x_1, x_2 \leqslant 50, \ -10 \leqslant y_1, y_2 \leqslant 20 \\ \displaystyle\min_{y} \quad (y_1 - x_1 + 20)^2 + (y_2 - x_2 + 20)^2 \\ \quad \text{s.t.} \begin{cases} -x_1 + 2y_1 \leqslant -10 \\ -x_2 + 2y_2 \leqslant -10 \\ -10 \leqslant y_1, y_2 \leqslant 20 \end{cases} \end{cases}$$

解 可以先由 sdpvar() 函数声明两个决策向量 x 和 y，这样就可以由 YALMIP 直接描述出所需的四个关键变量——CI、OI、CO、OO，即使两层的目标函数含有二次型项也没有关系，直接描述出来就可以了。有了这些描述，就可以直接调用 solvebilevel() 求解原始问题。

```
>> x=sdpvar(2,1); y=sdpvar(2,1);
   CI=[-x(1)+2*y(1)<=-10, -x(2)+2*y(2)<=-10, -10<=y<=20];
   OI=(y(1)-x(1)+20)^2+(y(2)-x(2)+20)^2;
   CO=[x(1)+x(2)+y(1)-2*y(2)-40<=0, 0<=x<=50, -10<=y<=20];
   OO=2*x(1)+2*x(2)-3*y(1)-3*y(2)-60;
   solvebilevel(CO,OO,CI,OI,y)
   value(x), value(y), value(OO)
```

由上面的语句可以直接得出原始问题的解为 $x = [0, 30]^T$，$y = [-10, 10]^T$，目标函数的值为 0。该解与文献 [4] 给出的结果 $x = [0, 0]^T$，$y = [-10, -10]^T$ 是不一致的，得出的目标函数也是 0。显然，这样得出的解与 YALMIP 工具箱得出的解都是原问题的解，原问题的解是不唯一的。

例 5-25 试求解下面的双层二次型规划问题[4]。

$$\min_{x,y} \quad x_1^2 - 2x_1 + x_2^2 - x_2 + y_1^2 + y_2^2$$

$$\text{s.t.} \begin{cases} x_1, x_2 \geqslant 0 \\ \displaystyle\min_{y} \ (y_1 - x_1)^2 + (y_2 - x_2)^2 \\ \quad \text{s.t.} \ 0.5 \leqslant y_1, y_2 \leqslant 1.5 \end{cases}$$

解 这里给出的双层规划问题中，外层的目标函数是二次型函数。可以给出下面的

语句描述内层和外层的约束条件与目标函数，再给出求解命令，可以得出问题的解为 $\boldsymbol{x} = [0.5001, 0.4999], \boldsymbol{y} = [0.5001, 0.5000]$。

```
>> x=sdpvar(2,1); y=sdpvar(2,1);
   CI=[x>=0, 0.5<=y<=1.5];
   OI=(y(1)-x(1))^2+(y(2)-x(2))^2;
   CO=[x>=0, 0.5<=y<=1.5];
   OO=x(1)^2-2*x(1)+x(2)^2-x(2)+y(1)^2+y(2)^2;
   solvebilevel(CO,OO,CI,OI,y)
   value(x), value(y), value(OO)
```

5.5　非线性规划应用举例

非线性规划在经济学、科学与工程领域中都有着广泛的应用，本节将给出几个例子，介绍最优化技术与应用问题。

5.5.1　圆内最大面积的多边形

文献 [37] 给出了一个单位圆内构造内接多边形的最大面积问题，如图 5-6 所示。方便起见，这里只考虑半圆内接的多边形。可以在一个单位半圆内设置 n 个内点，如果想由这 n 个内点在单位半圆内绘制出多边形，则可以计算出半圆内接多边形的总面积为

$$J = \frac{1}{2} \sum_{i=1}^{n-1} r_{i+1} r_i \sin(\theta_{i+1} - \theta_i) \tag{5-5-1}$$

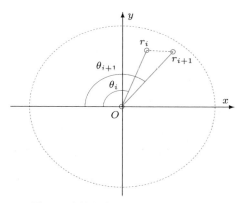

图 5-6　内接多边形当前的三角形示意图

对这些选择的点，后一个点的角度大于前一个点的角度，其数学形式为

$$\theta_i < \theta_{i+1}, \ 1 \leqslant i < n \tag{5-5-2}$$

由于是在半圆内选点，所以内点应该满足下面的约束条件。

$$0 < r_i \leqslant 1, \ 0 \leqslant \theta_i \leqslant \pi, \ 1 \leqslant i \leqslant n \tag{5-5-3}$$

且在两个端点上 $\theta_1 = 0, \theta_n = \pi$。

选择决策变量 $x_i = r_i, x_{n+i} = \theta_i, i = 1, 2, \cdots, n$，则可以将原始的最优化问题改写成如下标准型。

$$\min \quad -\frac{1}{2} \sum_{i=1}^{n-1} x_{i+1} x_i \sin(x_{n+i+1} - x_{n+i}) \tag{5-5-4}$$

$$\boldsymbol{x} \ \text{s.t.} \begin{cases} x_{n+1}=0 \\ x_{2n}=\pi \\ x_{n+i}-x_{n+i+1}\leqslant 0, \ i=1,2,\cdots,n-1 \\ 0\leqslant x_{n+i}\leqslant \pi, \ i=1,2,\cdots,n \\ 0\leqslant x_i\leqslant 1, \ i=1,2,\cdots,n \end{cases}$$

例5-26 若选择 $n = 11$，试找出单位圆最大的内接多边形的面积，并逼近 π 的值。

解 虽然这里给出的约束条件都是线性的，但是如果不愿意自己写出相应的线性矩阵，则可以利用非线性约束条件描述的方式将约束条件表示出来。

```
function [c,ceq]=c5mpi1(x)
    n=length(x)/2; ceq=[x(n+1); x(end)-pi]; c=[];
    for i=n+1:2*n-1, c=[c; x(i)-x(i+1)]; end
end
```

当然，从计算量考虑，应该采用矩阵形式表示不等式约束 $x_{n+i} - x_{n+1+i}$。

$$\boldsymbol{A} = \begin{bmatrix} \boldsymbol{0}_{(n-1)\times n} & \begin{matrix} 1 & -1 & 0 & \cdots & 0 \\ 0 & 1 & -1 & \cdots & 0 \\ \vdots & \vdots & \vdots & \ddots & \vdots \\ 0 & 0 & 0 & \cdots & -1 \end{matrix} \end{bmatrix}, \ \boldsymbol{B} = \boldsymbol{0}_{(n-1)\times 1}$$

等式约束 $x_{n+1} = 0, x_{2n} = \pi$ 也可以由矩阵形式表示。

$$\boldsymbol{A}_{\text{eq}} = \begin{bmatrix} \boldsymbol{0}_{2\times n} & \begin{matrix} 1 & 0 & \cdots & 0 \\ 0 & 0 & \cdots & 1 \end{matrix} \end{bmatrix}, \ \boldsymbol{B}_{\text{eq}} = \begin{bmatrix} 0 \\ \pi \end{bmatrix}$$

本例中采用线性矩阵描述约束条件。

如果选择点的个数为 $n = 11$，则可以使用下面的语句生成目标函数的匿名函数，然后求解最优化问题。一般情况下可以得出原问题的全局最优解。

```
>> n=11;
   A=[zeros(n) eye(n)-diag(ones(n-1,1),1)];
   A(end,:)=[]; B=zeros(n-1,1);
   f=@(x)-sum(x(1:n-1).*x(2:n).*sin(x(n+2:2*n)-x(n+1:2*n-1)))/2;
   xm=zeros(2*n,1); xM=[ones(n,1); pi*ones(n,1)];
   Aeq=zeros(2,2*n); Aeq(1,n+1)=1; Aeq(2,end)=1; Beq=[0; pi];
   [x,f0]=fmincon_global(f,0,pi,2*n,10,A,B,Aeq,Beq,xm,xM);
```

```
x1=x(1:n).*cos(x(n+1:2*n));      % 将决策变量转换成直角坐标
y1=x(1:n).*sin(x(n+1:2*n));
```

如果 n 继续增大，则求解最优化问题可能要花更多的时间，效果也将变得越来越差，两种不同的 n 值下得出的内接多边形顶点的示意图如图 5-7 所示。从中可以看出，如果 n 的值太大，则得出的内接多边形变得更差，不适合使用这样的优化方法。

```
>> n=21;
   f=@(x)-sum(x(1:n-1).*x(2:n).*sin(x(n+2:2*n)-x(n+1:2*n-1)))/2;
   xm=zeros(2*n,1); xM=[ones(n,1); pi*ones(n,1)];
   A=[zeros(n) eye(n)-diag(ones(n-1,1),1)];
   A(end,:)=[]; B=zeros(n-1,1);
   Aeq=zeros(2,2*n); Aeq(1,n+1)=1; Aeq(2,end)=1; Beq=[0; pi];
   ff=optimoptions('fmincon'); ff.MaxFunEvals=10000;
   x=fmincon_global(f,0,pi,2*n,30,A,B,Aeq,Beq,xm,xM,'',ff);
   2*f(x), x2=x(1:n).*cos(x(n+1:2*n));
   y2=x(1:n).*sin(x(n+1:2*n));
   t=0:pi/1000:pi;      % 绘制解析解与最优解
   plot(cos(t),sin(t),'--',x1,y1,'*-',x2,y2,'o-')
```

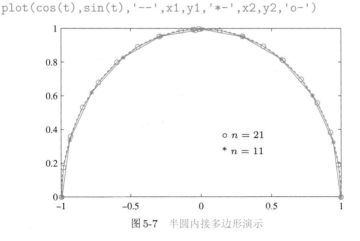

图 5-7　半圆内接多边形演示

从内接多边形看，最大内接多边形的顶点 r_i 如果都设置为 1，令决策变量为 $x_i = \theta_{i+1}$，这样最大内接多边形面积计算问题可以表示成

$$\min_{\boldsymbol{x}} \quad -\frac{1}{2}\sum_{i=1}^{n-1}\sin(x_{i+1}-x_i) \qquad (5\text{-}5\text{-}5)$$

$$\text{s.t.} \begin{cases} x_1=0 \\ x_n=\pi \\ x_i-x_{i+1}\leqslant 0,\ i=1,2,\cdots,n-1 \\ 0\leqslant x_i\leqslant\pi,\ i=1,2,\cdots,n \end{cases}$$

例 5-27　试利用新的最优化模型重新计算单位半圆的内接多边形最大面积。

解 可以用下面的语句描述目标函数与约束条件,直接求解该最优化问题的全局最优解,得出的各点坐标如图5-8所示。从得出的结果看,这样的点分布并不均匀。

```
>> n=201; f=@(x)-sum(sin(diff(x)))/2;
   A=eye(n)-diag(ones(n-1,1),1); A(end,:)=[];  B=zeros(n-1,1);
   Aeq=[1 zeros(1,n-1); zeros(1,n-1),1]; Beq=[0; pi];
   xm=zeros(n,1); xM=pi*ones(n,1); x0=rand(n,1);
   x=fmincon_global(f,0,pi,n,20,A,B,Aeq,Beq,xm,xM);
   2*f(x), x2=cos(x); y2=sin(x);
   plot(x2,y2,'o-')
```

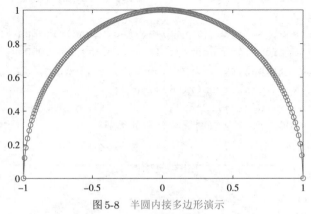

图 5-8 半圆内接多边形演示

其实,如果将单位圆均匀地分成 n 份,则可以推导出每一份的面积为 $S=\sin(\pi/n)$,就可以由下面的语句计算出 π 的精确解 $S=3.141592653589793$。

```
>> n=1000000000; S=n*sin(pi/n)
```

5.5.2　半无限规划问题

半无限规划(semi-infinite programming)问题是一类特殊的非线性规划问题,本节将给出这类最优化问题的定义与物理解释,然后通过例子给出一维与多维半无限规划问题的求解方法。

定义 5-7 ▶ 半无限规划

半无限规划问题的数学描述为

$$\min_{\boldsymbol{x}} \quad f(\boldsymbol{x}) \tag{5-5-6}$$

$$\boldsymbol{x} \text{ s.t. } \begin{cases} \boldsymbol{A}\boldsymbol{x} \leqslant \boldsymbol{B} \\ \boldsymbol{A}_{\mathrm{eq}}\boldsymbol{x} = \boldsymbol{B}_{\mathrm{eq}} \\ \boldsymbol{x}_{\mathrm{m}} \leqslant \boldsymbol{x} \leqslant \boldsymbol{x}_{\mathrm{M}} \\ \boldsymbol{C}(\boldsymbol{x}) \leqslant \boldsymbol{0} \\ \boldsymbol{C}_{\mathrm{eq}}(\boldsymbol{x}) = \boldsymbol{0} \\ K_i(\boldsymbol{x}, w_i) \leqslant 0, \ i=1,2,\cdots,m \end{cases}$$

半无限规划问题的物理含义是，在满足常规约束条件的前提下，对所有 w_i 还必须满足 $K_i(\boldsymbol{x}, w_i) \leqslant 0$，这时再求解目标函数 $f(\boldsymbol{x})$ 的最优化问题。

MATLAB 最优化工具箱中提供了一个 fseminf() 函数，专门用于求解各种约束下的最优化问题。该函数的调用格式为

$$[\boldsymbol{x}, f_0, \mathrm{flag}, \mathrm{c}] = \mathtt{fseminf}(\mathrm{Fun}, x_0, m, \mathrm{SFun}, A, B, A_{\mathrm{eq}}, B_{\mathrm{eq}}, x_{\mathrm{m}}, x_{\mathrm{M}}, \mathrm{OPT})$$

$$[\boldsymbol{x}, f_0, \mathrm{flag}, \mathrm{c}] = \mathtt{fseminf}(\mathtt{problem})$$

其中，SFun 中应该包括一般的非线性约束条件 $\boldsymbol{C}(\boldsymbol{x}) \leqslant \boldsymbol{0}$ 和 $\boldsymbol{C}_{\mathrm{eq}}(\boldsymbol{x}) = \boldsymbol{0}$，还应该包括这类问题专门的 $K_i(\cdot)$ 函数，都满足约束条件。若用结构体描述半无限规划问题，除了常规的成员变量 x0、objective、Aineq、bineq、Aeq、beq、lb、ub、solver、options 之外，还支持其他两个成员变量：ntheta 表示半无限约束的个数 m；seminfcon 为半无限的约束函数描述。

事实上，半无限规划问题是在普通非线性规划中加了一个约束条件，要求对所有容许的 w_i，满足约束条件 $K_j(\boldsymbol{x}, w_i) \leqslant 0$，所以半无限规划问题还可以采用 fmincon() 这类普通函数直接求解。本节不推荐 fseminf() 函数的使用，而将给出求解半无限规划问题的一个新的思路与方法。

例 5-28　试求解下面的一维半无限规划问题[38]。

$$\min_{\boldsymbol{x} \ \mathrm{s.t.}} \quad (x_1 + x_2 - 2)^2 + (x_1 - x_2)^2 + 30\big[\min(0, x_1 - x_2)\big]^2$$
$$\begin{cases} K(\boldsymbol{x}, t) = x_1 \cos t + x_2 \sin t - 1 \leqslant 0 \\ 0 \leqslant t \leqslant \pi \end{cases}$$

解　由于 t 在 $(0, \pi)$ 区间取值，所以可以为其选取一些样本点，例如选择 N 个样本点 $t_1, t_2, \cdots, t_N$，这时为保证对每一个 t 的样本点都满足 $K(\boldsymbol{x}, t) \leqslant 0$，可以等效地将其变换成下面的一批不等式约束 $K(\boldsymbol{x}, t_i) \leqslant 0$。

$$\begin{cases} x_1 \cos t_1 + x_2 \sin t_1 - 1 \leqslant 0 \\ x_1 \cos t_2 + x_2 \sin t_2 - 1 \leqslant 0 \\ \qquad\qquad\vdots \\ x_1 \cos t_m + x_2 \sin t_m - 1 \leqslant 0 \end{cases}$$

所以，可以通过下面的语句将原始的半无限规划问题变换成下面的常规约束条件。

```
function [c,ceq]=c5msinf1(x)
    ceq=[]; N=100000;          % 没有等式约束,故返回空矩阵
    t=[linspace(0,pi,N)]';
    c=x(1)*cos(t)+x(2)*sin(t)-1;
end
```

这里比较夸张地选择了 $N = 100000$。如果用匿名函数表示原问题的目标函数，则调用下面的语句就可以求解原来的半无限规划问题。

```
>> f=@(x)(x(1)+x(2)-2)^2+(x(1)-x(2))^2+30*min(0,x(1)-x(2))^2;
   A=[]; B=[]; Aeq=[]; Beq=[];
   xm=[]; xM=[]; x0=rand(2,1); tic
   [x,f0,k,c]=fmincon(f,x0,A,B,Aeq,Beq,xm,xM,@c5msinf1), toc
```

得出的最优解为 $x = [0.7073, 0.7069]^T$，目标函数 $f_0 = 0.3432$，与文献 [38] 给出的结果很接近，说明求解过程是成功的。上述求解过程迭代步数为 23 步，耗时 $0.781\,s$。如果想提升解的精度，则可以给出下面的命令。这时迭代步数变成 61，耗时 $2.029\,s$，得出的结果为 $x = [0.7071, 0.7071]^T$，与文献 [38] 给出的结果完全一致。

```
>> ff=optimoptions('fmincon');
   ff.TolX=eps; ff.TolFun=eps; ff.TolCon=eps; tic
   [x,f0,k,c]=fmincon(f,x0,A,B,Aeq,Beq,xm,xM,@c5msinf1,ff), toc
```

由于这里只含有一个参数 t，所以这个耗时可以接受，不过如果有多个参数 (后面将探讨的多维问题)，就需要想方设法减小计算量。由于上面选择的 N 值较大，所以上述最优化过程相当于求解了含有 100000 个不等式约束条件的问题，其耗时很长。

如果想减小耗时，一种明显的方法是获得这 100000 个不等式约束的最大值，并令其满足不等式 $K_M(x, t_i) \leqslant 0$，这样就可以将 100000 个不等式约束的问题简化成含有一个不等式约束的问题，故而可以如下修改约束条件。

```
function [c,ceq]=c5msinf2(x)
   ceq=[]; N=100000;  %没有等式约束，故返回空矩阵
   t=[linspace(0,pi,N)]';
   c=x(1)*cos(t)+x(2)*sin(t)-1; c=max(c);
end
```

这时再求解原问题，就可以给出如下语句，迭代步数将减少到 17 步，更重要的是耗时降至 $0.089\,s$，得出的最优解更精确，为 $x = [0.7071, 0.7071]^T$，与文献 [38] 结果是一致的；目标函数为 $f_0 = 0.3431$，亦小于刚才的结果。

```
>> tic, [x,f0,k]=fmincon(f,x0,A,B,Aeq,Beq,xm,xM,@c5msinf2,ff), toc
```

为了演示半无限规划问题的含义，在得到最优解 x 时，可以画出 $K(x,t)$ 函数的曲线，如图 5-9 所示。可以看出，该曲线一直落在 $y = 0$ 线的下方，表明不等式对任意的 t 是成立的，满足预定的约束条件。

```
>> t=linspace(0,pi,1000);
   c=x(1)*cos(t)+x(2)*sin(t)-1; [x1,i1]=max(c); i1=i1(1);
   plot(t,c,t(i1),c(i1),'o')
```

如果采用 **fseminf()** 函数求解这个问题，则应给出下面的语句描述新的约束条件。

```
function [c,ceq,K,s]=c5msinf4(x,s)
   if isnan(s), s=[pi/100000 1]; end
   t=0:s(1):pi; c=[]; ceq=[];
   K=x(1)*cos(t)+x(2)*sin(t)-1;
```

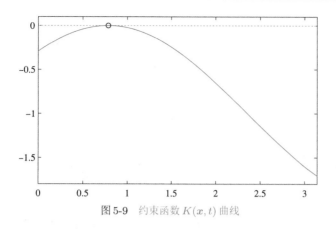

图5-9　约束函数 $K(\boldsymbol{x}, t)$ 曲线

end

这样就可以由下面语句求解半无限规划问题，经过数次函数运行，可能得出期望的结果 $\boldsymbol{x} = [0.7071, 0.7071]^{\mathrm{T}}$，耗时 $0.27\,\mathrm{s}$，高于上面的求解方法。其中，调用语句中的 1 表示约束条件返回一个 K 变量。

```
>> f=@(x)(x(1)+x(2)-2)^2+(x(1)-x(2))^2+30*min(0,x(1)-x(2))^2;
   tic, [x,f0]=fseminf(f,rand(2,1),1,@c5msinf4), toc
```

若用结构体描述半无限规划问题，可以由下面的语句描述该结构体，这样就可以直接求解半无限规划问题，得出的结果与前面的方法完全一致。

```
>> clear P
   P.x0=rand(2,1);
   P.objective=@(x,s)(x(1)+x(2)-2)^2+(x(1)-x(2))^2+...
              30*min(0,x(1)-x(2))^2;
   P.ntheta=1; P.seminfcon=@c5msinf4;
   P.options=optimoptions('fseminf');
   P.solver='fseminf'; tic, x=fseminf(P), toc
```

例5-29　现在考虑一个六维的半无限规划问题（又称为 S 问题，$p = 6$）[38]，即

$$\max_{\boldsymbol{x}} \quad x_1 x_2 + x_2 x_3 + x_3 x_4$$
$$\text{s.t.} \begin{cases} K(\boldsymbol{x}, t) \leqslant 0 \\ 0 \leqslant \boldsymbol{t} \leqslant 1 \end{cases}$$

其中

$$K(\boldsymbol{x}, \boldsymbol{t}) = 2(x_1^2 + x_2^2 + x_3^2 + x_4^2) - 6 - 2p + \sin(t_1 - x_1 - x_4) + \sin(t_2 - x_2 - x_3) +$$
$$\sin(t_3 - x_1) + \sin(2t_4 - x_2) + \sin(t_5 - x_3) + \sin(2t_6 - x_4)$$

所谓六维问题，就是 $\boldsymbol{t}$ 向量有六个分量，即 $t_1, t_2, \cdots, t_6$。试求解该问题。

解　可以用 ndgrid() 函数生成一些 t_i 的网格采样点，然后对这些网格直接计算，就可以由 $K(\boldsymbol{x}, t) \leqslant 0$ 构造出普通的非线性约束条件。对高维问题而言，应该将多个不等式约束通过取最大值的方式变换成一个不等式约束。

```
functions [c,ceq]=c5msinf3(x)
    N=10; p=6; ceq=[];    % 没有等式约束,故返回空矩阵
    [t1,t2,t3,t4,t5,t6]=ndgrid(linspace(0,1,N)); % 生成网格型样本点
    c=2*sum(x.^2)-6-2*p+sin(t1-x(1)-x(4))+sin(t2-x(2)-x(3))+...
        +sin(t3-x(1))+sin(2*t4-x(2))+sin(t5-x(3))+sin(2*t6-x(4));
    c=max(c(:));        % 这个操作是必要的,否则运算量巨大难以实现
end
```

可以调用下面语句求解最优化问题,经过 $1.825\,\mathrm{s}$ 的迭代,可以得出原问题的最优解为 $\boldsymbol{x} = [1.3863, -1.6141, 1.6886, -0.7446]^{\mathrm{T}}$,最优目标函数为 $f_0 = -6.2204$,明显优于文献 [38] 中给出的结果 $\boldsymbol{x}_1 = [0.960921, -1.456291, 1.581476, -0.90587]^{\mathrm{T}}$,其对应的目标函数为 $f_1 = -5.1351$,说明这里的求解方法是可行的,且能得出更好的结果。

```
>> f=@(x)x(1)*x(2)+x(2)*x(3)+x(3)*x(4);
   A=[]; B=[]; Aeq=[]; Beq=[];
   xm=[]; xM=[]; x0=rand(4,1); tic
   [x,f0,k,c]=fmincon(f,x0,A,B,Aeq,Beq,xm,xM,@c5msinf3), toc
```

注意,为确保得出全局最优解,应该多运行几次后两行语句,因为有的随机初值会得出局部最优解。

如果将分段点增加到 $N = 15$,则可以得到完全一致的结果,但耗时显著增加,为 $72.60\,\mathrm{s}$。如果选择 $N = 15$,则等效的不等式约束条件个数为 $15^6 = 11390625$,对这样的大型问题而言,如果不事先求出 K_{M},则运算量将为天文数字。对多维问题而言,不适合选择过大的 N 值。

如果使用 fseminf() 函数求解,则需要建立下面的新约束条件。注意,不能对最后一个语句求最大值,否则下面的求解语句将不收敛。

```
function [c,ceq,K,s]=c5msinf5(x,s)
    N=10; p=6; ceq=[]; c=[]; % 生成一些网格型样本点
    [t1,t2,t3,t4,t5,t6]=ndgrid(linspace(0,1,N));
    K=2*sum(x.^2)-6-2*p+sin(t1-x(1)-x(4))+sin(t2-x(2)-x(3))+...
     +sin(t3-x(1))+sin(2*t4-x(2))+sin(t5-x(3))+sin(2*t6-x(4));
    K=K(:);
end
```

这样需要由下面的语句求解 $N = 10$ 时的问题,耗时 $79.13\,\mathrm{s}$,$\boldsymbol{x} = [1.4094, -1.6228, 1.6628, -0.7104]^{\mathrm{T}}$,$g_0 = -6.1667$,比前面得出的结果差。另外可以看出,fseminf() 函数的效率远低于上面给出的方法,所以不建议在求解半无限规划问题时使用 fseminf() 函数。

```
>> tic, [x,f0]=fseminf(f,rand(4,1),1,@c5msinf5), toc
```

如果采用结构体结构描述半无限问题,也可以求解原始的最优化问题,得出的结果与前面的完全一致。

```
>> clear P
   P.x0=rand(4,1);
   P.objective=@(x)x(1)*x(2)+x(2)*x(3)+x(3)*x(4);
   P.ntheta=1; P.seminfcon=@c5msinf5;
   P.options=optimoptions('fseminf');
   P.solver='fseminf';
   tic, x=fseminf(P), toc
```

5.5.3　混合池最优化问题

双线性规划（bilinear programming）问题是一类凸优化问题，本节将给出其一般形式，然后通过例子介绍混合池（pooling and blending）的优化问题。

> **定义 5-8 ▶ 双线性函数**
>
> 若函数 $f(\boldsymbol{x},\boldsymbol{y})$ 可以表示成下面的形式，则该函数称为双线性函数。
>
> $$f(\boldsymbol{x},\boldsymbol{y}) = \boldsymbol{a}^{\mathrm{T}}\boldsymbol{x} + \boldsymbol{x}^{\mathrm{T}}\boldsymbol{Q}\boldsymbol{y} + \boldsymbol{b}^{\mathrm{T}}\boldsymbol{y} \tag{5-5-7}$$
>
> 式中，$\boldsymbol{a}$ 和 $\boldsymbol{b}$ 为向量；$\boldsymbol{Q}$ 为矩阵。如果 $\boldsymbol{x}$ 和 $\boldsymbol{y}$ 不等长，则 $\boldsymbol{Q}$ 为长方形矩阵。

> **定义 5-9 ▶ 双线性规划**
>
> 双线性规划问题的一般数学模型为
>
> $$\max \quad \boldsymbol{x}^{\mathrm{T}}\boldsymbol{A}_0\boldsymbol{y} + \boldsymbol{c}_0^{\mathrm{T}}\boldsymbol{x} + \boldsymbol{d}_0^{\mathrm{T}}\boldsymbol{y} \tag{5-5-8}$$
>
> $$\boldsymbol{x}\ \text{s.t.} \begin{cases} \boldsymbol{x}^{\mathrm{T}}\boldsymbol{A}_i\boldsymbol{y}+\boldsymbol{c}_i^{\mathrm{T}}\boldsymbol{x}+\boldsymbol{d}_i^{\mathrm{T}}\boldsymbol{y}\leqslant b_i, & i=1,2,\cdots,p \\ \boldsymbol{x}^{\mathrm{T}}\boldsymbol{A}_i\boldsymbol{y}+\boldsymbol{c}_i^{\mathrm{T}}\boldsymbol{x}+\boldsymbol{d}_i^{\mathrm{T}}\boldsymbol{y}=b_i, & i=p+1,p+2,\cdots,p+q \end{cases}$$

在化工与石油工业中，双线性规划问题的应用是很普遍的，经常需要求解油品的最优混合问题，以期达到利润的最优化。这里只给出一个实际的应用例子，侧重于演示双线性规划问题的求解方法。

Haverly 提出了如图 5-10 所示的混合池示意图与数学模型[4]，a 和 b 为输入混

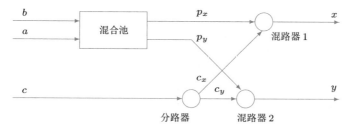

图 5-10　混合池示意图

合池的两路管道量，c 为流向分流器的流量，这三路油品的含硫量分别为 3%、2%、1%，经过混流，如果两路流出的成品油流量为 x 和 y，要求的含硫量分别为 2.5% 和 1.5%，变量 p_x、p_y、c_x 和 c_y 为图中给出的流量。根据已知条件，考虑到原油品与成品油的价格因素，可以建立起如下数学模型，求取利润的最大化。

定义 5-10 ▶ 混合池模型

混合池的最优化数学模型为

$$\max \quad 9x + 15y - 6a - c_1 b - 10(c_x + c_y) \qquad (5\text{-}5\text{-}9)$$

$$\boldsymbol{v} \ \text{s.t.} \begin{cases} p_x + p_y - a - b = 0 \\ x - p_x - c_x = 0 \\ y - p_y - c_y = 0 \\ pp_x + 2c_x - 2.5x \leqslant 0 \\ pp_y + 2c_y - 1.5y \leqslant 0 \\ pp_x + pp_y - 3a - b = 0 \\ 0 \leqslant x \leqslant c_2, \ 0 \leqslant y \leqslant 200 \\ 0 \leqslant a, b, c_x, c_y, p, p_x, p_y \leqslant 500 \end{cases}$$

其中，决策变量为 $\boldsymbol{v} = [x, y, a, b, c_x, c_y, p, p_x, p_y]^{\mathrm{T}}$，$c_1$ 和 c_2 为给定的量。

例 5-30 考虑上面给定的有约束最优化模型，令 $c_1 = 13$，$c_2 = 600$（文献 [4] 中的第三种案例），试用最便捷的方法求解最优化问题。

解 如果想用省心的方法求解问题，可以考虑采用基于问题的描述与求解方法。为保证求解精度，可以选择严苛的误差限。得出的结果为 $y = 200$，$a = 50$，$b = 150$，$p = 1.5$，$p_y = 200$，其他决策变量都为 0，目标函数的值为 750，与文献 [4] 中给出的结果完全一致。

```
>> c1=13; c2=600;
   x=optimvar('x',1,Lower=0,Upper=c2);
   y=optimvar('y',1,Lower=0,Upper=200);
   a=optimvar('a',1,Lower=0,Upper=500);
   b=optimvar('b',1,Lower=0,Upper=500);
   cx=optimvar('cx',1,Lower=0,Upper=500);
   cy=optimvar('cy',1,Lower=0,Upper=500);
   p=optimvar('p',1,Lower=0,Upper=500);
   px=optimvar('px',1,Lower=0,Upper=500);
   py=optimvar('py',1,Lower=0,Upper=500);
   P=optimproblem('ObjectiveSense','max');
   P.Constraints.a1=[px+py-a-b==0, x-px-cx==0, y-py-cy==0];
   P.Constraints.a2=[p*px+2*cx-2.5*x<=0, p*py+2*cy-1.5*y<=0];
   P.Constraints.a3=p*px+p*py-3*a-b==0;
   P.Objective=9*x+15*y-6*a-c1*b-10*(cx+cy);
```

```
x0=[]; x0.x=rand(1); x0.y=rand(1);
x0.a=rand(1); x0.b=rand(1); x0.cx=rand(1); x0.cy=rand(1);
x0.p=rand(1); x0.px=rand(1); x0.py=rand(1);
ff=optimoptions('fmincon');
ff.TolX=eps; ff.TolFun=eps; ff.TolCon=eps;
sol=solve(P,x0,'options',ff)
```

也可以使用 YALMIP 工具箱中支持的方法描述原始问题,并直接求解该最优化问题(注意这里需要求解最大化问题)。得出的结果也是完全一致的。

```
>> x=sdpvar(1,1); y=sdpvar(1,1); a=sdpvar(1,1);
   b=sdpvar(1,1); cx=sdpvar(1,1); cy=sdpvar(1,1);
   p=sdpvar(1,1); px=sdpvar(1,1); py=sdpvar(1,1);
   c1=13; c2=600;
   const=[px+py-a-b==0, x-px-cx==0, y-py-cy==0,
          p*px+2*cx-2.5*x<=0, p*py+2*cy-1.5*y<=0,
          p*px+p*py-3*a-b==0, 0<=x<=c2, 0<=y<=200,
          0<=a<=500,0<=b<=500, 0<=cx<=500, 0<=cy<=500,
          0<=p<=500, 0<=px<=500, 0<=py<=500]; % 约束条件
   obj=9*x+15*y-6*a-c1*b-10*(cx+cy);        % 目标函数
   optimize(const,-obj)                     % 求解最优化问题
   value(x), value(y), value(a), value(b)   % 提取解的值
   value(cx), value(cy), value(p), value(px), value(py)
```

例 5-31　采用 YALMIP 工具箱求解问题固然直观、方便,但有时得出的结果可能具有局限性,例如解的全局最优性不能保证。试用 MATLAB 最优化工具箱的工具重新求解例 5-30 中的问题。

解　如果采用 $x_1 = x, x_2 = y, x_3 = a, x_4 = b, x_5 = c_x, x_6 = c_y, x_7 = p, x_8 = p_x,$ $x_9 = p_y$,可以将原始问题手工改写成

$$\max \quad 9x_1 + 15x_2 - 6x_3 - c_1 x_4 - 10(x_5 + x_6)$$

$$\boldsymbol{x} \ \text{s.t.} \begin{cases} x_8 + x_9 - x_3 - x_4 = 0 \\ x_1 - x_8 - x_5 = 0 \\ x_2 - x_9 - x_6 = 0 \\ x_7 x_8 + 2x_5 - 2.5x_1 \leqslant 0 \\ x_7 x_9 + 2x_6 - 1.5x_2 \leqslant 0 \\ x_7 x_8 + x_7 x_9 - 3x_3 - x_4 = 0 \\ \boldsymbol{x}_{\text{m}} \leqslant x \leqslant \boldsymbol{x}_{\text{M}} \end{cases}$$

由给出的约束条件,可以手工写出线性等式矩阵为

$$\boldsymbol{A}_{\text{eq}} = \begin{bmatrix} 0 & 0 & -1 & -1 & 0 & 0 & 0 & 1 & 1 \\ 1 & 0 & 0 & 0 & -1 & 0 & 0 & -1 & 0 \\ 0 & 1 & 0 & 0 & 0 & -1 & 0 & 0 & -1 \end{bmatrix}, \quad \boldsymbol{B}_{\text{eq}} = \begin{bmatrix} 0 \\ 0 \\ 0 \end{bmatrix}$$

非线性约束可以由下面的 MATLAB 描述。

```
function [c,ceq]=c5mpool(x)
    c=[x(7)*x(8)+2*x(5)-2.5*x(1); x(7)*x(9)+2*x(6)-1.5*x(2)];
    ceq=x(7)*x(8)+x(7)*x(9)-3*x(3)-x(4);
end
```

这样，考虑到决策变量的下限与上限约束，可以调用 fmincon() 函数求解原始问题。反复调用下面的语句，绝大部分场合下的运行结果都与例5-30的结果完全一致，个别场合下收敛于局部最优解。

```
>> c1=13; c2=600;
   P.options=optimset; P.solver='fmincon';
   P.objective=@(x)-(9*x(1)+15*x(2)-6*x(3)-c1*x(4)-10*(x(5)+x(6)));
   x0=ones(9,1); xM=500*x0; P.lb=0*x0; xM(1:2)=[c2; 200];
   P.Aeq=[0,0,-1,-1,0,0,0,1,1; 1,0,0,0,-1,0,0,-1,0;
          0,1,0,0,0,-1,0,0,-1];
   P.Beq=[0; 0; 0]; P.ub=xM; P.nonlcon=@c5mpool;
   P.x0=100*rand(9,1);
   [x,f0,flag]=fmincon(P)
```

事实上，如果用基于问题的方法建立模型，则可以由 prob2struct() 函数转换成结构体模型，也可以调用 fmincon_global() 函数得出全局最优解。

5.5.4 热交换网络的优化计算

热交换与加热系统是经常遇到的实际问题。假设需要设计一组三个加热器，如图5-11所示，流入加热器的空气温度为 $T_{c,\text{in}} = 100°\text{F}$，期望流出空气的温度为 $T_{c,\text{out}} = 500°\text{F}$。在中间需要设计三个加热器，加热温度分别为 $T_{\text{in},1} = 300°\text{F}$、$T_{\text{in},2} = 400°\text{F}$、$T_{\text{in},3} = 600°\text{F}$，从节省能源的角度看，需要设计这三个加热器，使得过热的面积和 $A_1 + A_2 + A_3$ 最小。

定义 5-11 ▶ 热交换网络

文献 [39] 给出了热交换网络的最优化问题数学模型，即

$$\min \quad A_1 + A_2 + A_3 \qquad (5\text{-}5\text{-}10)$$

$$\boldsymbol{A}, \boldsymbol{T_c}, \boldsymbol{T}_{\text{out}} \ \text{s.t.} \begin{cases} T_{c,1}+T_{\text{out},1}-T_{c,\text{in}}-T_{\text{in},1} \leqslant 0 \\ -T_{c,1}+T_{c,2}+T_{\text{out},2}-T_{\text{in},1} \leqslant 0 \\ T_{\text{out},3}-T_{c,2}-T_{\text{in},3}+T_{c,\text{out}} \leqslant 0 \\ A_1-A_1 T_{\text{out},1}+\gamma T_{c,1}/U_1-\gamma T_{c,\text{in}}/U_1 \leqslant 0 \\ A_2 T_{c,1}-A_2 T_{\text{out},2}-\gamma T_{c,1}/U_2+\gamma T_{c,2}/U_2 \leqslant 0 \\ A_3 T_{c,2}-A_3 T_{\text{out},3}-\gamma T_{c,2}/U_3+\gamma T_{c,\text{out}}/U_3 \leqslant 0 \\ 100 \leqslant A_1 \leqslant 10000, \ 1000 \leqslant A_2, \ A_3 \leqslant 10000 \\ 10 \leqslant T_{c,1}, \ T_{c,2}, \ T_{\text{out},1}, \ T_{\text{out},2}, \ T_{\text{out},3} \leqslant 1000 \end{cases}$$

其中，$\gamma = 10^5$，$U_1 = 120$，$U_2 = 80$，$U_3 = 40$。

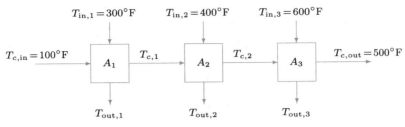

图 5-11　加热系统结构示意图

例 5-32　试针对图 5-11 给出的加热系统求解最优化问题。

解　利用 YALMIP 工具箱可以定义出一些决策变量与输入常数，然后输入目标函数与约束条件，直接求解最优化问题。这样做的优点是无须手工进行变量替换、将最优化问题手工改写成标准型形式等容易出错的环节。

```
>> A=sdpvar(3,1); Tc=sdpvar(2,1); Tout=sdpvar(3,1);
   gam=1e5; U=[120,80,40];
   Tcin=100; T1in=300; T2in=400; T3in=600; Tcout=500;
   cons=[Tc(1)+Tout(1)-Tcin-T1in<=0,
      -Tc(1)+Tc(2)+Tout(2)-T1in<=0,
      Tout(3)-Tc(2)-T3in+Tcout<=0,
      A(1)-A(1)*Tout(1)+gam*Tc(1)/U(1)-gam*Tcin/U(1)<=0,
      A(2)*Tc(1)-A(2)*Tout(2)-gam*Tc(1)/U(2)+gam*Tc(2)/U(2)<=0,
      A(3)*Tc(2)-A(3)*Tout(3)-gam*Tc(2)/U(3)+gam*Tcout/U(3)<=0,
      100<=A(1)<=10000, 1000<=A([2,3])<=10000,
      10<=Tc<=1000, 10<=Tout<=1000];
   opt=sum(A); optimize(cons,opt)
   value(A), value(Tc), value(Tout)
```

得出的结果为 $\boldsymbol{A}=[1026.9, 1000, 5485.3]^{\mathrm{T}}$，$\boldsymbol{T}_c=[265.0597, 280.5887]^{\mathrm{T}}$，$\boldsymbol{T}_{\mathrm{out}}=[134.9403, 284.4710, 380.5887]^{\mathrm{T}}$，该结果与文献 [4] 给出的结果完全一致。

文献 [14] 给出了一个二单元热交换网络的优化计算模型，这是一个非线性规划算法的测试问题。由于该问题的工程背景比较复杂，所以这里不涉及相关的专业背景介绍，只是从数学问题求解的角度探讨该非线性规划问题的求解方法。

定义 5-12 ▶ 二单元热交换网络模型

二单元热交换网络的目标函数可以表示为[14]

$$J=\left[\frac{20000}{2\sqrt{T_{11}T_{12}}/3+(T_{11}+T_{12})/6}\right]^{0.6}+\left[\frac{20000}{2\sqrt{T_{21}T_{22}}/3+(T_{21}+T_{22})/6}\right]^{0.6} \tag{5-5-11}$$

由于本问题的约束条件过于复杂，所以下面单独列出相关的约束条件。

$$f_1^{\mathrm{I}} + f_2^{\mathrm{I}} = 10, \; f_1^{\mathrm{I}} + f_{12}^{\mathrm{B}} - f_1^{\mathrm{E}} = 0, \; f_2^{\mathrm{I}} + f_{21}^{\mathrm{B}} - f_2^{\mathrm{E}} = 0 \qquad (5\text{-}5\text{-}12)$$

$$f_1^{\mathrm{O}} + f_{21}^{\mathrm{B}} - f_1^{\mathrm{E}} = 0, \; f_2^{\mathrm{O}} + f_{12}^{\mathrm{B}} - f_2^{\mathrm{E}} = 0 \qquad (5\text{-}5\text{-}13)$$

$$150 f_1^{\mathrm{I}} + t_2^{\mathrm{O}} f_{12}^{\mathrm{B}} - t_1^{\mathrm{I}} f_1^{\mathrm{E}} = 0, \; 150 f_2^{\mathrm{I}} + t_1^{\mathrm{O}} f_{21}^{\mathrm{B}} - t_2^{\mathrm{I}} f_2^{\mathrm{E}} = 0 \qquad (5\text{-}5\text{-}14)$$

$$f_1^{\mathrm{E}} \left(t_1^{\mathrm{O}} - t_1^{\mathrm{I}} \right) = 1000, \; f_2^{\mathrm{E}} \left(t_2^{\mathrm{O}} - t_2^{\mathrm{I}} \right) = 600 \qquad (5\text{-}5\text{-}15)$$

$$T_{11} = 500 - t_1^{\mathrm{O}}, \; T_{12} = 250 - t_1^{\mathrm{I}}, \; T_{21} = 350 - t_2^{\mathrm{O}}, \; T_{22} = 200 - t_2^{\mathrm{I}} \qquad (5\text{-}5\text{-}16)$$

$$T_{11}, T_{12}, T_{21}, T_{22} \geqslant 10 \qquad (5\text{-}5\text{-}17)$$

$$0 \leqslant f_1^{\mathrm{I}}, f_2^{\mathrm{I}}, f_{12}^{\mathrm{B}}, f_{21}^{\mathrm{B}}, f_1^{\mathrm{O}}, f_2^{\mathrm{O}} \leqslant 10 \qquad (5\text{-}5\text{-}18)$$

$$2.941 \leqslant f_1^{\mathrm{E}} \leqslant 10, \; 3.158 \leqslant f_2^{\mathrm{E}} \leqslant 10, \; 150 \leqslant t_1^{\mathrm{I}} \leqslant 240 \qquad (5\text{-}5\text{-}19)$$

$$250 \leqslant t_1^{\mathrm{O}} \leqslant 490, \; 150 \leqslant t_2^{\mathrm{I}} \leqslant 190, \; 210 \leqslant t_2^{\mathrm{O}} \leqslant 340 \qquad (5\text{-}5\text{-}20)$$

从上面的模型可以看出，原始问题有 12 个参数需要优化，可以引入决策向量，如令 $x_1 = f_1^{\mathrm{I}}, x_2 = f_2^{\mathrm{I}}, x_3 = f_1^{\mathrm{O}}, x_4 = f_2^{\mathrm{O}}, x_5 = f_1^{\mathrm{E}}, x_6 = f_2^{\mathrm{E}}, x_7 = f_{12}^{\mathrm{B}}, x_8 = f_{21}^{\mathrm{B}}, x_9 = t_1^{\mathrm{I}}, x_{10} = t_2^{\mathrm{I}}, x_{11} = t_1^{\mathrm{O}}, x_{12} = t_2^{\mathrm{O}}$。下面将给出原始问题的求解方法演示。

例 5-33 试求解这里给出的非线性规划问题的数值解。

解 由定义的决策变量，可以通过式 (5-5-16) 计算出中间变量 T_{ij}。

$$T_{11} = 500 - x_{11}, \; T_{12} = 250 - x_9, \; T_{21} = 350 - x_{12}, \; T_{22} = 200 - x_{10}$$

再由式 (5-5-11) 计算出目标函数值。做了这些准备，就可以立即写出如下 MATLAB 函数描述最优化问题的目标函数。

```
function J=c5mheat(x)
    T11=500-x(11); T12=250-x(9); T21=350-x(12); T22=200-x(10);
    J=(20000/(2/3)*sqrt(T11*T12)+1/6*(T11+T12))^0.6+...
      (20000/(2/3)*sqrt(T21*T22)+1/6*(T21+T22))^0.6;
end
```

由式 (5-5-12)、式 (5-5-13) 可以写出如下线性等式关系。

$$x_1 + x_2 = 10, \; x_1 + x_7 - x_5 = 0, \; x_2 + x_8 - x_6 = 0$$

$$x_3 + x_8 - x_5 = 0, \; x_4 + x_7 - x_6 = 0$$

由这些表达式可以写出其矩阵形式 $\boldsymbol{A}_{\mathrm{eq}} \boldsymbol{x} = \boldsymbol{B}_{\mathrm{eq}}$，其中，

$$\boldsymbol{A}_{\mathrm{eq}} = \begin{bmatrix} 1 & 1 & 0 & 0 & 0 & 0 & 0 & 0 & 0 & 0 & 0 & 0 \\ 1 & 0 & 0 & 0 & -1 & 0 & 1 & 0 & 0 & 0 & 0 & 0 \\ 0 & 1 & 0 & 0 & 0 & -1 & 0 & 1 & 0 & 0 & 0 & 0 \\ 0 & 0 & 1 & 0 & -1 & 0 & 0 & 1 & 0 & 0 & 0 & 0 \\ 0 & 0 & 0 & 1 & 0 & -1 & 1 & 0 & 0 & 0 & 0 & 0 \end{bmatrix}, \quad \boldsymbol{B}_{\mathrm{eq}} = \begin{bmatrix} 10 \\ 0 \\ 0 \\ 0 \\ 0 \end{bmatrix}$$

由式 (5-5-14)、式 (5-5-15) 可以写出非线性的等式约束。

$$150x_1 + x_{12}x_7 - x_9x_5 = 0, \quad 150x_2 + x_{11}x_8 - x_{10}x_6 = 0$$

$$x_5(x_{11} - x_9) - 1000 = 0, \quad x_6(x_{12} - x_{10}) - 600 = 0$$

由式 (5-5-17) 可以写出非线性不等式约束。

$$-T_{11} + 10 \leqslant 0, \quad -T_{12} + 10 \leqslant 0, \quad -T_{21} + 10 \leqslant 0, \quad -T_{22} + 10 \leqslant 0$$

这里没有必要将不等式约束替换成 x 的表达式。有了上述约束条件，就可以编写出相应的 MATLAB 函数描述。

```
function [c,ceq]=c5mheat1(x)
    T11=500-x(11); T12=250-x(9); T21=350-x(12); T22=200-x(10);
    c=-[T11; T12; T21; T22]+10;
    ceq=[150*x(1)+x(12)*x(7)-x(9)*x(5);
        150*x(2)+x(11)*x(8)-x(10)*x(6);
        x(5)*(x(11)-x(9))-1000; x(6)*(x(12)-x(10))-600];
end
```

此外，由式 (5-5-18)、式 (5-5-19) 和式 (5-5-20) 还可以写出决策变量的下界与上界为

$$\boldsymbol{x}_{\mathrm{m}} = [0, 0, 0, 0, 2.941, 3.158, 0, 0, 150, 150, 250, 210]^{\mathrm{T}}$$

$$\boldsymbol{x}_{\mathrm{M}} = [10, 10, 10, 10, 10, 10, 10, 10, 240, 190, 490, 340]^{\mathrm{T}}$$

由于原始问题使用普通求解函数 fmincon() 可能导致得出局部最优解，所以采用全局最优解搜索函数 fmincon_global() 可以直接求解原始问题。

```
>> A=[]; B=[]; Beq=[10; 0; 0; 0; 0];
   Aeq=[1,1,0,0,0,0,0,0,0,0,0,0; 1,0,0,0,-1,0,1,0,0,0,0,0;
       0,1,0,0,0,-1,0,1,0,0,0,0; 0,0,1,0,-1,0,0,1,0,0,0,0;
       0,0,0,1,0,-1,1,0,0,0,0,0];
   xm=[0,0,0,0,2.941,3.158,0,0, 150,150,250,210];
   xM=[10,10,10,10,10,10,10,10,240,190,490,340]; n=12; N=10;
   x=fmincon_global(@c5mheat,0,10,n,N,A,B,Aeq,Beq,xm,xM,@c5mheat1)
```

得出原问题的全局最优解为 $\boldsymbol{x} = \begin{bmatrix} 0, 10, 10, 0, 10, 10, 10, 0, 210, 150, 310, 210 \end{bmatrix}^{\mathrm{T}}$，即 $f_1^{\mathrm{I}} = f_2^{\mathrm{O}} = f_{21}^{\mathrm{B}} = 0, f_2^{\mathrm{I}} = f_1^{\mathrm{O}} = f_1^{\mathrm{E}} = f_2^{\mathrm{E}} = f_{12}^{\mathrm{B}} = 10, t_1^{\mathrm{I}} = 210, t_2^{\mathrm{I}} = 150, t_1^{\mathrm{O}} = 310, t_2^{\mathrm{O}} = 210$，与文献 [14] 给出的最好的解完全一致。

5.5.5 基于最优化技术的非线性方程求解

第 2 章已经全面介绍了非线性方程求解的内容，3.5.4 节也介绍了一种转换方法，为更好地揭示最优化与方程求解的关系，这里将介绍另一种将非线性方程求解问题转换为有约束最优化问题，从而得出方程的解的方法。

假设已知方程 $f(x) = 0$，则很自然地，可以引入决策变量 s，其元素个数与自变量 x 个数一致，这样，就可以建立起如下最优化模型。

$$\min_{x, s} \quad s \qquad (5\text{-}5\text{-}21)$$
$$\text{s.t.} \quad \begin{cases} f(x) - s \leqslant 0 \\ -f(x) - s \leqslant 0 \end{cases}$$

再统一决策变量 x 和 s，变成新的决策变量 $x = [x; s]^{\mathrm{T}}$，就可以将方程求解问题变换为有约束最优化问题直接求解。简单起见，还可以引入标量 s 求解。下面通过例子演示这里介绍的求解方法。

例 5-34 试求解例 3-40 中的二元联立方程组，这里重新给出该方程[4]。

$$\begin{cases} 4x_1^3 + 4x_1x_2 + 2x_2^2 - 42x_1 = 14 \\ 4x_2^3 + 2x_1^2 + 4x_1x_2 - 26x_2 = 22 \end{cases}$$

解 其实，对这个二元联立方程，需要引入标量附加决策变量 s，或直接令 $x_3 = s$，则原方程可以转换成下面的有约束最优化问题。

$$\min_{x, s} \quad x_3$$
$$\text{s.t.} \quad \begin{cases} 4x_1^3 + 4x_1x_2 + 2x_2^2 - 42x_1 - 14 - x_3 \leqslant 0 \\ 4x_2^3 + 2x_1^2 + 4x_1x_2 - 26x_2 - 22 - x_3 \leqslant 0 \\ -4x_1^3 - 4x_1x_2 - 2x_2^2 + 42x_1 + 14 - x_3 \leqslant 0 \\ -4x_2^3 - 2x_1^2 - 4x_1x_2 + 26x_2 + 22 - x_3 \leqslant 0 \end{cases}$$

这样，就可以编写出如下 MATLAB 函数描述最优化问题的非线性约束条件。

```
function [c,ceq]=c5me2o(x)
    ceq=[];
    c=[4*x(1)^3+4*x(1)*x(2)+2*x(2)^2-42*x(1)-14-x(3);
       4*x(2)^3+2*x(1)^2+4*x(1)*x(2)-26*x(2)-22-x(3);
       -4*x(1)^3-4*x(1)*x(2)-2*x(2)^2+42*x(1)+14-x(3);
       -4*x(2)^3-2*x(1)^2-4*x(1)*x(2)+26*x(2)+22-x(3)];
end
```

有了这样的约束条件，就可以直接给出如下命令求解方程的一个解。如果选取另外的初值，利用这样的方法还可以得出方程的其他解。

```
>> clear P
   P.objective=@(x)x(3); P.nonlcon=@c5me2o;
   P.solver='fmincon'; P.options=optimset; P.x0=rand(3,1);
   [x,f0,flag]=fmincon(P)
```

需要指出的是，这里只是演示将求解方程问题转换成最优化问题的方法，而这种求解方程的方法在实际应用中没有太大价值。求解方程就使用求解方程的专用方法即可，没有必要引入这种不实用的方法。

本章习题

5.1 试求解下面的最优化问题[7]。试问求解这样的最优化问题有高精度的方法吗？

$$\max_{x,y,z} \quad z$$
$$\text{s.t.} \begin{cases} 8+5z^3x-4z^8y+3x^2y-xy^2=0 \\ 1-z^9-z^3x+y+3z^5xy+7x^2y+2xy^2=0 \\ -1-5z-5z^9x-5z^8y-2z^9xy+x^2y+4xy^2=0 \end{cases}$$

5.2 试求解下面的最优化问题。

$$\max_{x,y} \quad x+y$$
$$\text{s.t.} \begin{cases} y\leqslant 2x^4-8x^3+8x^2+2 \\ y\leqslant 4x^4-32x^3+88x^2-96x+36 \\ 0\leqslant x\leqslant 3,\ 0\leqslant y\leqslant 4 \end{cases}$$

5.3 试求解下面的非凸二次型规划问题。

$$\max_{\boldsymbol{x},\boldsymbol{y}} \quad \boldsymbol{c}^{\mathrm{T}}\boldsymbol{x}+dy+\frac{1}{2}\boldsymbol{x}^{\mathrm{T}}\boldsymbol{Q}\boldsymbol{x}$$
$$\text{s.t.} \begin{cases} 6x_1+3x_2+3x_3+2x_4+x_5\leqslant 6.5 \\ 10x_1+10x_3+y\leqslant 20 \\ 0\leqslant x_i\leqslant 1,\ y>0 \end{cases}$$

且 $\boldsymbol{c}^{\mathrm{T}}=[-10.5,-7.5,-3.5,-2.5,-1.5]$，$\boldsymbol{Q}=\boldsymbol{I}$，$d=1$。能够获得问题的全局最优解吗？这个全局最优解是什么？

5.4 试求解下面的非线性规划问题，并比较不同建模与求解方法的难易程度。也可以评价各种求解方法的效率，例如，求解耗时与获得全局最优解的成功率等。

$$\min \quad \frac{1}{2\cos x_6}\left[x_1x_2(1+x_5)+x_3x_4\left(1+\frac{31.5}{x_5}\right)\right]$$
$$\boldsymbol{x} \ \text{s.t.} \begin{cases} 0.003079x_1^3x_2^3x_5-\cos^3 x_6\geqslant 0 \\ 0.1017x_3^3x_4^3-x_5^2\cos^3 x_6\geqslant 0 \\ 0.09939(1+x_5)x_1^3x_2^2-\cos^2 x_6\geqslant 0 \\ 0.1076(31.5+x_5)x_3^3x_4^2-x_5^2\cos^2 x_6\geqslant 0 \\ x_3x_4(x_5+31.5)-x_5[2(x_1+5)\cos x_6+x_1x_2x_5]\geqslant 0 \\ 0.2\leqslant x_1\leqslant 0.5,14\leqslant x_2\leqslant 22,0.35\leqslant x_3\leqslant 0.6 \\ 16\leqslant x_4\leqslant 22,5.8\leqslant x_5\leqslant 6.5,0.14\leqslant x_6\leqslant 0.2618 \end{cases}$$

5.5 试求解下面的非线性规划问题[14]。

$$\min \quad 37.293239x_1+0.8356891x_1x_5+5.3578547x_3^2-40792.141$$
$$\boldsymbol{x} \ \text{s.t.} \begin{cases} -0.0022053x_3x_5+0.0056858x_2x_5+0.0006262x_1x_4-6.665593\leqslant 0 \\ 0.0022053x_3x_5-0.0056858x_2x_5-0.0006262x_1x_4-85.334407\leqslant 0 \\ 0.0071317x_2x_5+0.0021813x_3^2+0.0029955x_1x_2-29.48751\leqslant 0 \\ -0.0071317x_2x_5-0.0021813x_3^2-0.0029955x_1x_2+9.48751\leqslant 0 \\ 0.0047026x_3x_5+0.0019085x_3x_4+0.0012547x_1x_3-15.699039\leqslant 0 \\ -0.0047026x_3x_5-0.0019085x_3x_4-0.0012547x_1x_3+10.699039\leqslant 0 \\ 78\leqslant x_1\leqslant 102,\ 33\leqslant x_2\leqslant 45,\ 27\leqslant x_3,x_4,x_5\leqslant 45 \end{cases}$$

5.6 试求解下面的最优化问题[14]。

（1）
$$\min_{\boldsymbol{x}} \quad x_1^{0.6} + x_2^{0.6} - 6x_1 - 4u_1 + 3u_2$$

$$\boldsymbol{x} \text{ s.t. } \begin{cases} x_2 - 3x_1 - 3u_1 = 0 \\ x_1 + 2u_1 \leqslant 4 \\ x_2 + 2u_2 \leqslant 4 \\ x_1 \leqslant 3, \ u_2 \leqslant 1 \\ x_1, x_2, u_1, u_2 \geqslant 0 \end{cases}$$

（2）
$$\min_{\boldsymbol{x}} \quad x_1^{0.6} + x_2^{0.6} + x_3^{0.4} + 2u_1 + 5u_2 - 4x_3 - u_3$$

$$\boldsymbol{x} \text{ s.t. } \begin{cases} x_2 - 3x_1 - 3u_1 = 0 \\ x_3 - 2x_2 - 2u_2 = 0 \\ 4u_1 - u_3 \leqslant 0 \\ x_1 + 2u_1 \leqslant 4 \\ x_2 + u_2 \leqslant 4 \\ x_3 + u_3 \leqslant 6 \\ x_1 \leqslant 3, \ u_2 \leqslant 2, \ x_3 \leqslant 4 \\ x_1, x_2, x_3, u_1, u_2, u_3 \geqslant 0 \end{cases}$$

由于本习题中有两个决策变量，$\boldsymbol{x}$和$\boldsymbol{u}$，这类问题更适合采用基于问题的方法建模与求解。试用这种方法求解最优化问题。

5.7 试求解下面带有二次型约束的最优化问题[14]。

$$\min_{\boldsymbol{x}} \quad x_1 + x_2 + x_3$$

$$\boldsymbol{x} \text{ s.t. } \begin{cases} -1 + 0.0025(x_4 + x_6) \leqslant 0 \\ -1 + 0.0025(-x_4 + x_5 + x_7) \leqslant 0 \\ -1 + 0.01(-x_5 + x_8) \leqslant 0 \\ 100x_1 - x_1 x_6 + 833.33252x_4 - 83333.333 \leqslant 0 \\ x_2 x_4 - x_2 x_7 - 1250x_4 + 1250x_5 \leqslant 0 \\ x_3 x_5 - x_3 x_8 - 2500x_5 + 1250000 \leqslant 0 \\ 100 \leqslant x_1 \leqslant 10000, \ 1000 \leqslant x_2, x_3 \leqslant 10000 \\ 10 \leqslant x_4, x_5, x_6, x_7, x_8 \leqslant 1000 \end{cases}$$

5.8 试求解下面的最优化问题。

$$\min_{\boldsymbol{x}} \quad 0.6224x_1 x_2 x_3 x_4 + 1.7781x_2 x_3^2 + 3.1661x_1^2 x_4 + 19.84x_1^2 x_3$$

$$\boldsymbol{x} \text{ s.t. } \begin{cases} 0.0193x_3 - x_1 \leqslant 0 \\ 0.00954x_3 - x_2 \leqslant 0 \\ 750 \times 1728 - \pi x_3^2 x_4 - 4\pi x_3^3/3 \leqslant 0 \\ x_4 - 240 \leqslant 0 \\ 0.0625 \leqslant x_1, x_2 \leqslant 6.1875, 10 \leqslant x_3, x_4 \leqslant 200 \end{cases}$$

5.9 试求解下面的最优化问题[28]。

$$\min_{\boldsymbol{q},k} \quad k$$

$$\boldsymbol{q},k \text{ s.t. } \begin{cases} g(\boldsymbol{q}) \leqslant 0 \\ 800 - 800k \leqslant q_1 \leqslant 800 + 800k \\ 4 - 2k \leqslant q_2 \leqslant 4 + 2k \\ 6 - 3k \leqslant q_3 \leqslant 6 + 3k \end{cases}$$

其中，$g(\boldsymbol{q}) = 10q_2^2 q_3^3 + 10q_2^3 q_3^2 + 200q_2^2 q_3^2 + 100q_2^3 q_3 + q_1 q_2 q_3^3 + q_1 q_2^3 q_3 + 1000q_2 q_3^3 + 8q_1 q_3^2 + 1000q_2^2 q_3 + 8q_1 q_2^2 + 6q_1 q_2 q_3 - q_1^2 + 60q_1 q_3 + 60q_1 q_2 - 200q_1$。

5.10 试求解下面的非线性规划问题[14]。

$$\min_{\boldsymbol{q},w,k} \quad k$$

$$\text{s.t.} \begin{cases} a_4(\boldsymbol{q})w^4 - a_2(\boldsymbol{q})w^2 + a_0(\boldsymbol{q}) = 0 \\ a_3(\boldsymbol{q})w^2 - a_1(\boldsymbol{q}) = 0 \\ 10 - k \leqslant q_1 \leqslant 10 + k \\ 1 - 0.1k \leqslant q_2, q_3 \leqslant 1 + 0.1k \\ 0.2 - 0.01k \leqslant q_4 \leqslant 0.2 + 0.01k \\ 0.05 - 0.005 \leqslant q_5 \leqslant 0.05 + 0.005k \end{cases}$$

其中，

$$a_4(\boldsymbol{q}) = q_3^2 q_2 (4q_2 + 7q_1)$$

$$a_3(\boldsymbol{q}) = 7q_4 q_3^2 q_2 - 64.918 q_3^2 q_2$$

$$a_2(\boldsymbol{q}) = 3(264.896 q_3 q_2 - 9.81 q_3 q_2^2 - 9.81 q_3 q_1 q_2 - 4.312 q_3^2 q_2) + 3(q_4 q_4 - 9.274 q_5)$$

$$a_1(\boldsymbol{q}) = (-147.15 q_4 q_3 q_2 + 1364.67 q_3 q_2 - 27.72 q_5)/5$$

$$a_0(\boldsymbol{q}) = 54.387 q_3 q_2$$

5.11 试求解下面的非线性规划问题[14]。

$$\min_{\boldsymbol{q},w,k} \quad k$$

$$\text{s.t.} \begin{cases} a_8(\boldsymbol{q})w^8 - a_6(\boldsymbol{q})w^6 - a_4(\boldsymbol{q})w^4 - a_2(\boldsymbol{q})w^2 + a_0(\boldsymbol{q}) = 0 \\ a_7(bmq)w^6 - a_5(\boldsymbol{q})w^4 + a_3(\boldsymbol{q})w^2 - a_1(\boldsymbol{q}) = 0 \\ 17.5 - 14.5k \leqslant q_1 \leqslant 17.5 + 14.5k \\ 20 - 15k \leqslant q_2 \leqslant 20 + 15k \end{cases}$$

其中，

$$a_0(q_1, q_2) = 453 \times 10^6 q_1^2$$

$$a_1(q_1, a_2) = 528 \times 10^6 q_1^2 + 3640 \times 10^6 q_1$$

$$a_2(q_1, q_2) = 572 \times 10^6 q_1^2 q_2 + 113 \times 10^6 q_1^2 + 4250 \times 10^6 q_1$$

$$a_3(q_1, q_2) = 6.93 \times 10^6 q_1^2 q_2 + 911 \times 10^6 q_1 + 4220 \times 10^6$$

$$a_4(q_1, q_2) = 1.45 \times 10^6 q_1^2 q_2 + 16.8 \times 10^6 q_1 q_2 + 338 \times 10^6$$

$$a_5(q_1, q_2) = 15.6 \times 10^3 q_1^2 q_2^2 + 840 q_1^2 q_2 + 1.35 \times 10^6 q_1 q_2 + 13.5 \times 10^6$$

$$a_6(q_1, q_2) = 1.25 \times 10^3 q_1^2 q_2^2 + 16.8 q_1^2 q_2 + 53.9 \times 10^3 q_1 q_2 + 270 \times 10^3$$

$$a_7(q_1, q_2) = 50 q_1^2 q_2^2 + 1080 q_1 q_2$$

$$a_8(q_1, q_2) = q_1^2 q_2$$

5.12 试利用非线性规划标准型方法和基于问题的描述方法求解习题5.9中的最优化问题，并比较求解的难易程度。

5.13 试重新求解第4章习题4.14、习题4.15，得出非凸二次型规划问题的全局最优解。

5.14 试求解下面的最优化问题。

$$\min_{\boldsymbol{x}} \quad -2x_1 + x_2 - x_3$$

$$\text{s.t.} \begin{cases} x_1 + x_2 + x_3 \leqslant 4 \\ 3x_2 + x_3 \leqslant 6 \\ x_1 \leqslant 2, \ x_3 \leqslant 3 \\ x_1, x_2, x_3 \geqslant 0 \\ \boldsymbol{x}^{\mathrm{T}} \boldsymbol{B}^{\mathrm{T}} \boldsymbol{B} \boldsymbol{x} - 2\boldsymbol{r}^{\mathrm{T}} \boldsymbol{B} \boldsymbol{x} + ||\boldsymbol{r}||^2 - 0.25||\boldsymbol{b} - \boldsymbol{v}||^2 \geqslant 0 \end{cases}$$

其中，

$$\boldsymbol{B} = \begin{bmatrix} 0 & 0 & 1 \\ 0 & -1 & 0 \\ -2 & 1 & -1 \end{bmatrix}, \ \boldsymbol{b} = \begin{bmatrix} 3 \\ 0 \\ -4 \end{bmatrix}, \ \boldsymbol{v} = \begin{bmatrix} 0 \\ -1 \\ -6 \end{bmatrix}, \ \boldsymbol{r} = \begin{bmatrix} 1.5 \\ -0.5 \\ -5 \end{bmatrix}$$

5.15 试求解下面的非线性规划问题，并尝试得到全局最优解[16]。

$$\max \ 5x_1 + \mathrm{e}^{-2x_2} - \mathrm{e}^{-x_2} + x_1 x_3 + 4x_3 + 6x_4 + \frac{5x_5}{x_5 + 1} + \frac{6x_6}{x_6 + 1}$$

$$\boldsymbol{x} \ \text{s.t.} \begin{cases} x_1 + x_2 + x_3 + x_4 + x_5 + x_5 \leqslant 10 \\ x_1 + x_3 + x_4 \leqslant 5 \\ x_1 - x_2^2 + x_3 + x_5 + x_6^2 \leqslant 5 \\ x_2 + 2x_4 + x_5 + 0.8x_8 = 5 \\ x_3^2 + x_5^2 + x_6^2 = 5 \end{cases}$$

5.16 试求解下面的非线性规划问题[15]。

（1）

$$\min \ \sum_{j=1}^{10} \mathrm{e}^{x_j} \left(c_j + x_j + \ln \sum_{k=1}^{10} \mathrm{e}^{x_k} \right)$$

$$\boldsymbol{x} \ \text{s.t.} \begin{cases} \mathrm{e}^{x_1} + 2\mathrm{e}^{x_2} + 2\mathrm{e}^{x_3} + \mathrm{e}^{x_6} + \mathrm{e}^{x_{10}} - 2 = 0 \\ \mathrm{e}^{x_4} + 2\mathrm{e}^{x_5} + \mathrm{e}^{x_6} + \mathrm{e}^{x_7} - 1 = 0 \\ \mathrm{e}^{x_3} + \mathrm{e}^{x_7} + \mathrm{e}^{x_8} + 2\mathrm{e}^{x_9} + \mathrm{e}^{x_{10}} - 1 = 0 \\ -100 \leqslant x_i \leqslant 100, \ i = 1, 2, \cdots, 10 \end{cases}$$

（2）

$$\min \ \sum_{j=1}^{10} x_j \left(c_j + \ln \frac{x_j}{x_1 + x_2 + \cdots + x_{10}} \right)$$

$$\boldsymbol{x} \ \text{s.t.} \begin{cases} x_2 + x_2 + x_3 + 2x_6 + x_{10} - 2 = 0 \\ x_4 + 2x_5 + x_6 + x_7 - 1 = 0 \\ x_3 + x_7 + x_8 + 2x_9 + x_{10} - 1 = 0 \\ 10^{-6} \leqslant x_i, \ i = 1, 2, \cdots, 10 \end{cases}$$

其中，$c_1 = -6.089$, $c_2 = -17.164$, $c_3 = -34.054$, $c_4 = -5.914$, $c_5 = -24.721$, $c_6 = -14.986$, $c_7 = -24.100$, $c_8 = -10.708$, $c_9 = -26.662$, $c_{10} = -22.179$。

5.17 试求解下面的 Bartholomew–Biggs 问题[15]。

$$\min \ x_1 x_4 (x_1 + x_2 + x_3) + x_3$$

$$\boldsymbol{x} \ \text{s.t.} \begin{cases} x_1 x_2 x_3 x_4 - 25 \geqslant 0 \\ x_1^2 + x_2^2 + x_3^2 + x_4^2 - 40 \geqslant \\ 0 \leqslant x_i \geqslant 5, i = 1, 2, 3, 4 \end{cases}$$

5.18 试求解下面的非线性规划问题[15]。

$$\min \ \mathrm{e}^{x_1 x_2 x_3 x_4 x_5}$$

$$\boldsymbol{x} \ \text{s.t.} \begin{cases} x_1^2 + x_2^2 + x_3^2 + x_4^2 + x_5^2 - 10 = 0 \\ x_2 x_3 - 5x_4 x_5 = 0 \\ x_1^3 + x_2^3 + 1 = 0 \\ -2.3 \leqslant x_{1,2,3} \leqslant 2.3 \\ -3.2 \leqslant x_{4,5} \leqslant 3.2 \end{cases}$$

5.19 试求解下面的双层线性规划问题[4]。

$$\min \quad -2x_1 + x_2 + 0.5y_1$$

$$\boldsymbol{x},\boldsymbol{y} \text{ s.t.} \begin{cases} \boldsymbol{x} \geqslant \boldsymbol{0},\ \boldsymbol{y} \geqslant \boldsymbol{0} \\ \min \quad -4y_1 + y_2 + x_1 + x_2 \\ \boldsymbol{y} \text{ s.t.} \begin{cases} -2x_1 + y_1 - y_2 \leqslant -2.5 \\ x_1 - 3x_2 + y_2 \leqslant 2 \\ y_1, y_2 \geqslant 0 \end{cases} \end{cases}$$

5.20 试求解下面给出的双层二次型规划问题[40]。

$$\min \quad x^2 + (y-10)^2$$

$$\boldsymbol{x},\boldsymbol{y} \text{ s.t.} \begin{cases} -x + y \leqslant 0 \\ 0 \leqslant x \leqslant 15 \\ \min \quad (x + 2y - 30)^2 \\ \boldsymbol{y} \text{ s.t.} \begin{cases} x + y \leqslant 20 \\ 0 \leqslant y \leqslant 20 \end{cases} \end{cases}$$

5.21 考虑例 5-25 中的双层二次型规划问题，如果外层目标函数变成 $y_1^2 - 3y_1 + y_2^2 - 3y_2^2 + x_1^2 + x_2^2$，试重新求解该双层规划问题。

5.22 试求解下面的半无限规划问题[38]。

$$\min \quad \sum_{i=1}^{4} x_i^2 - x_i$$

$$\boldsymbol{x} \text{ s.t.} \begin{cases} x_4 \sin(30t_1 \sin x_1 + 30t_2 \cos x_2)/5 + \\ \quad x_3 \sin(t_1 t_2/10)/10 + t_3 x_1 + t_4 x_2 + t_5 x_3 + t_6 x_4 - 4 \leqslant 0 \\ -1 \leqslant t_1, t_2, \cdots, t_6 \leqslant 1 \end{cases}$$

5.23 试求解下面的非线性最优化问题。

$$\min \quad x_1^2 + x_2^2 + 2x_3^2 + x_4 - 5x_1 - 5x_2 - 21x_3 + 7x_4$$

$$\boldsymbol{x} \text{ s.t.} \begin{cases} -x_1^2 - x_2^2 - x_3^2 - x_4^2 - x_1 + x_2 - x_3 + x_4 + 8 \geqslant 0 \\ -x_1^2 - 2x_2^2 - x_3^2 - 2x_4^2 + x_1 + x_4 + 10 \geqslant 0 \\ -2x_1^2 - x_2^2 - x_3^2 - 2x_4^2 + x_2 + x_4 + 5 \geqslant 0 \end{cases}$$

5.24 试求解下面的非线性最优化问题[15]。

$$\min \quad \begin{aligned} &(x_1 - 10)^2 + 5(x_2 - 12)^2 + x_3^4 + 3(x_4 - 11)^2 + \\ &10x_5^2 + 7x_6^2 + x_7^4 - 4x_6 x_7 - 10x_6 - 8x_7 \end{aligned}$$

$$\boldsymbol{x} \text{ s.t.} \begin{cases} -2x_1^2 - 3x_2^4 - x_3 - 4x_4^2 - 5x_5 + 127 \geqslant 0 \\ 7x_1 - 3x_2 - 10x_3^2 - x_4 + x_5 + 282 \geqslant 0 \\ 23x_1 - x_2^2 - 6x_6^2 + 8x_7 + 196 \geqslant 0 \\ -4x_1^2 - x_2^2 + 3x_1 x_2 - 2x_3^2 - 5x_6 + 11x_7 \geqslant 0 \end{cases}$$

5.25 分别求解 $a = -0.25, a = 0.125, a = 0.5$ 时的非线性规划问题[15]。

$$\min \quad \begin{aligned} &10x_1 x_2^{-1} x_4^2 x_6^{-3} x_7^a + 15x_1^{-1} x_2^{-2} x_3 x_4 x_5^{-1} x_7^{-0.5} + \\ &20x_1^{-2} x_2 x_4^{-1} x_5^{-1} x_6 + 25x_1^2 x_2^2 x_3^{-1} x_5^{0.5} x_6^{-2} x_7 \end{aligned}$$

$$\boldsymbol{x} \text{ s.t.} \begin{cases} 1 - 0.5x_1^{0.5} x_3^{-2} x_6^{-1} x_7 - 0.7x_1^3 x_2 x_3^{-2} x_6 x_7^{0.5} - 0.2x_2^{-1} x_3 x_4^{-0.5} x_6^{2/3} x_7^{1/4} \geqslant 0 \\ 1 - 1.3x_1^{-0.5} x_2 x_3^{-1} x_5^{-1} x_6 - 0.8x_3 x_4^{-1} x_5^{-1} x_6^2 - 3.1x_1^{-1} x_2^{0.5} x_4^{-2} x_5^{-1} x_6^{1/3} \geqslant 0 \\ 1 - 2x_1 x_3^{-1.5} x_5 x_6^{-1} x_7^{1/3} - 0.1x_2 x_3^{-0.5} x_5 x_6^{-1} x_7^{-0.5} - x_1^{-1} x_2 x_3^{0.5} x_5 - 0.65x_2^{-2} x_3 x_5 x_6^{-1} x_7 \geqslant 0 \\ 1 - 0.2x_1^{-2} x_2 x_4^{-1} x_5^{0.5} x_7^{1/3} - 0.3x_1^{0.5} x_2^2 x_3 x_4^{1/3} x_7^{1/4} x_5^{-2/3} - 0.4x_1^{-3} x_2^{-2} x_3 x_5 x_7^{3/4} - 0.5x_3^{-2} x_4 x_7^{0.5} \geqslant 0 \end{cases}$$

其中，$0.1 \leqslant x_i \leqslant 10$, $i = 1, 2, 3, 4, 5, 6$, $0.01 \leqslant x_7 \leqslant 10$。

5.26 试求解下面的非线性规划问题[15]。

$$\min \quad 0.4x_1^{0.67}x_7^{-0.67} + 0.4x_2^{0.67}x_8^{-0.67} + 10 - x_1 - x_2$$

$$\boldsymbol{x} \text{ s.t.} \begin{cases} 1-0.0588x_5x_7-0.1x_1 \geqslant 0 \\ 1-0.0588x_6x_8-0.1x_1-0.1x_2 \geqslant 0 \\ 1-x_3x_5^{-1}-2x_3^{-0.71}x_5^{-1}-0.0588x_3^{-1.3}x_7 \geqslant 0 \\ 1-4x_4x_6^{-1}-2x_4^{-0.71}x_6^{-1}-0.0588x_4^{-1.3}x_8 \geqslant 0 \\ 0.1 \leqslant x_i \leqslant 10, \ i=1,2,\cdots,8 \end{cases}$$

5.27 试求解下面的有约束最优化问题[14]。

$$\min \quad (x_1-1)^2 + (x_1-x_2)^2 + (x_2-x_3)^3 + (x_3-x_4)^4 + (x_4-x_5)^4$$

$$\boldsymbol{x} \text{ s.t.} \begin{cases} x_1+x_2^2+x_3^3=3\sqrt{2}+2 \\ x_1-x_3^2+x_4=2\sqrt{2}-2 \\ x_1x_5=2 \\ \boldsymbol{x} \in [-5,5] \end{cases}$$

5.28 试求解下面的有约束最优化问题[14]。

$$\min \quad \begin{aligned} &(9-6q_{11}-16q_{21}-15q_{41})y_{11}+ \\ &15-6q_{11}-16q_{21}-15q_{41})y_{12}-z_{31}+5z_{32} \end{aligned}$$

$$\boldsymbol{q,y,z} \text{ s.t.} \begin{cases} q_{41}y_{11}+q_{41}y_{12} \leqslant 50 \\ y_{11}+z_{31} \leqslant 100 \\ y_{12}+z_{32} \leqslant 20 \\ (3q_{11}+q_{21}+q_{41}-2.5)y_{11}-0.5z_{31} \leqslant 0 \\ (3q_{11}+q_{21}+q_{41}-1.5)y_{12}-0.5z_{32} \leqslant 0 \\ q_{11}+q_{21}+q_{41}=1 \\ 0 \leqslant q_{11},q_{21},q_{41} \leqslant 1 \\ 0 \leqslant y_{11},z_{31} \leqslant 100 \\ 0 \leqslant y_{12},z_{32} \leqslant 200 \end{cases}$$

5.29 试求解下面的最优化问题[15]。其中目标函数为

$$f(\boldsymbol{x}) = -\sum_{i=1}^{235} \ln \left(\frac{1}{\sqrt{2\pi}} (a_i(\boldsymbol{x}) + b_i(\boldsymbol{x}) + c_i(\boldsymbol{x})) \right)$$

其中，

$$a_i(\boldsymbol{x}) = \frac{x_1}{x_6} e^{(y_i-x_3)^2/(2x_6^2)}, \quad b_i(\boldsymbol{x}) = \frac{x_2}{x_7} e^{(y_i-x_4)^2/(2x_7^2)}$$

$$c_i(\boldsymbol{x}) = \frac{1-x_1-x_2}{x_8} e^{(y_i-x_5)^2/(2x_8^2)}$$

且y_i为常数，其中，y_i的值在表5-2给出。

5.30 考虑例5-30中给出的应用问题，试求解文献[4]给出的另外两个案例，(1)$c_1 = 16$，$c_2 = 100$，(2)$c_1 = 16$，$c_2 = 600$。

5.31 试求解下面的非线性规划问题[15]，分别得出$a_1 = 055$，$a_2 = 0.48$时最优化问题的

表 5-2　常数 y_i 的值

i 值	y_i	i 值	y_i	i 值	y_i	i 值	y_i	i 值	y_i
1	95	2	105	3~6	110	7~10	115	11~25	120
26~40	125	41~55	130	56~68	135	69~89	140	90~101	145
102~118	150	119~122	155	123~142	160	143~150	165	151~167	170
168~175	175	176~181	180	182~187	185	188~194	190	195~198	195
199~201	200	202~204	205	205~212	210	213	215	214~219	220
220~224	230	225	235	226~232	240	233	245	234~235	250

全局最优解。

$$\min \quad 3x_1 + 10^{-6}x_1^3 + 2x_2 + \frac{2}{3}\times 10^{-6}x_2^3$$

$$\boldsymbol{x} \text{ s.t.} \begin{cases} x_4 - x_3 + a_j \geqslant 0 \\ x_3 - x_4 + a_j \geqslant 0 \\ 1000\sin(-x_3 - 0.25) - 1000\sin(-x_4 - 0.25) + 894.8 - x_1 = 0 \\ 1000\sin(x_3 - 0.25) - 1000\sin(x_3 - x_4 - 0.25) + 894.8 - x_2 = 0 \\ 1000\sin(x_4 - 0.25) - 1000\sin(x_4 - x_3 - 0.25) + 1294.8 = 0 \\ 0 \leqslant x_{1,2} \leqslant 1000 \\ -a_j \leqslant x_{3,4} \leqslant a_j \end{cases}$$

5.32　试求解最优化问题[14]，其中目标函数为

$$\min \left(\frac{Q_1}{U_1 A_1}\right)^{0.6} + \left(\frac{Q_2}{U_2 A_2}\right)^{0.6} + \left(\frac{Q_3}{U_3 A_3}\right)^{0.6}$$

且约束条件为

$$Q_1 = C(T_1 - T_{\mathrm{m}}), \quad Q_2 = C(T_2 - T_1), \quad Q_3 = C(T_{\mathrm{M}} - T_2)$$

$$Q_1 = C(t_1' - t_1), \quad Q_2 = C(t_2' - t_2), \quad Q_3 = C(t_3' - t_3)$$

$$A_1 = \frac{(t_1 - T_{\mathrm{m}}) - (t_1' - T_1)}{\ln\big((t_1 - T_{\mathrm{m}})/(t_1' - T_1)\big)}$$

$$A_2 = \frac{(t_2 - T_1) - (t_2' - T_2)}{\ln\big((t_2 - T_1)/(t_2' - T_2)\big)}$$

$$A_3 = \frac{(t_3 - T_2) - (t_3' - T_{\mathrm{M}})}{\ln\big((t_3 - T_2)/(t_3' - T_{\mathrm{M}})\big)}$$

$$T_{\mathrm{m}} \leqslant T_1, T_2 \leqslant T_{\mathrm{M}}, \; t_1 \leqslant t_1', \; t_2 \leqslant t_2', \; t_3 \leqslant t_3'$$

且已知常数 $T_{\mathrm{m}} = 100$, $T_{\mathrm{M}} = 500$, $C = 10^5$, $t_1' = 300$, $t_2' = 400$, $t_3' = 600$, $U_1 = 120, U_2 = 80, U_3 = 40$。

提示：决策变量可以选作 $T_1, T_2, t_1, t_2, t_3, Q_1, Q_2, Q_3$。

5.33　试用基于问题的方法重新求解例 5-33 中的有约束最优化问题，并得出求全局最优解。

5.34 试用 MATLAB 最优化工具箱重新求解例 5-32 中给出的有约束最优化问题,并与得到的结果进行比较,看看能不能得出更好的结果。

5.35 试将习题 2.12、习题 2.14 中给出的方程求解问题转换成有约束最优化问题并求解方程,试比较方程求解的精度与速度。

5.36 一般非凸优化问题是没有解析解的,所以也无从知道这些问题的全局最优解。在本章很多例子中,本书一直提及全局最优解,其实,这里所谓的"全局最优解"是找到的最好的解,能够满足约束条件,且是目标函数目前最好的值,所以更严格地,应该称为"最好已知解"(best known solutions)。试想办法求解本书中的例子,看看能不能得出更好的解。

混合整数规划

前面介绍的规划问题,决策变量是可以取成任意实数的。在实际最优化问题的建模中,若决策变量 x_i 的物理意义是人数,或运输问题中的件数,则需要对该决策变量进行一定的限制,将其限制成只能取整数变量,这种情况下,原始的问题就变成了整数规划或者混合整数规划。

6.1 节先给出整数规划、混合整数规划问题的基本概念,通过图解的方式演示整数规划问题的求解方法,并探讨整数规划的计算量问题。6.2 节介绍求解整数规划问题的穷举方法,适用于一般的线性与非线性整数规划问题、离散最优化问题、0−1规划问题,并对混合整数规划问题做出求解的尝试。6.3 节通过例子分别介绍线性混合整数规划、离散规划与一般非线性混合整数规划的求解方法,并介绍基于线性矩阵不等式的线性混合整数规划的求解方法。6.4 节介绍一种特殊的混合整数规划问题——混合0−1规划问题的求解方法。6.5 节介绍整数规划或混合整数规划的一些应用,包括在数独问题求解中的应用、在指派问题中的应用、在旅行商问题中的应用以及在背包问题中的应用等。

6.1 整数规划简介

整数规划问题是运筹学与很多最优化领域经常需要解决的问题,本节先给出整数规划与混合整数规划问题的基本定义,并通过图解方法演示简单整数规划问题的求解方法,还将探讨整数规划问题的计算量问题。

6.1.1 整数规划与混合整数规划

定义 6-1 ► 整数规划

如果最优化问题中所有决策变量都要求为整数,则该最优化问题称为整数规划问题。

定义 6-2 ► 混合整数规划

如果其中一些决策变量要求为整数,其他决策变量没有限制,则该最优化问题称为混合整数规划问题。

这里将给出一个简单的例子,利用图解法演示二元整数规划问题解的形式、可行解的概念与整数规划问题的求解方法。

例 6-1 重新考虑例 4-1 中给出的最优化问题。

$$\min_{x,y} \quad -x - 2y$$
$$\text{s.t.} \begin{cases} -x+2y \leqslant 4 \\ 3x+2y \leqslant 12 \\ x \geqslant 0, \ y \geqslant 0 \end{cases}$$

如果决策变量 x 和 y 为整数,试重新求解该最优化问题。

解 可以在 x-y 平面内绘制出两条直线 $-x+2y=4, 3x+2y=12$,这两条直线与 $x=0, y=0$ 两条坐标轴围成的区域即常规问题的可行解区域,如图 6-1 所示。不过整数规划的可行解区域是在阴影区域内的整数点,图中将这些可行解的点手工标注出来。

```
>> syms x;
   fplot([2+x/2, 6-3*x/2],[-1,5])   %绘制两条直线
```

由于整数线性规划问题是凸问题,其最优值位于这些整数点最贴近边界的坐标处,对这个具体问题而言,$(2,3)$ 点为全局最优解,最优目标函数值为 -8。

6.1.2 整数规划问题的计算复杂度

在计算机科学领域,通常引入计算的时间复杂度的概念评价一个算法的优劣或一个问题求解的难易程度。例如,计算两个 $n \times n$ 矩阵的乘积需要编写出三重循

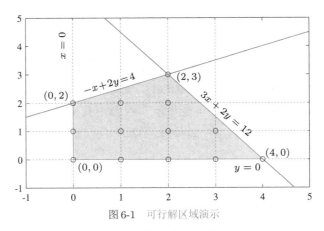

图 6-1　可行解区域演示

环,所以其计算复杂度被认为是 $n^3 + n^2$ 级的问题。

定义 6-3 ▶ P 问题

如果某问题的计算复杂度可以写成 n 的多项式函数,则称该问题为 P 问题(polynomial problem)。

定义 6-4 ▶ NP 问题

如果一个问题的计算复杂度能用不确定性的规模 n 的多项式描述,则称该问题为 NP 问题(non-deterministic polynomial problem),计算复杂度不能降低的问题称为 NP 难(NP-hard)问题。

可以看出,如果整数规划中有 n 个决策变量,每个决策变量有两个选项,则总共有 2^n 种不同的组合,若有 30 个决策变量,即 $n = 30$,则总共有 2^{30} 中组合,即大约由 10 亿种组合,所以不适合由穷举方法求解最优化问题。如果每个决策变量有 50 个选项,则组合数目达到 50^n,如果此时 $n = 10$,则 50^{10} 的值可达 9.7656×10^{16},该数是天文数字,在当前计算机水平下不可能用穷举方法尝试所有组合,所以单纯使用穷举方法,计算复杂度不能表示成 n 的多项式形式。整数规划问题就是 NP 完全问题或 NP 难问题,有些问题可以通过搜索算法降低计算复杂度,得出问题的解。

6.2　穷 举 方 法

整数规划问题有各种各样的求解方法,包括某些 NP 完全问题通过特定搜索方法转换成 P 问题的方法。由于决策变量的可选个数可能是有限的,所以可以考虑采用穷举方法求解最优化问题。本节将先给出穷举方法的概念,然后通过各种各样的例子演示并探讨穷举搜索方法。

6.2.1　整数规划的穷举方法

> **定义 6-5 ▶ 穷举方法**
>
> 　　所谓穷举方法（enumeration method），就是将决策变量所有可能的取值都衡量一番，从满足约束条件的决策变量所有组合中找出使目标函数值最小的组合，这样的解即为原始问题的全局最优解。穷举方法又称为蛮力搜索方法（brutal force method）。

　　如果已知自变量所在的区间，则理论上可以考虑用穷举方法列举出区间内所有的决策变量组合，逐个判定约束条件是否满足，从满足约束条件的组合中逐个求取目标函数的值并排序，由其最小值的对应关系简单地求解所需的自变量值。生成决策变量所有组合比较好的方法是使用 `ndgrid()` 函数，该函数是 `meshgrid()` 函数的拓展，可以直接生成多决策变量问题的所有可能组合。

　　这里介绍的穷举方法看似简单、直观，但对决策变量个数比较多或每个决策变量可选值多的情形是不可行的，因为这时的计算量为天文数字；相应的数学问题是 NP 难问题时，也不能通过穷举方法直接求解，故穷举方法只适合于极有限的小规模问题。此外，穷举方法不适合混合整数规划问题，因为非整数的决策变量是连续的，不能用穷举方法列举出来。

　　例 6-2　试用穷举方法求解例 6-1 中的简单问题。

　　解　两个决策变量的所有组合可以由 `meshgrid()` 函数直接生成。由下面的语句可以生成数据网格 x 和 y，对每个组合进行判断，就可以得出满足约束条件的元素下标 `ii`，找到所有可行解。利用下面语句得出的问题可行解如表 6-1 所示。

```
>> [x,y]=meshgrid(0:5);                    %构造决策变量的全部组合
   ii=find(-x+2*y<=4 & 3*x+2*y<=12)        %找出满足约束条件的组合
   x1=x(ii); y1=y(ii);                     %提取可行解
   T=[x1'; y1'; -x1'-2*y1']                %列出全部的可行解
```

表 6-1　满足约束条件的所有可行解信息

ii	1	2	3	7	8	9	13	14	15	16	19	20	25
x_i	0	0	0	1	1	1	2	2	2	2	3	3	4
y_i	0	1	2	0	1	2	0	1	2	3	0	1	0
f_i	0	−2	−4	−1	−3	−5	−2	−4	−6	−8	−3	−5	−4

　　由 `meshgrid()` 函数直接生成的网格数据由下面的矩阵表示。在这两个矩阵中还同时标出了可行解。

$$x = \begin{bmatrix} 0 & 1 & 2 & 3 & 4 & 5 \\ 0 & 1 & 2 & 3 & 4 & 5 \\ 0 & 1 & 2 & 3 & 4 & 5 \\ 0 & 1 & 2 & 3 & 4 & 5 \\ 0 & 1 & 2 & 3 & 4 & 5 \\ 0 & 1 & 2 & 3 & 4 & 5 \end{bmatrix}, \quad y = \begin{bmatrix} 0 & 0 & 0 & 0 & 0 & 0 \\ 1 & 1 & 1 & 1 & 1 & 1 \\ 2 & 2 & 2 & 2 & 2 & 2 \\ 3 & 3 & 3 & 3 & 3 & 3 \\ 4 & 4 & 4 & 4 & 4 & 4 \\ 5 & 5 & 5 & 5 & 5 & 5 \end{bmatrix}$$

满足约束条件的下标 ii 是按列排列而得的一维下标数组。例如，由于 x 是 6×6 矩阵，所以 ii 为 16 时，表示第 4 行第 3 列的元素，即 $x = 2, y = 3$。从得出的表格可见，这时的目标函数值为 -8，在列出的所有可行解中其值最小，所以 $x = 2, y = 3$ 是该问题的全局最优解，这与图 6-1 是一致的。

如果得出的表格数据量较大，不能通过观察得出最小值，则可以考虑通过排序函数 sort() 将目标函数从小到大排列出来，这样，列在最前面的就是全局最小值。在下面的 sort() 语句调用中，除了对目标函数排序之外，还可以得到排序的序号，i0(1) 的值就是最大值所在的位置，所以可以将相应的 x 与 y 值提取出来，这样，得出的结果为 $v = [2, 3, -8]$，表明 $x = 2, y = 3$ 时，目标函数的最小值为 -8。

```
>> z=-x1-2*y1;
   [z0 i0]=sort(z); v=[x1(i0(1)),y1(i0(1)),z0(1)]
```

例 6-3　考虑例 4-6 中给出的线性规划问题，为方便对比，这里重新给出原问题。

$$\min \qquad -2x_1 - x_2 - 4x_3 - 3x_4 - x_5$$

$$x \text{ s.t.} \begin{cases} 2x_2 + x_3 + 4x_4 + 2x_5 \leqslant 54 \\ 3x_1 + 4x_2 + 5x_3 - x_4 - x_5 \leqslant 62 \\ x_1, x_2 \geqslant 0, x_3 \geqslant 3.32, x_4 \geqslant 0.678, x_5 \geqslant 2.57 \end{cases}$$

如果要求决策变量 x_i 均为整数，则原来的问题就变成了整数线性规划问题，试求解该整数规划问题。

解　对于这个小规模问题，可以考虑采用穷举算法。人为假定 x_M 的各个元素均为 25，这样就可以由 ndgrid() 函数生成 5 个自变量的所有组合。其中在生成 x_3 的网格时，使用的向量是 4:N，因为 x_3 的下限是 3.32，而超过该值的最小整数为 4，所以产生从 4 开始的向量，同理可以解释 x_4 和 x_5 的向量。

```
>> N=25; [x1,x2,x3,x4,x5]=ndgrid(0:N,0:N,4:N,1:N,3:N);
   i=find((2*x2+x3+4*x4+2*x5<=54)&...
         (3*x1+4*x2+5*x3-x4-x5<=62));           %找出可行解
   x1=x1(i); x2=x2(i); x3=x3(i); x4=x4(i); x5=x5(i); %提取可行解
   f=-2*x1-x2-4*x3-3*x4-x5;                     %求出可行解的目标函数值
   [fmin,ii]=sort(f);                           %对所有可行解从小到大排序
   i0=ii(1); x=[x1(i0),x2(i0),x3(i0),x4(i0),x5(i0)]  %找最优解
```

当然，采用上面语句就可以先提取出所有可行解，并逐个求取可行解的函数值，然后对其进行从小到大排列，排在第一的就是原问题的全局最优解，得出的全局最优解为 $x = [19, 0, 4, 10, 5]^T$。

然而这里有两个问题值得注意：其一，本算法得出的结果是 $[0, 25]$ 区间的最小值，但这个概念不能随意拓展到此区间之外，如果想将 25 变为 30，在一般的计算机配置下都实现不了，因为所需内存过大，五个变量的存储量为 $31^5 \times 5 \times 8/2^{20} = 1092.1\text{MB}$，所以在求解整数规划时不适合采用穷举算法；其二，除了得出的最优解之外，事实上还可以得出若干组合，使得该规划问题有次最优解。可以显示排序后的函数值为 $\boldsymbol{x}_1 = [-89, -88, -88, -88, -88, -88, -88, -88, -87, -87]$。

```
>> L=15; fx=fmin(1:L)'        % 从排序的可行解中求取排名前15的解
   in=ii(1:L);               % 找出实际下标
   x=[x1(in),x2(in),x3(in),x4(in),x5(in),fmin(1:15)]
```

可见，函数的最小值为 -89。此外，还有若干点的值为 -88，求出最优解的同时，还可以列出各个变量的次最优解，如表 6-2 所示。

表6-2　最优解及部分次最优解

x_1	x_2	x_3	x_4	x_5	f	说　明	x_1	x_2	x_3	x_4	x_5	f	说　明
19	0	4	10	5	-89	最优	18	0	4	11	3	-88	次最优
17	0	5	10	4	-88	次最优	15	0	6	10	4	-88	次最优
12	0	8	9	5	-88	次最优	19	0	4	9	7	-88	次最优
16	0	6	8	8	-88	次最优	20	0	4	7	11	-88	次最优
15	0	6	10	3	-87	次最优	13	0	7	10	3	-87	次最优
11	0	8	10	3	-87	次最优	10	0	9	9	4	-87	次最优
8	0	10	9	4	-87	次最优	5	0	12	8	5	-87	次最优
18	0	4	10	5	-87	次最优							

例6-4　试求解下面的整数规划问题。

$$\min \quad x_1^2 + x_2^2 + 2x_3^2 + x_4^2 - 5x_1 - 5x_2 - 21x_3 + 7x_4$$

$$\boldsymbol{x} \text{ s.t.} \begin{cases} -x_1^2 - x_2^2 - x_3^2 - x_4^2 - x_1 + x_2 - x_3 + x_4 + 8 \geqslant 0 \\ -x_1^2 - 2x_2^2 - x_3^2 - 2x_4^2 + x_1 + x_4 + 10 \geqslant 0 \\ -2x_1^2 - x_2^2 - x_3^2 - 2x_4^2 + x_2 + x_4 + 5 \geqslant 0 \end{cases}$$

解　选择感兴趣的决策变量整数范围为 $-N \sim N$，并选择 $N = 30$，可以通过穷举方法得出问题的全局最优解为 $\boldsymbol{x} = [0, 1, 2, 0]^{\mathrm{T}}$，相应的目标函数为 -38。除了最优解外，还可以搜索出一批次最优解，如 $[0, 0, 2, 0]$，$[0, 1, 2, 1]$，$[0, 1, 1, -1]$ 和 $[1, 2, 1, 0]$，对应的目标函数分别为 $-38, -34, -30, -29, -29$。

```
>> N=30;
   [x1 x2 x3 x4]=ndgrid(-N:N);                % 生成所有可能的组合
   ii=find(-x1.^2-x2.^2-x3.^2-x4.^2-x1+x2-x3+x4+8>=0 & ...
       -x1.^2-2*x2.^2-x3.^2-2*x4.^2+x1+x4+10>=0 & ...
       -2*x1.^2-x2.^2-x3.^2-2*x4.^2+x2+x4+5>=0);   % 已知约束条件
   x1=x1(ii); x2=x2(ii); x3=x3(ii); x4=x4(ii);     % 提取可行解
   ff=x1.^2+x2.^2+2*x3.^2+x4.^2-5*x1-5*x2-21*x3+7*x4; % 目标函数排序
```

```
[fm,ii]=sort(ff); k=ii(1:5); fm(1:5)
X=[x1(k),x2(k),x3(k),x4(k)]                          % 取前 5 个解
```

需要指出的是，穷举方法只能求解所有决策变量的可能都可以列出的最优化问题，如整数规划问题，不能求解混合整数规划问题和一般最优化问题，因为决策变量是连续可变的，不可能将全部的可能都列出来，所以这些问题只能通过搜索方法进行求解。

与前面介绍的最优化问题求解方法不同的是，穷举方法并不会因为问题含有非线性因素而增加任何难度。

6.2.2 离散规划问题

如果一个最优化问题中，决策变量只允许在某些有限的离散点上取值，而这些离散点不一定为整数，则可能涉及离散规划问题的求解。既然决策变量只能选取某些有限的离散点，则不妨试用穷举方法，将满足约束条件的、所有可能的组合都衡量一遍，并比较目标函数的值，由此得出原始问题的全局最优解。这里将通过例子演示离散规划问题的求解方法。

例 6-5 试求解离散最优化问题[41]。

$$\min_{\boldsymbol{x}} \quad 2x_1^2 + x_2^2 - 16x_1 - 10x_2$$

$$\text{s.t.} \begin{cases} x_1^2 - 6x_1 + x_2 - 11 \leqslant 0 \\ -x_1x_2 + 3x_2 + e^{x_1-3} - 1 \leqslant 0 \end{cases}$$

其中，x_1 是 0.25 的整数倍，x_2 是 0.1 的整数倍，且 $x_2 \geqslant 3$。

解 穷举方法并不只是可用于整数规划问题，它同样适用于离散最优化问题。假设决策变量 x_1 的搜索范围为 $(-20, 20)$，x_2 的搜索范围为 $[3, 20]$，则可以给出如下语句，这些语句可以得出全局最优点为 $(4, 5)$，同时也可以得出一些次最优点，如 $(4, 5.1)$、$(4, 4.9)$、$(4, 4.8)$、$(4, 5.2)$ 等，这些点的目标函数均略大于 $(4, 5)$。表 6-3 列出了排名前 16 位的最优解与次最优解。

表 6-3 最优解及部分次最优解

x_1	x_2	f	x_1	x_2	f	x_1	x_2	f	x_1	x_2	f
4	5	-57.000	4	5.1	-56.990	4	4.9	-56.990	4	4.8	-56.960
4	5.2	-56.960	4	5.3	-56.910	4	4.7	-56.910	3.75	5	-56.875
4.25	5	-56.875	3.75	5.1	-56.865	4.25	5.1	-56.865	3.75	4.9	-56.865
4.25	4.9	-56.865	4	4.6	-56.840	4	5.4	-56.840	3.75	4.8	-56.835

```
>> [x1 x2]=meshgrid(-20:0.25:20,3:0.1:20); % 生成所有决策变量组合
   ii=find(x1.^2-6*x1+x2-11<=0 & ...
        -x1.*x2+3*x2+exp(x1-3)-1<=0);       % 查询约束条件，找出可行解
```

```
x1=x1(ii); x2=x2(ii);
ff=2*x1.^2+x2.^2-16*x1-10*x2; [fm,ij]=sort(ff); %排序
k=ij(1:16); X=[x1(k) x2(k) fm(1:16)]      %提取排名前16的解
```

6.2.3 0−1规划的穷举方法

在一些特定的应用场合，决策变量只能取0或1。例如，在做一个决定的时候，这个决定只能是"不做"或"做"，前者可以表示成0，后者可以表示成1，所以需要引入0−1规划的概念。这里首先给出0−1规划与混合0−1规划的定义，然后通过例子演示穷举方法在0−1规划求解中的应用。

定义6-6 ▶ 0−1规划

如果最优化问题的决策变量只能取0或1，则该最优化问题称为0−1规划问题，又称为二值规划（binary programming）问题；如果其中一部分决策变量只能为0或1，则该最优化问题称为混合0−1规划问题。

0−1规划是整数规划的一个特例。下面将通过一个例子演示0−1规划问题的穷举搜索方法。

例6-6 试求解下面的0−1规划问题。

$$\min_{x} \quad 3x_1 + 5x_1x_2x_3 + 8x_1x_4x_5 + 8x_2x_3x_5 - 4x_3x_4x_5$$

$$\text{s.t.} \begin{cases} 3x_1 - x_1x_4x_5 - x_2x_3x_5 + x_3x_4x_5 + 2 \leqslant 4 \\ 2x_1 - 4x_1x_2x_3 - 7x_1x_4x_5 - 8x_2x_3x_5 - x_3x_4x_5 + 14 \leqslant 11 \\ -6x_1 - 8x_1x_2x_3 + 6x_1x_4x_5 - 8x_2x_3x_5 + 6x_3x_4x_5 + 13 \leqslant 18 \\ x_1, x_2, x_3, x_4, x_5 \in \{0,1\} \end{cases}$$

解 如果 x_i 只能取0和1，则可以由 ndgrid() 函数生成全部的组合，对这个小规模问题而言，总共有 $2^5 = 32$ 种不同的组合。从这些组合中指出满足所有3个约束条件的组合，总共可以找到6个组合，再求出这些组合对应的目标函数值并排序，则可以得出全局最优解为 $x = [0,1,1,1,1]^T$，$f_0 = 4$。上面求解语句的总耗时为0.042 s。此外，还可以得出所有这些可行解的信息排序后的结果，如表6-4所示。

表6-4 例6-6问题的全部可行解排序

x_1	x_2	x_3	x_4	x_5	f	说　明	x_1	x_2	x_3	x_4	x_5	f	说　明
0	0	1	0	0	4	最优解	0	0	0	0	0	8	次最优
0	1	0	0	0	11	可行解	1	1	0	0	0	11	可行解
1	0	0	0	0	16	可行解	1	0	1	0	0	20	可行解

```
>> [x1 x2 x3 x4 x5]=ndgrid(0:1); tic
   ii=find(3*x1-x1.*x4.*x5-x2.*x3.*x5+x3.*x4.*x5+2<=4 &...
      2*x1-4*x1.*x2.*x3-7*x1.*x4.*x5- ...
```

```
            8*x2.*x3.*x5-x3.*x4.*x5+14<=11 &...
         -6*x1-8*x1.*x2.*x3+6*x1.*x4.*x5- ...
            8*x2.*x3.*x5+6*x3.*x4.*x5+13<=18);
x1=x1(ii); x2=x2(ii); x3=x3(ii); x4=x4(ii); x5=x5(ii);
f=3*x1+5*x1.*x2.*x3+8*x1.*x4.*x5+8*x2.*x3.*x5-4*x3.*x4.*x5;
[f1,i1]=sort(f); i0=i1(1); f0=f1(i0), size(f)
x=[x1(i0),x2(i0),x3(i0),x4(i0),x5(i0)], toc
xx=[x1(i1) x2(i1) x3(i1) x4(i1) x5(i1) f1]
```

例 6-7　试用穷举方法求解下面的 0−1 线性规划问题。

$$\max_{\boldsymbol{x}} \quad 99x_1 + 90x_2 + 58x_3 + 40x_4 + 79x_5 + 92x_6 + 102x_7 + 74x_8 + 67x_9 + 80x_{10}$$

$$\text{s.t.} \begin{cases} 30x_1+8x_2+6x_3+5x_4+20x_5+12x_6+25x_7+24x_8+32x_9+29x_{10}\leqslant100 \\ x_i\in\{0,1\},\ i=1,2,\cdots,10 \end{cases}$$

解　由于这里给出的是线性规划问题，约束条件与目标函数都是线性的，所以除了前面介绍的循环方法之外，还可以考虑采用向量化计算的方法。可以生成约束条件系数的列向量 $\boldsymbol{v}$，求出各个约束条件的值，并找出使得约束条件小于或等于 100 的所有组合，该组合的数目为 575 个。将目标函数系数做成另一个列向量 $\boldsymbol{w}$，则可以利用向量运算的方法得出满足约束条件的所有组合的目标函数值。将该目标函数值由大到小排序，则排名第一的就是期望的全局最优解，为 $\boldsymbol{x}_0 = [0,1,1,1,1,1,1,1,0,0]^{\mathrm{T}}$，这时的目标函数最大值为 $y_0 = 535$。表 6-5 中还列出了排名前 10 的可行解。

```
>> [y1 y2 y3 y4 y5 y6 y7 y8 y9 y10]=ndgrid(0:1);
   n=numel(y1)              % 计算组合个数
   X=[y1(:) y2(:) y3(:) y4(:) y5(:) y6(:) y7(:) y8(:) y9(:) y10(:)];
   v=[30; 8; 6; 5; 20; 12; 25; 24; 32; 29];
   ii=find(X*v<=100); X1=X(ii,:);
   w=[99; 90; 58; 40; 79; 92; 102; 74; 67; 80];
   y=X1*w; [y1,i1]=sort(y,'descend'); length(ii) % 可行解个数
   i0=i1(1:10); y0=y(i0), Tab=[X1(i0,:) y0]
```

表 6-5　例 6-6 问题排名前 10 的可行解

x_1	x_2	x_3	x_4	x_5	x_6	x_7	x_8	x_9	x_{10}	f	x_1	x_2	x_3	x_4	x_5	x_6	x_7	x_8	x_9	x_{10}	f
0	1	1	1	1	1	1	1	0	0	535	1	1	0	1	1	1	1	0	0	0	502
0	1	1	0	1	1	1	0	0	1	501	0	1	1	0	1	1	1	1	0	0	495
1	1	1	0	1	0	1	0	0	0	492	0	1	0	1	1	1	1	0	0	1	483
1	1	1	1	1	1	0	0	1	0	481	0	1	0	1	1	1	1	0	0	1	477
1	1	0	1	1	1	1	0	1	0	474	0	1	1	0	1	1	1	0	1	0	473

对 0−1 规划问题如果使用穷举方法，则每个决策变量有两个可能的取值，所以 n 决策变量的问题总共有 2^n 种可能的组合。一般情况下如果 n 不是特别大，是可以

考虑使用穷举方法的，毕竟这样的方法能确保得出问题的全局最优解。例如，有 10 个决策变量时，可能的组合共有 1024 种，而 $n=20$ 时组合的个数为 1048576 种，都小于例 6-3 中的组合数，都是可以尝试使用穷举方法的。

6.2.4 混合整数规划的尝试

如果在决策变量里有些要求为整数，另一些没有限制，则原始问题就变成了混合整数规划问题。一般情况下，混合整数规划问题是不能采用穷举方法求解的，因为不可能列出连续决策变量的所有组合。本节将给出两个简单的例子，尝试使用穷举方法直接求解，并演示穷举方法的弊端。

例 6-8 重新考虑例 6-3 中给出的整数线性规划问题，如果决策变量中 $1,4,5$ 要求为整数，试求解这样的混合线性整数规划问题。

解 由于只有有限的决策变量要求为整数，所以原始问题不再可能采用穷举方法进行求解，因为第 $2,3$ 决策变量是连续的，不是可以枚举的。这里可以尝试基于整数规划求解原始问题，例如，若对第 $1,4,5$ 决策变量选择相应的整数组合，对每一个组合求解另外两个变量的一般线性规划问题。这可能是一件很耗时的事。

令 $p_1=x_2, p_2=x_3$，则可以将原始问题修改成

$$\min \quad -p_1-4p_2-2x_1-3x_4-x_5$$
$$\boldsymbol{p} \text{ s.t.} \begin{cases} 2p_1+p_2 \leqslant 54-4x_4-2x_5 \\ 4p_1+5p_2 \leqslant 62-3x_1+x_4+x_5 \\ p_1 \geqslant 0, \ p_2 \geqslant 3.32, \ x_1 \geqslant 0, \ x_4 \geqslant 0.678, \ x_5 \geqslant 2.57 \end{cases}$$

其中，x_1、x_4 和 x_5 可以看成已知的常量，是由外层的穷举循环提供的。标准线性规划问题并不能处理带有常数的目标函数，所以应该在求解时删去该常数，求解之后再加回来。有了这样的想法，就不难给出下面的求解命令，先构造出 14950 个组合，每一个组合调用一次 linprog() 函数计算最优解，然后将 $-2x_1-3x_4-x_5$ 加回目标函数。

```
>> N=25; [x10,x40,x50]=meshgrid(0:N,1:N,3:N);
   x10=x10(:); x40=x40(:); x50=x50(:); size(x10)
   f=[-1,-4]; f0=[]; A=[2,1; 4,5]; xx=[]; tic
   for i=1:length(x10)
       x1=x10(i); x4=x40(i); x5=x50(i);
       B=[54-4*x4-2*x5; 62-3*x1+x4+x5];
       [p,fx,flag]=linprog(f,A,B,[],[],[0; 3.32]);
       if flag>0
           xx=[xx; x1,p(1),p(2),x4,x5]; f0=[f0; fx-2*x1-3*x4-x5];
       end, end, toc
```

这段命令可以找到 2460 个可行解，耗时 243.4 s。从可行解中对目标函数值进行排序，可以得出问题的全局最优解为 $\boldsymbol{x}_0=[19,0,3.8,11,3]^\mathrm{T}$，目标函数的值为 -89.2。

```
>> [f1 ii]=sort(f0); i0=ii(1); f1(1), x0=xx(i0,:)
```

例 6-9　试求解下面的 0−1 混合规划问题[42]。

$$\min_{x,y}\quad 5y_1 + 6y_2 + 8y_3 + 10x_1 - 7x_3 - 18\ln(x_2+1) - 19.2\ln(x_1-x_2+1) + 10$$

$$\text{s.t.}\begin{cases} 0.8\ln(x_2+1)+0.96\ln(x_1-x_2+1)-0.8x_3\geqslant 0 \\ \ln(x_2+1)+1.2\ln(x_1-x_2+1)-x_3-2y_3\geqslant -2 \\ x_2-x_1\leqslant 0 \\ x_2-2y_1\leqslant 0 \\ x_1-x_2-2y_2\leqslant 0 \\ y_1+y_2\leqslant 1 \\ 0\leqslant x\leqslant [2,2,1]^{\mathrm{T}},\ y\in\{0,1\} \end{cases}$$

解　如果 y_1、y_2 和 y_3 只能取 0 或 1，则可以生成它们的所有组合，对每一个组合求解一次关于 x 的非线性规划问题，这样线性约束条件可以写成矩阵的形式。

$$A = \begin{bmatrix} -1 & 1 & 0 \\ 0 & 1 & 0 \\ 1 & -1 & 0 \end{bmatrix},\ B = \begin{bmatrix} 0 \\ 2y_1 \\ 2y_2 \end{bmatrix}$$

且非线性约束不等式的标准型可以写成如下形式，没有非线性等式约束。

$$\begin{cases} -0.8\ln(x_2+1) - 0.96\ln(x_1-x_2+1) + 0.8x_3 \leqslant 0 \\ -\ln(x_2+1) - 1.2\ln(x_1-x_2+1) + x_3 + 2y_3 - 2 \leqslant 0 \end{cases}$$

$y_1+y_2\leqslant 1$ 可以作为可行组合的判定条件，并用 y 向量作为最优化的附加参数，这样可以写出如下约束条件函数。

```
function [c,ceq]=c6mbp1(x,y)
   ceq=[];  %没有等式约束,故返回空矩阵
   c=[-0.8*log(x(2)+1)-0.96*log(x(1)-x(2)+1)+0.8*x(3);
      -log(x(2)+1)-1.2*log(x(1)-x(2)+1)+x(3)+2*y(3)-2];
end
```

现在可以做出 $y_1\sim y_3$ 的所有可能组合，然后由 find() 语句找出所有满足 $y_1+y_2\leqslant 1$ 约束条件的组合。对每一个组合调用一次 fmincon() 函数，可以求解出原始问题的所有最优解，这些最优解中有的是局部最优解，有的是全局最优解。可以对这些局部最优解的目标函数值进行排序，最终得出原始问题的全局最优解为 $x_0 = [1.3010, 0, 1, 0, 1, 0]^{\mathrm{T}}$，最小目标函数为 6.0098，耗时 0.29 s。该解与其他局部最优解在表 6-6 中列出。文献 [42] 给出的推荐解为 $x = [1.301, 0, 1, 1, 0, 1]^{\mathrm{T}}$，该解对应的目标函数为 13.0098，显然有误，因为它只是一个可行解，远非全局最优解。

对这个具体例子而言，由于调用底层 fmincon() 函数的次数不多，只调用 6 次，所以在求解速度上并未观察到很大的区别。

```
>> [y1 y2 y3]=meshgrid(0:1);
   xx=[]; yy=[]; xm=[0;0;0]; xM=[2;2;1]; f=optimoptions('fmincon');
   ii=find(y1+y2<=1); y1=y1(ii); y2=y2(ii); y3=y3(ii); tic
   A=[-1,1,0; 0,1,0; 1,-1,0]; Aeq=[]; Beq=[];
   for i=1:length(y1), x0=rand(3,1);
      B=[0; 2*y1(i); 2*y2(i)]; y=[y1(i); y2(i); y3(i)];
```

```
        f=@(x,y)5*y(1)+6*y(2)+8*y(3)+10*x(1)-7*x(3)-...
               18*log(x(2)+1)-19.2*log(x(1)-x(2)+1)+10;
        [x1,f0,flag]=fmincon(f,x0,A,B,Aeq,Beq,xm,xM,@c6mbp1,ff,y);
        if flag==1, xx=[xx; x1',y']; yy=[yy; f0]; end
     end
     [y0 i1]=sort(yy); i0=i1(1); f0=y0(1), x0=xx(i0,:), toc
```

表 6-6   例 6-9 问题的可行解排序

x_1	x_2	x_3	y_1	y_2	y_3	f	x_1	x_2	x_3	y_1	y_2	y_3	f
1.301	0	1	0	1	0	6.0098	1.5	1.5	0.91629	1	0	0	7.0927
0	0	0	0	0	0	10	1.301	0	1	1	0	1	13.0098
1.301	0	1	0	1	1	14.01	0	0	0	0	0	1	18

可以看出，虽然某些混合整数规划问题可以这样求解，但求解过程极其耗时，另外，求解非线性混合整数规划问题将更耗时，应该考虑引入更好的求解方法和工具。本章的后续内容中将介绍一般混合整数规划的其他求解方法。

6.3   混合整数规划问题的求解

前面介绍过，穷举方法不可能求解中大规模的整数规划问题，而如果试图利用穷举与搜索函数相结合的方法求解混合整数规划问题，求解效率是相当低的，所以应该考虑使用更好的方法求解整数规划与混合整数规划问题。本节将探讨混合整数线性规划问题的求解方法，并将通过例子演示整数规划最常用的分支定界法，还将介绍基于 MATLAB 的混合整数非线性规划问题的直接求解方法。

6.3.1   混合整数线性规划

混合整数线性规划问题是经常使用的混合整数规划问题，本节将给出混合整数线性规划问题的一般数学形式，并借助 MATLAB 的求解方法，通过例子演示这里介绍的求解方法。

定义 6-7 ▶ 混合整数线性规划

混合整数线性规划的一般数学描述为

$$\min_{\boldsymbol{x}} \quad \boldsymbol{f}^{\mathrm{T}}\boldsymbol{x} \tag{6-3-1}$$

$$\text{s.t.} \begin{cases} \boldsymbol{A}\boldsymbol{x} \leqslant \boldsymbol{B} \\ \boldsymbol{A}_{\mathrm{eq}}\boldsymbol{x} = \boldsymbol{B}_{\mathrm{eq}} \\ \boldsymbol{x}_{\mathrm{m}} \leqslant \boldsymbol{x} \leqslant \boldsymbol{x}_{\mathrm{M}} \\ \hat{\boldsymbol{x}}\text{为整数} \end{cases}$$

其中，$\hat{\boldsymbol{x}}$ 为变量 $\boldsymbol{x}$ 的子集。如果 $\hat{\boldsymbol{x}}$ 为全部的 $\boldsymbol{x}$，则原始问题为整数线性规划问题。

线性混合整数规划问题可以采用下面几个工具直接求解：可以直接使用函数 intlinprog() 求解，这包括底层描述方法和结构体描述方法；此外，采用基于问题的描述和求解方法也可以直接求解；YALMIP 工具箱可以描述与求解线性混合整数规划问题；后面将介绍的底层函数 new_bnb20() 函数也可以求解相关问题。

MATLAB 较新版本的最优化工具箱中提供了混合整数线性规划问题的求解函数 intlinprog()，其调用格式为

$[x, f_\mathrm{m}, \text{key}, \text{out}] = \text{intlinprog}(\text{problem})$

$[x, f_\mathrm{m}, \text{key}, \text{out}] = \text{intlinprog}(f, \text{intcon}, A, B)$

$[x, f_\mathrm{m}, \text{key}, \text{out}] = \text{intlinprog}(f, \text{intcon}, A, B, A_\mathrm{eq}, b_\mathrm{eq})$

$[x, f_\mathrm{m}, \text{key}, \text{out}] = \text{intlinprog}(f, \text{intcon}, A, B, A_\mathrm{eq}, b_\mathrm{eq}, x_\mathrm{m}, x_\mathrm{M})$

$[x, f_\mathrm{m}, \text{key}, \text{out}] = \text{intlinprog}(f, \text{intcon}, A, B, A_\mathrm{eq}, b_\mathrm{eq}, x_\mathrm{m}, x_\mathrm{M}, \text{opt})$

由这里列出的调用格式可见，该函数的调用格式与 linprog() 函数很接近，不同的是多了一个 intcon 变元，该向量是一个序号向量，指出哪些决策变量需要为整数。在结构体变量 problem 中，与 linprog() 函数不同的成员变量为 intcon，另外，solver 选项应该设置为 'intlinprog'。可以如下设置相关成员变量。

problem.solver='intlinprog'

problem.options=optimoptions('intlinprog')

函数 intlinprog() 本身是有局限性的，因为得出的整数决策变量通常不是精确的整数，可以通过 $x(\text{intcon}) = \text{round}(x(\text{intcon}))$ 语句微调结果，得出整数决策变量。

例 6-10　重新求解例 6-3 中给出的整数线性规划问题，另外，试再求解第 1, 4, 5 决策变量为整数时的混合整数规划问题。

解　其实，可以考虑采用三种方法描述原始的整数线性规划问题。第一种方法是用结构体型的变量描述并直接求解整数线性规划问题，这样可以给出下面的求解语句。

```
>> clear P;                  %使用结构体之前建议先用 clear 求出原来的结构体
   P.solver='intlinprog';    %结构体描述问题
   P.options=optimoptions('intlinprog');
   P.lb=[0; 0; 3.32; 0.678; 2.57]; P.f=[-2 -1 -4 -3 -1];
   P.Aineq=[0 2 1 4 2; 3 4 5 -1 -1]; P.Bineq=[54; 62];
   P.intcon=1:5; [x,f,a,b]=intlinprog(P)   %求解整数规划
   x=round(x)                              %精调整数解
```

可以看出，得出的结果为 $x = [19, 0, 4, 10, 5]$，与例 6-3 中的结果完全一致。其实这里的结果在某种意义下更可靠，因为穷举方法只考虑了 $N \leqslant 25$ 的情况，而调用 MATLAB 函数 intlinprog() 事实上考虑了大范围的求解。

如果要求 $1,4,5$ 决策变量为整数, 则应该将 intcon 设置为 $[1,4,5]$, 这样可以由下面的语句求解混合整数规划问题, 得出的结果为 $\boldsymbol{X} = [19,0,3.8,11,3]^{\mathrm{T}}$, 与例 6-8 完全一致。这里的总耗时为 $0.082\,\mathrm{s}$, 远少于例 6-8 中所需的 $243.4\,\mathrm{s}$, 所以求解效率远高于基于穷举方法所尝试的方法。

```
>> P.intcon=[1 4 5];
   tic, [x,f,flag,b]=intlinprog(P), toc %混合整数规划求解
   x(P.intcon)=round(x(P.intcon))          %精调得出的整数解
```

如果不使用结构体描述原始的问题, 只使用传统的调用格式, 则需要给出如下命令, 得出的结果与求解效率几乎没有变化。

```
>> f=[-2 -1 -4 -3 -1]; intcon=[1,4,5];
   A=[0 2 1 4 2; 3 4 5 -1 -1]; B=[54; 62];
   Aeq=[]; Beq=[]; xm=[0; 0; 3.32; 0.678; 2.57];
   [x,f0,flag,b]=intlinprog(f,intcon,A,B,Aeq,Beq,xm)
   x(intcon)=round(x(intcon))     %精调得出的结果
```

例 6-11 试用基于问题的描述方法重新求解例 6-3 中给出的整数线性规划问题。

解 线性规划问题还可以利用基于问题的方法描述出来, 然后直接求解整数线性规划问题, 得出的结果与前面的穷举方法得出的完全一致, 耗时 $0.147\,\mathrm{s}$, 效率明显高于其他方法。

```
>> P=optimproblem; tic
   x=optimvar('x',[5,1],LowerBound=0,'Type','integer');
   P.Objective=-2*x(1)-x(2)-4*x(3)-3*x(4)-x(5);
   P.Constraints.c1=2*x(2)+x(3)+4*x(4)+2*x(5)<=54;
   P.Constraints.c2=3*x(1)+4*x(2)+5*x(3)-x(4)-x(5)<=62;
   P.Constraints.c3=x(3)>=4; P.Constraints.c4=x(4)>=1;
   P.Constraints.c5=x(5)>=3;
   sol=solve(P); x=round(sol.x), toc
```

用这种基于问题的描述方法定义混合整数规划比较麻烦, 需要将 x 向量拆分成整数部分与非整数部分, 然后手工改写原始的最优化问题数学模型, 所以这里不建议采用基于问题的描述方法求解混合整数规划问题。

例 6-12 考虑例 4-14 中的运输问题。如果决策变量要求为整数变量, 试重新求解该问题。

解 在例 4-14 中给出的 transport_linprog() 函数中, 预留了一个开关, 该函数的第四个输入变量可以用于求解整数线性规划问题。

```
>> C=[10,5,6,7; 8,2,7,6; 9,3,4,8]; b=[1500 2500 3000 3500];
   a=[2500 2500 5000]; x=transport_linprog(-C,a,b,1) %求最大化问题
   f=sum(C(:).*X(:))                        %计算利润的最大值
```

6.3.2　整数规划问题的LMI求解方法

还可以考虑使用 YALMIP 工具箱求解整数线性规划问题,具体的求解方法如下:由 intvar() 函数定义整数变量,可以构造出线性整数规划问题的求解模型,最后得出问题的解,不过求解过程比较麻烦。另外,利用这样的方法求解混合整数规划问题显得更加麻烦,本节将通过例子演示。

例 6-13　试利用 YALMIP 工具箱重新求解例 6-3 中给出的整数与混合整数线性规划问题。

解　求解整数规划问题比较方便,只需将决策变量设置为整数,例如可以用 intvar() 函数进行定义,可以使用下面的语句求解整数规划。

```
>> A=[0 2 1 4 2; 3 4 5 -1 -1]; B=[54; 62];
   xm=[0; 0; 3.32; 0.678; 2.57]; x=intvar(5,1);
   const=[A*x<=B, x>=xm]; obj=-[2 1 4 3 1]*x;
   tic, sol=optimize(const,obj); toc
   x=round(double(x)), value(obj) % 求解,提取解并将其处理成整数
```

其解为 $x = [19, 0, 4, 10, 5]^{T}$,目标函数值为 -89,与例 6-3 中得出的完全一致。

如果想求解混合整数规划问题,则需要由下面的方法生成三个整数变量和两个实数变量,建立起混合整数规划决策变量的向量模式,然后求解原始问题,得出的解为 $x = [19, 0, 3.8, 11, 3]^{T}$,仍与例 6-3 中得出的完全一致。求解语句耗时 $0.73\,\mathrm{s}$,求解效率明显低于 intlinprog() 函数。

```
>> x1=intvar(3,1); x2=sdpvar(2,1); x=[x1(1); x2; x1(2:3)];
   const=[A*x<=B, x>=xm]; obj=-[2 1 4 3 1]*x;
   tic, sol=optimize(const,obj); toc, x=double(x) % 求解并提取解
```

6.3.3　混合整数非线性规划

前面介绍的穷举方法只适合于小规模整数规划问题。另外,对于混合整数线性规划问题,intlinprog() 函数足够强大,没有必要采用其他方法求解。不过对于一般的非线性混合整数规划问题,MATLAB 自身提供的工具是不能求解的,需要引入合适的算法与工具解决相应的问题。在实际应用中经常需要求解非线性整数规划或混合规划问题,该领域一种常用的算法是分支定界(branch and bound)算法。

荷兰 Groningen 大学的 Koert Kuipers 编写了基于分支定界法的非线性混合整数规划求解函数 BNB20(),可以用来求解一般非线性整数规划的问题。该函数可以从 MathWorks 网站上直接下载[43]。

由于该函数近 20 年没有更新,对 MATLAB 的后续版本支持很不理想,包括个别语句对新版本不支持、不能使用匿名函数等描述目标函数、不支持用结构体描述最优化问题,另外输入变量和返回变量对混合整数规划的支持也不理想。本书对该

函数做了适当的修改，以利于更好地解决一般混合整数规划问题，最新版本改名为 new_bnb20()，其调用格式为

$$[\boldsymbol{x}, f, \text{flag}, \text{errmsg}] = \text{new\_bnb20}(\text{problem})$$

$$[\boldsymbol{x}, f, \text{flag}] = \text{new\_bnb20}(\text{fun}, \boldsymbol{x}_0, \text{intcon}, \boldsymbol{A}, \boldsymbol{B}, \boldsymbol{A}_{\text{eq}}, \boldsymbol{B}_{\text{eq}}, \boldsymbol{x}_{\text{m}}, \boldsymbol{x}_{\text{M}})$$

$$[\boldsymbol{x}, f, \text{flag}] = \text{new\_bnb20}(\text{fun}, \boldsymbol{x}_0, \text{intcon}, \boldsymbol{A}, \boldsymbol{B}, \boldsymbol{A}_{\text{eq}}, \boldsymbol{B}_{\text{eq}}, \boldsymbol{x}_{\text{m}}, \boldsymbol{x}_{\text{M}}, \text{CFun})$$

其中，调用过程中的大部分输入变量与最优化工具箱函数几乎完全一致，该函数直接调用了最优化工具箱中的 fmincon() 函数，该函数还可以根据需要带附加参数。这里给出的新修订的调用格式尽量与 MATLAB 其他最优化函数保持一致，$\boldsymbol{x}$ 与 f 为最优决策变量与目标函数值，flag 为 1 表示求解成功，flag 为 -1 表示求解不成功，flag 为 -2 表示调用语句有问题，具体的错误信息由字符串变量 errmsg 返回。标志向量 intcon 和前面的定义是一致的，是需要优化的决策变量序数向量。注意，在函数调用过程中，必须给出 $\boldsymbol{x}_{\text{m}}$ 与 $\boldsymbol{x}_{\text{M}}$ 向量，且其值必须为确定性数值，不能给出 Inf。

如果原始最优化问题用结构体 problem 描述，则其成员变量与 fmincon() 函数一致，除此之外还应该将其成员变量 intcon 设置成前面介绍的向量。在其他调用格式中，输入变元已经尽量与 fmincon() 函数保持一致。

例 6-14 试用 new_bnb20() 函数求解例 6-3 中给出的线性整数规划问题。

解 在修改后的 new_bnb20() 函数中允许使用匿名函数描述目标函数。和前面介绍的线性规划问题求解不同，上限变量不能再选择为无穷大，而应该选择为较大的数值，例如均选择为 20000。同样，整数的下界如果给定为小数，新函数中允许自动向上取整转换。这样用下面的语句求解出的线性整数规划问题与例 6-3 由穷举方法得出的完全一致，求解耗时 1.939 s，可见求解效率不是很高。

```
>> f=@(x)-[2 1 4 3 1]*x;
   A=[0 2 1 4 2; 3 4 5 -1 -1]; B=[54; 62];
   Aeq=[]; Beq=[];                              %线性约束
   xm=[0,0,3.32,0.678,2.57]'; xM=20000*ones(5,1); %边界约束
   intcon=1:5; x0=ceil(xm);                      %整数约束
   tic, [x,f0,k]=new_bnb20(f,x0,intcon,A,B,Aeq,Beq,xm,xM), toc
```

若采用结构体形式描述原始问题，则可以给出下面的语句，结果也完全一致。

```
>> clear P;
   P.options=optimset;    %只能用 optimset，不支持 optimoptions
   P.objective=f; P.lb=xm; P.x0=x0; P.ub=xM;
   P.Aineq=A; P.bineq=B; P.intcon=intcon;    %结构体描述
   tic, [x,f0,k]=new_bnb20(P), toc           %直接求解
```

如果仍要求 x_1、x_4 和 x_5 为整数，其他两个变量为任意值，则应该修改一下 intcon

变元, 将其设置为 intcon=[1,4,5], 并可以用下面的语句求出原问题的解为 $\boldsymbol{X} = [19,0,3.8,11,3]^{\mathrm{T}}$, 目标函数值为 -89.2, 求解耗时 $2.872\,\mathrm{s}$, 可见其求解线性混合整数规划的效率并不是很高。

```
>> intcon=[1,4,5];
   tic, [x,f0,k]=new_bnb20(f,x0,intcon,A,B,Aeq,Beq,xm,xM), toc
```

采用下面的结构体形式求解原问题也将得出完全一致的结果。

```
>> P.intcon=[1,4,5];
   [x,fm,k]=new_bnb20(P)   % 混合整数规划求解
```

例 6-15　试重新求解例 6-4 中的整数规划问题。

解　对这样的整数规划问题应该先写出约束条件的 MATLAB 函数, 注意原来的不等式都是 $\geqslant 0$ 的不等式, 所以应该变换成标准型, 将原来不等式左侧乘以 -1, 这样可以写出如下非线性约束条件函数。

```
function [c,ceq]=c6mnl1(x)
    ceq=[];   % 没有等式约束, 故返回空矩阵
    c=-[-x(1)^2-x(2)^2-x(3)^2-x(4)^2-x(1)+x(2)-x(3)+x(4)+8;
        -x(1)^2-2*x(2)^2-x(3)^2-2*x(4)^2+x(1)+x(4)+10;
        -2*x(1)^2-x(2)^2-x(3)^2-2*x(4)^2+x(2)+x(4)+5];
end
```

由给出的约束条件, 再考虑大范围搜索, 则可以给出下面的语句求解问题的最优解。经过长时间的等待, 可以得出的最优解为 $\boldsymbol{x} = [0,1,2,0]^{\mathrm{T}}$, 耗时 $120\,\mathrm{s}$, 远长于穷举法。如果将上下界变成 ± 1000, 则耗时可能过长, 不能得出结果。

```
>> clear P;
   f=@(x)x(1)^2+x(2)^2+2*x(3)^2+x(4)^2-5*x(1)...
         -5*x(2)-21*x(3)+7*x(4);
   P.nonlcon=@c6mnl1; P.objective=f;
   P.lb=-100*ones(4,1); P.ub=-P.lb;
   P.intcon=1:4; P.x0=10*rand(4,1);
   P.solver='fmincon'; P.options=optimset;
   tic, [x,f0,flag]=new_bnb20(P), toc
```

例 6-16　试求解下面的整数规划问题[42]。

$$\min \quad x_1^3 + x_2^2 - 4x_1 + 4 + x_3^4$$

$$\boldsymbol{x}\ \text{s.t.} \begin{cases} x_1 - 2x_2 + 12 + x_3 \geqslant 0 \\ -x_1^2 + 3x_2 - 8 - x_3 \geqslant 0 \\ x_1 \geqslant 0, x_2 \geqslant 0, x_3 \geqslant 0 \end{cases}$$

解　由于原问题含有非线性约束, 可以编写下面的函数将其描述出来。

```
function [c,ce]=c6exnl2(x)
    ce=[];   % 描述非线性约束条件, 其中等式约束为空矩阵
    c=[-x(1)+2*x(2)-12-x(3); x(1)^2-3*x(2)+8+x(3)];
```

```
end
```
这样就可以调用下面的语句求解整数规划问题,得出的解为 $x = [1, 3, 0]^T$。

```
>> clear P;
   P.intcon=[1;2;3]; P.nonlcon=@c6mnl2;
   P.objective=@(x)x(1)^3+x(2)^2-4*x(1)+4+x(3)^4; %结构体表示
   P.lb=[0;0;0]; P.ub=100*[1;1;1]; P.x0=P.ub;
   P.options=optimoptions('fmincon');
   [x,fm,flag]=new_bnb20(P)                        %直接求解
```

由于原始问题是小规模问题,所以可以考虑采用穷举方法求解,该方法得出的全局最优解与前面得出的完全一致。除此之外,采用穷举方法还能求出一些原始问题的次最优解,如表6-7所示,这是搜索方法做不到的。

```
>> N=200;
   [x1 x2 x3]=meshgrid(0:N);
   ii=find(x1-2*x2+12+x3>=0 & -x1.^2+3*x2-8-x3>=0);
   x1=x1(ii); x2=x2(ii); x3=x3(ii);
   ff=x1.^3+x2.^2-4*x1+4+x3.^4; [fm,ij]=sort(ff);
   k=ij(1:12); [x1(k) x2(k) x3(k) fm(1:12)]   %穷举方法求解
```

表6-7   例 6-16 问题的最优解与其他可行解

x_1	x_2	x_3	f	x_1	x_2	x_3	f	x_1	x_2	x_3	f	x_1	x_2	x_3	f
1	3	0	10	0	3	0	13	0	3	1	14	1	4	0	17
1	4	1	18	0	4	0	20	2	4	0	20	0	4	1	21
1	5	0	26	1	5	1	27	0	5	0	29	2	5	0	29

6.3.4   一类离散规划问题的求解

前面介绍过类似规划问题的求解,对某些离散规划问题而言,通过适当的转换就可以将其变换成整数规划问题直接求解。但是需要指出的是,并非所有离散规划问题都可以转换成整数规划的问题。本节通过例子演示一类离散规划问题的求解方法。

例6-17   求解例 6-5 中描述的离散最优化问题[41]。

解   MATLAB 不能直接求解离散最优化问题,不过既然这里给出了步距,即 x_1 的步距为 0.25,x_2 的步距为 0.1,就可以引入两个新的变量 $y_1 = 4x_1$,$y_2 = 10x_2$,即采用变量替换 $x_1 = y_1/4$,$x_2 = y_2/10$,这时原来的问题就可以改写成关于 y_i 的整数规划问题。

$$\min \quad 2y_1^2/16 + y_2^2/100 - 4y_1 - y_2$$

$$y \text{ s.t.} \begin{cases} y_1^2/16 - 6y_1/4 + y_2/10 - 11 \leqslant 0 \\ -y_1 y_2/40 + 3y_2/10 + e^{y_1/4-3} - 1 \leqslant 0 \\ y_2 \geqslant 30 \end{cases}$$

可以用 MATLAB 直接写出非线性约束函数。

```
function [c,ceq]=c6mdisp(y)
    ceq=[]; %非线性约束条件
    c=[y(1)^2/16-6*y(1)/4+y(2)/10-11;
        -y(1)*y(2)/40+3*y(2)/10+exp(y(1)/4-3)-1];
end
```

调用 new_bnb20() 函数可以采用下面的语句直接求解最优化问题,假设 y_1 搜索的上下限是 ± 200, y_2 的上限为 200,下限为 30(即 $3 \leqslant x_2$),这样调用下面的语句可以搜索出问题的最优解为 $x = [4,5]^{\mathrm{T}}$,该值与文献 [42] 给出的 (4,4.75) 略有不同,这里给出的解在满足约束条件的前提下目标函数略小于该解,说明此解更合适,而文献给出的解事实上只是次最优解。下面语句的执行时间只有 $0.025\,\mathrm{s}$。

```
>> clear P;
   P.intcon=[1;2]; P.x0=[12;30];
   P.objective=@(y)2*y(1)^2/16+y(2)^2/100-4*y(1)-y(2); %结构体描述
   P.nonlcon=@c6mdisp; P.lb=[-200;30]; P.ub=200*[1; 1];
   P.options=optimset; P.solver='fmincon';
   tic, [y,ym,flag]=new_bnb20(P); toc          %求解问题
   x=[y(1)/4,y(2)/10]                           %还原结果
```

6.3.5　一般离散规划问题的求解

在前面描述的离散规划问题中,决策变量是以倍数形式给出的,不满足这里给出的倍数关系,就不能将其变换成混合整数规划问题求解。如果不能变换的离散变量及其选项不是很多,还可以采用循环的形式对每个这样的变量进行组合,得出问题的最优解。这里将给出例子,介绍复杂离散规划问题的求解方法。

例 6-18　考虑例 5-19 中给出的测试问题。如果决策变量 x_1 和 x_2 只能取整数, x_3 和 x_5 只能从 $\boldsymbol{v}_1 = [2.4, 2.6, 2.8, 3.1]$ 中取值, x_4 和 x_6 只能从 $\boldsymbol{v}_2 = [45, 50, 55, 60]$ 中取值,试求解变换后的离散最优化问题。

解　从这里给出的新约束条件看, x_1 和 x_2 就是普通的整数规划要求,比较容易处理; x_3 和 x_5 不是整数,也不满足倍数关系,所以不能用前面介绍的方法变换出来,必须采用新的处理方法; x_4 和 x_6 满足倍数关系,通过前面介绍的方法可以变换成混合整数关系。

由于求解函数不能处理不成比例的离散变量,也不能将离散变量设置为取值列表的下标,将其映射成整数规划问题,因为这里给出的分支定界法是通过逐步寻优将决策变量递推计算成整数,所以不能将离散选项决策变量表示,应该将其从决策变量列表中剔除。由于 x_4 和 x_6 是成比例的,所以将其除以 5 就可以实现用混合整数规划的方法描述原始问题,其区间为 $[9,12]$,这样就可以将原始问题变换为 8 个决策变量的问题,另外两个变量可以用全局变量传递。

有了这样的思路,就可以将 intcon 设置为 [1:4]。

为了利用这里给出的数学模型和例 5-19 编写的约束条件,在函数内部引入向量 x 的重建,这样的处理方法不困难,可以写出 MATLAB 函数描述目标函数。

```
function f=c6mglo1(xx)
    arguments, xx(1,:); end
    global v1 v2; \idF{global}
    l=100; x=[xx(1:2), v1, xx(3)*5, v2, xx(4)*5, xx(5:end)];
    f=l*(x(1)*x(2)+x(3)*x(4)+x(5)*x(6)+x(7)*x(8)+x(9)*x(10));
end
```

这里为计算方便,先将 x 转换成行向量,然后使用上面介绍的方法重建 x 向量,从而计算出目标函数的值。离散变量 v_1 和 v_2,即数学模型中的 x_3 和 x_5 应该通过全局变量的形式传入目标函数。

类似地,可以重新编写约束条件的 MATLAB 函数如下,新约束条件中也使用了同样的向量 x 重建方法,重新写出不等式约束条件。

```
function [c,ceq]=c6mglo2(x)
    arguments, x(1,:); end
    global v1 v2; \idF{global}
    x=[x(1:2),v1,x(3)*5,v2,x(4)*5,x(5:end)]; [c,ceq]=c6mglo1(x);
end
```

有了上面的准备,就可以用下面的语句求解原始问题。其中,求解使用了循环结构描述两个离散变量。考虑到原始问题中 $v_1 > v_2$ 这样的隐含条件,可以在循环中剔除不满足条件的组合,最终得出原始问题的解。

```
>> global v1 v2; clear P;
   v=[2.4,2.6,2.8,3.1];
   P.objective=@c6mglo1; P.nonlcon=@c6mglo2;
   P.lb=[1,30,9,9,1,30,1,30]'; P.ub=[5,65,12,12,5,65,5,65]';
   P.x0=P.lb; P.intcon=1:4;
   P.options=optimoptions('fmincon');
   P.solver='fmincon'; P.options=optimset; t0=cputime, vv=[];
   for v1=v, for v2=v, if v1>v2, [v1,v2]
       [x,fv,flag,err]=new_bnb20(P); x=x(:).';
       vv=[vv; v1,v2,x(1:2),v1,x(3)*5,v2,x(4)*5,x(5:8),fv];
   end, end, end
   cputime-t0, vv
```

求解中使用了六步循环,其中可以导致收敛解的有两个,在表 6-8 中列出了相应的结果。可以看出,前一个组合为问题的最优解,总耗时为 6.19 s。

注意,这样给出的求解离散规划问题的方法一定程度上是成功的,但前提是离

表 6-8　离散最优化的最优解

x_1	x_2	x_3	x_4	x_5	x_6	x_7	x_8	x_9	x_{10}	f
3	60	3.1	55	2.6	50	2.2046	44.0911	1.7498	34.9951	63893.4358
3	60	3.1	55	2.8	50	2.2046	44.0911	1.7498	34.9951	64893.4358

散决策变量不多,允许的组合也不多,否则不能用该方法求解这类问题,应该采用其他的求解方法。第 9 章将给出利用遗传算法求解这类问题的智能优化解法。

6.4　0−1混合整数规划的求解

前面介绍过,0−1规划的决策变量只能取 0 或 1,所以求解 0−1 规划看起来很简单,让每个自变量 x_i 遍取 0、1,在得出的组合中选择既满足约束条件又使目标函数取最小值的项。而事实上,随着问题规模的增大,这样的计算量将呈指数增长。例如,自变量的个数为 n,则可能的排列数为 2^n,在 n 较大时其排列数将可能是一个天文数字,故仍然需要考虑其他算法进行求解。

MATLAB 并没有提供求解 0−1 规划的专门函数。早期版本提供过 bintprog() 函数,可以求解 0−1 线性规划问题,但新版本已经取消了该函数。0−1规划问题是整数规划问题的一个特例,将决策变量的上限和下限分别设置为 1 和 0,就可以将其转换为一般整数规划问题,所以可以由 intlinprog() 函数直接求解 0−1 线性规划问题,利用前面介绍的 new_bnb20() 函数直接求解非线性 0−1 规划问题。

6.4.1　0−1线性规划问题的求解

混合 0−1 线性规划问题可以直接通过 intlinprog() 函数求解,只需将决策变量的下限与上限分别直接设置成 0 和 1 即可。另外,如果使用基于问题的方法描述线性规划问题,也可以将决策变量声明为整数,并令其上下限分别为 1 和 0,这样就可以使用求解函数 solve() 直接求解混合 0−1 规划问题。这里将通过例子演示混合 0−1 规划问题的求解方法。

例 6-19　试利用搜索方法重新求解例 6-7 的 0−1 线性规划问题。

解　由给出的问题可见,原始问题只有一条线性不等式约束条件,没有其他约束条件,由此可以写出该约束的矩阵形式为 $\boldsymbol{A}x \leqslant \boldsymbol{B}$,其中

$$\boldsymbol{A} = [30, 8, 6, 5, 20, 12, 25, 24, 32, 29], \quad \boldsymbol{B} = 100$$

这样,由下面的命令就可以直接求解最优化问题,得出最优解为 $x = [0, 1, 1, 1, 1, 1,$ $1, 1, 0, 0]^{\mathrm{T}}$,目标函数的最小值为 $f_0 = -535$,与例 6-7 得出的结果完全一致。求解本问题耗时为 $0.271\,\mathrm{s}$,与穷举方法使用的时间相仿。

```
>> A=[30,8,6,5,20,12,25,24,32,29]; B=100;
```

```
f=-[99,90,58,40,79,92,102,74,67,80];
Aeq=[]; Beq=[];
xM=ones(10,1); xm=0*xM; intcon=1:10;
tic, [x,f0,k]=intlinprog(f,intcon,A,B,Aeq,Beq,xm,xM), toc
```

还可以用结构体描述整数线性规划问题, 得出完全一致的结果。

```
>> clear P
   P.options=optimoptions('intlinprog');
   P.solver='intlinprog'; P.lb=xm; P.ub=xM;
   P.f=f; P.Aineq=A; P.bineq=B; P.intcon=1:10;
   [x,f0,k]=intlinprog(P)
```

例6-20 试求解下面的含有28个决策变量的线性0−1规划问题。

$$\max_{\boldsymbol{x} \text{ s.t. } \boldsymbol{Ax} \leqslant \begin{bmatrix} 600 \\ 600 \end{bmatrix}} \boldsymbol{f}^{\mathrm{T}} \boldsymbol{x}$$

其中,

$$\boldsymbol{A} = \begin{bmatrix} 45 & 0 & 85 & 150 & 65 & 95 & 30 & 0 & 170 & 0 & 40 & 25 & 20 & 0 \\ 30 & 20 & 125 & 5 & 80 & 25 & 35 & 73 & 12 & 15 & 15 & 40 & 5 & 10 \\ 0 & 25 & 0 & 0 & 25 & 0 & 165 & 0 & 85 & 0 & 0 & 0 & 0 & 100 \\ 10 & 12 & 10 & 9 & 0 & 20 & 60 & 40 & 50 & 36 & 49 & 40 & 19 & 150 \end{bmatrix}$$

$$\boldsymbol{f}^{\mathrm{T}} = [1898, 440, 22507, 270, 14148, 3100, 4650, 30800, 615, 4975, 1160, 4225, 510, 11880,$$
$$479, 440, 490, 330, 110, 560, 24355, 2885, 11748, 4550, 750, 3720, 1950, 10500]$$

解 显然, 对这个具体的问题而言, 如果采用穷举方法, 需要生成28个28维数组, 存储量高达 $8 \times 28 \times 2^{28}/2^{30} = 56$GB, 所以不适合采用穷举方法。

(1) 对已知的0−1线性规划问题, 由于需要求解最大值问题, 所以很自然地需要将系数向量 $\boldsymbol{f}^{\mathrm{T}}$ 变号, 变成标准的最小值问题。这样可以考虑给出下面的语句, 由 intlinprog() 函数直接求解。若求解0−1规划, 只需将intcon设置成1:28, 且将每个决策变量的下限设置为0, 上限设置为1, 就可以直接由下面的语句求解0−1规划问题。

```
>> A=[45,0,85,150,65,95,30,0,170,0,40,25,20,0,0,25,...
        0,0,25,0,165,0,85,0,0,0,0,100;
      30,20,125,5,80,25,35,73,12,15,15,40,5,10,10,12,...
        10,9,0,20,60,40,50,36,49,40,19,150];
   B=[600; 600];
   f=-[1898,440,22507,270,14148,3100,4650,30800,615,4975,1160,...
      4225,510,11880,479,440,490,330,110,560,24355,2885,11748,...
      4550,750,3720,1950,10500];
   intcon=1:28; xM=ones(28,1); xm=zeros(28,1); Aeq=[]; Beq=[];
   tic, [x,f0,k]=intlinprog(f,intcon,A,B,Aeq,Beq,xm,xM), toc
   x0=round(x), f0=-f*x0, norm(x-x0)  % 得出结果的后处理
```

可得最优解为 $\boldsymbol{x} = [0,0,1,0,1,1,1,1,0,1,0,1,1,1,0,0,0,0,1,0,1,0,1,1,0,1,0,0]^{\mathrm{T}}$, 目标函数的最大值为 $f_0 = 141278$, 耗时 $0.077\,\mathrm{s}$, 误差范数为 2.6645×10^{-15}。可以看出, 这种方法得出的结果还是很精确的。

（2）还可以使用下面基于问题的方法描述 $0-1$ 规划问题, 得出的解与前面的完全一致, 耗时为 $0.12\,\mathrm{s}$, 与方法 (1) 相仿。

```
>> P=optimproblem; tic
   x=optimvar('x',[28,1],'Type','integer',Lower=0,Upper=1);
   P.Objective=f*x; P.Constraints.c=A*x<=B;
   sol=solve(P); x0=round(sol.x), toc
```

（3）可以尝试 YALMIP 函数的求解命令, 最终得出与前面完全一致的结果。

```
>> x=binvar(28,1); const= A*x<=B;
   optimize(const,f*x); round(value(x))
```

例 6-21　试求解下面给出的混合 $0-1$ 线性规划问题[44]。

$$\max \quad 8x_1 + 6x_2 - 2x_3 - 42y_1 - 18y_2 - 33y_3$$

$$\boldsymbol{x},\boldsymbol{y} \text{ s.t. } \begin{cases} 2x_1+x_2-x_3-10y_1-8y_2 \leqslant -4 \\ x_1+x_2+x_3-5y_1-8y_3 \leqslant -3 \\ x_i \geqslant 0 \\ y_i \in \{0,1\}^3 \end{cases}$$

解　这里给出的最优化问题带有两个决策变量向量 $\boldsymbol{x}$ 和 $\boldsymbol{y}$, 如果套用标准型, 则需要令决策变量 $x_4 = y_1, x_5 = y_5, x_6 = y_3$, 将最优化问题写成下面的标准型。

$$\min \quad -8x_1 - 6x_2 + 2x_3 + 42x_4 + 18x_5 + 33x_6$$

$$\boldsymbol{x} \text{ s.t. } \begin{cases} 2x_1+x_2-x_3-10x_4-8x_5 \leqslant -4 \\ x_1+x_2+x_3-5x_4-8x_6 \leqslant -3 \\ x_i \geqslant 0 \\ x_{4,5,6} \in \{0,1\}^3 \end{cases}$$

可以提取线性表达式约束矩阵为

$$\boldsymbol{A} = \begin{bmatrix} 2 & 1 & -1 & -10 & -8 & 0 \\ 1 & 1 & 1 & -5 & 0 & -8 \end{bmatrix}, \quad \boldsymbol{b} = \begin{bmatrix} -4 \\ -3 \end{bmatrix}$$

这样, 可以由下面的语句直接输入线性混合整数规划的结构体模型, 然后得出混合 $0-1$ 线性规划问题的解为 $\boldsymbol{x} = [0,5,4.5,0,1,1]^{\mathrm{T}}$, 即 $\boldsymbol{x} = [0,5,4.5]^{\mathrm{T}}$, $\boldsymbol{y} = [0,1,1]^{\mathrm{T}}$, 目标函数为 -25。该结果与文献 [44] 得出的 $\boldsymbol{x} = [4,6,0]^{\mathrm{T}}$, $\boldsymbol{y} = [1,1,1]^{\mathrm{T}}$ 不同, 不过这个解的目标函数也是 -25, 说明原问题的解不唯一。

```
>> clear p
   p.f=[-8,-6,2,42,18,33];
   p.Aineq=[2,1,-1,-10,-8,0; 1,1,1,-5,0,-8];
   p.bineq=[-4; -3]; p.intcon=[4,5,6];
   p.lb=[0;0;0;0;0;0]; p.ub=[inf,inf,inf,1,1,1];
   p.options=optimoptions('intlinprog');
```

```
p.solver='intlinprog';
[x,f0]=intlinprog(p), f0=-f0
```

其实,这类问题更适合使用基于问题的求解方法。使用基于问题的求解方法直接定义两个决策变量向量,得出问题的解,与前面得出的完全一致。

```
>> P=optimproblem('ObjectiveSense','max');
   x=optimvar('x',[3,1],Lower=0);
   y=optimvar('y',[3,1],Lower=0,Upper=1,Type='integer');
   P.Objective=8*x(1)+6*x(2)-2*x(3)-42*y(1)-18*y(2)-33*y(3);
   P.Constraints.c1=2*x(1)+x(2)-x(3)-10*y(1)-8*y(2)<=-4;
   P.Constraints.c2=x(1)+x(2)+x(3)-5*y(1)-8*y(3)<=-3;
   [sol,f0]=solve(P)      % 求解最优化问题
   x=sol.x, y=sol.y       % 提取问题的解向量
```

例 6-22　试求解下面的混合 0−1 线性规划问题。

$$\min_{x,y} \quad x_1 + x_3 - x_4 + 2x_6 + y_1 - y_2 + 2y_3 + y_4 - 2y_5 - y_6$$

$$\text{s.t.} \begin{cases} x_1-2x_2+x_3-2x_4-x_5+y_1+2y_3-y_4+2y_5-y_6 \leqslant 1.01 \\ x_1-2x_2-2x_3-2x_4+x_5+y_1+y_2-y_3-2y_4-2y_5-y_6 \leqslant -5.09 \\ -x_1-x_2-2x_3-2x_4+x_5-x_6+2y_2+2y_3-2y_4-2y_5-y_6 \leqslant -3.63 \\ -2x_2+x_3+x_5-2x_6-y_2-y_3+2y_3+y_4+2y_5-y_6 \leqslant 2.08 \\ -x_2+x_3-2x_4-2x_5+x_6-2y_1-y_2-y_3-2y_4 \leqslant -5.28 \\ -3x_1+3x_3-2x_4-2x_5+3x_6+3y_1-3y_2+2y_4-y_5-2y_6=3.88 \\ -3x_1+3x_2-2x_3+3x_4+x_5+x_6-3y_1+2y_2+3y_3+y_4-2y_5-2y_6=-2.54 \\ 0 \leqslant x_i \leqslant 1,\ y_i \in \{0,1\}, i=1,2,\cdots,6 \end{cases}$$

解　正常情况下如果想求解这样的问题,需要扩展 x 向量,使其包含全部 12 个决策变量。不过由给定的模型,最好的方法似乎是采用基于问题的方式描述原始问题。先定义 x 为普通的连续向量,y 为 0−1 向量,这样可以定义出目标函数、线性不等式约束与等式约束,再调用 solve() 函数直接求解该问题。在实际求解过程中应注意,因为下面定义的 c_1 是不等式约束的表达式,c_2 是等式约束的表达式,所以不能将它们做成一个向量,否则可能得到错误信息。

```
>> P=optimproblem; tic
   x=optimvar('x',[6,1],LowerBound=0,Upperbound=1);
   y=optimvar('y',[6,1],Type='integer',Lower=0,Upper=1);
   P.Objective=x(1)+x(3)-x(4)+2*x(6)+y(1)-y(2)+...
            2*y(3)+y(4)-2*y(5)-y(6);
   c1=[x(1)-2*x(2)+x(3)-2*x(4)-x(5)+y(1)+2*y(3)-...
            y(4)+2*y(5)-y(6)<=1.01;
      x(1)-2*x(2)-2*x(3)-2*x(4)+x(5)+y(1)+y(2)-y(3)-2*y(4)-...
            2*y(5)-y(6)<=-5.09;
      -x(1)-x(2)-2*x(3)-2*x(4)+x(5)-x(6)+2*y(2)+2*y(3)-...
            2*y(4)-2*y(5)-y(6)<=-3.63;
      -2*x(2)+x(3)+x(5)-2*x(6)-y(2)-y(3)+2*y(3)+y(4)+...
```

```
        2*y(5)-y(6)<=2.08;
     -x(2)+x(3)-2*x(4)-2*x(5)+x(6)-2*y(1)-y(2)-y(3)-2*y(4)<=-5.28];
    c2=[-3*x(1)+3*x(3)-2*x(4)-2*x(5)+3*x(6)+3*y(1)-3*y(2)+2*y(4)-...
        y(5)-2*y(6)==3.88;
     -3*x(1)+3*x(2)-2*x(3)+3*x(4)+x(5)+x(6)-3*y(1)+2*y(2)+...
        3*y(3)+y(4)-2*y(5)-2*y(6)==-2.54];
    P.Constraints.c1=c1; P.Constraints.c2=c2;
    sol=solve(P); x=sol.x, y=round(sol.y), toc
    f0=x(1)+x(3)-x(4)+2*x(6)+y(1)-y(2)+2*y(3)+y(4)-2*y(5)-y(6)
```

由上面的语句可以得出 $\boldsymbol{x} = [0,1,1,0.7727,0,0.1418]^{\mathrm{T}}$, $\boldsymbol{y} = [1,0,0,1,1,1]^{\mathrm{T}}$, 最优的目标函数为 $f_0 = -0.4891$, 耗时为 $0.232\,\mathrm{s}$。

例 6-23　试用常规方法重新求解例 6-22 中的混合 0−1 规划问题。

解　如果采用常规方法, 可以令 $x_{6+i} = y_i$, $i = 1, 2, \cdots, 6$, 这样可以写出等式矩阵。

$$\boldsymbol{A}_{\mathrm{eq}} = \begin{bmatrix} -3 & 0 & 3 & -2 & -2 & 3 & 3 & -3 & 0 & 2 & -1 & -2 \\ -3 & 3 & -2 & 3 & 1 & 1 & -3 & 2 & 3 & 1 & -2 & -2 \end{bmatrix}, \quad \boldsymbol{B}_{\mathrm{eq}} = \begin{bmatrix} 3.88 \\ -2.54 \end{bmatrix}$$

不等式约束为

$$\boldsymbol{A}_{\mathrm{eq}} = \begin{bmatrix} 1 & -2 & 1 & -2 & -1 & 0 & 1 & 0 & 2 & -1 & 2 & -1 \\ 1 & -2 & -2 & -2 & 1 & 0 & 1 & 1 & -1 & -2 & -2 & -1 \\ -1 & -1 & -2 & -2 & 1 & -1 & 0 & 2 & 2 & -2 & -2 & -1 \\ 0 & -2 & 1 & 0 & 1 & -2 & 0 & -1 & 2 & 1 & 2 & -1 \\ 0 & -1 & 1 & -2 & -2 & 1 & -2 & -1 & -1 & -2 & 0 & 0 \end{bmatrix}, \quad \boldsymbol{B} = \begin{bmatrix} 1.01 \\ -5.09 \\ -3.63 \\ 2.08 \\ -5.28 \end{bmatrix}$$

这样, 也可以由下面的语句构造混合 0−1 线性规划问题结构体, 再调用 `intlinprog()` 函数求解原始问题, 得出的解是完全一致的。

```
>> clear p;
   p.Aineq=[1,-2,1,-2,-1,0,1,0,2,-1,2,-1;
     1,-2,-2,-2,1,0,1,1,-1,-2,-2,-1;
     -1,-1,-2,-2,1,-1,0,2,2,-2,-2,-1;
     0, 2,1,0,1,-2,0,-1,1,1,2,-1; 0,-1,1,-2,-2,1,-2,-1,-1,-2,0,0];
   p.bineq=[1.01; -5.09; -3.63; 2.08; -5.28];
   p.f=[1,0,1,-1,0,2,1,-1,2,1,-2,-1];
   p.Aeq=[-3,0,3,-2,-2,3,3,-3,0,2,-1,-2;
           -3,3,-2,3,1,1,-3,2,3,1,-2,-2];
   p.beq=[3.88; -2.54]; p.intcon=7:12;
   p.lb=zeros(12,1); p.ub=ones(12,1);
   p.options=optimoptions('intlinprog');
   p.solver='intlinprog'; [x,f0]=intlinprog(p)
```

其实, 建立了基于问题的模型 P 之后, 还可以由 $p=\mathrm{prob2struct}(P)$ 命令转换成结构体模型, 然后调用 `intlinprog()` 函数求解原始问题。

6.4.2　0−1非线性规划问题的求解

非线性混合0−1规划可以调用前面介绍的 **new_bnb20()** 函数直接求解。用户需要首先设定上下限 x_m 和 x_M 分别为零向量和幺向量，然后再求整数规划得出原问题的解。下面通过例子演示非线性混合0−1规划问题的求解方法，并比较处理线性规划时的效率。

例 6-24　试重新求解例6-20中的0−1线性规划问题。

解　可以将原始问题直接输入MATLAB环境，然后给出下面的求解命令。可以发现，这时得到的最优解与例6-20完全一致。求解语句的耗时为 $5.31\,\text{s}$，表明这样的求解方法效率不如专门的整数线性规划函数 **intinprog()**。

```
>> A=[45,0,85,150,65,95,30,0,170,0,40,25,20,0,0,25,...
        0,0,25,0,165,0,85,0,0,0,0,100;
      30,20,125,5,80,25,35,73,12,15,15,40,5,10,10,12,...
        10,9,0,20,60,40,50,36,49,40,19,150];
   B=[600; 600];
   f=-[1898,440,22507,270,14148,3100,4650,30800,615,4975,1160,...
      4225,510,11880,479,440,490,330,110,560,24355,2885,11748,...
      4550,750,3720,1950,10500];
   F=@(x)f*x(:); x0=rand(28,1);
   intcon=1:28; xM=ones(28,1); xm=zeros(28,1); Aeq=[]; Beq=[];
   tic, [x,f0,k]=new_bnb20(F,x0,intcon,A,B,Aeq,Beq,xm,xM), toc
```

例 6-25　试重新求解例6-6中探讨的0−1规划问题。

解　由原题中的三个不等式约束条件可以写出其MATLAB函数。

```
function [c,ceq]=c6mbin2(x)
   ceq=[];   % 没有等式约束,故返回空矩阵
   c=[3*x(1)-x(1)*x(4)*x(5)-x(2)*x(3)*x(5)+x(3)*x(4)*x(5)+2-4;
      2*x(1)-4*x(1)*x(2)*x(3)-7*x(1)*x(4)*x(5)-...
        8*x(2)*x(3)*x(5)-x(3)*x(4)*x(5)+14-11;
      -6*x(1)-8*x(1)*x(2)*x(3)+6*x(1)*x(4)*x(5)-...
        8*x(2)*x(3)*x(5)+6*x(3)*x(4)*x(5)+13-18];
end
```

这样，由给出的非线性约束与目标函数，可以直接使用下面的语句求解0−1规划问题，得出的最优决策变量为 $x = [0,1,1,1,1]^T$，目标函数值为 $f_0 = 4$，总共耗时 $0.63\,\text{s}$。可以看出，对这种小规模问题（只有32种不同的组合）而言，穷举方法的效率是最高的，且能确保得出问题的全局最优解，没有必要借助于搜索方法。

```
>> xM=ones(5,1); xm=0*xM; intcon=1:5;   % 求解整数规划问题
   f=@(x)3*x(1)+5*x(1)*x(2)*x(3)+8*x(1)*x(4)*x(5)+...
      8*x(2)*x(3)*x(5)-4*x(3)*x(4)*x(5);
```

```
A=[]; B=[]; Aeq=[]; Beq=[]; x0=rand(5,1); tic
[x,f0,k]=new_bnb20(f,x0,intcon,A,B,Aeq,Beq,xm,xM,@c6mbin2), toc
```

例 6-26　试求解例 6-9 中探讨的 0−1 混合规划问题。

解　由于本问题含有非线性约束和非线性目标函数，所以 intlinprog() 函数无能
为力，需要调用一般非线性混合整数规划求解函数求解。和以前介绍的内容类似，这里
给出的是 $\boldsymbol{x}$ 和 $\boldsymbol{y}$ 两个决策向量的问题求解，而 MATLAB 现有的函数只能求解单个决
策变量向量的问题，所以需要引入一组新的决策变量向量 $\boldsymbol{x}$，其前三个元素是原来的 $\boldsymbol{x}$，
后三个元素为 $x_4 = y_1, x_5 = y_2, x_6 = y_3$，这样，原最优化问题可以手工改写成

$$\min \quad 5x_4 + 6x_5 + 8x_6 + 10x_1 - 7x_3 - 18\ln(x_2+1) - 19.2\ln(x_1-x_2+1) + 10$$

$$\boldsymbol{x} \text{ s.t.} \begin{cases} -0.8\ln(x_2+1)-0.96\ln(x_1-x_2+1)+0.8x_3 \leqslant 0 \\ -\ln(x_2+1)-1.2\ln(x_1-x_2+1)+x_3+2x_6-2 \leqslant 0 \\ x_2-x_1 \leqslant 0 \\ x_2-2x_4 \leqslant 0 \\ x_1-x_2-2x_5 \leqslant 0 \\ x_4+x_5 \leqslant 1 \\ 0 \leqslant \boldsymbol{x} \leqslant [2,2,1,1,1,1]^{\mathrm{T}} \end{cases}$$

可以将非线性约束用下面的 MATLAB 函数表示出来。

```
function [c,ceq]=c6mmibp(x)
    ceq=[];      %描述非线性约束条件,由于没有等式约束,所以设置一个空矩阵
    c=[-0.8*log(x(2)+1)-0.96*log(x(1)-x(2)+1)+0.8*x(3);
        -log(x(2)+1)-1.2*log(x(1)-x(2)+1)+x(3)+2*x(6)-2];
    end
```

而线性不等式约束的矩阵形式可以写成

$$\boldsymbol{A} = \begin{bmatrix} -1 & 1 & 0 & 0 & 0 & 0 \\ 0 & 1 & 0 & -2 & 0 & 0 \\ 1 & -1 & 0 & 0 & -2 & 0 \\ 0 & 0 & 0 & 1 & 1 & 0 \end{bmatrix}, \quad \boldsymbol{B} = \begin{bmatrix} 0 \\ 0 \\ 0 \\ 1 \end{bmatrix}$$

这样可以由结构体描述本例给出的混合 0−1 规划问题，然后调用求解程序，直接
得出原始问题的最优解为 $\boldsymbol{x} = [1.301, 0, 1, 0, 1, 0]^{\mathrm{T}}$，相应的最优目标函数为 6.098，与前
面例 6-9 得出的全局最优解完全一致，总的耗时为 0.21 s，效率略高于例 6-9 中的方法。

```
>> clear P;
   P.intcon=4:6; P.x0=[0 0 0 0 0 0]';       %结构体描述
   P.objective=@(x)5*x(4)+6*x(5)+8*x(6)+10*x(1)-7*x(3) ...
                   -18*log(x(2)+1)-19.2*log(x(1)-x(2)+1)+10;
   P.ub=[2 2 1 1 1 1]'; P.lb=[0 0 0 0 0 0]'; P.Bineq=[0;0;0;1];
   P.Aineq=[-1 1 0 0 0 0; 0 1 0 -2 0 0; 1 -1 0 0 -2 0; 0 0 0 1 1 0];
   P.nonlcon=@c6mmibp;
   P.options=optimoptions('fmincon');
   tic, [x,fm,flag]=new_bnb20(P), toc      % 求解
```

例 6-27　试用更便捷的方法重新求解例 6-26 中的混合 0−1 规划问题。

解　原问题中有两个决策变量向量 x、y，前者是连续变量，后者是 0、1 变量。前面介绍的方法需要将原始问题统一为单决策变量的问题，需要进行大量手工改写，容易出错。现在考虑先用基于问题的方法建立原问题的 MATLAB 模型。

```
>> P=optimproblem;
   x=optimvar('x',[3,1],lower=0,upper=2);
   y=optimvar('y',[3,1],lower=0,upper=1,Type='integer');
   P.Objective=5*y(1)+6*y(2)+8*y(3)+10*x(1)-7*x(3)...
      -18*log(x(2)+1)-19.2*log(x(1)-x(2)+1)+10;
   fc=[0.8*log(x(2)+1)+0.96*log(x(1)-x(2)+1)-0.8*x(3)>=0;
      log(x(2)+1)+1.2*log(x(1)-x(2)+1)-x(3)-2*x(3)>=-2];
   P.Constraints.c=fc;
   P.Constraints.l1=x(2)-x(1)<=0;
   P.Constraints.l2=x(2)-2*y(1)<=0;
   P.Constraints.l3=x(1)-x(2)-2*y(2)<=0;
   P.Constraints.l4=y(1)+y(2)<=1;
   P.Constraints.b1=x(3)<=1;
   clear x0; x0.x=rand(3,1); x0.y=rand(3,1);
   sol=solve(P,x0), sol.x, sol.y
```

MATLAB 最优化工具箱提供的现有函数都不能求取非线性 0−1 混合规划问题，所以需要调用 new_bnb20() 函数求解。由于该函数只能处理结构体描述的问题，不能处理基于问题的方法描述的问题，所以有必要先将 P 转换为结构体形式，再调用 new_bnb20() 函数求解。

6.5　混合整数规划应用

整数规划与混合整数规划在科学与工程中有各种各样的应用场合，本节将探讨几个典型的应用问题。例如，将探讨如何将数独问题转换成 0−1 规划问题并给出通用的求解与显示函数。本节还将探讨整数规划在用料选择、任务指派、旅行商问题和背包问题中的应用。

6.5.1　最优用料问题

很多日常生活、科学研究与生产实践中的问题都可以用线性规划的数学模型表示出来，这里给出一个实际可能遇到的例子——用料最省问题，然后探讨这类问题的建模与 MATLAB 求解。

例 6-28　假设某工厂需要 0.98 m 长的钢管 1000 根，需要 0.78 m 长的钢管 2000 根。现在想从 5 m 长的原料钢管上截取这些钢管，至少需要截多少根？

解　在建立数学模型之前，应该先研究一下 5 m 长的钢管有哪些截取方法。考虑到

需求 $0.98\,\mathrm{m}$ 的和 $0.78\,\mathrm{m}$ 的钢管,所以可以列出所有的 6 种截取方式,如表 6-9 所示。

表 6-9 钢管的 6 种截取方式

截取方法	0.98 m(根)	0.78 m(根)	剩 余	截取方法	0.98 m(根)	0.78 m(根)	剩 余
1	5	0	0.1	2	4	1	0.3
3	3	2	0.5	4	2	3	0.7
5	1	5	0.12	6	6	0	0.32

选择决策变量 x_i 为按照第 i 种方法截取的原料钢管根数,显然,截取的钢管总数为 $x_1 + x_2 + \cdots + x_6$,目标是使得这个总数最小。除了目标函数之外,还应该根据表 6-9 写出约束条件,如果有了 x_i 的值,则可以计算出 $0.98\,\mathrm{m}$ 钢管的根数为 $5x_1 + 4x_2 + 3x_3 + 2x_4 + 1x_5 + 0x_6 \geqslant 1000$,$0.78\,\mathrm{m}$ 的钢管根数为 $0x_1 + 1x_2 + 2x_3 + 3x_4 + 5x_5 + 6x_6 \geqslant 2000$,写 $\geqslant$ 不等式的原因是有时剩余的料还可以截取某种成型的钢管。这样原始的问题就可以用下面的线性规划模型直接表示。

$$\min \quad x_1 + x_2 + x_3 + x_4 + x_5 + x_6$$
$$\boldsymbol{x} \ \text{s.t.} \begin{cases} 5x_1 + 4x_2 + 3x_3 + 2x_4 + x_5 \geqslant 1000 \\ x_2 + 2x_3 + 3x_4 + 5x_5 + 6x_6 \geqslant 2000 \\ x_i \geqslant 0, \ i = 1, 2, \cdots, 6 \end{cases}$$

这样就可以由基于问题的方式描述整个最优化问题,然后用 solve() 函数求解该线性规划问题,得出的结果为 $\boldsymbol{x}_0 = [120, 0, 0, 0, 400, 0]^{\mathrm{T}}$。这个解的物理解释是,按照第 1 种方案需截取 120 根原料钢管,按照第 5 种方案需截取 400 根原料钢管。其实,从给出的方案看,第 1 种和第 5 种方案是剩余材料最少的方案,所以尽量按照第 1 种方案截取钢管,如果 $0.98\,\mathrm{m}$ 的钢管满足要求了,再按照第 5 种方案截取 $0.78\,\mathrm{m}$ 钢管,不考虑其他截取方案。

```
>> P=optimproblem;
   x=optimvar('x',[6,1],Lower=0);
   P.Objective=sum(x);
   P.Constraints.c1=5*x(1)+4*x(2)+3*x(3)+2*x(4)+x(5)>=1000;
   P.Constraints.c2=x(2)+2*x(3)+3*x(4)+5*x(5)+6*x(6)>=2000;
   sols=solve(P);
   x0=sols.x, x0=round(x0);
```

6.5.2 指派问题

指派问题(assignment problem)是一类特殊的 0-1 线性规划问题。在现实生活中,如果有 n 个任务,恰巧需要 n 个人去完成,共有 m 个人可选,$m \geqslant n$,而这 m 个人由于专业领域不同,完成每个任务的效率是不一致的。如何根据每个人的专长分派任务,使得总的效率最高(或代价最小),这是指派问题所需研究的问题。更严格地,应该给出三条假设(这里做了扩展)[21]。

(1)任务的件数小于或等于承担任务的人数;

(2)每个人最多只能承担一个任务;

(3)每个任务只能由一个人承担。

定义 6-8 ▶ 指派问题

假设第 i 个任务由第 j 个工人完成的代价为 c_{ij},且均为已知量,如果确定 n 项任务指派的目标是代价最小,则可以将指派问题的数学形式表示成

$$\min \sum_{i=1}^{n}\sum_{j=1}^{m}c_{ij}x_{ij} \tag{6-5-1}$$

$$\boldsymbol{X} \text{ s.t. } \begin{cases} \sum_{j=1}^{m}x_{ij}=1,\ i=1,2,\cdots,n \\ \sum_{i=1}^{n}x_{ij}\leqslant 1,\ j=1,2,\cdots,m \\ x_{ij}\in\{0,1\},\ i=1,2,\cdots,n;\ j=1,2,\cdots,m \end{cases}$$

可见,指派问题是运输问题的一个特例,其中,$s_i=1$,$d_i=1$,且决策变量 x_{ij} 为 0 或 1,$x_{ij}=1$ 的物理意义是将任务 i 指派给第 j 个工人。第一个约束条件表示每个任务必须派给一个工人,也只能派给一个工人,第二个约束条件表示每个工人最多只能接受一个任务。这是一个典型的 0−1 线性规划问题,可以利用 MATLAB 直接求解。

下面将通过例子演示指派问题的求解。

例 6-29 5 名运动员各种泳姿的 50 m 游泳成绩在表 6-10 中给出(单位:s),试问如何从这些运动员中挑选 4 人组成 4×50 m 混合泳接力队,使得预期的成绩最好[19]?

表 6-10 5 名游泳运动员的成绩

泳 姿	甲	乙	丙	丁	戊
仰泳	37.7	32.9	33.8	37	35.4
蛙泳	43.4	33.1	42.2	34.7	41.8
蝶泳	33.3	28.5	38.9	30.4	33.6
自由泳	29.2	26.4	29.6	28.5	31.1

解 先输入代价矩阵,就可以由下面的语句直接求解指派问题。

```
>> C=[37.7,32.9,33.8,37.0,35.4; 43.4,33.1,42.2,34.7,41.8;
      33.3,28.5,38.9,30.4,33.6; 29.2,26.4,29.6,28.5,31.1];
   P=optimproblem;
   x=optimvar('x',[4,5],Type='integer',Lower=0,Upper=1);
```

```
P.Objective=sum(sum(C.*x));      %描述目标函数
P.Constraints.c1=sum(x,2)==1; %每项任务指派一个人完成
P.Constraints.c2=sum(x,1)<=1; %每个人至多指派一项任务
sol=solve(P);
X=round(sol.x), f0=sum(sum(C.*X))
```

这样可以得出指派问题的解如下。

$$\boldsymbol{X} = \begin{bmatrix} 0 & 0 & 1 & 0 & 0 \\ 0 & 0 & 0 & 1 & 0 \\ 0 & 1 & 0 & 0 & 0 \\ 1 & 0 & 0 & 0 & 0 \end{bmatrix}, \quad f_0 = 126.2$$

其物理解释为,将第一个任务(仰泳)指派给第三个运动员(丙),蛙泳任务指派给运动员丁,蝶泳任务指派给运动员乙,自由泳任务指派给运动员甲,运动员戊没有分派任务,这样总的成绩可能最好,可能达到 $f_0 = 126.2\,\mathrm{s}$。

6.5.3　旅行商问题

旅行商问题(travelling salesman problem,TSP)是运筹学领域中经常研究的问题。旅行商问题的背景是,如果有 n 个城市,每两个城市之间的距离是已知的,由 d_{ij} 表示。如果一个商人想从某个城市出发,遍访各个城市,再返回原城市。要求每个城市都访问到,且一个城市只能返回一次,如何选择路线,使得总的旅行距离最短。显然,这是一个 NP 难问题,在 n 不是特别大的时候可以考虑采用穷举方法,而 n 比较大时,应该引入搜索方法,得出问题的最优解(或次优可行解)。

定义 6-9 ▶ 旅行商问题

如果可以构造两个城市之间距离的矩阵,矩阵元素为 d_{ij},且 $x_{ij} = 1$ 表示旅行商从第 i 城市访问第 j 城市,则最短路径是下面线性规划问题的解。

$$\min \sum_{i=1}^{n} \sum_{j=1}^{n} d_{ij} x_{ij} \qquad (6\text{-}5\text{-}2)$$

$$\boldsymbol{X} \text{ s.t.} \begin{cases} \sum_{j=1}^{n} x_{ij} = 1, \ i = 1, 2, \cdots, n \\ \sum_{i=1}^{n} x_{ij} = 1, \ j = 1, 2, \cdots, n \\ x_{ij} \in \{0, 1\}, \ i = 1, 2, \cdots, n; \ j = 1, 2, \cdots, n \\ \text{得出的解为途经 } n \text{ 个节点的闭合回路} \end{cases}$$

乍看起来,旅行商问题的解类似于定义 6-8 介绍的任务指派问题,不过注意,该定义多了一个约束条件,下面将通过例子演示该条件的意义与处理方法。

例 6-30　假设有 11 个城市,分布的坐标分别为 $(4, 49)$,$(9, 30)$,$(21, 56)$,$(26, 26)$,$(47, 19)$,$(57, 38)$,$(62, 11)$,$(70, 30)$,$(76, 59)$,$(76, 4)$,$(96, 4)$。试求解旅行商问题。

解 首先输入各个城市的坐标, 这样, 两个城市之间的距离矩阵可以由 Euclid 距离公式

$$d_{ij} = \sqrt{(x_i - x_j)^2 + (y_i - y_j)^2}, \quad i = 1, 2, \cdots, n; \ j = 1, 2, \cdots, n$$

直接计算, 其中 $n = 11$。当然由于对角元素都为 0, 理论上应该将其设置为 ∞, 不过由于不宜在目标函数中使用 **Inf**, 所以可以将其设置为大值, 如 $d_{ii} = 10000$。这样, 就可以由下面的命令直接构造出距离矩阵 **D**。

```
>> x0=[4,9,21,26,47,57,62,70,76,76,96];
   y0=[49,30,56,26,19,38,11,30,59,4,32]; n=11;
   for i=1:n, for j=1:n        % 计算 Euclid 距离
       D(i,j)=sqrt((x0(i)-x0(j))^2+(y0(i)-y0(j))^2);
   end, end, D=D+10000*eye(n);
```

如果暂时不考虑定义 6-9 中最后一个约束条件, 只考虑路径的条数为 n, 则可以直接求解线性规划问题。

```
>> P=optimproblem;                      % 创建一个新的最优化模型
   x=optimvar('x',[n,n],Type='integer',Lower=0,Upper=1);
   P.Objective=sum(D(:).*x(:));         % 描述目标函数
   P.Constraints.c1=sum(x(:))==n;       % 描述约束条件
   P.Constraints.x=sum(x,1)==1;
   P.Constraints.y=sum(x,2)==1;
   sol=solve(P);
   x1=round(sol.x), sparse(x1)
```

由稀疏矩阵显示语句可以看出, 上面的解得出了该图的 11 条路径为 (3,1), (4,2), (1,3), (2,4), (6,5), (8,6), (10,7), (5,8), (11,9), (7,10), (9,11), 构成的路径如图 6-2 所示。可以看出, 这个解和预期的是不一样的, 例如节点 1 和节点 3 之间有一个封闭的回路, 其他区域也有封闭的回路, 不是期望的整个联通回路。这些封闭的回路在旅行商这类问题中称为局部回路(subtour)。

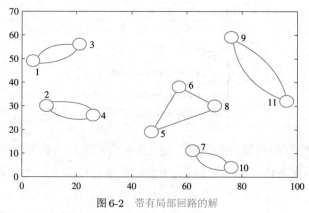

图 6-2 带有局部回路的解

消除了局部回路，并优化了目标函数，才算真正能得到旅行商问题的解。如何消除局部回路呢？如果真采用"得出的解为途经 n 个节点的闭合回路"这条约束条件，则可以消除局部回路，不过这需要引入海量的约束条件，不大容易实现，所以需要由局部回路增设约束条件。应该先找到局部回路，找到之后为该回路设置一条约束条件，如果每个局部回路都设置了约束条件，则重新求解最优化问题，再找局部回路并增设约束条件，这样进行迭代，直至局部回路的个数为 1，就可以解决旅行商问题。

局部回路的检测方法可以按照某个回路起点等于终点的规则搜索。如果找出每个局部回路，就可以增设一个约束条件，使得局部回路各个节点之间的连线个数等于节点个数减 1，这样就有望消除一个现有的局部回路。不过这样的消除可能导致新的局部回路，所以应该考虑迭代过程，逐步消除所有局部回路。

如果得出了解矩阵 $\boldsymbol{x}$，则可以编写出下面的 MATLAB 函数寻找局部回路，返回的第 i 个局部回路在 stours$\{i\}$ 中给出，局部回路数由 length(stours) 读出。

```
function stours=find_subtours(x)
   [n,~]=size(x); u=1; visited=zeros(n,1);
   for k=1:n, s0(k)=k; d0(k)=find(x(k,:)==1); end
   for i=1:n, if visited(i)==1, continue; end
      s1=s0(i); v=s1; d=d0(i); mat=[s1,d]; visited(i)=1;
      while d~=s1
         d1=d; visited(d)=1; d=d0(d); mat=[mat; d1,d];
      end
      stours{u}=mat; u=u+1;
end, end
```

有了局部回路的检测函数，就可以编写出求解旅行商问题的通用 MATLAB 函数，其清单如下。该函数需要用户提供城市的坐标向量 $\boldsymbol{x}_0$ 和 $\boldsymbol{y}_0$，另外如果需要，可以给出绘图的节点圆圈半径 r，默认值为 2.5。返回的 stours 为单元数组，该数组的内容为路径上起始、终止节点序号构成的矩阵。

```
function stours=tsp_solve(x0,y0,r)
   arguments, x0(:,1); y0(:,1); r(1,1){mustBePositive}=2.5, end
   n=length(x0);
   for i=1:n, for j=1:n
      D(i,j)=sqrt((x0(i)-x0(j))^2+(y0(i)-y0(j))^2);
   end, end                              % 计算 Euclid 距离矩阵
   D=D+100000*eye(n); t=linspace(0,2*pi,100);
   P=optimproblem;                       % 创建最优化问题模型
   x=optimvar('x',n,n,'Type','integer','Lower',0,'Upper',1);
```

```
P.Objective=sum(sum(D.*x));              %描述目标函数
P.Constraints.x=sum(x,1)==1; P.Constraints.y=sum(x,2)==1;
sol=solve(P); x1=round(sol.x); sparse(x1); cstr=[];
while (1)                                 %用迭代方法消除局部回路
    stours=find_subtours(x1); length(stours) %找出局部回路
    if length(stours)==1, break; end  %如果只有一个回路则结束搜索
    for i=1:length(stours)               %由每个现有回路单独处理
        u=stours{i}(:,1); v=stours{i}(:,2); s=0; n0=length(u);
        for j=1:n0, s=s+x(u(j),v(j)); end
        cstr=[cstr; s<=n0-1];            %增添一个约束条件
    end
    P.Constraints.cc=cstr;               %重新设置约束条件并求解
    sol=solve(P); x1=round(sol.x); sparse(x1);
end
for i=1:length(x0), line(x0(i)+r*cos(t),y0(i)+r*sin(t)), end
stours=find_subtours(x1); u=stours{1}(:,1); v=stours{1}(:,2);
line([x0(u); x0(v(end))],[y0(u); y0(v(end))]); %绘制最优路径
end
```

例6-31 试消除例6-30中的局部回路，求解旅行商问题。

解 可以先输入这些节点的坐标，然后调用通用求解函数，得出旅行商问题的解，并绘制出如图6-3所示的最优路径。由于是对称问题，沿哪个方向走行都一样。

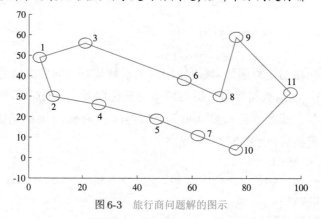

图6-3 旅行商问题解的图示

```
>> x0=[4,9,21,26,47,57,62,70,76,76,96];
   y0=[49,30,56,26,19,38,11,30,59,4,32];
   tours=tsp_solve(x0,y0), T=[tours{1}]'
```

得出的路径如下，即 $1 \to 2 \to 4 \to 5 \to 7 \to 10 \to 11 \to 9 \to 8 \to 6 \to 3 \to 1$。该矩阵

的第一行为路径的起始节点，第二行为终止节点。该解是从节点 1 出发的逆时针路径。

$$T = \begin{bmatrix} 1 & 2 & 4 & 5 & 7 & 10 & 11 & 9 & 8 & 6 & 3 \\ 2 & 4 & 5 & 7 & 10 & 11 & 9 & 8 & 6 & 3 & 1 \end{bmatrix}$$

调用上面的最后一行语句还可能得出如下的矩阵，该矩阵为顺时针方向的路径。

$$T = \begin{bmatrix} 1 & 3 & 6 & 8 & 9 & 11 & 10 & 7 & 5 & 4 & 2 \\ 3 & 6 & 8 & 9 & 11 & 10 & 7 & 5 & 4 & 2 & 1 \end{bmatrix}$$

需要指出的是，这里给出的例子只是求解旅行商问题的一种简单方法，并不适合大规模问题的求解。文献 [3] 给出了 100000 个节点的 Mona Lisa 图像的旅行商问题求解示意图。如果对旅行商问题的求解感兴趣，可以参考其他相关文献。

6.5.4　背包问题

背包问题（knapsack problem）是运筹学与组合优化领域的一个重要应用问题，有着广泛的应用前景，很多实际问题都可以转换到背包问题的框架下进行建模。本节将先介绍背包问题的通俗解释与数学模型，然后通过例子演示背包问题的建模与求解方法。

定义 6-10 ▶ 背包问题

假设有一组 n 种可选物品，每件物品的重量为 w_i，价格为 p_i，背包问题研究的是在不超过总重量 W 的前提下，每种物品不超过一件，如何选择物品，使得所选物品的总价格最高。背包问题的数学模型为

$$\max_{\boldsymbol{X}} \quad \sum_{i=1}^{n} p_i x_i \tag{6-5-3}$$

$$\text{s.t.} \begin{cases} \sum_{i=1}^{n} w_i x_i \leqslant W \\ x_i \in \{0,1\}, \ i=1,2,\cdots,n \end{cases}$$

定义 6-11 ▶ 有界与无界背包问题

如果去除定义 6-10 中 $x_i \in \{0,1\}$ 的限制，即每种物品可以选多件，则原始问题变成整数线性规划问题，称为无界背包问题；如果某些物品在选择件数上有上限，则称为有界背包问题。

例 6-32　假设有 10 种物品，其重量与价格在表 6-11 中给出，如果每种物品只允许取一件，总重量不得大于 40kg，试求解 0-1 背包问题，使得总价格最大。

解　假设第 i 物品取 x_i 件，$x_i = \{0,1\}$，则可以给出如下命令描述 0-1 背包问题，得出问题的解为 $\boldsymbol{x}_0 = [1,0,1,0,1,1,1,0,0,0]^{\mathrm{T}}$，最大价格为 324 元，背包重量为 39.2kg。从得出的结果看，背包里有 1,3,5,6,7 号物品。

表6-11 物品重量与价格

物品编号 i	1	2	3	4	5	6	7	8	9	10
选择件数	x_1	x_2	x_3	x_4	x_5	x_6	x_7	x_8	x_9	x_{10}
重量 w_i / kg	19	15	4.6	14.6	10	4.4	1.2	11.4	17.8	19.6
价格 p_i / 元	89	59	19	43	100	72	44	16	7	64

```
>> w=[19,15,4.6,14.6,10,4.4,1.2,11.4,17.8,19.6]; W=40;
   p=[89,59,19,43,100,72,44,16,7,64]; n=10;
   P=optimproblem('ObjectiveSense','max');
   x=optimvar('x',[n,1],Type='integer',Lower=0,Upper=1);
   P.Objective=p*x;
   P.Constraints.c=w*x<=W;
   sol=solve(P);
   x0=round(sol.x), p*x0, w*x0
```

例6-33　重新考虑表6-11中物品的重量与价格,可见,6,7号物品相对重量轻,价格高,如果不限制取物量,很可能只取这两种(或其中一种)物品,现在重新求解背包问题,其中,第6,7号物品各限选2件。

解　在新问题的建模过程中,不再将全部的件数 x_i 设置为1,只将 $x_{6,7} \leqslant 2$ 设置为约束条件,这样就可以由下面的语句重新建立起背包问题的整数线性规划模型,并求得 $\boldsymbol{x}_0 = [0,0,0,0,3,2,1,0,0,0]^{\mathrm{T}}$,总价格488元,总重量40 kg。在背包中有3件5号物品,2件6号物品,1件7号物品。

```
>> w=[19,15,4.6,14.6,10,4.4,1.2,11.4,17.8,19.6];
   p=[89,59,19,43,100,72,44,16,7,64]; n=10; W=40;
   P=optimproblem('ObjectiveSense','max');
   x=optimvar('x',[n,1],Type='integer',Lower=0); %取消二值限制
   P.Objective=p*x;
   P.Constraints.c=w*x<=W;
   P.Constraints.upp=[x(6)<=2, x(7)<=2];
   sol=solve(P);
   x0=round(sol.x), p*x0, w*x0
```

6.5.5　数独的填写

数独(sudoku)是美国退休建筑师 Howard Garns(1905-1989)发明的一种数字游戏,原名是 Number Place[45],"数独"二字是该游戏流行到日本后起的汉字名称。一般数独是在 9×9 网格内填写数字的游戏。数独谜的一般形式是给出一些数字,称为线索(clue),如图6-4(a)所示。该数独谜是文献 [45] 给出的6号数独。玩家需要根据数独的规则进行推理,完成 9×9 网格内所有未知数字的填写。

			1				3	
	9	4	3			7		
1		6				8	2	
			5					
6	2	8				5	1	9
					6			
	4	1				2		5
		9				2	4	8
	8				5			

（a）6 号数独

8	5	7	1	2	4	9	3	6
2	9	4	3	6	8	7	5	1
1	3	6	9	5	7	8	2	4
9	7	3	5	8	1	6	4	2
6	2	8	4	7	3	5	1	9
4	1	5	2	9	6	3	7	8
7	4	1	8	3	9	2	6	5
5	6	9	7	1	2	4	8	3
3	8	2	6	4	5	1	9	7

（b）数独的解

图 6-4　6 号数独问题的题目与结果

数独的规则简单说来就是，每一行、每一列以及每一个粗线括起来的 3×3 网格（块）内，都必须含有 1~9 的全部数字，且不能重复。解数独问题就是要根据线索进行推理，填写出全部的数字。这里举一个简单的推理例子：先看前三行，第一、三两行都有数字 1，且分别位于左中两个块内，所以右侧块的 1 就只能落在第二行上；再看右上角块中的中间一行，其左侧元素，即 $(2,7)$ 元素已经被线索 7 占用，所以 1 只可能填写在 $(2,8)$ 或 $(2,9)$ 两个位置；再看右侧三列的已知线索，由于 $(5,8)$ 元素为 1，所以不能在第八列 $(2,8)$ 填写数字 1，所以数字 1 只能填写到 $(2,9)$ 这个位置。通过这样的方法就可以增加一条新线索；再看最后三列，由于新添加的 1 在第九列上，在左上角的 3×3 矩阵中，第八列也有 1，在中间的 3×3 矩阵中，所以第七列的 1 只能在右下角的 3×3 矩阵中。由于该矩阵的前两行都被已知线索占用，所以"1"只能填写在 $(9,7)$ 位置上，这又增加一条新的线索；另外，由于第一行和第二行都有数字 3，且位于中右两个块内，所以第三行必须有数字 3，且应该落在左侧块内。由于 $(3,1)$ 与 $(3,3)$ 块被已知线索占用，所以只能在 $(3,2)$ 位置填写 3，这样就又增加了一条线索。如果利用已知线索将全部空白的网格都填上数字，则完成了该数独谜。

对设计得比较好的数独谜而言，应该具有唯一的解。对一般的数独问题而言，问题可能有多个解，例如，如果只知道 $(1,1)$ 元素为 1 这样一条线索，则可能有多种方法完成该数独。

文献 [46] 给出了一种将 9×9 数独问题转换为 0–1 规划的数学算法，其基本想法是先构造 $9 \times 9 \times 9$ 的决策变量三维数组 $\boldsymbol{x}$，且其元素的取值只能为 0 或 1。此外，根据需要还应该建立起如下约束条件。

（1）为确保数独的每一个网格点 (i,j) 上只有 $1,2,\cdots,9$ 且数字不重复，则

$$\sum_{k=1}^{9} x_{i,j,k} = 1, \ i = 1,2,\cdots,9; \ j = 1,2,\cdots,9 \qquad (6\text{-}5\text{-}4)$$

（2）为确保数独每一行、每一列上都包含 $1,2,\cdots,9$ 且数字不重复，则

$$\sum_{i=1}^{9} x_{i,j,k} = 1, \ \sum_{j=1}^{9} x_{i,j,k} = 1, \ k = 1,2,\cdots,9 \qquad (6\text{-}5\text{-}5)$$

（3）为确保每一个粗线框内都包含 $1,2,\cdots,9$ 且数字不重复，则

$$\sum_{i=1}^{3}\sum_{j=1}^{3} x_{i+u,j+v,k} = 1, \ u,v = \{0,3,6\} \qquad (6\text{-}5\text{-}6)$$

除了这些约束之外，为确保已知的线索不参与优化，应该将其下限与上限都设置为1用于占位，表示这些元素将不发生变化。这样就可以直接求取 $0-1$ 规划的可行解。得出可行解后，将 $\boldsymbol{x}$ 第三维的每个元素做加权处理，第 k 层的元素乘以 k，再对第三维元素做求和运算，即可以得出数独问题的解。

原始的数独问题有两种表示方法，一种是矩阵描述的方法，另一种是索引描述的方法，用 i、j 和 s 三个数的描述方法，表示 $b_{i,j} = s$ 的已知条件。如果有 m 条线索，则用这样的方式可以表示成 $m \times 3$ 的矩阵 $\boldsymbol{B}$。

文献 [46] 还给出了 9×9 数独 $0-1$ 规划问题的求解代码，本书将其给出的代码稍做扩展，构成了通用的 MATLAB 函数，使其可以处理 $n^2 \times n^2$ 的任意有限维数独问题，其中 $n = 2,3,\cdots$，该代码还在文献 [46] 代码的基础上做了适当的简化与规范化，不影响原代码的执行。相关的 MATLAB 求解函数如下。

```
function S=solve_sudoku(B,n)
   arguments, B=[]; n(1,1){mustBePositiveInteger}=3, end
   if size(B)~=3, [i,j,s]=find(B); B=[i,j,s]; end % 变换成线索标准型
   if nargin==1, n=sqrt(length(sparse(B(:,1),B(:,2),B(:,3)))); end
   P=optimproblem;    % 定义最优化问题，由于只需可行解，无须目标函数
   x=optimvar('x',[n^2,n^2,n^2],...
             Type='integer',Lower=0,Upper=1);
   P.Constraints.x=sum(x,1)==1; % 在三方向上确保有且仅有一个元素为1
   P.Constraints.y=sum(x,2)==1;
   P.Constraints.z=sum(x,3)==1;
   D=[];
   for u=0:n:n^2-1, for v=0:n:n^2-1 % 对每个粗线块内元素设置约束
     a=x(u+1:u+n,v+1:v+n,:);
     s=sum(sum(a,1),2)==ones(1,1,n^2); D=[D; s(:)];
```

```
    end, end
    P.Constraints.D=D; %设置第k层加权为k,并对第三维元素求和
    for u=1:size(B,1), x.LowerBound(B(u,1),B(u,2),B(u,3))=1; end
    sol=solve(P); x=round(sol.x);
    for k=2:n^2, x(:,:,k)=k*x(:,:,k); end, S=sum(x,3); %完成数独
end
```

文献 [46] 给出了 9×9 数独问题的显示函数,本书扩展了该函数,使其可以处理并显示 $n^2 \times n^2$ 数独。该文献还给出源程序 show_sudoku() 的代码,不过,该代码带有局限性,本书对其进行了扩展,构造的函数如下。

```
function show_sudoku(B,n)
    arguments, B, n(1,1){mustBePositiveInteger}; end
    if size(B)~=3, [i,j,s]=find(B); B=[i,j,s]; end
    if nargin==1
        n=sqrt(length(sparse(B(:,1),B(:,2),B(:,3))));
    end
    figure; hold on; axis off; axis equal        %设置坐标系
    rectangle('Position',[0 0 n^2 n^2],...
                'LineWidth',3,'Clipping','off') %用粗线绘制外框
    for k=1:n^2-1                    %绘制内框,n的倍数用中线,否则用细线
        h1=line([0,n^2],k*[1 1]); set(h1,'LineWidth',0.5);
        h2=line(k*[1 1],[0,n^2]); set(h2,'LineWidth',0.5);
        if k/n==round(k/n), set([h1,h2],'LineWidth',1.5);
    end, end
    for ii=1:size(B,1)              %显示每个已知的数字
        if B(ii,3)==0, continue;   %数字未知则跳过
        elseif B(ii,3)>=10, xx=0.8; else, xx=0.5; end
        text(B(ii,2)-xx,n^2+0.5-B(ii,1),num2str(B(ii,3)))
    end, hold off
end
```

例 6-34　假设已知文献 [45] 中的 6 号数独,试求解并显示该数独问题。

解　由图 6-4(a) 给出的数独不难给出其矩阵表示,并输入 MATLAB 工作空间,再将其显示出来。有了原始的数独问题,就可以直接调用 solve_sudoku() 函数求解,再调用 show_sudoku() 函数将结果显示出来,如图 6-4(b) 所示。

```
>> X=[0,0,0,1,0,0,0,3,0; 0,9,4,3,0,0,7,0,0; 1,0,6,0,0,0,8,2,0;
      0,0,0,5,0,0,0,0,0; 6,2,8,0,0,0,5,1,9; 0,0,0,0,0,6,0,0,0;
      0,4,1,0,0,0,2,0,5; 0,0,9,0,0,2,4,8,0; 0,8,0,0,0,5,0,0,0];
   show_sudoku(X), S=solve_sudoku(X), show_sudoku(S)
```

例 6-35　假设已知图 6-5(a) 中给出的一个 16×16 数独的线索,试求出该问题的一

个可行解。

16	2	3	13												
5	11	10	8												
9	7	6	12												
4	14	15	1												
				16	2	3	13								
				5	11	10	8								
				9	7	6	12								
				4	14	15	1								
								16	2	3	13				
								5	11	10	8				
								9	7	6	12				
								4	14	15	1				
												16	2	3	13
												5	11	10	8
												9	7	6	12
												4	14	15	1

（a）数独的已知元素

16	2	3	13	6	10	14	4	1	15	11	7	12	9	8	5
5	11	10	8	12	16	2	7	14	6	9	4	13	3	1	15
9	7	6	12	1	5	11	15	3	8	13	16	2	10	4	14
4	14	15	1	8	3	13	9	10	12	2	5	7	6	11	16
15	8	12	4	16	2	3	13	11	9	7	10	14	1	5	6
13	6	9	14	5	11	10	8	2	1	16	3	15	12	7	4
11	3	1	5	9	7	6	12	15	13	4	14	8	16	2	10
7	10	16	2	4	14	15	1	12	5	8	6	11	13	9	3
12	15	8	7	10	4	9	6	16	2	3	13	1	5	14	11
14	1	13	3	15	12	7	2	5	11	10	8	6	4	16	9
10	4	11	16	14	8	1	5	9	7	6	12	3	15	13	2
2	9	6	3	13	16	11	4	14	15	1	10	8	12	7	5
6	5	14	15	7	9	12	10	8	4	1	11	16	2	3	13
1	12	7	9	3	15	4	16	6	13	14	2	5	11	10	8
3	16	4	11	2	1	8	14	13	10	5	15	9	7	6	12
8	13	2	10	11	6	5	3	7	16	12	9	4	14	15	1

（b）数独的解

图 6-5 16×16 数独问题与解

    解 显然，该问题是一个有非唯一解的数独问题，可以由下面的语句按图6-5(a)的形式显示该数独，再调用 solve_sudoku() 函数找出数独问题的一个可行解，并显示出该结果，如图6-5(b)所示。

```
>> M=magic(4);
   X=blkdiag(M,M,M,M); show_sudoku(X)
   S=solve_sudoku(X), show_sudoku(S)
```

本章习题

6.1 试用搜索法与穷举方法求解下面的整数规划问题[47]。

$$\min \; -3x_1 - 3x_1^2 + 8x_2 - 7x_2^2 - 5x_3 - 8x_3^2 + 2x_4 + 4x_4^2 - 4x_5 - 7x_5^2$$

$$\boldsymbol{x} \text{ s.t.} \begin{cases} 7x_1 + 7x_1^2 + 4x_2 + 4x_2^2 - 8x_3 - 7x_4 + 2x_4^2 - 5x_5 + 2x_5^2 \leqslant -6 \\ 8x_1 - 5x_1^2 + 4x_2 - 7x_2^2 - 4x_3 + 8x_3^2 + 7x_4 - 6x_4^2 - 2x_5 - 7x_5^2 \leqslant -2 \\ -x_1 - 3x_1^2 - 2x_2 + x_2^2 - 2x_3 + 8x_3^2 - 5x_4 - 3x_4^2 + 5x_5 - 7x_5^3 \leqslant 9 \\ -5 \leqslant x_i \leqslant 5, \; i=1,2,3,4,5 \end{cases}$$

6.2 求解下面的整数线性规划问题。

（1） $\max \quad 592x_1 + 381x_2 + 273x_3 + 55x_4 + 48x_5 + 37x_6 + 23x_7$

$$\boldsymbol{x} \text{ s.t.} \begin{cases} \boldsymbol{x} \geqslant \boldsymbol{0} \\ 3534x_1 + 2356x_2 + 1767x_3 + 589x_4 + 528x_5 + 451x_6 + 304x_7 \leqslant 119567 \end{cases}$$

（2）
$$\max \quad 120x_1 + 66x_2 + 72x_3 + 58x_4 + 132x_5 + 104x_6$$

$$\boldsymbol{x} \text{ s.t.} \begin{cases} x_1+x_2+x_3=30 \\ x_4+x_5+x_6=18 \\ x_1+x_4=10 \\ x_2+x_5\leqslant18 \\ x_3+x_6\geqslant30 \\ x_1,x_2,\cdots,x_6\geqslant0 \end{cases}$$

6.3 试求解下面的线性整数规划问题。

$$\max \quad x_1 + x_2 + x_3 + x_4 + x_5 + x_6 + x_7$$

$$\boldsymbol{x} \text{ s.t.} \begin{cases} x_1+x_4+x_5+x_6+x_7\geqslant20 \\ x_4+x_5+x_6=18 \\ x_1+x_4=10 \\ x_2+x_5\leqslant18 \\ x_3+x_6\geqslant30 \\ x_1,x_2,\cdots,x_6\geqslant0 \end{cases}$$

6.4 试求解下面的非线性整数规划问题[42]，并用穷举方法检验结果。

（1）
$$\min_{\boldsymbol{x} \text{ s.t. } 12\leqslant x_i\leqslant32} \quad \left(\frac{1}{6.931} - \frac{x_2 x_3}{x_1 x_4}\right)^2$$

（2）
$$\min \quad (x_1-10)^2 + 5(x_2-12)^2 + x_3^4 + 3(x_4-11)^2 + 10x_5^6 + 7x_6^2 + x_7^4 - 10x_6 - 8x_7$$

$$\boldsymbol{x} \text{ s.t.} \begin{cases} -2x_1^2-3x_2^4-x_3-4x_4^2-5x_5+127\geqslant0 \\ 7x_1-3x_2-10x_3^2-x_4+x_5+282\geqslant0 \\ 23x_1-x_2^2-6x_6^2+8x_7+196\geqslant0 \\ -4x_1^2-x_2^2+3x_1x_2-2x_3^2-5x_6+11x_7\geqslant0 \end{cases}$$

6.5 试求解下面的整数规划问题[4]，并用穷举方法检验得出的结果。

$$\min \quad 7y_1 + 10y_2$$

$$\boldsymbol{y} \text{ s.t.} \begin{cases} y_1^{1.2}y_2^{1.7}-7y_1-9y_2\leqslant24 \\ -y_1-2y_2\leqslant5 \\ -3y_1+y_2\leqslant1 \\ 4y_1-3y_2\leqslant11 \\ y_1,y_2\in\{1,2,3,4,5\} \end{cases}$$

6.6 试求解下面的 0−1 线性规划问题，并用穷举方法检验得出的结果。

（1）
$$\min \quad 5x_1 + 7x_2 + 10x_3 + 3x_4 + x_5$$

$$\boldsymbol{x} \text{ s.t.} \begin{cases} x_1-x_2+5x_3+x_4-4x_5\geqslant2 \\ -2x_1+6x_2-3x_3-2x_4+2x_5\geqslant0 \\ -2x_2+2x_3-x_4-x_5\leqslant1 \end{cases}$$

（2）
$$\min \quad -3x_1 - 4x_2 - 5x_3 + 4x_4 + 4x_5 + 2x_6$$

$$\boldsymbol{x} \text{ s.t.} \begin{cases} x_1-x_6\leqslant0 \\ x_1-x_5\leqslant0 \\ x_2-x_4\leqslant0 \\ x_2-x_5\leqslant0 \\ x_3-x_4\leqslant0 \\ x_1+x_2+x_3\leqslant2 \end{cases}$$

6.7 求解下面的混合0−1规划问题。

$$\min_{\boldsymbol{x},\boldsymbol{y}} \ f(\boldsymbol{x},\boldsymbol{y})$$

$$\boldsymbol{x},\boldsymbol{y} \ \text{s.t.} \ \begin{cases} y_1+y_2+y_3+x_1+x_2+x_3\leqslant 5 \\ y_3^2+x_1^2+x_2^2+x_3^2\leqslant 5.5 \\ y_1+x_1\leqslant 1.2 \\ y_2+x_2\leqslant 1.8 \\ y_3+x_3\leqslant 2.5 \\ y_4+x_1\leqslant 1.2 \\ y_2^2+x_2^2\leqslant 1.64 \\ y_3^2+x_3^2\leqslant 4.25 \\ y_2^2+x_3^2\leqslant 4.64 \\ x_1,x_2,x_3\geqslant 0 \\ y_1,y_2,y_3\in\{0,1\} \end{cases}$$

其中,

$$f(\boldsymbol{x},\boldsymbol{y}) = (y_1-1)^2+(y_2-2)^2+(y_3-1)^2-\ln(y_4+1)+(x_1-1)^2+(x_2-2)^2+(x_3-3)^2$$

6.8 除了例6-9之外,文献 [42] 还给出了两个类似的混合0−1规划的测试问题,并给出了参考最优解,试求解这两个问题,观察能否得出更好的解。

（1） min $5y_1 + 8y_2 + 6y_3 + 10y_4 + 6y_5 - 10x_1 - 15x_2 - 15x_3 + 15x_4 +$
$\qquad\qquad 5x_5 - 20x_6 + \mathrm{e}^{x_1} + \mathrm{e}^{x_2/1.2} - 60\ln(x_4 + x_5 + 1) + 140$

$$\boldsymbol{x} \ \text{s.t.} \ \begin{cases} -\ln(x_4+x_5+1)\leqslant 0 \\ \mathrm{e}^{x_1}-10y_1\leqslant 1, \ \mathrm{e}^{x_2/1.2}-10y_2\leqslant 1 \\ 1.25x_3-10y_3\leqslant 0, \ x_4+x_5-10y_4\leqslant 0 \\ -3x_3-2x_6-10y_5\leqslant 0, \ x_3-x_6\leqslant 0 \\ -x_1-x_2-2x_3+x_4+2x_6\leqslant 0 \\ -x_1-x_2-0.75x_3+x_4+2x_6\leqslant 0 \\ 2x_3-x_4-2x_6\leqslant 0, \ -0.5x_4+x_5\leqslant 0, \ 0.2x_4+x_5\leqslant 0 \\ y_1+y_2=1, \ y_4+y_5\leqslant 1 \\ \boldsymbol{0}\leqslant\boldsymbol{x}\leqslant[2,2,2,\infty,\infty,3]^{\mathrm{T}} \\ y_i=\{0,1\}, \ i=1,2,3,4,5 \end{cases}$$

参考解:$\boldsymbol{x} = [0,2,1.078,0.652,0.326,1.078]^{\mathrm{T}}, \boldsymbol{y} = [0,1,1,1,0]^{\mathrm{T}}, f_0 = 73.035$。

（2） min $5y_1+8y_2+6y_3+10y_4+6y_5+7y_6+4y_7+5y_9-10x_1-15x_2-15x_3+$
$\qquad\qquad 80x_4 + 25x_5 + 35x_6 - 40x_7 + 15x_8 - 35x_9 + \mathrm{e}^{x_1} + \mathrm{e}^{x_2/1.2} -$
$\qquad\qquad 65\ln(x_4 + x_5 + 1) - 90\ln(x_5 + 1) - 80\ln(x_6 + 1) + 120$

$$\boldsymbol{x} \ \text{s.t.} \ \begin{cases} -1.5\ln(x_5+1)-\ln(x_6+1)-x_8\leqslant 0 \\ -\ln(x_4+x_5+1)\leqslant 0 \\ -x_1-x_2+x_3+2x_4+0.8x_5+0.8x_6-0.5x_7-x_8-2x_9\leqslant 0 \\ -x_1-x_2+2x_4+0.8x_5+0.8x_6-2x_7-x_8-2x_9\leqslant 0, \ -x_3+0.4x_4\leqslant 0 \\ -2x_4-0.8x_5-0.8x_6+2x_7+x_8+2x_9\leqslant 0, \ -x_4+x_7+x_9\leqslant 0 \\ -0.4x_5-0.4x_6-1.2x_8\leqslant 0, \ 0.16x_5+0.16x_6-1.2x_8\leqslant 0, \ x_3-0.8x_4\leqslant 0 \\ \mathrm{e}^{x_1}-10y_1\leqslant 1, \ \mathrm{e}^{x_2/1.2}-10y_2\leqslant 1 \\ x_7-110y_3\leqslant 0, \ 0.8x_5+0.8x_6-10y_4\leqslant 0 \\ 2x_4-2x_7-2x_9-10y_5\leqslant 0, \ x_5-10y_6\leqslant 0 \\ x_6-10y_7\leqslant 0, \ x_3+x_4-10y_8\leqslant 0 \\ y_1+y_2=1, \ y_4+y_5\leqslant 1, \ -y_4+y_6+y_7\leqslant 0, \ y_3-y_9\leqslant 0 \\ \boldsymbol{0}\leqslant\boldsymbol{x}\leqslant[2,2,1,2,2,2,2,1,3]^{\mathrm{T}} \\ y_i=\{0,1\}, \ i=1,2,\cdots,8 \end{cases}$$

参考解:$\boldsymbol{x} = [0,2,0.468,0.585,2,0,0,0.267,0.585]^{\mathrm{T}}, \boldsymbol{y} = [0,1,0,1,0,1,0,1]^{\mathrm{T}}$

6.9 试求解下面的整数规划问题[4]。

$$\min \quad 3y - 5x$$

$$\boldsymbol{y} \text{ s.t.} \begin{cases} 2y^2 - 2y^{0.5} - 2x^{0.5}y^2 + 11y + 8x \leqslant 39 \\ -y + x \leqslant 3 \\ -3y_1 + y_2 \leqslant 1 \\ 2y + 3x \leqslant 24 \\ 1 \leqslant x \leqslant 10, \ y \in \{1,2,3,4,5,6\} \end{cases}$$

6.10 试求解下面的混合 0−1 规划问题[4]。

（1）
$$\min \quad 2x_1 + 3x_2 + 1.5y_1 + 2y_2 - 0.5y_3$$

$$\boldsymbol{x} \text{ s.t.} \begin{cases} x_1^2 + y_1 = 1.25 \\ x_2^{1.5} + 1.5y_2 = 3 \\ x_1 + y_1 \leqslant 1.6 \\ 1.333x_2 + y_2 \leqslant 18 \\ x_3 + x_6 \leqslant 3 \\ -y_1 - y_2 + y_3 \leqslant 0 \\ \boldsymbol{x} \geqslant \boldsymbol{0}, \ \boldsymbol{y} \in \{0,1\} \end{cases}$$

（2）
$$\min \quad -0.7y + 5(x_1 - 0.5)^2 + 0.8$$

$$\boldsymbol{x} \text{ s.t.} \begin{cases} \mathrm{e}^{x_1 - 0.2} - x_2 \leqslant 0 \\ x_2^{1.5} + 1.5y_2 = 3 \\ x_2 + 1.1y \leqslant 1 \\ x_1 - 1.2y \leqslant 0.2 \\ 0.2 \leqslant x_1 \leqslant 1 \\ -2.22554 \leqslant x_2, \ y \in \{0,1\} \end{cases}$$

（3）
$$\min \quad -x_1 x_2 x_3$$

$$\boldsymbol{x} \text{ s.t.} \begin{cases} x_1 + 0.1^{y_1} 0.2^{y_2} 0.15^{y_3} = 1 \\ x_2 + 0.05^{y_4} 0.2^{y_5} 0.15^{y_6} = 1 \\ x_3 + 0.02^{y_7} 0.06^{y_8} = 1 \\ -y_1 - y_2 - y_3 \leqslant -1 \\ -y_4 - y_5 - y_6 \leqslant -1 \\ -y_7 - y_8 \leqslant -1 \\ 3y_1 + y_2 + 2y_3 + 3y_4 + 2y_5 + y_6 + 3y_7 + 2y_8 \leqslant 10 \\ 0 \leqslant \boldsymbol{x} \leqslant 1, \ \boldsymbol{y} \in \{0,1\} \end{cases}$$

6.11 试用穷举方法与搜索方法求解下面的 0−1 规划问题 $\min\limits_{\boldsymbol{x}} \boldsymbol{x}^{\mathrm{T}} \boldsymbol{Q} \boldsymbol{x}$。

$$\boldsymbol{Q} = \begin{bmatrix} -1 & -2 & 2 & 8 & -5 & 1 & -4 & 0 & 0 & 8 \\ -2 & 2 & 0 & -5 & 4 & -4 & -4 & -5 & 0 & -5 \\ 2 & 0 & 2 & -3 & 7 & 0 & -3 & 7 & 5 & 0 \\ 8 & -5 & -3 & -1 & -3 & -1 & 7 & 1 & 7 & 2 \\ -5 & 4 & 7 & -3 & 1 & 0 & -4 & 2 & 4 & -2 \\ 1 & -4 & 0 & -1 & 0 & 1 & 9 & 5 & 2 & 0 \\ -4 & -4 & -3 & 7 & -4 & 9 & 3 & 1 & 2 & 0 \\ 0 & -5 & 7 & 1 & 2 & 5 & 1 & 0 & -3 & -2 \\ 0 & 0 & 5 & 7 & 4 & 2 & 2 & -3 & 2 & 3 \\ 8 & -5 & 0 & 2 & -2 & 0 & 0 & -2 & 3 & 3 \end{bmatrix}$$

6.12 由随机数生成的方法生成 80 个城市的坐标，然后求解旅行商问题。

6.13 试补齐例 6-23 所需的语句，看看能不能用常规方法得出全局最优解。

6.14 本书工具箱中的纯文本文件 **c6mknap.txt** 存储了 100 种商品的数据,第一列为价格,第二列为重量。如果购物车的最大载重为 50 kg,试从中选择物品(每种物品最多一件),使得购物车内物品价格最高。如果每种物品都不限量,最优解是什么?

6.15 试求解图 6-6(a)、(b) 中的数独问题。

2		7		9	1			4
							1	2
6				2	5	9		
8		5		2	3	4		
9	7						2	6
		1	7	6		9		8
	8	6	2					3
7	3							
5			6	3		1		9

（a）数独谜 1

7		1				4		
5								
3			9	6				
			3	8				5
4	7							6
					9	8		2
	5			1	8			
	2	4				5		
					3		9	

（b）数独谜 2

图 6-6 两个 9×9 数独问题

6.16 如果 25×25 数独的每个 5×5 对角块都是 magic(5) 矩阵,试求解该数独问题,得出一个可行解,并测试耗时。

多目标规划

到现在为止,本书一直强调在最优化问题中,目标函数 $f(x)$ 为标量函数。对这一假设进行突破,可以将目标函数扩展为向量函数,这样的最优化问题不能直接采用前面的方法求解。

定义 7-1 ▶ 多目标规划

多目标规划就是目标函数为向量函数的数学规划问题。

本章介绍多目标规划问题的建模与求解方法。

7.1 节用一个简单的例子介绍多目标规划的简单应用,也介绍在某些问题中多目标规划的必要性,还给出简单多目标规划问题的图解方法。7.2 节介绍几种可以将多目标规划问题转化为普通单目标规划问题的方法,然后利用前面介绍的求解方法得出问题的最优解。一般多目标规划问题的解是不唯一的,所以 7.3 节引入 Pareto 解集与占优解的概念,并介绍 Pareto 解集的提取方法。7.4 节介绍一种特殊的多目标规划问题——极小极大问题的定义与求解方法。

7.1 多目标规划简介

在实际应用中经常遇到多目标规划的问题需要求解。本节先给出一个多目标规划问题的实例，然后给出多目标规划的一般数学形式，并试图采用图解法描述多目标规划问题的求解。

7.1.1 多目标规划的背景介绍

下面将给出一个日常生活中可能遇到的例子，演示多目标规划问题是客观存在的，也是在某些问题中需要借鉴的，因为有了多目标规划的概念，将为最优化技术的应用开辟一个新的视角。

例 7-1 设某商店有 A_1、A_2 和 A_3 三种糖果，单价分别为 $4, 2.8$ 和 2.4 元/kg。某单位要筹办一次茶话会，要求买糖果的钱不超过 20 元，糖果总量不得少于 6 kg，A_1 和 A_2 两种糖果总量不得少于 3 kg，应该如何确定最好的买糖方案[48]？

解 首先应该决定目标函数如何选择的问题。在本例中，好的方案意味着"少花钱、多办事"，这应该对应于两个目标函数，一个是花钱最少，另一个是买糖果的总量最重。其余的条件可以认为是约束条件。当然，这两个目标函数多少有些矛盾。下面考虑如何将这样的问题用数学表示。

假设 A_1、A_2 和 A_3 三种糖果的购买量分别为 x_1、x_2 和 x_3 (kg)，这时，两个目标函数在数学上分别表示为

$$\begin{cases} \min f_1(\boldsymbol{x}) = 4x_1 + 2.8x_2 + 2.4x_3 & \text{花钱最少} \\ \max f_2(\boldsymbol{x}) = x_1 + x_2 + x_3 & \text{购买的糖果总量最大} \end{cases}$$

显然，这时的目标函数就不再是标量了。再考虑约束条件：由给出的描述，应该建立起如下约束条件。

$$\begin{cases} 4x_1 + 2.8x_2 + 2.4x_3 \leqslant 20 \\ x_1 + x_2 + x_3 \geqslant 6 \\ x_1 + x_2 \geqslant 3 \\ x_1, x_2, x_3 \geqslant 0 \end{cases}$$

如果统一用最小值的方式表示，并统一约束条件的形式，则有约束的多目标优化问题可以表示成

$$\min \begin{bmatrix} 4x_1 + 2.8x_2 + 2.4x_3 \\ -(x_1 + x_2 + x_3) \end{bmatrix}$$

$$\boldsymbol{x} \text{ s.t.} \begin{cases} 4x_1 + 2.8x_2 + 2.4x_3 \leqslant 20 \\ -x_1 - x_2 - x_3 \leqslant -6 \\ -x_1 - x_2 \leqslant -3 \\ x_1, x_2, x_3 \geqslant 0 \end{cases}$$

在实际应用中，有些多目标规划问题的各个目标函数是相关的，有的问题目标函数是矛盾的。例如，例 7-1 中给的两个目标函数就是相互矛盾的。

例 7-2 重新考虑例 6-28 中的最小用料问题。如果同时引入另一个目标函数：废料

最少,则可以写出如下多目标规划问题。这样的多目标规划问题中,两个目标函数并不矛盾,它们甚至是相关的,试探讨该问题的解。

　　解　若想使得产生的废料最少,则可以选择目标函数 $0.1x_1 + 0.3x_2 + 0.5x_3 + 0.7x_4 + 0.12x_5 + 0.32x_6$。因而,可以写出下面的多目标规划问题。

$$\min \quad 0.1x_1 + 0.3x_2 + 0.5x_3 + 0.7x_4 + 0.12x_5 + 0.32x_6$$
$$\min \quad x_1 + x_2 + x_3 + x_4 + x_5 + x_6$$
$$\boldsymbol{x} \text{ s.t.} \begin{cases} 5x_1 + 4x_2 + 3x_3 + 2x_4 + x_5 \geqslant 1000 \\ x_2 + 2x_3 + 3x_4 + 5x_5 + 6x_6 \geqslant 2000 \\ x_i \geqslant 0, \ i = 1, 2, \cdots, 6 \end{cases}$$

如果单纯求解第一个目标函数对应的最优化问题,则可以给出如下语句,最终得出的结果为 $\boldsymbol{x} = [120, 0, 0, 0, 400, 0]$,与例 6-28 中的结果完全一致。由于这里给出的两个目标函数是相关的,所以,这样得出的解就是多目标规划问题的解。

```
>> P=optimproblem;
   x=optimvar('x',[6,1],Lower=0);
   P.Objective=0.1*x(1)+0.3*x(2)+0.5*x(3)+...
               0.7*x(4)+0.12*x(5)+0.32*x(6);
   P.Constraints.c1=5*x(1)+4*x(2)+3*x(3)+2*x(4)+x(5)>=1000;
   P.Constraints.c2=x(2)+2*x(3)+3*x(4)+5*x(5)+6*x(6)>=2000;
   sols=solve(P);              % 求解最优化问题
   x0=sols.x, x0=round(x0);    % 显示得出的解
```

7.1.2　多目标规划的数学模型

　　由前面给出的例子可见,如果目标函数不再是标量,则可以引入多目标规划问题标准型的概念与数学形式,并探讨性能指标的物理意义。

> **定义 7-2 ▶ 多目标规划**
>
> 多目标规划问题的一般表示为
>
> $$J = \min_{\boldsymbol{x} \text{ s.t. } \boldsymbol{G}(\boldsymbol{x}) \leqslant \boldsymbol{0}} \boldsymbol{F}(\boldsymbol{x}) \tag{7-1-1}$$
>
> 其中,$\boldsymbol{F}(\boldsymbol{x}) = \left[f_1(\boldsymbol{x}), f_2(\boldsymbol{x}), \cdots, f_p(\boldsymbol{x})\right]^{\mathrm{T}}$。

　　通常意义下,这些目标函数可能相互是矛盾的,如果倚重其中一个目标函数,则可能忽视对其他描述的重视,例如前面的例子中的目标函数是"少花钱,多办事",这本身就比较难以实现,不同的决策者可能有不同的视角和侧重点,所以应该对每个目标函数做一定的取舍与让步,得出各方都能接受的妥协解(compromise solutions)。

7.1.3 多目标规划问题的图解举例

由以前介绍的图解法可知，图解法适合于求解具有一个或两个决策变量的最优化问题。这里将通过几个例子演示多目标规划问题的图解法。

例 7-3 试用图解法求解下面无约束非线性多目标规划问题。

$$\min_{\boldsymbol{x}}\ \begin{bmatrix} (x_1 + 2x_2)\sin(x_1 + x_2)\mathrm{e}^{-x_1^2 - x_2^2} + 5x_2 \\ \mathrm{e}^{-x_2^2 - 4x_2}\cos(4x_1 + x_2) \end{bmatrix}$$

$$\text{s.t. } 0 \leqslant \boldsymbol{x} \leqslant \pi/2$$

解 如果直接绘制两个目标函数的曲面，可以发现二者是重叠的，相互之间的关系看不清，所以为了增加区分度，可以将第二个目标函数的值加 3，这样得出如图 7-1 所示的两个曲面。

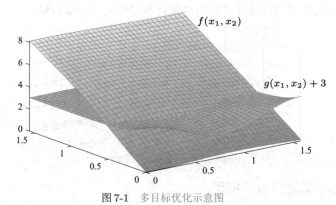

图 7-1　多目标优化示意图

可以看出，$f(x_1, x_2)$ 函数取最小值的时候，这个点大约为 $(0, 0)$，而这时 $g(x_1, x_2)$ 曲面正好处于高点，所以该点不是原问题的一个很好的解。而当 $g(x_1, x_2)$ 曲面取最小值时，$f(x_1, x_2)$ 曲面的值离最小值比较近，所以该点可以作为一个备选的最优值。由于这两个性能指标有时相互矛盾，所以在选择最优解时应该寻求妥协，得出一个折中解。

```
>> f=@(x1,x2)(x1+2*x2).*sin(x1+x2).*exp(-x1.^2-x2.^2)+5*x2;
   g=@(x1,x2)exp(-x2.^2-4*x2).*cos(4*x1+x2)+3; % 目标函数加 3
   fsurf({f,g},[0,pi/2])          % 用两个匿名函数时，应该用单元数组形式
```

不过从这两个曲面基本上可以得出共性的认知：比较令人满意的解大约发生在 $x_2 = 0$ 处，所以可以由下面的语句绘制出 $x_2 = 0$ 时两个目标函数的曲线，如图 7-2 所示。可见，在 $x_1 = 0.7854$ 处 $F(x_1)$ 取最小值，而同时 $G(x_1)$ 接近局部高点。现在观察 x_1 向左移动与向右移动的情形，向右移动时 $F(x_1)$ 函数同等减小情况下似乎 $G(x_1)$ 函数的代价更大，所以应该考虑向左移动 x_1，达成一个妥协的解。还可以绘制出 $G(x) + F(x)$ 函数的曲线，这时的函数总体最小值在 $x_1 = 0.7708$ 处。

```
>> x2=0;
   F=@(x1)f(x1,x2); G=@(x1)g(x1,x2); F1=@(x1)F(x1)+G(x1);
```

```
fplot({F,G,F1},[0,pi/2])
```

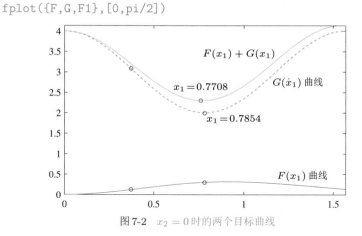

图 7-2　$x_2 = 0$ 时的两个目标曲线

其实,从上面的描述语句看,对于最优解这一现象的叙述有些不太客观。其实,多目标规划与多目标决策本身就是比较主观的,多目标规划问题的解是不唯一的,主要侧重于决策者的主观判断。

例7-4　考虑例 7-1 给出的有三个决策变量的问题,试用图解方法求解该问题。

解　前面提到,图解法适合于两个决策变量的最优化问题求解,而这里给出的是三个决策变量的问题,按理说是不适合用图解法的,但可以考虑原始的目标函数与约束条件。从给出的问题看,由于糖果 A_1 价格比较高,对第一个目标函数贡献比较大,而在约束条件中并没有对它的购买量有直接要求,只笼统地要求 $x_1 + x_2 \geqslant 3$,所以完全有理由将 x_1 设置为 0。另外,由于 x_2 的价格高于 x_3,所以只买 x_2 要求的最少量,满足约束条件就足够了,所以 $x_2 = 3$,这样,原始的三个决策变量就可以减成一个 x_3。由此,可以通过下面的语句绘制出两个目标函数的示意图,如图 7-3 所示。

```
>> x1=0; x2=3;
   f=@(x3)4*x1+2.8*x2+2.4*x3; g=@(x3)-(x1+x2+x3);
   x3=1:0.01:8; F=f(x3); G=g(x3);
   ii=find(4*x1+2.8*x2+2.4*x3>20 | -x1-x2-x3>-6 | -x1-x2>-3);
   F(ii)=NaN; G(ii)=NaN;       % 提取满足约束条件的元素
   plot(x3,F,x3,G)             % 绘制两个目标函数的曲线
   figure, plot(F,G)           % 绘制两个目标函数之间关系的曲线
```

可以看出,这两个指标是相互矛盾的,曲线上任何一个点都是合理的选择,主要看决策者更看重哪个指标了。例如,用户可以选择花钱数最大(20 元),买最多的糖果;也可以买最低要求的糖果数(6kg),花钱最少;也可以选择中间任何一个点,在两个指标之间做出折中的选择。从老板的角度看更希望第二种方案;从参与茶话会的员工角度看更希望第一种方案;而从某种中立的视角看,不同人可能选择不同的折中方案。

如果绘制两个目标函数之间的关系曲线,则可以得出如图 7-4 所示的结果,这就是

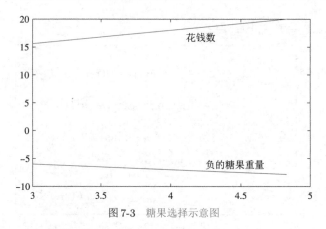

图 7-3 糖果选择示意图

所谓的 Pareto 曲线，后面还将介绍。

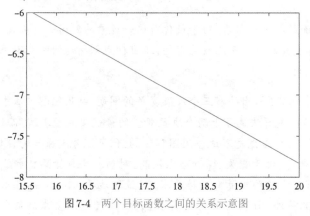

图 7-4 两个目标函数之间的关系示意图

7.2 多目标规划转换成单目标规划问题

由前面介绍的多目标规划问题可见，通常这类问题的解是不唯一的，也是不客观的。为了能得到比较客观的最优解，通常应该想办法将原始的多目标问题转换成单目标的最优化问题。例如，由各个目标函数构造一个最小二乘的表达式，或构造加权和，或以其他准则构造出标量的目标函数表达式，就可以用前几章介绍的方法求取问题的最优解，甚至全局最优解。本节将探讨几种常用的目标函数变换方法。

7.2.1 无约束多目标函数的最小二乘求解

假设多目标规划问题目标函数 $F(x) = \left[f_1(x), f_2(x), \cdots, f_k(x) \right]^{\mathrm{T}}$，把各个目标函数的平方和作为单一的目标函数，则可以按照最小二乘的方式将原始问题转换成单目标问题，从而利用前面介绍的工具得出原始问题的唯一解。

定义 7-3 ▶ 多目标最小二乘转换

多目标规划的最小二乘转换方法如下：

$$\min_{\boldsymbol{x}\ \text{s.t.}\ \boldsymbol{x}_{\mathrm{m}}\leqslant\boldsymbol{x}\leqslant\boldsymbol{x}_{\mathrm{M}}} \quad f_1^2(\boldsymbol{x})+f_2^2(\boldsymbol{x})+\cdots+f_k^2(\boldsymbol{x}) \tag{7-2-1}$$

　　MATLAB 的最优化工具箱提供了 lsqnonlin() 函数，可以调用该函数直接求解多目标规划问题的最小二乘解。该函数的调用格式为

$[\boldsymbol{x},f_{\mathrm{n}},\boldsymbol{f}_{\mathrm{opt}},\mathrm{flag},\mathrm{out}]$=lsqnonlin(problem)

$[\boldsymbol{x},f_{\mathrm{n}},\boldsymbol{f}_{\mathrm{opt}},\mathrm{flag},\mathrm{out}]$=lsqnonlin(F,$\boldsymbol{x}_0$)

$[\boldsymbol{x},f_{\mathrm{n}},\boldsymbol{f}_{\mathrm{opt}},\mathrm{flag},\mathrm{out}]$=lsqnonlin(F,$\boldsymbol{x}_0$,$\boldsymbol{x}_{\mathrm{m}}$,$\boldsymbol{x}_{\mathrm{M}}$,opt)

其中，F 为给目标函数写的 M 函数或匿名函数，该函数为向量函数；$\boldsymbol{x}_0$ 为初始搜索点。最优化运算完成后，结果将在变量 $\boldsymbol{x}$ 中返回，最优化的目标函数向量将在 $\boldsymbol{f}_{\mathrm{opt}}$ 变量中返回，其范数由 f_{n} 返回。和其他优化函数一样，选项 opt 有时是很重要的。

　　多目标非线性最小二乘问题还可以用结构体的方式描述，必选的成员变量为 Objective、x0、options 与 solver，而 solver 必须设置为'lsqnonlin'，此外，可以选择的成员变量为 lb 和 ub，即决策变量的下界与上界向量。

　　例 7-5　试求例 7-3 的无约束非线性多目标规划问题的最小二乘解。

　　解　可以将问题的两个目标函数写成列向量型的匿名函数，这时调用下面的语句就能直接求解原问题，得出 $\boldsymbol{x}=[1.5708,0.0662]^{\mathrm{T}}$。其实，从图 7-1、图 7-2 所示的目标函数看，这个得出的解并不具太多的合理性，这也就是说最小二乘性能指标在多目标规划问题求解中并不是一个很好的选择。

```
>> f=@(x)[(x(1)+2*x(2))*sin(x(1)+x(2))*exp(-x(1)^2-x(2)^2)+5*x(2);
          exp(-x(2)^2-4*x(2))*cos(4*x(1)+x(2))]; %目标函数描述
   xm=[0; 0]; xM=[pi/2; pi/2]; x0=xM;
   x-lsqnonlin(f,x0,xⅢ,xM)                       %直接求解
```

　　事实上，如果采用前面介绍的 fmincon() 函数，则可以重新定义目标函数，调用该函数求解可以直接得出所需结果 $\boldsymbol{x}=[1.1832,0]^{\mathrm{T}}$。当然，有约束问题也可以利用单目标规划问题直接求解。

```
>> G=@(x)f(x)'*f(x);
   A=[]; B=[]; Aeq=[]; Beq=[]; x0=xM;
   x=fmincon(G,x0,A,B,Aeq,Beq,xm,xM)            %等效的求解方法
```

　　需要指出的是，这里介绍的非线性最小二乘的变换方法更多用于曲线与数据的拟合领域，并不太适合一般多目标规划问题的求解，后面还将介绍其他适合的变换方法。

7.2.2　线性加权变换及求解

显然,前面介绍的单目标优化算法不能直接用于求解上述多目标优化问题,在求解之前,需要引入某种方法将其变换成单目标优化问题。最简单的变换方法是根据对两个指标的侧重情况引入加权,将目标函数改写成标量形式。

$$f(\boldsymbol{x}) = w_1 f_1(\boldsymbol{x}) + w_2 f_2(\boldsymbol{x}) + \cdots + w_p f_p(\boldsymbol{x}) \tag{7-2-2}$$

其中,$w_1 + w_2 + \cdots + w_p = 1$,且 $0 \leqslant w_1, w_2, \cdots, w_p \leqslant 1$。

例7-6　试在不同的加权系数下,求出例7-1中问题的解。

解　原问题可以重新修改成下面的线性规划系数。

$$\min \quad (w_1[4, 2.8, 2.4] - w_2[1,1,1])\boldsymbol{x}$$

$$\boldsymbol{x} \text{ s.t.} \begin{cases} 4x_1+2.8x_2+2.4x_3 \leqslant 20 \\ -x_1-x_2-x_3 \leqslant -6 \\ -x_1-x_2 \leqslant -3 \\ x_1,x_2,x_3 \geqslant 0 \end{cases}$$

这样,不同加权系数下的最优购买方案可以由下面的循环结构得出,如表7-1所示。可见,由于加权系数选择不同,得出的最优解侧重于两个极端的值。对比较小的 w_1,侧重于花20元,$\boldsymbol{x} = [0,3,4.8333]$;对较大的 w_1,则侧重于花15.6元,$\boldsymbol{x} = [0,3,3]$。不管哪种选择,$x_1 \equiv 0$,这是因为,对 x_1 本身没有约束,所以其值当然是越小越好。

```
>> f1=[4,2.8,2.4]; f2=[-1,-1,-1]; Aeq=[]; Beq=[];
   A=[4 2.8 2.4; -1 -1 -1; -1 -1 0]; B=[20;-6;-3];
   xm=[0;0;0]; ww1=[0:0.1:1]; C=[];
   for w1=ww1, w2=1-w1; % 用循环结构尝试各种加权取值
       x=linprog(w1*f1+w2*f2,A,B,Aeq,Beq,xm);
       C=[C; w1 w2 x' f1*x -f2*x]
   end
```

表7-1　不同加权系数下的最优方案

w_1	w_2	x_1	x_2	x_3	总花费	糖果总量	w_1	w_2	x_1	x_2	x_3	总花费	糖果总量
0	1	0	3	4.8333	20	7.8333	0.6	0.4	0	3	3	15.6	6
0.1	0.9	0	3	4.8333	20	7.8333	0.7	0.3	0	3	3	15.6	6
0.2	0.8	0	3	4.8333	20	7.8333	0.8	0.2	0	3	3	15.6	6
0.3	0.7	0	3	3	15.6	6	0.9	0.1	0	3	3	15.6	6
0.4	0.6	0	3	3	15.6	6	1	0	0	3	3	15.6	6
0.5	0.5	0	3	3	15.6	6							

例7-7　考虑例7-2中的多目标规划问题,由于单独选择两个目标函数得出的最优解是完全一致的,所以,不论怎样选择加权量,得出的结果都是一致的。

例 7-8　试用加权的方法重新求解例 7-3 中的问题。

解　选择加权量 $w_1 = 0, 0.1, 0.2, \cdots, 1$，可以给出如下加权的单一目标函数，再调用 fmincon() 函数，就可以直接求解该问题，得出的选项参见表 7-2。比较无偏向的可以接受的妥协解是 $w_1 = w_2 = 0.5$，这时，最优解为 $\boldsymbol{x}_0 = [0.7708, 0]$，最优解参见图 7-3，$w_1 = 0$ 或 $w_1 = 1$ 时的解可以认为是极端解。

```
>> f=@(x)(x(1)+2*x(2))*sin(x(1)+x(2))*exp(-x(1)^2-x(2)^2)+5*x(2);
   g=@(x)exp(-x(2)^2-4*x(2))*cos(4*x(1)+x(2));
   Aeq=[]; Beq=[]; A=[]; B=[];
   xm=[0;0]; C=[]; xM=[pi/2; pi/2]; ww1=[0:0.1:1];
   for w1=ww1, w2=1-w1;
       F=@(x)w1*f(x)+w2*g(x); x0=xm;
       x=fmincon(F,x0,A,B,Aeq,Beq,xm,xM);
       C=[C; w1 w2 x' f(x) g(x)];
   end
```

表 7-2　不同加权系数下的最优方案

w_1	w_2	x_1	x_2	f	g	w_1	w_2	x_1	x_2	f	g
0	1	0.7854	0	0.2997	−1	0.1	0.9	0.7839	0	0.2994	−1
0.2	0.8	0.7820	0	0.2984	−0.9999	0.3	0.7	0.7795	0	0.2984	−0.9997
0.4	0.6	0.7760	0	0.2977	−0.9993	0.5	0.5	0.7708	0	0.2965	−0.9983
0.6	0.4	0.7623	0	0.2944	−0.9958	0.7	0.3	0.7458	0	0.2902	−0.9875
0.8	0.2	0.6996	0	0.2761	−0.9417	0.9	0.1	0.0032	0	0	0.9999
1	0	1.5708	0	0	1						

7.2.3　线性规划问题的最佳妥协解

对于多目标线性规划问题，这里将介绍一种特别的解，称为最佳妥协解。基于对应的数学公式编写出最佳妥协解的求解通用函数，并给出例子演示多目标线性规划问题最佳妥协解的求解方法。

考虑一类特殊的线性规划问题。

$$J = \max_{\boldsymbol{x} \text{ s.t.}} \boldsymbol{C}\boldsymbol{x} \qquad (7\text{-}2\text{-}3)$$

$$\begin{cases} \boldsymbol{A}\boldsymbol{x} \leqslant \boldsymbol{B} \\ \boldsymbol{A}_{\text{eq}}\boldsymbol{x} = \boldsymbol{B}_{\text{eq}} \\ \boldsymbol{x}_{\text{m}} \leqslant \boldsymbol{x} \leqslant \boldsymbol{x}_{\text{M}} \end{cases}$$

和传统线性规划问题不同，目标函数中的 $\boldsymbol{C}$ 不是一个向量，而是一个矩阵，但 $\boldsymbol{x}$ 是一个列向量。这样，每一个目标函数 $f_i(\boldsymbol{x}) = \boldsymbol{c}_i\boldsymbol{x}, i = 1, 2, \cdots, p$ 可以理解成第 i 方的利益分配，所以这样的最优化问题可以认为是各方利益的最大分配。当然，在约束条件的限制和相互制约下，不可能每一方的利益均能真正地最大化，也不能一方获利而其他各方亏损,这就需要各方做出适当的妥协,得出唯一的最佳妥协解。

最佳妥协解的求解步骤如下。

(1)单独求解每个单目标函数的最优化问题,得出最优解 $f_k, k = 1, 2, \cdots, p$。

(2)通过规范化构造单独的目标函数。

$$\boldsymbol{fx} = -\frac{1}{f_1}\boldsymbol{c}_1\boldsymbol{x} - \frac{1}{f_2}\boldsymbol{c}_2\boldsymbol{x} - \cdots - \frac{1}{f_p}\boldsymbol{c}_p\boldsymbol{x} \tag{7-2-4}$$

(3)最佳妥协解可以变换成下面的单目标线性规划问题直接求解。

$$J = \min_{\boldsymbol{x} \text{ s.t.} \begin{cases} \boldsymbol{Ax} \leqslant \boldsymbol{B} \\ \boldsymbol{A}_{\text{eq}}\boldsymbol{x} = \boldsymbol{B}_{\text{eq}} \\ \boldsymbol{x}_{\text{m}} \leqslant \boldsymbol{x} \leqslant \boldsymbol{x}_{\text{M}} \end{cases}} \boldsymbol{fx} \tag{7-2-5}$$

根据上述算法,可以编写出一个如下的最佳妥协解的求解程序。注意,该函数求解的是最大值问题的妥协解。

```matlab
function [x,f0,flag,out]=linprog_comp(C,varargin)
    arguments, C; end
    arguments (Repeating), varargin; end
    [p,m]=size(C); f=0;         %初始化设置
    for k=1:p                   %对每个线性规划问题循环处理
        [x,f0]=linprog(C(k,:),varargin{:}); f=f-C(k,:)/f0;
    end
    [x,f0,flag,out]=linprog(f,varargin{:}); f0=C*x;
end
```

例7-9 试求出例7-1中问题的最佳妥协解。

解 如果目标函数为最大值,则由下面的语句可以立即得出最佳妥协解为 $\boldsymbol{x} = [0, 3, 4.8333]^{\text{T}}$,总花费20元,购买糖果的总重量为 7.8333 kg。

```matlab
>> C=[-4 -2.8 -2.4; 1 1 1]; A=[4 2.8 2.4; -1 -1 -1; -1 -1 0];
   B=[20; -6; -3]; Aeq=[]; Beq=[];
   xm=[0;0;0]; xM=[];                     %输入已知矩阵
   [x f0]=linprog_comp(C,A,B,Aeq,Beq,xm,xM)  %得出最佳妥协解
```

例7-10 试求出下面多目标线性规划问题的最佳妥协解。

$$\min_{\boldsymbol{x} \text{ s.t.} \begin{cases} 2x_1+4x_2+x_4 \leqslant 110 \\ 5x_3+3x_4 \geqslant 180 \\ x_1+2x_2+6x_3+5x_4 \leqslant 250 \\ x_1,x_2,x_3,x_4 \geqslant 0 \end{cases}} \begin{bmatrix} 3x_1 + x_2 + 6x_4 \\ 10x_2 + 7x_4 \\ 2x_1 + x_2 + 8x_3 \\ x_1 + x_2 + 3x_3 + 2x_4 \end{bmatrix}$$

解 由给出的多目标线性规划问题,可以容易地写出 $\boldsymbol{C}$ 矩阵。注意,对 $\boldsymbol{C}$ 矩阵应该

变换符号,并写出其他约束条件,这些矩阵为

$$
C = -\begin{bmatrix} 3 & 1 & 0 & 6 \\ 0 & 10 & 0 & 7 \\ 2 & 1 & 8 & 0 \\ 1 & 1 & 3 & 2 \end{bmatrix}, \quad A = \begin{bmatrix} 2 & 4 & 0 & 1 \\ 0 & 0 & -5 & -3 \\ 1 & 2 & 6 & 5 \end{bmatrix}, \quad B = \begin{bmatrix} 110 \\ -180 \\ 250 \end{bmatrix}
$$

这样,调用前面编写的 `linprog_comp()` 函数可以直接求得最佳妥协解和各方妥协的目标函数。

```
>> C=-[3,1,0,6; 0,10,0,7; 2,1,8,0; 1,1,3,2];
   A=[2,4,0,1; 0,0,-5,-3; 1,2,6,5]; B=[110; -180; 250];
   Aeq=[]; Beq=[]; xm=[0;0;0;0]; xM=[];            % 输入已知矩阵
   [x,f0]=linprog_comp(C,A,B,Aeq,Beq,xm,xM)        % 求解最佳妥协解
```

得出的最佳妥协解与各个目标函数为

$$
\boldsymbol{x} = [0, 0, 21.4286, 24.2857]^{\mathrm{T}}, \quad \boldsymbol{f}_0 = [-145.7143, -170, -171.4286, -112.8571]^{\mathrm{T}}
$$

7.2.4 线性规划问题的最小二乘解

多目标线性规划问题可以考虑采用最小二乘方法直接求解,这里先给出线性规划最小二乘解的定义,然后给出具体的求解方法。

定义 7-4 ▶ 多目标规划的最小二乘解

多目标线性规划问题的最小二乘解定义为

$$
\min_{\boldsymbol{x} \ \text{s.t.}} \quad \frac{1}{2} \|\boldsymbol{Cx} - \boldsymbol{d}\|^2 \qquad (7\text{-}2\text{-}6)
$$

$$
\boldsymbol{x} \ \text{s.t.} \begin{cases} \boldsymbol{Ax} \leqslant \boldsymbol{B} \\ \boldsymbol{A}_{\mathrm{eq}}\boldsymbol{x} = \boldsymbol{B}_{\mathrm{eq}} \\ \boldsymbol{x}_{\mathrm{m}} \leqslant \boldsymbol{x} \leqslant \boldsymbol{x}_{\mathrm{M}} \end{cases}
$$

最小二乘解可以由 `lsqlin()` 函数直接得出,其调用格式为

x=lsqlin(problem)

x=lsqlin(C,d,A,B)

x=lsqlin($C,d,A,B,A_{\mathrm{eq}},B_{\mathrm{eq}},x_{\mathrm{m}},x_{\mathrm{M}}$)

x=lsqlin($C,d,A,B,A_{\mathrm{eq}},B_{\mathrm{eq}},x_{\mathrm{m}},x_{\mathrm{M}},x_0$)

x=lsqlin($C,d,A,B,A_{\mathrm{eq}},B_{\mathrm{eq}},x_{\mathrm{m}},x_{\mathrm{M}},x_0$,options)

因为原问题为凸优化问题,初值的 $\boldsymbol{x}_0$ 的选择不是很重要,可以忽略。如果使用结构体数据结构描述最优化问题,则可以使用下面的成员变量:C,d,Aineq,bineq,Aeq,beq,lb,ub,x0,options,并将 solver 设置成 'lsqlin'。

例 7-11 考虑例 7-10 中给出的多目标线性规划问题,试求其最小二乘解。

解 由给出的多目标线性规划问题,可以容易地写出 $\boldsymbol{C}$ 矩阵,并写出其他约束条

件，这样调用 lsqlin() 函数可以直接求得最小二乘解为 $x = [0, 0, 28.4456, 12.5907]^T$，各个目标函数为 $[75.544, 88.1347, 227.5648, 110.5181]^T$。注意，同样的问题，由于求解方法或目标函数选择不同，得出的最优解可能也不同。对本例来说，最优妥协解显然不同于最小二乘解。

```
>> C=[3,1,0,6; 0,10,0,7; 2,1,8,0; 1,1,3,2];
   d=zeros(4,1);                          %已知矩阵
   A=[2,4,0,1; 0,0,-5,-3; 1,1,6,5]; B=[110; -180; 250];
   Aeq=[]; Beq=[]; xm=[0;0;0;0]; xM=[];   %线性约束矩阵输入
   x=lsqlin(C,d,A,B,Aeq,Beq,xm,xM), C*x   %直接求解
```

7.2.5 基于问题的描述与求解

最新版本的MATLAB最优化工具箱支持基于问题的多目标规划问题的求解方法。在基于问题的描述方法中，可以直接定义出多个目标函数，再由 solve() 函数计算多目标规划问题的解。下面通过例子演示多目标规划问题的求解方法。

例7-12 试用基于问题的方法描述并求解例7-3中的多目标规划问题。

解 对多目标规划问题而言，直接将问题对象的 Objective 成员变量分别设置成不同的目标函数。例如，本例中使用变量名 f1、f2，再调用 solve() 函数直接求解问题，得出解的结构体变量 sol，得出的解由 $sol.x$ 返回。

```
>> P=optimproblem;                        %创建问题
   x=optimvar('x',[2,1],Lower=0,Upper=pi/2);
   P.Objective.f1=(x(1)+2*x(2))*...       %分别描述两个目标函数
           sin(x(1)+x(2))*exp(-x(1)^2-x(2)^2)+5*x(2);
   P.Objective.f2=(-x(2)^2-4*x(2))*cos(4*x(1)+x(2));
   sol=solve(P)                           %求解多目标问题
```

注意，这样得出的结果和前面几章 solve() 函数得出的结果是不同的，前面几章得出的是解向量，而这里得出的是一系列解，说明多目标规划问题的解通常是不唯一的。solve() 函数返回的解即后面将介绍的 Pareto 解集。

7.3 Pareto最优解

由于多目标规划问题的解不唯一，所以经常需要考虑给出某种指标，合理地缩小为决策者提供的可选范围。在多目标规划领域Pareto解集是经常采用的描述最优解的方法，本节将给出 Pareto 解集的定义与提取方法。

7.3.1 多目标规划解的不唯一性

从前面的分析看，一般情况下多目标优化问题的解是不唯一的，其解可能随着决策者的偏好而不同。现在重新考虑原始多目标优化问题，假设某一个目标函数分

量取一系列离散点,则原来问题的目标函数的个数将减少 1,这样可能给原问题的研究带来新的结果。下面将通过例子演示这样的分析方法。

例 7-13　采用上述离散点分析方法重新研究例 7-1 中的多目标优化问题。

解　对原始问题中花费的钱数取一系列离散点 $m_i \in (15, 20)$,则原始问题可以改写成单目标的线性规划问题。

$$\min \quad -[1,1,1]\boldsymbol{x}$$
$$\boldsymbol{x} \text{ s.t.} \begin{cases} 4x_1+2.8x_2+2.4x_3=m_i \\ -x_1-x_2-x_3\leqslant-6 \\ -x_1-x_2\leqslant-3 \\ x_1,x_2,x_3\geqslant0 \end{cases}$$

该问题的含义是,若花费为 m_i,在满足约束条件的前提下最多可以买多少糖果。显然,用这样的方法可以得出最多糖果量 n_i 的值。对不同的 m_i 可以得出不同的 n_i,它们之间的关系曲线如图 7-5 所示。然而这样得出的曲线上的点并非全是原问题的解,因为没有考虑 m_i 的优化问题。

```
>> f2=[-1,-1,-1]; Aeq=[4 2.8 2.4]; xm=[0;0;0]; %输入已知矩阵
   A=[-1 -1 -1; -1 -1 0]; B=[-6;-3]; mi=15:0.3:20; ni=[];
   for m=mi, Beq=m;
       x=linprog(f2,A,B,Aeq,Beq,xm);
       if length(x)==0, ni=[ni, NaN];
       else, ni=[ni,-f2*x]; end
   end
   plot(mi,ni,'*-') %绘制两个目标函数之间的关系曲线
```

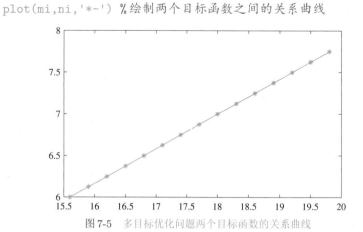

图 7-5　多目标优化问题两个目标函数的关系曲线

7.3.2　解的占优性与 Pareto 解集

由于多目标规划问题解的不唯一性,这里将给出两个重要的概念——解的占优性和 Pareto 解集,并用图示的方法显示这些概念。

定义 7-5 ▶ 解的占优性

对多目标规划的两个解 x_1 与 x_2 而言,如果满足以下两个条件:

(1)对所有目标函数来说,x_1 都至少像 x_2 一样好;

(2)对至少一个目标函数来说,x_1 显著优于 x_2,则称 x_1 对 x_2 占优。

考虑一个双目标函数的问题,可以首先得出可行解的离散点,将这些点先在二维平面上显示出来,如图7-6所示。

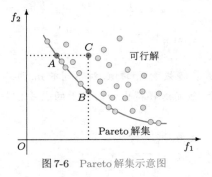

图 7-6 Pareto 解集示意图

因为原始问题是求取两个坐标系 f_1 和 f_2 的最小值,所以由定义7-5可见,对内点 C 而言,A, B 两点都是占优的,所以 C 点不是一个好的可行解,可以在决策选项中完全忽略。通过某种适当的规则,剔除所有非占优解,就可以由占优解提取出一条曲线,在图中由边沿曲线(粗线)给出。

定义 7-6 ▶ Pareto 解集

图7-6中边沿曲线上的点都是原问题的解,称为Pareto解集(Pareto set),又称为Pareto前沿(Pareto frontier 或 Pareto front),还有的文献称其为非支配解(non-dominated set)。

Pareto 解集是以意大利工程师与经济学家 Vilfredo Federico Damaso Pareto(1848−1923)命名的。利用Pareto解集的概念可以将多目标规划问题的解从可行解限制到一条曲线上。

7.3.3 Pareto 解集的计算

对双目标函数的多目标规划问题,可以很容易提取Pareto解集,对多目标问题则不那么直观,所以应该编写或使用Pareto解集的工具。早期版本 MathWorks并未提供计算与绘制Pareto解集的相关函数,不过在其File Exchange网站下提供了大量的第三方函数可以直接下载,如文献 [49],Simone 编写了一个称为 Pareto filtering 的程序[50]，其编程结构简洁、优美，值得借鉴，故将其源代码列出以供参考。为与本书的定义保持一致，特将函数中的 **ge** 命令整理后替换成了 **<=**，因为原来的程序是向右上方提取点，而这里需要的是向左下方提取 Pareto 解集。

```
function [p,idxs]=paretoFront(p)
    [i,dim]=size(p); idxs=(1:i)';
    while i>=1
        old_size=size(p,1);
        indices=sum(p(i,:)<=p,2)==dim;
        indices(i)=false; p(indices,:)=[]; idxs(indices)=[];
        i=i-1-(old_size-size(p,1))+sum(indices(i:end));
end, end
```

该函数的调用格式为 $[p,\text{idxs}]=\text{paretoFront}(P)$，其中，$P$ 为 $n \times m$ 矩阵，n 为可行解离散点的个数，m 为目标函数的个数，返回的 p 为 $n_1 \times m$ 矩阵，包含全部的 Pareto 解集上的点，idxs 为这些点在原来 P 矩阵中的位置向量。

例 7-14　试提取例 7-1 中的 Pareto 解集。

解　类似于前面介绍的穷举方法，首先生成一组 x_1、x_2 和 x_3 网格数据，将不满足约束条件的点剔除，留下可行解，然后调用 **paretoFront()** 函数提取并标出 Pareto 解集，如图 7-7 所示。不过由实际效果可见，非 Pareto 解集的点剔除得不是很彻底。

```
>> [x1,x2,x3]=meshgrid(0:0.1:4); % 生成所有可能的组合
   ii=find(4*x1+2.8*x2+2.4*x3<=20&x1+x2+x3>=6&x1+x2>=3); % 找可行解
   xx1=x1(ii); xx2=x2(ii); xx3=x3(ii);
   f1=4*xx1+2.8*xx2+2.4*xx3; f2=-(xx1+xx2+xx3);
   P=[f1(:), f2(:)]; p=paretoFront(P);    % 求取 Pareto 解集
   plot(f1,f2,'x',p(:,1),p(:,2),'o')      % 绘制 Pareto 解集
```

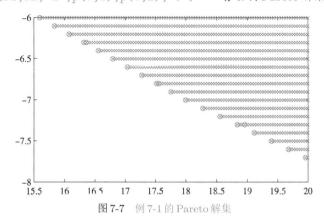

图 7-7　例 7-1 的 Pareto 解集

自 MATLAB R2022a 开始，最优化工具箱支持多目标规划的求解，并提供了 **paretoplot()** 函数，用于绘制 Pareto 解集。下面通过例子演示新的 Pareto 解集的

求解与绘制方法。

例 7-15 考虑例 7-3 中的多目标规划问题,试求其 Pareto 解集。

解 可以使用基于问题的方法描述多目标规划问题,即将问题的 `Objective` 成员变量设置成两个函数,这样,可以用下面的语句直接求解多目标规划问题,得出的 Pareto 解集如图 7-8 所示。

```
>> P=optimproblem;
   x=optimvar('x',[2,1],Lower=0,Upper=pi/2);
   P.Objective.f1=(x(1)+2*x(2))*...
              sin(x(1)+x(2))*exp(-x(1)^2-x(2)^2)+5*x(2);
   P.Objective.f2=(-x(2)^2-4*x(2))*cos(4*x(1)+x(2));
   sol=solve(P)          %直接求解多目标规划问题
   paretoplot(sol)       %绘制 Pareto 解集
```

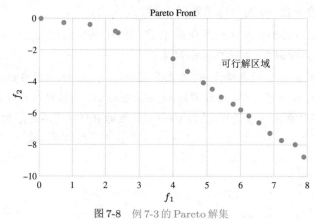

图 7-8   例 7-3 的 Pareto 解集

这里给出的 Pareto 解集比较稀疏。如果想获得更密集的 Pareto 解集,则可以给出下面的命令重新求解多目标规划问题,并绘制 Pareto 解集,如图 7-9 所示。

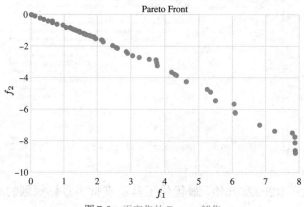

图 7-9   更密集的 Pareto 解集

```
>> P=optimproblem;
   x=optimvar('x',[2,1],Lower=0,Upper=pi/2);
   P.Objective.f1=(x(1)+2*x(2))*...
                  sin(x(1)+x(2))*exp(-x(1)^2-x(2)^2)+5*x(2);
   P.Objective.f2=(-x(2)^2-4*x(2))*cos(4*x(1)+x(2));
   sol=solve(P,'Solver','paretosearch')   %重新求解多目标规划问题
   paretoplot(sol)                         %绘制 Pareto 解集
```

7.4　极小极大问题求解

多目标优化的一类很重要的问题是极小极大问题。假设有某一组 p 个目标函数 $f_i(\boldsymbol{x})$, $i = 1, 2, \cdots, p$,如果每个目标函数都可以理解成 n 维空间的曲面,则对这些子目标函数曲面上每个 $\boldsymbol{x}$ 点取大值,就可以构造出一个新的函数 $f(\boldsymbol{x})$,这个函数的曲面可以理解成各个子目标函数曲面的包络面(envelope surface)。

$$f(\boldsymbol{x}) = \max_{i}\ [f_1(\boldsymbol{x}), f_2(\boldsymbol{x}), \cdots, f_n(\boldsymbol{x})]^{\mathrm{T}} \tag{7-4-1}$$

将这个包络面 $f(\boldsymbol{x})$ 作为标量目标函数,就可以构造新的有约束最优化(最小化)问题,这样就提出了极小极大问题(minimax problem)

$$J = \min_{\boldsymbol{x}\ \text{s.t.}\ \boldsymbol{G}(\boldsymbol{x})\leqslant \boldsymbol{0}} \max_{i} \boldsymbol{F}(\boldsymbol{x}) = \min_{\boldsymbol{x}\ \text{s.t.}\ \boldsymbol{G}(\boldsymbol{x})\leqslant \boldsymbol{0}} f(\boldsymbol{x}) \tag{7-4-2}$$

换句话说,极小极大问题是在最不利的条件下寻找最有利决策方案的一种方法。当然,这里给出的极小极大问题是有顺序的,先求出各自目标函数的包络面,然后求其最小值。下面给出极小极大问题的定义与求解方法。

定义 7-7 ▶ 极小极大问题

考虑各类约束条件,极小极大问题可以更一般地改写成

$$J = \min_{\boldsymbol{x}\ \text{s.t.}\ \begin{cases} \boldsymbol{A}\boldsymbol{x}\leqslant \boldsymbol{B} \\ \boldsymbol{A}_{\mathrm{eq}}\boldsymbol{x}=\boldsymbol{B}_{\mathrm{eq}} \\ \boldsymbol{x}_{\mathrm{m}}\leqslant \boldsymbol{x}\leqslant \boldsymbol{x}_{\mathrm{M}} \\ \boldsymbol{C}(\boldsymbol{x})\leqslant \boldsymbol{0} \\ \boldsymbol{C}_{\mathrm{eq}}(\boldsymbol{x})=\boldsymbol{0} \end{cases}} \max_{i} \boldsymbol{F}(\boldsymbol{x}) \tag{7-4-3}$$

MATLAB 最优化工具箱提供的 `fminimax()` 函数可以直接求解极小极大问题,其调用格式为

$[\boldsymbol{x}, \boldsymbol{f}_{\mathrm{opt}}, f_0, \text{flag}, \text{out}] = \text{fminimax}(\text{problem})$

$[\boldsymbol{x}, \boldsymbol{f}_{\mathrm{opt}}, f_0, \text{flag}, \text{out}] = \text{fminimax}(\text{F}, \boldsymbol{x}_0)$

$$[x, f_{\mathrm{opt}}, f_0, \mathrm{flag}, \mathrm{out}] = \mathtt{fminimax}(\mathrm{F}, x_0, A, B, A_{\mathrm{eq}}, B_{\mathrm{eq}}, x_{\mathrm{m}}, x_{\mathrm{M}})$$

$$[x, f_{\mathrm{opt}}, f_0, \mathrm{flag}, \mathrm{out}] = \mathtt{fminimax}(\mathrm{F}, x_0, A, B, A_{\mathrm{eq}}, B_{\mathrm{eq}}, x_{\mathrm{m}}, x_{\mathrm{M}}, \mathrm{CF}, \mathrm{opt})$$

该函数的调用格式接近于前面介绍的 **fmincon()** 函数,不同的是,目标函数为向量形式描述,当然,用匿名函数和 M 函数均可以表示新目标函数。另外,在返回变量中,除了返回目标函数向量 f_{opt} 外,还返回目标函数的最大值 f_0。

如果用结构体描述,则需要将 **solver** 成员变量设置为 **'fminimax'**,其余的成员变量与 **fmincon()** 函数完全一致。

例 7-16 为了演示极小极大模型的物理意义,这里构造了含有两个一元目标函数的多目标规划问题,试求解并解释该问题的解。

$$\min_{0.16 \leqslant x \leqslant 1.2} \ \max_i \left[\begin{array}{c} \dfrac{1}{(x-0.2)^2+0.01} + \dfrac{1}{(x-0.9)^2+0.05} + 1 \\[2mm] \dfrac{1}{(x-0.2)^2+0.08} + \dfrac{1}{(x-1.1)^2+0.02} + 1 \end{array} \right]$$

解 可以考虑将两个目标函数分别用两个不同的匿名函数表示并绘制它们的曲线,同时,可以容易地计算出这两个目标函数的最大值包络线函数 $f_{\max}(x)$,并用实线叠印到上述图形上,得出如图 7-10 所示的显示效果。

```
>> f1=@(x)1./((x-0.2).^2+0.01)+1./((x-0.9).^2+0.05)+1;
   f2=@(x)1./((x-0.2).^2+0.08)+1./((x-1.1).^2+0.02)+1;
   fmax=@(x)max(f1(x),f2(x)); xm=0.16; xM=1.2;
   fplot(f1,[xm,xM],'--'), hold on, fplot(f2,[xm,xM],'-.')
   fplot(fmax,[xm,xM],'-'), hold off
```

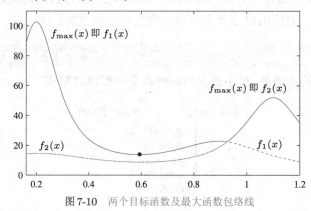

图 7-10　两个目标函数及最大函数包络线

有了包络线曲线,就可以考虑在感兴趣区间内求其极小值。很显然,由给出的图形可以看出,包络线函数的极小值位于 x 接近 $x=0.6$ 的地方,已在图中用实心圆点标出,这样的解就是原始极小极大问题的解。

由给出的两个目标构成的向量直接写出多目标函数的匿名函数模型 F,再调用

`fminimax()` 函数直接求解, 可以得出问题的解为 $x_1 = 0.5918$, 比较接近图 7-10 中最优解的位置。这时得出的目标函数向量 $\boldsymbol{f}_x = [14.0131, 8.8762]^{\mathrm{T}}$ 是两个目标函数在 x_1 点处的函数值, 而极小目标函数则为 $f_0 = 14.0131$, 即包络线上该点的函数值。

```
>> F=@(x)[f1(x); f2(x)];
   A=[]; B=[]; Aeq=[]; Beq=[]; x0=rand(1);
   [x1,fx,f0,flag]=fminimax(F,x0,A,B,Aeq,Beq,xm,xM)
```

例 7-17　试求解下面的极小极大问题。

$$\min_{0 \leqslant x_1,x_2 \leqslant 2} \max_i \begin{bmatrix} x_1^2 \sin x_2 + x_2 - 3x_1 x_2 \cos x_1 \\ -x_1^2 \mathrm{e}^{-x_2} - x_2^2 \mathrm{e}^{-x_1} + x_1 x_2 \cos x_1 x_2 \\ x_1^2 + x_2^2 - 2x_1 x_2 + x_1 - x_2 \\ -x_1^2 - x_2^2 \cos x_1 x_2 \end{bmatrix}$$

解　上述最优化问题可以通过下面的语句直接求解, 并选择随机数为初值, 可得出原问题的解为 $\boldsymbol{x} = [0.7862, 1.2862]$, 在这点上各个目标函数的值为 $\boldsymbol{f}_0 = [-0.2640, -0.3876, -0.2500, -1.4963]$, 极小极大问题的解为 $f_1 = -0.25$。这时返回的 flag 的值为 4, 不是期望的 1, 通常意义下, 如果返回的标记为 4, 则表示搜索过程遇到平缓的目标函数, 从中找不出真正的最优值, 即选择不同的值目标函数的值在双精度意义下没有明显的变化。

```
>> F=@(x)[x(1)^2*sin(x(2))+x(2)-3*x(1)*x(2)*cos(x(1));
   -x(1)^2*exp(-x(2))-x(2)^2*exp(-x(1))+x(1)*x(2)*cos(x(1)*x(2));
   x(1)^2+x(2)^2-2*x(1)*x(2)+x(1)-x(2);
   -x(1)^2-x(2)^2*cos(x(1)*x(2))]; %用匿名函数表示多目标函数
   A=[]; B=[]; Aeq=[]; Beq=[]; xm=[0;0]; xM=[2;2];
   [x,f0,f1,flag]=fminimax(F,rand(2,1),A,B,Aeq,Beq,xm,xM)
```

如果单纯绘制这四个目标函数, 则可以指定绘制区域, 然后计算并绘制出这四个目标函数曲面, 如图 7-11 所示。

```
>> [x1,x2]=meshgrid(0:0.02:2);
   F1=x1.^2.*sin(x2)+x2-3*x1.*x2.*cos(x1);
   F2=-x1.^2.*exp(-x2)-x2.^2.*exp(-x1)+x1.*x2.*cos(x1.*x2);
   F3=x1.^2+x2.^2-2*x1.*x2+x1-x2;
   F4=-x1.^2-x2.^2.*cos(x1.*x2);
   subplot(221), surf(x1,x2,F1), shading flat
   subplot(222), surf(x1,x2,F2), shading flat
   subplot(223), surf(x1,x2,F3), shading flat
   subplot(224), surf(x1,x2,F4), shading flat
```

由这四个目标函数取最大的包络曲面, 可以计算并绘制出新的目标函数 $f(\boldsymbol{x})$ 的曲面, 如图 7-12 所示, 极小极大问题需要求解的是该目标函数的极小值。

```
>> Fx=cat(3,F1,F2,F3,F4); Fx=max(Fx,[],3); %按第三维求最大值
   surf(x1,x2,Fx)                           %绘制包络面的曲面
```

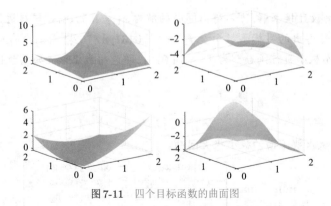

图 7-11 四个目标函数的曲面图

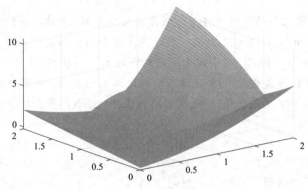

图 7-12 四个目标函数的最大函数曲面

不过从包络曲面上看,最小值所在的区域确实比较平缓,在这里给出的三维曲面上看不清,所以可以给出下面的语句绘制包络函数 $f(x)$ 的目标函数等高线,并标注出计算出来的最优解,如图 7-13 所示。

```
>> contour(x1,x2,Fx,300)
   hold on, plot(0.7862,1.2862,'o'), hold off
```

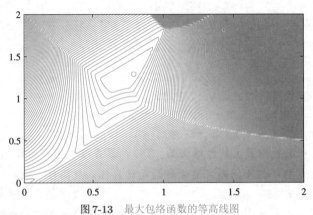

图 7-13 最大包络函数的等高线图

其实，这里由 fminimax() 函数求出的最优解并不是真正的最优解。从得出的网格数据还可以求真正的包络目标函数的极小值，得出 $x_1 = 0.66, x_2 = 1.16$，这时的目标函数的值也是 -0.25，该点（图 7-13 用圆圈标示的点）也在最小值的区域内。显然，这样由数据搜索出来的最优解与函数计算出来的最优点不是同一个点，不过由于在这个区域目标函数过于平缓，所以二者在目标函数值上几乎没有区别，二者都是原始问题的解，等高线图中整个小区域的所有点都可以认为是原问题的解。

```
>> [Fxm,i]=min(Fx(:)); Fxm, x1(i), x2(i)
```

例 7-18 试求解下面的有约束极小极大问题。

$$\min_{\boldsymbol{x}} \quad \max_{i} \begin{bmatrix} x_1^2 \sin x_2 + x_2 - 3x_1 x_2 \cos x_1 \\ -x_1^2 \mathrm{e}^{-x_2} - x_2^2 \mathrm{e}^{-x_1} + x_1 x_2 \cos x_1 x_2 \\ x_1^2 + x_2^2 - 2x_1 x_2 + x_1 - x_2 \\ -x_1^2 - x_2^2 \cos x_1 x_2 \end{bmatrix}$$

$$\boldsymbol{x} \text{ s.t.} \begin{cases} x_1^2 + x_2^2 \geqslant 1 \\ (x_1 + 0.5)^2 - (x_2 + 0.5)^2 \geqslant 0.7 \end{cases}$$

解 可以先选择 $-2 \leqslant x, y \leqslant 2$ 的正方形区域生成网格，然后由这四个给定的目标函数计算出网格上全部点的目标函数值，再剔除不满足约束条件的全部点。对给出的四个目标函数取大值，即可得出内层的目标函数包络面，其俯视图如图 7-14 所示。

```
>> [x1,x2]=meshgrid(-2:0.005:2);
   F1=x1.^2.*sin(x2)+x2-3*x1.*x2.*cos(x1);
   F2=-x1.^2.*exp(-x2)-x2.^2.*exp(-x1)+x1.*x2.*cos(x1.*x2);
   F3=x1.^2+x2.^2-2*x1.*x2+x1-x2; F4=-x1.^2-x2.^2.*cos(x1.*x2);
   ii=find(x1.^2+x2.^2<1 & (x1+0.5).^2-(x2+0.5).^2<0.7);
   F1(ii)=NaN; F2(ii)=NaN; F3(ii)=NaN; F4(ii)=NaN;
   F0=cat(3,F1,F2,F3,F4); F0=max(F0,[],3);
   surface(x1,x2,F0); shading flat, view(0,90)   %俯视图
```

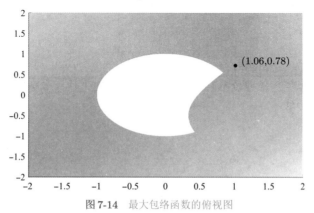

图 7-14 最大包络函数的俯视图

现在考虑基于求解函数的极小极大问题求解。由给定的约束条件可以立即写出如

下 MATLAB 函数描述本问题的约束条件。由于没有等式约束，所以返回的变量依然可以设置成空矩阵。

```
function [c,ceq]=c7mminm(x);
    ceq=[];
    c=[-x(1)^2-x(2)^2+1; -(x(1)+0.5)^2+(x(2)+0.5)^2+0.7];
end
```

现在，调用 **fminimax()** 函数就可以直接求解极小极大问题，得出的结果叠印在图 7-14 上，其坐标点为 $x = [1.0614, 0.7829]^{\mathrm{T}}$，函数值向量为 $f_x = [0.3084, -0.1512, 0.3084, -1.5059]^{\mathrm{T}}$，极小化的最大值为 $f_0 = 0.3084$。

```
>> F=@(x)[x(1)^2*sin(x(2))+x(2)-3*x(1)*x(2)*cos(x(1));
    -x(1)^2*exp(-x(2))-x(2)^2*exp(-x(1))+x(1)*x(2)*cos(x(1)*x(2));
    x(1)^2+x(2)^2-2*x(1)*x(2)+x(1)-x(2);
    -x(1)^2-x(2)^2*cos(x(1)*x(2))]; %用匿名函数表示多目标函数
   clear P;
   P.solver='fminimax'; P.options=optimoptions('fminimax');
   P.Objective=F;
   P.nonlcon=@c7mminm;
   P.x0=rand(2,1);
   [x0,fx,f0,flag]=fminimax(P)
```

例 7-19 试考虑例 7-10 给出的多目标线性规划问题，并求该问题的极小极大解。

解 可以用下面的命令将原始问题直接输入到 MATLAB 求解极小极大问题，则得出问题的解为 $x_1 = [9.5745, 1.4894, 26.8085, 15.3191]^{\mathrm{T}}$，$f_x = [-122.1277, -122.1277, -235.1064, -122.1277]$，$f_0 = -122.1277$。这里得出的解与例 7-10 得出的最佳妥协解是不同的，因为决策者的视角是不同的。

```
>> C=-[3,1,0,6; 0,10,0,7; 2,1,8,0; 1,1,3,2];
   A=[2,4,0,1; 0,0,-5,-3; 1,2,6,5]; B=[110; -180; 250];
   Aeq=[]; Beq=[];
   xm=[0;0;0;0]; f=@(x)C*x(:);
   [x1,fx,f0,flag]=fminimax(f,rand(4,1),A,B,Aeq,Beq,xm)
```

还可以考虑用结构体的格式描述原始问题，给出如下描述与求解语句，得出的解与前面得出的完全一致。

```
>> clear P;
   P.Objective=f;
   P.options=optimoptions('fminimax');
   P.solver='fminimax';
   P.Aineq=A; P.bineq=B; P.lb=xm;
   P.x0=rand(4,1);
   [x1,fx,f0,flag]=fminimax(P)
```

其实,有了 fminimax() 函数,还可以求解相关的变形问题,如极小极小问题。

$$J = \min_{\substack{x \text{ s.t. } G(x) \leqslant 0}} \min_{i} F(x) \tag{7-4-4}$$

该问题可以直接转换成下面的极小极大问题。

$$J = \min_{\substack{x \text{ s.t. } G(x) \leqslant 0}} \max_{i} \left(-F(x) \right) \tag{7-4-5}$$

本 章 习 题

7.1 试求解下面的多目标规划问题[51]。

(1) $\displaystyle\min_{x} \left[\frac{x_1^2}{2} + x_2^2 - 10x_1 - 100, \ x_1^2 + \frac{x_2^2}{2} - 10x_2 - 100 \right]^{\mathrm{T}}$

(2) $\displaystyle\min \quad [x_1, x_2]^{\mathrm{T}}$

x s.t. $\begin{cases} x_1^2 + x_2^2 - 1 - 0.1\cos\left(16\mathrm{atan}(x_1/x_2)\right) \geqslant 0 \\ (x_1 - 0.5)^2 + (x_2 - 0.5)^2 \leqslant 0.5 \\ 0 \leqslant x_1, x_2 \leqslant \pi \end{cases}$

(3) $\displaystyle\min \quad \left[\sqrt{1 + x_1^2}, \ x_1^2 - 4x_1 + x_2 + 5 \right]^{\mathrm{T}}$

x s.t. $\begin{cases} x_1^2 - 4x_1 + x_2 + 5 \\ x_1, x_2 \geqslant 0 \end{cases}$

(4) $\displaystyle\min \quad [-x_1, -x_2, -x_3]^{\mathrm{T}}$

x s.t. $\begin{cases} -\cos x_1 - \mathrm{e}^{-x_2} + x_3 \leqslant 0 \\ 0 \leqslant x_1 \leqslant \pi, \ x_2 \geqslant 0, \ x_3 \geqslant 1.2 \end{cases}$

7.2 试求解下面多目标线性规划问题的最佳妥协解。

$$\max \ z_1 = 100x_1 + 90x_2 + 80x_3 + 70x_4$$
$$\min \ z_2 = 3x_2 + 2x_4$$

x s.t. $\begin{cases} x_1 + x_2 \geqslant 30 \\ x_3 + x_4 \geqslant 30 \\ 3x_1 + 2x_2 \leqslant 120 \\ 3x_2 + 2x_4 \leqslant 48 \\ x_1, x_2, x_3, x_4 \geqslant 0 \end{cases}$

7.3 试求解下面多目标线性规划问题的最佳妥协解。

$$\max \quad \begin{bmatrix} 50x_1 + 20x_2 + 100x_3 + 60x_4 \\ 20x_1 + 70x_2 + 5x_3 \\ 3x_2 + 5x_4 \\ 2x_1 + 20x_3 + 2x_4 \end{bmatrix}$$

x s.t. $\begin{cases} 2x_1 + 5x_2 + 10x_3 \leqslant 100 \\ x_1 + 6x_2 + 8x_4 \leqslant 250 \\ 5x_1 + 8x_2 + 7x_3 + 10x_4 \leqslant 350 \\ x_1, x_2, x_3, x_4 \geqslant 0 \end{cases}$

7.4 试求解下面的多目标线性规划问题[52]。

$$\max \quad \begin{bmatrix} 5x_1 - 2x_2, & -x_1 + 4x_2 \end{bmatrix}^\mathrm{T}$$

$$\boldsymbol{x} \text{ s.t. } \begin{cases} -x_1+x_2+x_3=3 \\ x_1+x_2+x_4=8 \\ x_1+x_5=6 \\ x_2+x_6=4 \\ x_i\geqslant 0, \ i=1,2,\cdots,6 \end{cases}$$

7.5 试求解下面的多目标规划问题并得出 Pareto 解集。

$$\min \quad \begin{bmatrix} x_1^2 + x_2^2 \\ (x_1 - 5)^2 + (x_2 - 5)^2 \end{bmatrix}$$

$$\boldsymbol{x} \text{ s.t. } -5\leqslant x_1,x_2\leqslant 10$$

7.6 重新考虑例 7-3 中给出的多目标规划问题,试求其极小极大值。

动态规划与最优路径

　　前面介绍的最优化问题均属于静态最优化问题,因为目标函数和约束条件都是事先固定好的。在实际的科学研究中,有时会遇到另外一类问题,其目标函数和其他要求呈明显的阶段性和序列性。例如在生产计划制订时,每一年度的计划均取决于前一年的实际情况,这样,最优化问题不再是静态的,就需要引入动态的最优化问题的概念。

　　动态规划是美国学者 Richard Ernest Bellman(1920－1980)从 1953 年[53] 开始引入的一个新的最优化领域,该理论是所谓现代控制理论的三个基础之一,在多段决策过程和网络路径优化等领域有重要的作用。例如,文献 [54]列举了动态规划应用的 47 类不同的问题。本章主要介绍动态规划在有向图和一般路径规划问题的最短路径求解中的应用。

　　8.1 节给出动态规划问题的一般描述方法,并通过例子介绍前面介绍的线性规划问题的动态规划求解方法。8.2 节探讨动态规划的一个应用场合——最优路径规划的求解,首先介绍有向图的描述方法,然后介绍基于动态规划问题的求解方法,最后介绍基于 MATLAB 工具的求解算法,并编写出通用的 Dijkstra 算法求解函数,直接用于这类问题的求解。8.3 节探讨无向图的最优路径求解方法。

8.1　动态规划简介

动态规划问题的一般形式是多级决策或多阶段决策（multi-stage decision）的问题。本节将首先介绍多级决策问题的基本概念，并给出动态规划问题的一般定义，然后介绍动态规划问题的标准数学模型，并介绍一般规划问题转换为多级决策问题的方法。

8.1.1　动态规划的基本概念与数学模型

定义 8-1 ▶ 多级决策

假设某决策过程可以表示为相互关联的若干阶段，每个阶段都需要做出决策。若每个决策做出以后，会影响下一个阶段的决策，这样就完全确定了整个过程的活动路线，这种决策方式称为多级决策。

定义 8-2 ▶ 状态方程

假设第 k 阶段可以由状态变量向量 x_k 描述，该阶段的决策为 s_k，则可以构造出状态方程模型为 $x_{k+1} = f_k(x_k, s_k)$。这里的状态方程用于表示从第 k 阶段到第 $k+1$ 阶段的状态转移规律。

定义 8-3 ▶ 动态规划

由单状态变量建立起的动态规划数学表达式为

$$r_{k-1}(x_{k-1}, s_{k-1}) = \max_{\{x_k\}} \quad d_k + r_k(x_k, s_k) \tag{8-1-1}$$

式中，x_k 为第 k 步的状态变量；s_k 为第 k 步决策；d_k 为 k 与 $k-1$ 步之间的目标函数增量。记号 $\{x_k\}$ 为满足约束条件的第 k 步状态变量。

文献 [55] 给出了动态规划问题的示意图，如图 8-1 所示。如果已知 $k = n$ 时刻的状态 x_n，则可以通过最优化方法求出第 n 步决策变量 s_n 与前一个状态 x_{n-1}，再通过最优化方法求出下一步决策变量，得出再前一个状态，通过这样的方法一步一步反向推进，得出问题的解。

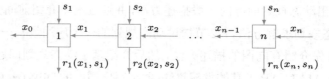

图 8-1　动态规划问题示意图

8.1.2　线性规划问题的动态规划求解演示

以前介绍的很多最优化问题也可以转换成多级决策的方式求解，这里将通过一个简单的线性规划例子演示如何将一般最优化问题转换为分级决策的求解问题，探讨基于动态规划思路的求解方式。

例8-1　考虑下面的简单线性规划问题。

$$\max_{\boldsymbol{x}} \quad 4x_1 + 6x_2$$
$$\text{s.t.} \begin{cases} 5x_1 + 8x_2 \leqslant 10 \\ x_1, x_2 \geqslant 0 \end{cases}$$

解　当然，这样的问题可以由下面的线性规划函数直接求解，得出 $x_1 = 2$, $x_2 = 0$，并得出最优函数值为 $f_0 = 8$。

```
>> P=optimproblem('ObjectiveSense','max');      % 最大值问题
   x=optimvar('x',[2,1],LowerBound=0);          % 决策变量及下限
   P.Objective=4*x(1)+6*x(2);
   P.Constraints.c=5*x(1)+8*x(2)<=10;
   sols=solve(P);
   x0=sols.x;
   x1=x0(1), x2=x0(2), f0=[4,6]*x0
```

现在，考虑如何将原问题转换为动态规划问题重新求解。动态规划的求解就是将原始问题转换为顺序最优化问题，一次求解一个变量。依照文献 [55] 介绍的方法，可以将原始问题分解成如图 8-2 所示的两步顺序决策过程。

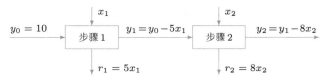

图8-2　转换成动态规划问题示意图

可以这样列写出状态方程 $y_1 = y_0 - 5x_1$, $y_2 = y_1 - 8x_2$，这样，$x_1, x_2, y_1, y_2 \geqslant 0$，且已知 $y_0 = 10$。由此可以得出 $10 - 5x_1 \geqslant 0$, $y_1 - 8x_2 \geqslant 0$，从而得出 $0 \leqslant x_1 \leqslant 2$，$0 \leqslant x_2 \leqslant y_1/8$。这样，不难推导出

$$f_{\max} = \max_{x_1}\left(4x_1 + \max_{x_2} 6x_2\right) = \max_{x_1}\left(4x_1 + 6\frac{10 - 5x_1}{8}\right) = \max_{x_1}\frac{x_1 + 30}{4}$$

其中，使得 $6x_2$ 最大的 x_2 的最大值为 $x_2 = y_1/8$。由上式可见，该目标函数最大取值发生在 x_1 取最大时，而 x_1 的上限为 2，所以 $x_1 = 2$。由于 $x_1 = 2$，所以 $y_1 - 0$，导致 $x_2 = 0$，目标函数的最大值为 8，与线性规划问题的直接计算结果完全一致。

这里介绍的求解方法只是一个简单的尝试，实际线性规划问题有更好的求解方法，如第 4 章中介绍的直接求解方法，没有必要转换成动态规划问题再求解，因为

转换后的求解更麻烦。

8.2 有向图的路径寻优

有向图与最优路径搜索是很多领域都能遇到的常见问题，也是最早引入动态规划方法求解的问题。应用动态规划理论，通常需要由终点反推回起点，搜索最优路径。本节先探讨有向图的基本定义与描述方法，再给出一个例子，演示手工反推的寻优方法，然后将介绍基于 MATLAB 生物信息学工具箱[56] 的最优路径求解方法，最后将介绍一个实用的 Dijkstra 算法及其 MATLAB 实现。

8.2.1 有向图应用举例

有向图是一类特殊的图，图中有一系列节点（node），节点之间有一些连接路径，这些路径称为图的边（edge），图中的边是有方向的，有着自己的起始节点与终止节点。每条路径上有一些标注的数值，称为权值（weight），权值的物理意义可能是两个节点之间的距离，也可能是从一个节点到另一个节点之间的费用或代价。基于有向图的路径规划问题需要解决的问题是从某一个节点到另一个节点，选择那条路径，总的行走距离或行走代价最小。下面将给出一个有向图的例子。

例 8-2 假设在某个区域有九个城市，如图 8-3 所示[57]。这些城市是用圆圈表示的，可以认为是图中的节点；不同城市之间有一些连接的道路，称为节点之间的边，这些边是有向的；路径上的数字为从该路径起始节点到终止节点所花费的时间。路径规划要解决的常规问题是，如何求出从节点①到节点⑨的花费时间最优路径。

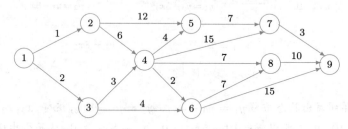

图 8-3 有向图的最优路径问题

定义 8-4 ▶ 有向图的三要素

有向图有三个要素——节点、边和权值。

后面将介绍有向图的计算机描述方式。如果在整个图中，任意一个节点 A 到任意一个节点 B 行走的同向边的条数不大于一条，则比较有效的描述方式是矩阵。由给出的节点、边与权值信息就可以唯一地描述有向图。

本节将首先介绍最优路径规划问题的手工求解方法, 然后介绍基于动态规划方法的求解方法, 最后将介绍有向图的矩阵描述方法与基于MATLAB现成工具的直接求解方法。

8.2.2　有向图最短路径问题的手工求解

这里将通过一个有向图研究的实例介绍动态规划问题的手工求解方法。在常见相关文献中, 一般都采用从终点到起点的递推方法, 本节将介绍该方法, 然后探讨性地给出正序的递推方法。

例8-3　考虑例8-2给出的图形, 试用前面介绍的手工方法推导出从节点①到节点⑨的最短路径。

解　先考虑终点, 即节点⑨, 将其时刻设置为0, 表示为(0)。下一个步骤是求出到和它相连的上一级节点⑥⑦⑧的最短路径, 由于这些节点到节点⑨只有一个边, 故它们的时刻值分别标注为(15),(3)和(10), 即相应边的时间。由节点⑤到节点⑦的边只有一条, 故节点⑤的标注应该为节点⑦的标注加上这条边的时间, 即(10)。现在分析节点④的标注, 由节点④出发的路径分别到达节点⑤⑥⑦⑧, 将这些节点的标注值和边的权值相加, 可以发现, 节点④到节点⑤的路径与其标注的和最小, 为14, 而到节点⑥⑦⑧的值依次为17, 18, 17, 故节点④应该标注(14)。节点②③的标注应该为由它们出发到下一级节点的路径值与标注和的最小值, 故发现由节点④返回节点②③的值最小, 可以分别标注为(20)和(17), 这样返回点①的最短路径应该是19, 即由节点③返回路径最短。综上所述, 最短路径为 ①→③→④→⑤→⑦→⑨, 如图8-4所示。

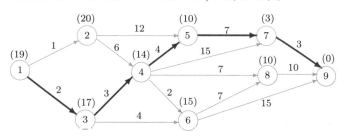

图8-4　有向图最短路径问题的手工求解

例8-4　使用正序搜索方法重新求解例8-2中的最优路径问题。

解　其实用正序搜索方法也同样可以搜索出最优路径。可以将起点的参数设置为[0], 这样可以直接将其他节点标注上数值, 如图8-5所示, 可以看出这种递推方法也能得出完全一致的结果。不过从数学描述看, 前面例子介绍的逆序递推方法更适合于动态规划模型的数学描述。

由上面的叙述可见, 手工求解的方法较直观, 且简单易行, 然而, 对大规模问题来说, 这样的过程可能很烦琐, 容易出错, 应该引入好的算法和程序求解这类问题。

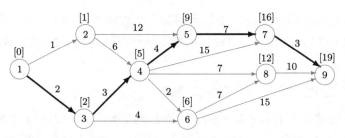

图8-5   正序递推手工求解

8.2.3 逆序递推问题的动态规划表示

前面介绍的方法是通过手工求解的最优路径规划方法,该方法不适合复杂图形的问题求解,只适合小规模问题的求解。在实际应用中,如果想求解大规模的动态规划问题,则应该考虑引入动态规划的直接计算方法,然后借助计算机程序直接计算路径规划问题的最优结果。不过这样的方法依然是很麻烦的,所以这里通过例子演示相应的计算方法,而最优路径问题的通用求解方法留待后面给出。

例8-5 试用动态规划的形式描述例8-2最优路径问题的求解过程。

解 令 $f_i(x_i)$ 表示第 i 步决策中到节点 x_i 的最短路径中的距离,则第 i 步决策的最短距离可以写成

$$f_{i-1}(x_{i-1}, s_{i-1}) = \min_{\substack{\text{所有}(x_{i-1}, x_i) \\ \text{上的可行路径}}} d(x_{i-1} - x_i) + f_i(x_i, s_i),\ i = n, n-1, \cdots$$

这样就可以由下面的步骤依次计算出最短路径:

(1)若在决策开始之前,终止条件为 $f_4(x_4) = 0$,其中 $x_4 = 9$,即节点⑨。

(2) $i = 3$ 时,有两个可选路径,x_3 有两个选项,$x_3 = 7$ 或 $x_3 = 8$,可见,$x_3 = 7$(即节点⑦)是最优路径上的点,$f_3(x_3) = 3$。

$f_3(x_3 = 7) = 3$,$f_3(x_3 = 8) = 10$,故 $f_3(x_3) = \min(3, 10) = 3$

(3)可以通过下面的式子得出 $f_2(x_2) = 10$,并得出 $x_2 = 5$,即节点⑤。

$f_2(x_2 = 5) = 3 + 7 = 10$,$f_2(x_2 = 6) = 15$,

$f_2(x_2 = 4) = \min(10+4, 3+15+10+7, 15+2) = 14$,$f_2(x_2) = \min(10, 15, 14) = 10$

(4)通过下面的式子得出 $f_1(x_1 = 3)$,即节点④,得出 $f_1(x_1) = 17$。

$f_1(x_1 = 2) = \min(10 + 12, 14 + 6) = 20$

$f_1(x_1 = 3) = \min(14 + 3, 15 + 4) = 17$,$f_1(x_1) = \min(20, 17) = 17$

(5)求出最优路径上的节点③,得出 $f_0(x_0) = 19$。

$f_0(x_0 = 1) = \min(20 + 1, 17 + 2) = 19$

这样可以反推回①→③→④→⑤→⑦→⑨,最短距离为19,与前面得出的最优路径是完全一致的。

8.2.4　图的矩阵表示方法

在介绍图表示之前,先给出一些关于图的基本概念并介绍图的 MATLAB 描述方法。在图论中,图是由节点和边构成的,所谓边,就是连接两个节点的直接路径。如果边是有向的,则图称为有向图,否则称为无向图。

图可以有多种表示方法,然而,最适合计算机表示和处理的是矩阵表示方法。本节将给出关联矩阵的概念,然后介绍有向图的 MATLAB 描述方法。

定义 8-5 ▶ 关联矩阵

假设一个图有 n 个节点,则可以用一个 $n \times n$ 矩阵 $\boldsymbol{R}$ 表示它。假设由节点 i 到节点 j 的边权值为 k,则相应的矩阵元素可以表示为 $\boldsymbol{R}(i,j) = k$。这样的矩阵称为关联矩阵,又称为邻接矩阵。

若第 i 和第 j 节点间不存在边,则可令 $\boldsymbol{R}(i,j) = 0$,当然,也有的算法要求 $\boldsymbol{R}(i,j) = \infty$,后面将做相应的介绍。

MATLAB 语言还支持关联矩阵的稀疏矩阵表示方法。假设已知某图由 n 个节点构成, 图中含有 m 条边, 由 a_i 节点出发到 b_i 节点为止的边权值为 w_i, $i = 1, 2, \cdots, m$。这样,可以建立三个向量,并由它们构造出关联矩阵。

$$\boldsymbol{a} = [a_1, a_2, \cdots, a_m, n]; \quad \boldsymbol{b} = [b_1, b_2, \cdots, b_m, n]; \quad \%起始与终止节点向量$$
$$\boldsymbol{w} = [w_1, w_2, \cdots, w_m, 0]; \qquad\qquad\qquad \%边权值向量$$
$$\boldsymbol{R} = \text{sparse}(\boldsymbol{a}, \boldsymbol{b}, \boldsymbol{w}); \qquad\qquad\qquad \%关联矩阵的稀疏矩阵表示$$

注意,各个向量最后的一个值使得关联矩阵成为方阵,这是很多搜索方法所要求的。当然,如果取消最后一个值,也可以先输入关联矩阵,然后由 $\boldsymbol{R}(n,n)=0$ 命令将其变成方阵。一个稀疏矩阵可以由 `full()` 函数变换成常规矩阵,常规矩阵可以由 `sparse()` 函数转换成稀疏矩阵。

8.2.5　有向图搜索及图示

生物信息学工具箱中提供了有向图及最短路径搜索的现成函数,并可以对有向图和最短路径做图形显示,具体的函数如下。

(1) 一般有向图可以用关联矩阵唯一地描述,如果需要用图形显示,则应该调用专门的函数 `biograph()` 建立有向图对象,然后用 `view()` 函数显示有向图。这两个函数的调用格式分别如下:

$$P = \text{biograph}(\boldsymbol{R}, \text{nodes}, \text{'ShowWeights'}, \text{'on'}) \quad \%建立有向图对象 P$$
$$\text{view}(P) \qquad\qquad\qquad\qquad\qquad \%显示有向图对象 P$$

其中,`nodes` 为节点名称字符串,可以使用空矩阵表示默认显示格式。`biograph()`

函数还允许使用其他参数。

（2）调用 **graphshortestpath()** 函数可以直接求解最短路径问题。该函数的具体调用格式为

$$[d,p]=\text{graphshortestpath}(\boldsymbol{R},n_1,n_2) \qquad \text{\% 求解最短路径问题}$$

其中，$\boldsymbol{R}$ 为连接关系矩阵，它可以为普通的矩阵形式，也可以为稀疏矩阵的形式，其具体表示方法在后面例子中给出演示。对图 8-3 中描述的有向图来说，$\boldsymbol{R}(i,j)$ 的值表示由节点 i 出发，到节点 j 为止的路径的权值。建立了有向图对象 P 后，则由 **graphshortestpath()** 函数可以直接求解最短路径问题，输入变量 n_1 和 n_2 为起始和终止节点序号，d 为最短距离，而 $\boldsymbol{p}$ 为最短路径上节点序号构成的序列。

（3）还可以调用其他函数进一步修饰得出的有向图，例如对指定的节点与边进行着色，这些函数后面将通过实例演示。

例 8-6 试利用生物信息学工具箱中的函数重新求解例 8-2 中的问题。

解 由图 8-3 中的节点与路径关系可以手工整理出表 8-1，其中列出了每条路径的起始与终止节点及权值。由下面的语句可以按照稀疏矩阵的格式输入关联矩阵。注意，在构造关联矩阵 $\boldsymbol{R}$ 时，应使其为方阵。

表 8-1 各条路径的信息

起始节点	终止节点	权 值	起始节点	终止节点	权 值	起始节点	终止节点	权 值
1	2	1	1	3	2	2	5	12
2	4	6	3	4	3	3	6	4
4	5	7	4	7	15	4	8	7
4	6	2	5	7	7	6	8	7
6	9	15	7	9	3	8	9	10

```
>> ab=[1 1 2 2 3 3 4 4 4 4 5 6 6 7 8];
   bb=[2 3 5 4 4 6 5 7 8 6 7 8 9 9 9];
   w=[1 2 12 6 3 4 4 15 7 2 7 7 15 3 10];
   R=sparse(ab,bb,w); R(9,9)=0; full(R)    % 显示关联矩阵
```

这样，可以构造出如下关联矩阵。

$$\boldsymbol{R} = \begin{bmatrix} 0 & 1 & 2 & 0 & 0 & 0 & 0 & 0 & 0 \\ 0 & 0 & 0 & 6 & 12 & 0 & 0 & 0 & 0 \\ 0 & 0 & 0 & 3 & 0 & 4 & 0 & 0 & 0 \\ 0 & 0 & 0 & 0 & 4 & 2 & 15 & 7 & 0 \\ 0 & 0 & 0 & 0 & 0 & 0 & 7 & 0 & 0 \\ 0 & 0 & 0 & 0 & 0 & 0 & 0 & 7 & 15 \\ 0 & 0 & 0 & 0 & 0 & 0 & 0 & 0 & 3 \\ 0 & 0 & 0 & 0 & 0 & 0 & 0 & 0 & 10 \\ 0 & 0 & 0 & 0 & 0 & 0 & 0 & 0 & 0 \end{bmatrix}$$

有了关联矩阵 $\boldsymbol{R}$，还可以由生物信息学工具箱的 **biograph()** 函数将有向图建立起来，再调用重载的 **view()** 函数用图形表示出该有向图，如图8-6(a)所示。

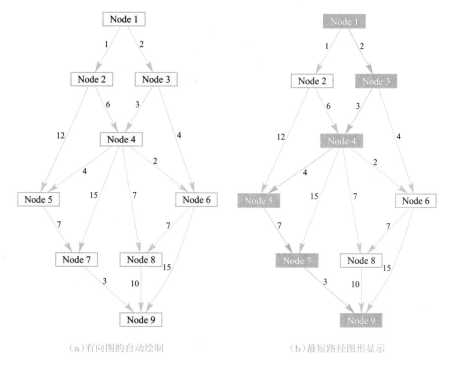

(a)有向图的自动绘制　　　　　　　　　(b)最短路径图形显示

图8-6　有向图的最短路径问题的解

```
>> h=view(biograph(R,[],'ShowWeights','on'))  %显示图对象并赋给句柄h
```

建立了有向图对象 $\boldsymbol{R}$，就可以由 **graphshortestpath()** 函数求解最短路径，并将其显示出来，同时还可以根据结果将最优路径中的节点与边着色，得出如图8-6(b)所示的结果。可见，这样得出的结果与前面手工推导出的结果完全一致。

```
>> [d,p]=graphshortestpath(R,1,9)   %求节点① 到节点⑨ 的最短路径
   set(h.Nodes(p),'Color',[1 0 0]) %最优路径的节点着色————红色
   edges=getedgesbynodeid(h,get(h.Nodes(p),'ID')); %获得最优边句柄
   set(edges,'LineColor',[1 0 0])   %上面语句用红色修饰最短路径
```

例8-7　假设某工厂需要从国外厂家进口机器，如果生产厂家可以选择三个出口港口，还可以选择三个进口港口，然后可以经过两个城市之一运达工厂。运输路径和运输费用等信息如图8-7所示。试找出运费最低的进口路径。

解　这个例子还是一个有向图问题，可以仿照前面的例子建立起一个描述各个路径的表格，如表8-2所示。当然，不建立表格也可以写出起始节点、终止节点与权值向量。注意，为避免错误的输入，可以写出由节点①开始的所有路径，再写出由节点②开始的所有路径，依次写出各个路径的信息，就可以建立起关联矩阵，并建立起如图8-8(a)所

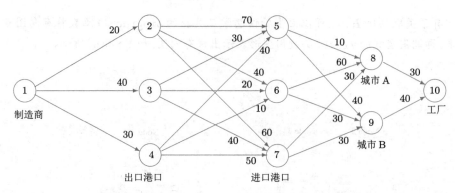

图8-7 运输路径及运输费用示意图

示的有向图。注意,自动布线生成的图形中某些权值发生重叠,这里给出的是手工调节后的结果。

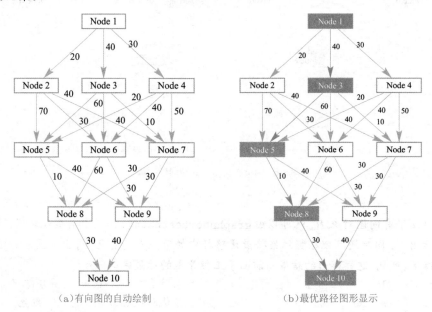

(a)有向图的自动绘制 (b)最优路径图形显示

图8-8 有向图的最优路径问题的解

```
>> aa=[1 1 1 2 2 2 3 3 3 4 4 4 5 5 6 6 7 7 8 9];
   bb=[2 3 4 5 6 7 5 6 7 5 6 7 8 9 8 9 8 9 10 10];
   w=[20 40 30 70 40 60 30 20 40 40 10 50 10 40 60 30 30 30 30 40];
   R=sparse(aa,bb,w); R(10,10)=0; full(R) %构造显示关联矩阵方阵
   h=view(biograph(R,[],'ShowWeights','on'))
```

建立了有向图的矩阵,就可以直接求解相应的最优路径问题,并用着色的方法显示出最优路径上的节点与边,如图8-8(b)所示。由得出的最优路径可见,从制造商运至出口港口4,再运至进口港口6,经城市B运至工厂的费用最低,最低费用为$d = 110$。

表 8-2 新图的各条路径信息

起始	终止	权值	起始	终止	权值	起始	终止	权值	起始	终止	权值
1	2	20	1	3	40	1	4	30	2	5	70
2	6	40	2	7	60	3	5	30	3	6	20
3	7	40	4	5	40	4	6	10	4	7	50
5	8	10	5	9	40	6	8	60	6	9	30
7	8	30	7	9	30	8	10	30	9	10	40

```
>> [d,p]=graphshortestpath(R,1,10) % 节点 1 到节点 10 的最优路径计算
   set(h.Nodes(p),'Color',[1 0 0]) % 最优路径的节点着色——红色
   edges=getedgesbynodeid(h,get(h.Nodes(p),'ID')); % 获得最优边句柄
   set(edges,'LineColor',[1 0 0])  % 上面语句用红色修饰最短路径
```

关联矩阵的内容如下:

$$
R = \begin{bmatrix}
0 & 20 & 40 & 30 & 0 & 0 & 0 & 0 & 0 & 0 \\
0 & 0 & 0 & 0 & 70 & 40 & 60 & 0 & 0 & 0 \\
0 & 0 & 0 & 0 & 30 & 20 & 40 & 0 & 0 & 0 \\
0 & 0 & 0 & 0 & 40 & 10 & 50 & 0 & 0 & 0 \\
0 & 0 & 0 & 0 & 0 & 0 & 0 & 10 & 40 & 0 \\
0 & 0 & 0 & 0 & 0 & 0 & 0 & 60 & 30 & 0 \\
0 & 0 & 0 & 0 & 0 & 0 & 0 & 30 & 30 & 0 \\
0 & 0 & 0 & 0 & 0 & 0 & 0 & 0 & 0 & 30 \\
0 & 0 & 0 & 0 & 0 & 0 & 0 & 0 & 0 & 40 \\
0 & 0 & 0 & 0 & 0 & 0 & 0 & 0 & 0 & 0
\end{bmatrix}
$$

8.2.6 新版本 MATLAB 的图表示

前面介绍的一些表示图与最优路径搜索的函数在以后的版本中可能取消。比较新的版本下提供了两个函数 graph() 和 digraph(),分别表示无向图与有向图。两个函数的调用格式分别为

G=graph(a,b,w), G_1=digraph(a,b,w)

和前面介绍的矩阵描述方法不同,这里的图描述方法允许在两个节点之间定义两个或两个以上的边。有了节点模型 G,可以使用 plot() 函数绘制图对象。注意,这里的 plot() 函数是图对象的重载函数。下面将通过例子演示图的输入与图形绘制方法。

例 8-8 考虑例 8-2 给出的图模型,试分别定义有向图模型与无向图模型。

解 依照表 8-1 给出的各个路径的信息,可以分别建立有向图 G 和无向图 G_1,由 plot() 函数可以分别绘制出有向图与无向图的图形表示,如图 8-9 所示。

```
>> ab=[1 1 2 2 3 3 4 4 4 4 5 6 6 7 8];
   bb=[2 3 5 4 4 6 5 7 8 6 7 8 9 9 9];
   w=[1 2 12 6 3 4 4 15 7 2 7 7 15 3 10];
```

```
G=digraph(ab,bb,w); G1=graph(ab,bb,w);
plot(G,'Layout','force','EdgeLabel',G.Edges.Weight), figure
plot(G1,'Layout','force','EdgeLabel',G1.Edges.Weight)
```

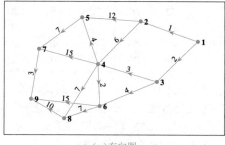

（a)有向图

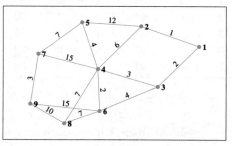

（b)无向图

图8-9　有向图与无向图

如果第一节点到第二节点还有一条通路,其权值为5,用 **graph()** 和 **digraph()** 函数仍然能表示这样的图,绘制出如图8-10所示的图形。图8-10中从节点1有两条通往节点2的同向路径。

```
>> ab=[1 1 2 2 3 3 4 4 4 4 5 6 6 7 8 1];
   bb=[2 3 5 4 4 6 5 7 8 6 7 8 9 9 9 2];
   w=[1 2 12 6 3 4 4 15 7 2 7 7 15 3 10 5];
   G=digraph(ab,bb,w);          %重新输入有向图
   plot(G,'Layout','force','EdgeLabel',G.Edges.Weight)
```

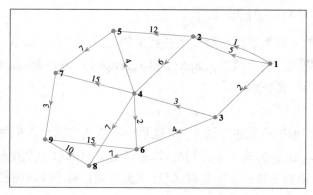

图8-10　节点间存在不唯一路径

若表示了有向图或无向图 G,则可以由 $[d,p]=$shortestpath(G,s,t) 命令求解最优路径问题,其中,s 为起始节点,t 为目标节点。注意,这时的 t 只能为单一节点序号,返回的 d、p 与 **graphshortestpath()** 函数介绍的结构一致。

例8-9　试求解例8-2中的最优路径问题。

解　由表8-1给出的各个路径的信息可以建立有向图 G,再求出最短路径问题的解,

得出 $d = [1, 3, 4, 5, 7, 9], p = 19$，与前面得出的结果完全一致。

```
>> ab=[1 1 2 2 3 3 4 4 4 4 5 6 6 7 8];
   bb=[2 3 5 4 4 6 5 7 8 6 7 8 9 9 9];
   w=[1 2 12 6 3 4 4 15 7 2 7 7 15 3 10];
   G=digraph(ab,bb,w); [d,p]=shortestpath(G,1,9)
```

即使节点间存在非唯一路径，用 **shortestpath()** 函数仍能得出完全一致的解。

```
>> G=digraph([ab,1],[bb,2],[w,5]); [d,p]=shortestpath(G,1,9)
```

8.2.7　Dijkstra 最短路径算法及实现

两个节点间的最短路径可以通过 Dijkstra 最短路径算法[58] 直接求出。事实上，如果指定了起始节点，则该点到其他所有节点的最短路径可以一次性地求出，而不会影响该算法的搜索速度。在最优路径搜索中，Dijkstra 是最有效的方法之一。假设节点个数为 n，起始节点为 s，则该算法的具体步骤为：

（1）初始化。建立三个向量存储各节点的状态，其中，**visited** 向量表示各个节点是否更新，初始值为 0；**dist** 向量存储起始节点到本节点的最短距离，初始值为 ∞；**parent** 向量存储到本节点的上一个节点，默认值为 0。另外设起始节点处 $\text{dist}(s) = 0$。

（2）循环求解。让 i 做 $n-1$ 次循环，更新能由本节点经过一个边到达的节点距离与上级节点信息，并更新由本节点可以到达的未访问节点的最短路径信息。循环直到处理完所有未访问的节点。

（3）提取到终止节点 t 的最短路径。利用 **parent** 向量逐步提取最短路径。

根据 Dijkstra 搜索算法，可以编写出如下 MATLAB 程序。与生物信息学工具箱中提供的 **graphshortestpath()** 函数不同的是，这里将试图计算出从初始节点到任意节点之间的最短路径。

```
function [d,p0]=dijkstra(W,s,t)
   arguments
      W {mustBeSquare}, s(1,:){mustBePositiveInteger}
      t(1,:){mustBePositiveInteger}=1:length(W)
   end
   n=length(W); W(W==0)=Inf;      % 将不通路径的权值统一设置为无穷大
   visited(1:n)=0; dist(1:n)=Inf; dist(s)=0; d=Inf; w=(1:n)';
   for i=1:(n-1)
      ix=(visited==0); vec(1:n)=Inf; vec(ix)=dist(ix);
      [~,u]=min(vec); visited(u)=1;
      for v=1:n
         if (W(u,v)+dist(u)<dist(v))
```

```
                    dist(v)=dist(u)+W(u,v); parent(v,i)=u;
        end; end; end
        u=parent(:,1)==s; p0(u,1)=s; p0(u,2)=w(u); w(u)=0;
        for k=1:n, vec=parent(k,:); vec(vec==0)=[];
            if ~isempty(vec), vec=vec(end);
                if w(vec)==0
                    v1=p0(vec,:); v1(v1==0)=[]; aa=[v1, k];
                    w(k)=0; j=1:length(aa); p0(k,j)=aa(j);
        end, end, end
        p0=p0(t,:); d=dist(t);
    end
```

该函数的调用格式为 $[d,p]=$dijkstra(W,s,t)，其中，W 为关联矩阵，s 和 t 分别为起始节点和终止节点的序号，而终止节点支持以向量的形式给出，可以一次性求出起始节点到多个终止节点的最短路径。返回的 d 为每个最短加权路径长度构成的向量，p 的每一行为一条最短路径节点的序号向量。注意，在该程序中，W 矩阵为 0 的权值将自动设置为 ∞，使得 Dijkstra 算法能正常运行。

例 8-10 试用 Dijkstra 算法重新求解例 8-2 中的问题，并同时求出节点①到各个节点的最优路径与最短距离。

解 下面的语句可以直接用于求解节点①到节点⑨的最优路径与最短距离，得到的结果和前面的也是完全一致的。

```
>> ab=[1 1 2 2 3 3 4 4 4 4 5 6 6 7 8];
   bb=[2 3 5 4 4 6 5 7 8 6 7 8 9 9 9];
   w=[1 2 12 6 3 4 4 15 7 2 7 7 15 3 10];
   R=sparse(ab,bb,w); R(9,9)=0;              %关联矩阵
   W=ones(9); [d,p]=dijkstra(R.*W,1,9)       %搜索最优路径
```

利用下面的语句还可以一次性地构造出起始节点到其他各个节点的最优路径信息，只需将目标节点设置成向量即可。

```
>> [d,p]=dijkstra(R.*W,1,2:9)       %同时搜索①到其他各节点的最优路径
   Tab=[1*ones(8,1), (2:9)', p, d']
```

上面的语句可以计算出每个节点到起始节点①的最优距离与最优路径节点矩阵如下，描述更清晰的显示效果参见表 8-3。

$$
d=\begin{bmatrix}1\\2\\5\\9\\6\\16\\12\\19\end{bmatrix}, \quad
p=\begin{bmatrix}
1 & 2 & 0 & 0 & 0 & 0\\
1 & 3 & 0 & 0 & 0 & 0\\
1 & 3 & 4 & 0 & 0 & 0\\
1 & 3 & 4 & 5 & 0 & 0\\
1 & 3 & 6 & 0 & 0 & 0\\
1 & 3 & 4 & 5 & 7 & 0\\
1 & 3 & 4 & 8 & 0 & 0\\
1 & 3 & 4 & 5 & 7 & 9
\end{bmatrix}
$$

表 8-3 各个节点到起始节点的最短路径信息

起始节点	终止节点	最优路径				长度	起始节点	终止节点	最优路径						长度
		p_1	p_2	p_3	p_4				p_1	p_2	p_3	p_4	p_5	p_6	
1	2	1	2			1	1	3	1	3					2
1	4	1	3	4		5	1	5	1	3	4	5			9
1	6	1	3	6		6	1	7	1	3	4	5	7		16
1	8	1	3	4	8	12	1	9	1	3	4	5	7	9	19

8.3 无向图的路径最优搜索

在前面给出的有向图中,如果原来的每对节点之间有往返的路径,则可以将有向图转换为无向图(undigraphs)。本节将探讨无向图的矩阵表示方法,并介绍无向图的最优路径规划问题及其求解方法。

8.3.1 无向图的矩阵描述

在实际应用中,例如在城市道路寻优问题中,所涉及的图通常是无向图,因为两个节点 A、B 间,既可以由节点 A 走向 B,也可以由节点 B 走向 A。无向图的具体处理方法其实也很简单。在无向图中若不存在环路,即某条边的起点和终点不为同一节点,则可以先按照有向图的方式构造关联矩阵 R,这时,无向图的关联矩阵 R_1 可以由 $R_1 = R + R^T$ 直接计算出来。

> **定义 8-6 ▶ 对称关联矩阵**
>
> 如果一个图的关联矩阵 R 为对称矩阵,则称该图为对称的,否则该图为不对称的。

在实际应用中无向图通常是不对称的,例如某些边是有向的,如城市中的单行路,则可以在得出 R_1 之后,手工修改该矩阵。例如从节点 i 到节点 j 的边是有向的,为从 i 到 j,这样应该手工设置 $R_1(j,i) = 0$。又如从 i 到 j 节点是上坡路,则自然 $R_1(j,i)$ 与 $R_1(i,j)$ 的值是不同的,也需要手工修改这些关联矩阵的元素。后面将通过例子演示相关的问题。

例 8-11 试将例 8-2 给出的有向图转换成无向图。

解 可以将给出的有向图先输入 MATLAB 环境,构造出关联矩阵 R。如果该矩阵对角元素均为 0,则可以由 $R + R^T$ 计算出无向图的关联矩阵。

```
>> ab=[1 1 2 2 3 3 4 4 4 4 5 6 6 7 8];
   bb=[2 3 5 4 4 6 5 7 8 6 7 8 9 9 9];
```

```
w=[1 2 12 6 3 4 4 15 7 2 7 7 15 3 10];
R=sparse(ab,bb,w); R(9,9)=0; C=full(R+R')
```

这时,无向图的关联矩阵为

$$C = \begin{bmatrix} 0 & 1 & 2 & 0 & 0 & 0 & 0 & 0 & 0 \\ 1 & 0 & 0 & 6 & 12 & 0 & 0 & 0 & 0 \\ 2 & 0 & 0 & 3 & 0 & 4 & 0 & 0 & 0 \\ 0 & 6 & 3 & 0 & 4 & 2 & 15 & 7 & 0 \\ 0 & 12 & 0 & 4 & 0 & 0 & 7 & 0 & 0 \\ 0 & 0 & 4 & 2 & 0 & 0 & 0 & 7 & 15 \\ 0 & 0 & 0 & 15 & 7 & 0 & 0 & 0 & 3 \\ 0 & 0 & 0 & 7 & 0 & 7 & 0 & 0 & 10 \\ 0 & 0 & 0 & 0 & 0 & 15 & 3 & 10 & 0 \end{bmatrix}$$

对一般无向图来说,由节点 i 到 j 的边与由节点 j 到 i 的边权值是不同的,例如在城市交通中,涉及上坡和下坡的问题,就需要对 $\boldsymbol{R}_1$ 矩阵的某些值使用手工方法重新定义和修改。MATLAB 提供了比较实用的编辑工具,包括 openvar 命令,由下面的语句可以打开关联矩阵编辑界面,如图 8-11 所示,用户可以直接由可视的方式编辑关联矩阵。

```
>> openvar C
```

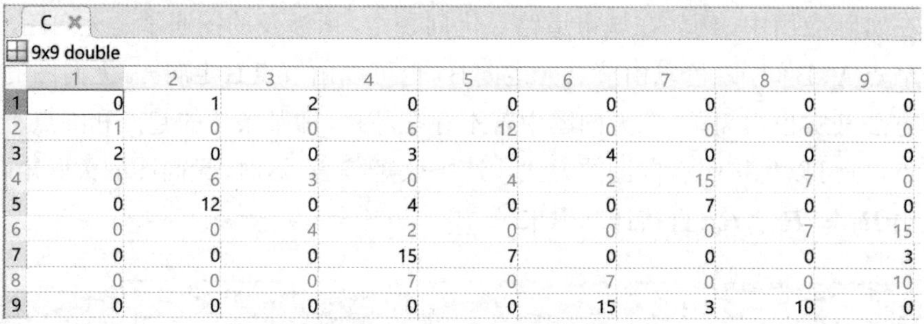

	1	2	3	4	5	6	7	8	9
1	0	1	2	0	0	0	0	0	0
2	1	0	0	6	12	0	0	0	0
3	2	0	0	3	0	4	0	0	0
4	0	6	3	0	4	2	15	7	0
5	0	12	0	4	0	0	7	0	0
6	0	0	4	2	0	0	0	7	15
7	0	0	0	15	7	0	0	0	3
8	0	0	0	7	0	7	0	0	10
9	0	0	0	0	0	15	3	10	0

图 8-11　MATLAB 的矩阵编辑界面

8.3.2　绝对坐标节点的最优路径规划算法与应用

如果各个节点以绝对坐标 (x_i, y_i) 的方式给出,并给出节点间的连接关系,则边权值可以由两点间的 Euclid 距离计算处理,这样就可以直接进行路径规划问题的求解。下面将通过例子演示相应问题的求解方法。

例 8-12　假设有 11 个城市,其坐标分别为 $(4, 49), (9, 30), (21, 56), (26, 26), (47, 19),$ $(57, 38), (62, 11), (70, 30), (76, 59), (76, 4), (96, 4)$,其间的公路如图 8-12 所示。试求出由城市 A 到城市 B 的最短路径。若城市 6 与 8 之间修路,试重新搜索最优路径。

解　首先输入关联矩阵,可以先按有向图的方式输入该稀疏矩阵,并将连接的权值设置成 1。然后再按无向图的方式转换出所需的关联矩阵。矩阵的实际权值可以由节点间的 Euclid 距离,即 $d_{ij} = \sqrt{(x_i - x_j)^2 + (y_i - y_j)^2}$ 直接计算出来。这样,有效的权值

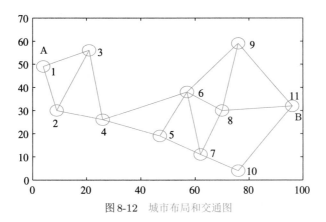

图 8-12　城市布局和交通图

矩阵可以由这两个矩阵的点乘得出。由下面的语句可以得出最短路径为 $1 \to 2 \to 4 \to 6 \to 8 \to 11$，最短距离为 111.6938。

```
>> x=[4,9,21,26,47,57,62,70,76,76,96];
   y=[49,30,56,26,19,38,11,30,59,4,32]; n=11;
   for i=1:n, for j=1:n
      D(i,j)=sqrt((x(i)-x(j))^2+(y(i)-y(j))^2); %计算 Euclid 距离矩阵
   end, end
   n1=[1 1 2 2 3 4 4 5 5 6 6 6 7 8 7 10 8 9];
   n2=[2 3 3 4 4 5 6 6 7 7 8 9 8 9 10 11 11 11]; %关联矩阵输入
   R=sparse(n1,n2,1); R(11,11)=0; R=R+R';
   [d,p]=dijkstra(R.*D,1,11)                      %求解问题
```

如果节点 6 和节点 8 之间的路径不通，则可以设置 $\boldsymbol{R}(8,6) = \boldsymbol{R}(6,8) = \infty$。这样，由下面的语句可以重新求解最优路径问题，得出最短路径为 $1 \to 2 \to 4 \to 5 \to 7 \to 8 \to 11$，最短距离为 122.9394。

```
>> R(6,8)=Inf; R(8,6)=Inf;
   [d,p]=dijkstra(R.*D,1,11)    %路不通时重新计算最优路径
```

本章习题

8.1 试用动态规划方法求解下面的简单线性规划问题，并用图解法与数值算法验证其正确性。

$$\max \quad 14x_1 + 4x_2$$
$$\boldsymbol{x} \text{ s.t.} \begin{cases} 8x_1+12x_2 \leqslant 30 \\ x_1,x_2 \geqslant 0 \end{cases}$$

8.2 试求出图 8-13（a）、（b）中由节点 A 到节点 B 的最短路径。

8.3 某人想从 A 地到 B 地旅行，途经三个岛屿，岛屿 1 上有三个景点 C、D、E，岛屿 2 上有三个景点 F、G、H，岛屿 3 上有两个景点 I 与 J。现在假设需要在 1、2 或 3 岛屿上各停留一次，参观一个景点，最终到达 B 地。已知各个地点间的旅行费用在

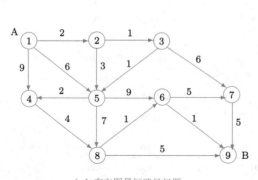
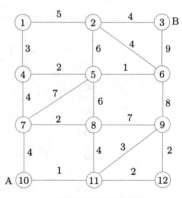

（a）有向图最短路径问题　　　　　　　　（b）无向图最短路径问题

图 8-13　有向图与无向图最短路径问题

表 8-4 给出,试找出一个旅游路径,使得行程的总费用最低[54]。

表 8-4　各个地点之间的旅游费用

起始	终止	费用	起始	终止	费用	起始	终止	费用	起始	终止	费用
A	C	550	A	D	900	A	E	770	C	F	680
C	G	790	C	H	1050	D	F	580	D	G	760
D	H	660	E	F	510	E	G	700	E	H	830
F	I	610	F	J	790	G	I	540	G	J	940
H	I	790	H	J	270	I	B	1030	J	B	1390

8.4　假设某人常驻城市为 C_1,他想不定期到其他城市 $C_2, C_3, \cdots, C_8$ 办事,下面矩阵的 $R_{i,j}$ 表示从 C_i 到 C_j 的交通费用,试设计出他由城市 C_1 到各个其他城市的最便宜交通路线图。

$$R = \begin{bmatrix} 0 & 364 & 314 & 334 & 330 & \infty & 253 & 287 \\ 364 & 0 & 396 & 366 & 351 & 267 & 454 & 581 \\ 314 & 396 & 0 & 232 & 332 & 247 & 159 & 250 \\ 334 & 300 & 232 & 0 & 470 & 50 & 57 & \infty \\ 330 & 351 & 332 & 470 & 0 & 252 & 273 & 156 \\ \infty & 267 & 247 & 50 & 252 & 0 & \infty & 198 \\ 253 & 454 & 159 & 57 & 273 & \infty & 0 & 48 \\ 260 & 581 & 220 & \infty & 156 & 198 & 48 & 0 \end{bmatrix}$$

8.5　试求解如图 8-14 所示的最短路径问题[55]。

8.6　已知某有向图的各个路径信息在表 8-5 中给出[14],试求出第一节点到其他各个节点的最短路径。

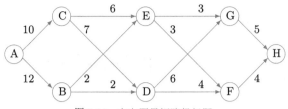

图8-14 有向图最短路径问题

表8-5 路径参数表

编 号	起 始	最 终	弧 长	编 号	起 始	最 终	弧 长	编 号	起 始	最 终	弧 长
1	16	11	252	2	9	4	260	3	16	4	88
4	11	12	215	5	1	16	469	6	11	5	107
7	15	17	319	8	17	14	450	9	12	18	223
10	13	4	400	11	6	13	372	12	8	4	362
13	2	15	152	14	1	18	472	15	6	10	182
16	17	19	305	17	14	1	339	18	17	20	306
19	11	7	267	20	11	9	101	21	11	17	154
22	17	3	274	23	5	8	355	24	2	10	663
25	16	6	420	26	8	17	404	27	9	10	658
28	5	16	290	29	11	6	289	30	8	3	373
31	11	15	277	32	14	9	865	33	8	6	448
34	6	9	400	35	9	2	105	36	17	10	651
37	5	15	279	38	20	4	84	39	10	11	661
40	9	5	289								

第 9 章　　　**智能优化方法**

　　前面几章一直在介绍各类最优化问题的求解方法，采用的方法基本上都是从用户选定的初值开始搜索，最终得出问题的解。本书将这样的搜索方法统称为传统的最优化方法。

　　在实际应用中，传统的最优化方法广受诟病，因为对非凸问题而言，不同的初始搜索点可能导致不同的最优化结果。为解决这样的问题，出现了各种各样的求解问题的算法，尤其引人注目的是进化类智能算法，如遗传算法、粒子群优化算法、蚁群算法等，其中，遗传算法和粒子群优化算法是广泛应用的进化类智能算法。9.1 节对几种常用的智能优化算法做一个简单的概述。与其他章节一样，这里只介绍基本思路与想法，不介绍技术细节，因为本书的侧重点在工具的使用。

　　9.2 节主要介绍 MATLAB 全局优化工具箱（Global Optimization Toolbox）和其中提供的几个相关的智能优化求解函数，包括遗传算法求解函数、粒子群优化算法求解函数、模式搜索函数与模拟退火求解函数等，介绍这些函数的调用格式和特点，为下一节使用这些函数打下一定的基础。

　　其实，在前面几章中，作者做了另一种全局最优解的尝试，即利用现有的 MATLAB 传统最优化求解程序重新构造了求取全局最优解的函数，旨在得出最优化问题的全局最优解，所以在 9.3 节中主要通过例子比较哪些方法更适合求取各类最优化问题的全局最优解。

中国有句老话,"是骡子是马拉出来遛遛",相信通过比较,读者可能会得出与以往印象中不完全一致的结论。

9.1　智能优化算法简介

所谓智能优化算法,是研究者受自然现象、人类智能等启发而提出的一些最优化问题求解算法,比较有代表意义的包括遗传算法、粒子群优化算法、蚁群算法、免疫算法等。本节主要简述遗传算法与粒子群优化算法,但不做深入的探讨。

9.1.1　遗传算法简介

遗传算法是基于进化论在计算机上模拟生命进化机制而发展起来的一类新的最优化算法,它根据适者生存、优胜劣汰等自然进化规则搜索和计算问题的解[59]。该领域最早的方法是由美国 Michigen 大学的 John Henry Holland(1929—2015)于 1975 年提出的。

遗传算法的基本思想是,从一个代表最优化问题解的一组初值开始进行搜索,这组解称为一个种群。种群由一定数量、通过基因编码的个体组成,其中,每一个个体称为染色体,不同个体通过染色体的复制、交叉或变异又生成新的个体。依照适者生存的规则,种群通过若干代的进化最终得出条件最优的个体。

简单遗传算法的一般步骤为:

(1)选择 N 个个体构成初始种群 $\boldsymbol{P}_0$,并求出种群内各个个体的函数值。染色体可以用二进制数组表示,也可以用实数数组表示,种群 $\boldsymbol{P}_0$ 可以由随机数生成函数建立。

(2)设置代数为 $i=1$,即设置初始种群为第一代。

(3)计算选择函数的值,所谓选择即通过概率的形式从种群中选择若干个体的方式。

(4)通过染色体个体基因的复制、交叉、变异等创造新的个体,构成新的种群 $\boldsymbol{P}_{i+1}$,第 $i+1$ 代种群内的个体总数保持不变。

(5)$i=i+1$,若终止条件不满足,则转移到步骤(3)继续进化处理。

在遗传算法理论中,人们通常将最优化中的目标函数称为适应度函数(fitness function)。传统的简单遗传算法只能求解无约束最优化问题,不过经过遗传算法领域几十年的发展,比较高级的遗传算法是具备求解有约束最优化或整数规划的能力的,用户可以直接尝试用这些算法解决一般的数学规划问题。

与传统最优化算法比较,遗传算法主要有以下几点不同[60]:

(1)不同于从一个点开始搜索最优解的传统最优化算法,遗传算法从一个种群开始对问题的最优解进行并行搜索,所以更利于全局最优解的搜索,但遗传算法需要指定各个自变量的范围,而不像最优化工具箱中可以使用无穷区间的概念。

（2）遗传算法并不依赖于导数信息或其他辅助信息进行最优解搜索,而只由目标函数和对应于目标函数的适应度水平确定搜索的方向。

（3）遗传算法采用的是概率性规则而不是确定性规则,所以每次得出的结果不一定完全相同,有时甚至会有较大的差异。

本书研究的遗传算法使用的种群和个体表示均采用实值,这和经典遗传算法中采用的编码二进制值是不同的,所以无须对其进行编码和解码运算,且其求解问题的精度比二进制编码形式高[61]。不过对整数规划而言,在遗传算法中可以采用二进制编码的形式。

9.1.2 粒子群优化算法

粒子群优化（particle swarm optimization,PSO）算法是文献 [62]提出的一种进化算法。该算法是受生物界鸟群觅食的启发而提出的搜索食物,即最优解的一种方法。假设某个区域内有一个食物（全局最优点）,有位于随机初始位置的若干粒子（如鸟）,每一个粒子有到目前为止自己的个体最优值 $p_{i,\mathrm{b}}$,整个粒子群有到目前为止群体的最优值 g_b,这样每个粒子可以根据下面的式子更新自己的速度和位置。

$$\begin{cases} v_i(k+1) = \phi(k)v_i(k) + \alpha_1\gamma_{1i}(k)[p_{i,\mathrm{b}}-x_i(k)] + \alpha_2\gamma_{2i}(k)[g_\mathrm{b}-x_i(k)] \\ x_i(k+1) = x_i(k) + v_i(k+1) \end{cases} \qquad (9\text{-}1\text{-}1)$$

式中,γ_{1i},γ_{2i} 为在 $[0,1]$ 区间均匀分布的随机数;$\phi(k)$ 为惯量函数;α_1 和 α_2 为加速常数。

粒子群优化算法某种意义上与遗传算法有类似的地方,得到了群体中每个个体的信息,则整个群体可以根据这些信息再更新一步,这有些像遗传算法那样进化一代。经过几步这样的更新,则整个群体的性能得到一定的提升,最后可能找到最优化问题的全局最优解。

9.2 MATLAB全局优化工具箱

早期版本中MATLAB有一个相关的工具箱,称为遗传算法与直接搜索工具箱, 除此之外, 在网上有各种免费资源, 其中两个免费的遗传算法工具箱用途较广。其一, 英国Sheffield大学自动控制与系统工程系Peter Fleming 与 Andrew Chipperfield开发的遗传算法工具箱,实现了各种基本运算,说明书齐全,调用格式更类似于最优化工具箱中的函数;其二,美国北卡罗来纳州立大学Christopher Houck、Jeffery Joines 和 Michael Kay 开发的遗传算法最优化工具箱（GAOT）,其

ga() 函数可以直接解决最优化问题。

　　从现有的遗传算法类工具箱和其他进化类智能计算工具箱看,绝大多数求解程序均局限于求解无约束最优化问题,很少能用于有效地求解有约束最优化问题,除了遗传算法可以使用二进制编码,可以有效处理整数规划问题之外,其他智能算法除非特别设计,都不具备求解整数规划或混合整数规划的能力。

　　MATLAB 的遗传算法与直接搜索工具箱后来做了大规模的扩充,推出了现在的全局优化工具箱,提供了模式搜索算法函数 patternsearch()、遗传算法求解函数 ga()、模拟退火求解函数 simulannealbnd(),后来又提供了粒子群优化求解函数 particleswarm()。这四个函数都能直接求解带有决策变量边界受限的无约束最优化问题。另外,遗传算法求解函数与模式搜索算法函数号称能够处理有约束最优化问题,而遗传算法函数还可以求解混合整数规划问题。新版本的全局优化工具箱还引入了代理(surrogate)优化算法的求解函数 surrogateopt(),可以用于求解混合整数非线性规划问题。

　　1. 遗传算法求解

　　遗传算法求解函数 ga() 的调用格式为

$[\boldsymbol{x},f_0,\text{flag},\text{out}]=\text{ga}(f,n)$

$[\boldsymbol{x},f_0,\text{flag},\text{out}]=\text{ga}(f,n,\boldsymbol{A},\boldsymbol{B},\boldsymbol{A}_{\text{eq}},\boldsymbol{B}_{\text{eq}},\boldsymbol{x}_{\text{m}},\boldsymbol{x}_{\text{M}})$

$[\boldsymbol{x},f_0,\text{flag},\text{out}]=\text{ga}(f,n,\boldsymbol{A},\boldsymbol{B},\boldsymbol{A}_{\text{eq}},\boldsymbol{B}_{\text{eq}},\boldsymbol{x}_{\text{m}},\boldsymbol{x}_{\text{M}},\text{nfun})$

$[\boldsymbol{x},f_0,\text{flag},\text{out}]=\text{ga}(f,n,\boldsymbol{A},\boldsymbol{B},\boldsymbol{A}_{\text{eq}},\boldsymbol{B}_{\text{eq}},\boldsymbol{x}_{\text{m}},\boldsymbol{x}_{\text{M}},\text{nfun},\text{intcon})$

$[\boldsymbol{x},f_0,\text{flag},\text{out}]=\text{ga}(\text{problem})$

　　可见,该函数的调用格式与 fmincon() 很接近,并能通过设置 intcon 变元求解混合整数规划问题。不同的是,用户需要提供决策变量的个数 n,而无须提供搜索初值 $\boldsymbol{x}_0$。该函数还支持结构体的描述方法,相关的成员变量在表 9-1 中给出。

表 9-1　ga() 函数的结构体成员变量列表

成员变量名	成员变量说明
fitnessfcn	需要将该成员变量设置成函数句柄,用来描述适应度函数(即目标函数),即其他优化问题的目标函数
nvars	决策变量的个数 n
options	默认设置,可以用 optimset() 函数或 optimoptions() 函数设定
solver	应该设置为 'ga',以上这四个成员变量是必须提供的
Aineq 等	这类成员变量包括 bineq,Aeq,beq,lb 与 ub,除此之外还有 nonlcon 与 intcon,这些成员变量的定义与其他求解函数是完全一致的

2. 模式搜索算法求解

模式搜索算法函数 patternsearch() 的调用格式为

$[x, f_0, \text{flag}, \text{out}] = \text{patternsearch}(f, x_0)$

$[x, f_0, \text{flag}, \text{out}] = \text{patternsearch}(f, x_0, A, B, A_{eq}, B_{eq}, x_m, x_M)$

$[x, f_0, \text{flag}, \text{out}] = \text{patternsearch}(f, x_0, A, B, A_{eq}, B_{eq}, x_m, x_M, \text{nfun})$

$[x, f_0, \text{flag}, \text{out}] = \text{patternsearch}(\text{problem})$

与 ga() 函数相比, patternsearch() 函数不支持 intcon 的使用, 即不能求解混合整数规划问题, 另外, 该函数需要用户提供参考的初始搜索向量 x_0, 不必输入决策变量的个数 n。如果最优化问题用结构变量 problem 表示, 则与遗传算法不同的是, 不能使用 fitnessfcn 成员变量, 而应该使用 objective 成员变量描述目标函数。

3. 粒子群优化算法求解

粒子群优化函数 particleswarm() 的调用格式为

$[x, f_0, \text{flag}, \text{out}] = \text{particleswarm}(f, n)$

$[x, f_0, \text{flag}, \text{out}] = \text{particleswarm}(f, n, x_m, x_M)$

$[x, f_0, \text{flag}, \text{out}] = \text{particleswarm}(f, n, x_m, x_M, \text{options})$

$[x, f_0, \text{flag}, \text{out}] = \text{particleswarm}(\text{problem})$

可见, particleswarm() 函数只能求解带有决策变量限制的无约束最优化问题。如果用结构体描述最优化问题, 则需要给出 objective, nvars, lb 或 ub 等成员变量, 这些成员变量的说明见前面的相关内容。

4. 模拟退火算法求解

模拟退火（simulated annealing）求解函数 simulannealbnd() 的调用格式为

$[x, f_0, \text{flag}, \text{out}] = \text{simulannealbnd}(f, x_0)$

$[x, f_0, \text{flag}, \text{out}] = \text{simulannealbnd}(f, x_0, x_m, x_M)$

$[x, f_0, \text{flag}, \text{out}] = \text{simulannealbnd}(f, x_0, x_m, x_M, \text{options})$

$[x, f_0, \text{flag}, \text{out}] = \text{simulannealbnd}(\text{problem})$

可以看出, 该函数与 particleswarm() 的调用格式很接近, 不同的是该函数无须提供决策变量的个数 n, 而应该给出一个参考的搜索初值向量 x_0。成员变量的使用与前面的函数也是很接近的, 这里就不再赘述了。

5. 代理优化算法求解

代理优化算法求解函数 surrogateopt() 的调用格式为

$[x, f_0, \text{flag}, \text{out}] = \text{surrogateopt}(g, x_m, x_M)$

$$[x,f_0,\text{flag},\text{out}]=\text{surrogateopt}(g,x_{\rm m},x_{\rm M},\text{intcon})$$

$$[x,f_0,\text{flag},\text{out}]=\text{surrogateopt}(g,x_{\rm m},x_{\rm M},\text{intcon},A,B,A_{\rm eq},B_{\rm eq})$$

$$[x,f_0,\text{flag},\text{out}]=\text{surrogateopt}(\text{problem})$$

其中，g 可以描述目标函数和非线性约束条件。

9.3　最优化问题求解举例与对比研究

前面提及，带有决策变量限制的无约束最优化问题是全局优化工具箱所擅长求解的问题，此外，有些算法号称可以处理有约束最优化问题甚至混合整数规划问题，所以本节将采用前几章中的一些例子，试图重新用这些智能算法求解，比较一下算法的性能。

9.3.1　无约束最优化问题

MATLAB 全局优化工具箱提供的五个函数都能求解无约束最优化问题，这里给出两个测试例子比较这些求解函数的优势与劣势，为读者使用这些函数时提供一些有益的算法选择依据。

例 9-1　考虑例 3-28 给出的修改 Rastrigin 多峰函数，试比较全局优化工具箱中的五个函数与第 3 章作者编写的 `fminsearch_global()` 函数，每个函数执行 100 次，观察得出的是否为问题的全局最优解，并评价算法的耗时，从而给出有意义的结论。

为使本章内容独立成篇，一律重新列举出原始问题。本例的目标函数为

$$f(x_1,x_2)=20+\left(\frac{x_1}{30}-1\right)^2+\left(\frac{x_2}{20}-1\right)^2-10\left[\cos 2\pi\left(\frac{x_1}{30}-1\right)+\cos 2\pi\left(\frac{x_2}{20}-1\right)\right]$$

其中，$-100\leqslant x_1,x_2\leqslant 100$。

解　可以给出下面的命令，对同样的问题而言每种算法函数都运行 100 次，观察找到全局最优解的成功率，具体对比在表 9-2 中给出。其中，耗时测试指的是单独运行某一函数 100 次耗费的总时间，运行时注释掉其他求解函数。

```
>> f=@(x)20+(x(1)/30-1)^2+(x(2)/20-1)^2-...
      10*(cos(2*pi*(x(1)/30-1))+cos(2*pi*(x(2)/20-1))); % 目标函数
   A=[]; B=[]; Aeq=[]; Beq=[]; xm=-100*ones(2,1); xM=-xm;
   F1=[]; F2=[]; F3=[]; F4=[]; F5=[];tic
   for i=1:100, x0=100*rand(2,1); %运行各种求解函数100次
      [x,f0]=ga(f,2,A,B,Aeq,Beq,xm,xM); F1=[F1; x,f0];
      [x,f0]=patternsearch(f,x0,A,B,Aeq,Beq,xm,xM); F2=[F2; x',f0];
      [x,f0]=particleswarm(f,2,xm,xM); F3=[F3; x,f0];
      [x,f0]=simulannealbnd(f,x0,xm,xM); F4=[F4; x',f0];
      [x,f0]=fminunc_global(f,-100,100,2,100); F5=[F5; x',f0];
   end, toc
```

```
i1=length(find(F1(:,3)<1e-5)), i2=length(find(F2(:,3)<1e-5))
i3=length(find(F3(:,3)<1e-5)), i4=length(find(F4(:,3)<1e-2))
```

表 9-2 各种优化算法成功率比较

求解函数	遗传算法	模式搜索	粒子群优化	模拟退火	代理优化	fminunc_global()
成功率/%	25	6	88	11	—	85
耗时/s	5.80	2.63	2.12	23.19	16.06(每次)	49.02
平均精度	1.18×10^{-10}	2.27×10^{-9}	7.37×10^{-10}	1.50×10^{-4}	—	7.38×10^{-13}

可以看出，性能很好的是粒子群优化算法，作者开发的 fminunc_global() 函数的成功率略低于粒子群优化算法，耗时多一些，不过在可接受的范围（求解一次平均耗时 0.57 s），可以放心使用。遗传算法的成功率虽然不那么高，但正常情况下运行 5~6 次一般总可以得出问题的全局最优解，也不失是一种可以尝试的全局优化算法。表中还列出了成功案例的平均精度，由 fminunc_global() 函数求解的精度远高于其他求解函数。

模式搜索算法与模拟退火算法比较依赖初值的选择，这里有意识地选择了在 $[0,100]$ 区间生成随机数，但得到全局最优解的成功率不高，如果将随机数范围设置为 $[0,1]$，则成功率几乎为 0。这两种方法不适合求解本例中的问题。

代理优化函数求解问题的效率很低，每次调用该函数得到的最优目标函数值都在 1 左右，无法找到全局最优解，对本例而言是失败的。

```
>> tic, [x,f0]=surrogateopt(f,xm,xM), toc
```

例 9-2 对于下面给出的 Griewangk 基准测试问题（$n=50$）

$$\min_{\boldsymbol{x}} \left(1 + \sum_{i=1}^{n} \frac{x_i^2}{4000} - \prod_{i=1}^{n} \cos\frac{x_i}{\sqrt{i}}\right), \text{ 其中}, x_i \in [-600, 600]$$

试比较各种智能优化算法的优劣。

解 显然，这个无约束最优化问题的全局最优解为 $x_i=0$。下面尝试一下各种智能优化算法与作者编写的 fminunc_global() 函数，得出的结果在表 9-3 中给出。与表 9-2 不同的是，由于这里测试的问题规模比较大，所以结果可能不那么精确，所以在统计成功率时使用了不同的误差限 ϵ。

```
>> n=50;          %将问题的规模设置成50个决策变量
   f=@(x)1+sum(x.^2/4000)-prod(cos(x(:)./[1:n]'));
   A=[]; B=[]; Aeq=[]; Beq=[]; xm=-600*ones(n,1); xM=-xm;
   F1=[]; F2=[]; F3=[]; F4=[]; F5=[]; tic
   for i=1:100, i, x0=600*rand(n,1); %运行该求解函数100次
      [x,f0]=ga(f,n,A,B,Aeq,Beq,xm,xM); F1=[F1; f0];
      [x,f0]=patternsearch(f,x0,A,B,Aeq,Beq,xm,xM); F2=[F2; f0];
      [x,f0]=particleswarm(f,n,xm,xM); F3=[F3; f0];
      [x,f0]=simulannealbnd(f,x0,xm,xM); F4=[F4; f0];
```

```
    [x,f0]=fminunc_global(f,-600,600,n,20); F5=[F5; f0];
end, toc
max(F4), max(F5)
```

表 9-3　各种优化算法成功率比较

求解函数	遗传算法	模式搜索	粒子群优化	模拟退火	fminunc_global()
$\epsilon = 10^{-4}$	59%	2%	18%	0%	100%
$\epsilon = 10^{-3}$	97%	2%	18%	0%	100%
$\epsilon = 10^{-2}$	97%	6%	29%	0%	100%
耗时 / s	328.84	180.06	55.39	1214.45	73.58
平均精度	1.0209×10^{-4}	0.0066	0.0037	—	3.2091×10^{-12}

　　显然，这里最可靠的方法是作者开发的 fminunc_global() 函数，找到全局最优解的成功率为 100%，这 100 个解中最大的目标函数值为 8.5778×10^{-12}，精度高出其他方法 10 多个数量级！运行时间也可以接受（平均每次寻优只需 0.82 s）。遗传算法求解函数在这里排名第二，虽然误差限设为 10^{-3} 时成功率可以达到 97%，但明显该方法的精度比较低。例 9-1 中表现出众的粒子群优化算法在这样严苛的例子中只有 29% 的成功率，且精度明显低于 fminunc_global() 函数。模式搜索方法求解这个例子的成功率只有 6%，不能实际应用。最耗时的模拟退火算法的成功率为 0，运行 100 次找到的最小的目标函数值为 6.7321，远大于理论值 0。

　　即使 $n = 500$，用 fminunc_global() 函数也照样可以求解，得出的目标函数为 $f_0 = 4.3997 \times 10^{-11}$，单次运行耗时 19.20 s，用智能优化函数很难得到这样的结果。

```
>> n=500; f=@(x)1+sum(x.^2/4000)-prod(cos(x(:)./[1:n]'));
   tic, [x,f0]=fminunc_global(f,-600,600,n,20), toc
```

　　当然，这个例子也不是特别公平，因为理论值是 0，所以作者的 fminunc_global() 函数利用的随机初值的方法有天然的优势。用户可以考虑采用一种变换方法将理论值移离 $x_i = 0$ 值，例如采用类似于本书改进 Rastrigin 函数的移动方法，移动以后再比较，可能得出更公正的比较结果。

　　这里给出的例子都是前几章讲解中正常使用的例子，并非刻意选取的。在默认设置下，MATLAB 全局优化工具箱中提供智能优化程序一般不能得出问题的全局最优解，即使修改某些选项也不能保证得出问题的全局最优解。

　　由于这里给出的全部代码都是可重复的，用户也可以自己找测试例子，来评价各种各样的寻优算法，亲眼看一下想采用算法的性能。当然这里给的例子都是解析解已知的，用户可以将结果与解析解比较，从而评价算法的性能，而实际应用中，解析解是未知的，这就需要用户检验得出的结果。其实，检验最优化的结果也是很容易的，用户可以比较得出的目标函数值，目标函数值较大的就一定是局部最优解，目标函数值较小的才有可能是全局最优解。

对有约束最优化问题而言，应该检验决策变量是否满足所有约束条件，如果都满足约束条件，则目标函数值较大的肯定是局部最优解，目标函数值越小越好。

9.3.2 有约束最优化问题

MATLAB 的全局优化工具箱提供了两个号称可以处理约束条件的求解函数，一个是基于遗传算法的函数 ga()，另一个是基于模式搜索的 **patternsearch()** 求解函数。本节将通过一些具体的例子，测试一下这两个函数的求解效果，对算法的性能做出公平的评价，相信对读者选择算法有一定的借鉴意义。

例 9-3 试用全局优化工具箱中的函数求解例 5-16 中给出的非凸二次型规划问题。

$$\min \quad c^{\mathrm{T}}x + d^{\mathrm{T}}y - \frac{1}{2}x^{\mathrm{T}}Qx$$

$$x \text{ s.t.} \begin{cases} 2x_1+2x_2+y_6+y_7 \leqslant 10 \\ 2x_1+2x_3+y_6+y_8 \leqslant 10 \\ 2x_2+2x_3+y_7+y_8 \leqslant 10 \\ -8x_1+y_6 \leqslant 0 \\ -8x_2+y_7 \leqslant 0 \\ -8x_3+y_8 \leqslant 0 \\ -2x_4-y_1+y_6 \leqslant 0 \\ -2y_2-y_3+y_7 \leqslant 0 \\ -2y_4-y_5+y_8 \leqslant 0 \\ 0 \leqslant x_i \leqslant 1, \ i=1,2,3,4 \\ 0 \leqslant y_i \leqslant 1, \ i=1,2,3,4,5,9 \\ y_i \geqslant 0, \ i=6,7,8 \end{cases}$$

其中，$c = [5,5,5,5]$，$d = [-1,-1,-1,-1,-1,-1,-1,-1,-1]$，$Q = 10I$。

解 可以利用例 5-16 中给出的方式先用基于问题的描述方式将已知的二次型规划问题输入 MATLAB 工作空间，然后将其转换成结构体的形式，再手工将其改造成 ga() 函数可用的结构体模型，最后调用 ga() 函数直接求解。

```
>> P=optimproblem;
   c=5*ones(1,4); d=-1*ones(1,9); Q=10*eye(4);
   x=optimvar('x',[4,1],Lower=0,Upper=1);
   y=optimvar('y',9,1,'Lower',0);    % 设置两个决策变量向量
   P.Objective=c*x+d*y-0.5*x'*Q*x;   % 构造目标函数
   cons1=[2*x(1)+2*x(2)+y(6)+y(7)<=10;
          2*x(1)+2*x(3)+y(6)+y(8)<=10;
          2*x(2)+2*x(3)+y(7)+y(8)<=10;
          -8*x(1)+y(6)<=0; -8*x(2)+y(7)<=0; -8*x(3)+y(8)<=0;
          -2*x(4)-y(1)+y(6)<=0; -2*y(2)-y(3)+y(7)<=0;
          -2*y(4)-y(5)+y(8)<=0; y([1 2 3 4 5 9])<=1];
   P.Constraints.cons1=cons1; p=prob2struct(P);    % 转换成结构体
   f=@(x)c*x(1:4)'+d*x(5:13)'-0.5*x(1:4)*Q*x(1:4)';  % 目标函数
```

```
    p.solver='ga'; p.fitnessfcn=f; p.nvars=13;
    ff=optimoptions('ga'); p.options=ff;
    tic, [x0,f0,flag]=ga(p), toc
```

注意，在 ga() 函数的运行过程中，决策变量 x 是以行向量形式提供的，这与很多最优化求解函数是完全不同的，所以在描述适应度函数时应该格外注意，否则可能得出错误信息"用于矩阵乘法的维度不正确"。

经过 58.3 s 的等待，可以得出的全局最优解为 $x_0 = [0.9991, 1, 1, 0.9999, 1.001, 1.001, 1.001, 1.001, 1.001, 2.9992, 3.0008, 3.0003, 0.9976]$，目标函数的最优解为 -14.9992，略大于例 5-16 中给出的 -15，所以，fmincon_global() 函数的计算结果略好于这里的遗传算法结果，且执行耗时要小得多。

现在考虑用模式搜索方法重新求解该问题。注意，这里需要重新输入目标函数，因为在 patternsearch() 函数执行过程中，决策变量是以标准的列向量形式传递的。可以给出下面的求解语句。可以看出，大约 0.853 s 即可以得出问题的结果，耗时明显小于 fmincon_global() 函数。

```
>> f=@(x)c*x(1:4)+d*x(5:13)-0.5*x(1:4)'*Q*x(1:4);    % 目标函数
   p.Objective=f; p.solver='patternsearch'; p.x0=100*rand(13,1);
   tic, [x0,f0]=patternsearch(p); toc
   norm(x0-round(x0)), e=max(p.Aineq*x0-p.bineq)
```

由上面的语句可以直接得出的全局最优解为 $x = [1, 1, 1, 1, 1, 1.001, 1.001, 1.0004, 1.0002, 2.9997, 2.9992, 3.0008, 1.001]$，目标函数值为 -15.0064，略小于例 5-16 中给出的 -15，不过，如果求约束条件的最大值，可以发现 $e = 9.9972 \times 10^{-4} > 0$，突破了原始的约束条件限制，所以这里得出的最优解是无效的，但比较接近问题的全局最优解。例 5-16 中给出的仍然是原始问题的全局最优解。

例 9-4　试用遗传算法与模式搜索方法重新求解例 5-13 中的非线性规划问题。

$$f(x) = 0.7854x_1x_2^2(3.3333x_3^2 + 14.9334x_3 - 43.0934) - 1.508x_1(x_6^2 + x_7^2) + 7.477(x_6^3 + x_7^3) + 0.7854(x_4x_6^2 + x_5x_7^2)$$

相应的约束条件为

$$x_1x_2^2x_3 \geqslant 27, \ x_1x_2^2x_3^2 \geqslant 397.5, \ x_2x_3x_6^4/x_4^3 \geqslant 1.93, \ x_2x_3x_7^4/x_5^3 \geqslant 1.93$$

$$A_1/B_1 \leqslant 1100, \ 其中 \ A_1 = \sqrt{(745x_4/(x_2x_3))^2 + 16.91 \times 10^6}, \ B_1 = 0.1x_6^3$$

$$A_2/B_2 \leqslant 850, \ 其中 \ A_2 = \sqrt{(745x_5/(x_2x_3))^2 + 157.5 \times 10^6}, \ B_2 = 0.1x_7^3$$

$$x_2x_3 \leqslant 40, \ 5 \leqslant x_1/x_2 \leqslant 12, \ 1.5x_6 + 1.9 \leqslant x_4, \ 1.1x_7 + 1.9 \leqslant x_5$$

$$2.6 \leqslant x_1 \leqslant 3.6, \ 0.7 \leqslant x_2 \leqslant 0.8, \ 17 \leqslant x_3 \leqslant 28$$

$$7.3 \leqslant x_4, x_5 \leqslant 8.3, \ 2.9 \leqslant x_6 \leqslant 3.9, \ 5 \leqslant x_7 \leqslant 5.5$$

解　可以由下面的语句描述原始问题，并用早期版本的遗传算法求解函数重新搜索问题的最优解, 得出的结果在表 9-4 中给出, 表的最后一行用 * 号标注的是已知的全局最优解, 是用本书其他方法得出的, 这里给出的结果是由 fmincon() 函数直接得出的。可以看出, 耗时远高于 fmincon() 函数的 0.036 s。另外, 遗传算法得出的结果比较一致, 接近 fmincon() 函数得出的结果。遗憾的是, 新版本遗传算法并不能得出本例的可行解。

```
>> f=@(x)0.7854*x(1)*x(2)^2*(3.3333*x(3)^2+14.9334*x(3)-43.0934)...
    -1.508*x(1)*(x(6)^2+x(7)^2)+7.477*(x(6)^3+x(7)^3)...
    +0.7854*(x(4)*x(6)^2+x(5)*x(7)^2);
   A=[]; B=[]; Aeq=[]; Beq=[]; xx=[];
   xm=[2.6,0.7,17,7.3,7.3,2.9,5]; xM=[3.6,0.8,28,8.3,8.3,3.9,5.5];
   for i=1:7
      tic, [x,f0,flag]=ga(f,7,A,B,Aeq,Beq,xm,xM,@c5mcpl), toc
      if flag==1, xx=[xx; x f0]; end
   end
```

表 9-4   调用 ga() 函数得出的七组解

组 号	x_1	x_2	x_3	x_4	x_5	x_6	x_7	$f(x)$	耗时/s
1	3.4993	0.7	17	7.3	7.7144	3.3506	5.2867	2994.2	0.97
2	3.4993	0.7	17	7.3	7.7144	3.3506	5.2867	2994.1	0.73
3	3.4994	0.70002	17	7.3	7.7144	3.3506	5.2867	2994.3	0.58
4	3.4994	0.70001	17	7.3001	7.7144	3.3506	5.2867	2994.3	0.55
5	3.4993	0.7	17	7.3	7.7144	3.3506	5.2867	2994.2	0.59
6	3.4993	0.7	17	7.3	7.7144	3.3506	5.2867	2994.2	0.63
7	3.4993	0.70001	17	7.3	7.7144	3.3506	5.2867	2994.2	0.53
*	3.5	0.7	17	7.3	7.7153	3.3505	5.2867	2994.4	0.036

注意, 这里得出的目标函数值均略小于例 5-13 中的结果 2994.4。不过将得出的结果代入约束条件函数 c5mcpl() 则发现, 15 个不等式约束条件的值为 $[-2.1492, -98.0359, -1.9254, -0.058158, -18.3179, -0.022113, -28.1, 0.001, -7.001, -0.3741, 0.00097]$, 其中有两个值略大于 0, 突破了约束条件的限制, 所以这里得到的目标函数值虽稍小, 但却是无效结果。对本例而言, 由普通求解函数 fmincon() 得出的结果更精确, 且更高效。其实, 作者多次测试 fmincon() 函数均得出一致的结果, 说明原问题可能是凸问题。

用户还可以采用下面的语句直接测试模式搜索算法, 运行 10 次该算法得出的结果由表 9-5 给出。可以看出, 找到全局最优解的成功率约为 70%。虽然该算法的耗时比遗传算法明显短, 还是明显高于 MATLAB 自带的 fmincon() 函数。

```
>> xx=[];
   for i=1:10, tic, x0=10*rand(7,1);
      [x,f0,k]=patternsearch(f,x0,A,B,Aeq,Beq,xm,xM,@c5mcpl);
```

```
    if k==1, xx=[xx; x' f0]; end, toc
end
```

表 9-5　调用 patternsearch() 函数得出的 10 组解

组　号	x_1	x_2	x_3	x_4	x_5	x_6	x_7	$f(x)$	耗时/s
1	3.5	0.7	18.426	7.3	7.7151	3.3495	5.2865	3249.6	0.67
2	3.5	0.7	17	7.3	7.7153	3.3505	5.2867	2994.4	0.15
3	3.5942	0.7188	26.011	7.3	7.7145	3.3465	5.2859	5199.3	0.46
4	3.5	0.7	17	7.3	7.7153	3.3505	5.2867	2994.4	0.12
5	3.5	0.7	17	7.3	7.7153	3.3505	5.2867	2994.4	0.11
6	3.5	0.7	17	7.3	7.7153	3.3505	5.2867	2994.4	0.61
7	3.5006	0.7001	17	7.3	7.7153	3.3505	5.2867	2995.2	1.57
8	3.5	0.7	17	7.3	7.7153	3.3505	5.2867	2994.4	0.74
9	3.5	0.7	17.503	7.3	7.7152	3.3502	5.2866	3082.3	0.26
10	3.5	0.7	17	7.3	7.7153	3.3505	5.2867	2994.4	0.35
*	3.5	0.7	17	7.3	7.7153	3.3505	5.2867	2994.4	0.036

例 9-5　试利用全局优化工具箱中的函数重新求解例 5-11 中给出的有约束最优化问题。

$$\min_{x} \quad x_5$$

$$x \text{ s.t.} \begin{cases} x_3+9.625x_1x_4+16x_2x_4+16x_4^2+12-4x_1-x_2-78x_4=0 \\ 16x_1x_4+44-19x_1-8x_2-x_3-24x_4=0 \\ -0.25x_5-x_1\leqslant-2.25 \\ x_1-0.25x_5\leqslant2.25 \\ -0.5x_5-x_2\leqslant-1.5 \\ x_2-0.5x_5\leqslant1.5 \\ -1.5x_5-x_3\leqslant-1.5 \\ x_3-1.5x_5\leqslant1.5 \end{cases}$$

解　现在尝试使用遗传算法求解函数 ga() 求解同样的问题。下面的代码运行 10 次，得到了 10 组不同的结果，在表 9-6 中列出。遗憾的是，没有一次能得到全局最优解，得出的目标函数值远大于全局最优的目标函数值，说明 ga() 函数求解失败，而例 5-11 中调用函数 fmincon_global() 运行了 100 次均都得出全局最优解，可以说，获得全局最优解的成功率是 100%。

```
>> clear P; P.fitnessfcn=@(x)x(5);
   P.nonlcon=@c5mnls; P.solver='ga'; P.nvars=5;
   P.Aineq=[-1,0,0,0,-0.25; 1,0,0,0,-0.25; 0,-1,0,0,-0.5;
           0,1,0,0,-0.5; 0,0,-1,0,-1.5; 0,0,1,0,-1.5];
   P.Bineq=[-2.25; 2.25; -1.5; 1.5; -1.5; 1.5];
   P.options=optimoptions('ga'); xx=[];
   for i=1:10        %连续运行10次ga()函数，记录结果
      [x,f0,flag]=ga(P), if flag==1, xx=[xx; x]; end
   end
```

表 9-6 调用 ga() 函数得出的 10 组解

组 号	x_1	x_2	x_3	x_4	x_5	$f(x)$
1	−0.5584	3.1305	4.8629	0.7501	13.7460	13.7460
2	−0.2379	2.9400	5.4545	0.7029	10.9320	10.9320
3	4.1276	1.8729	−3.5772	1.0901	8.5531	8.5531
4	3.4040	2.1638	−4.1593	1.1104	10.5300	10.5300
5	1.2786	3.3040	−6.1398	−0.1653	8.6973	8.6973
6	4.5058	1.3569	1.6581	1.1254	10.5950	10.5950
7	0.8231	3.3592	−1.8408	0.3073	9.4258	9.4258
8	2.6299	2.7754	−8.5554	1.0850	9.2296	9.2296
9	2.2530	2.6968	−6.4534	1.1560	9.7220	9.7220
10	2.3595	2.4852	−4.3134	1.1925	4.1094	4.1094
*	2.4544	1.9088	2.7263	1.3510	0.8175	0.8175

如果采用 patternsearch() 函数求解这个问题,则调用 10 次求解函数,得出的结果是一致的,$x = [1.2075, 0, 2.3396, 4, 4.1698]^T$,目标函数值为 $f_0 = 4.1698$。可见,对本例而言,该算法无法得到原始问题的全局最优解。

```
>> P.Objective=@(x)x(5); P.solver='patternsearch';
   P.options=optimset; xx=[];
   for i=1:10        %连续运行 10 次 patternsearch() 函数,记录结果
      P.x0=10*rand(5,1); [x,f0,flag]=patternsearch(P)
      if flag==1, xx=[xx; x' f0]; end
   end
```

即使不使用 fmincon_global() 函数,单纯使用 MATLAB 提供的 fmincon() 函数,运行 100 次,选择随机初值,获得全局最优解的成功率也可以达到 39%,最大的目标函数值也只有 1.1448,不至于像遗传算法与模式搜索算法那样离谱。

```
>> P.Objective=@(x)x(5); P.solver='fmincon'; xx=[];
   for i=1:100       %连续运行 10 次 fmincon() 函数,记录结果
      P.x0=-10+20*rand(5,1); [x,f0,flag]=fmincon(P)
      if flag==1, xx=[xx; x' f0]; end
   end
```

例 9-6 文献 [36] 是一篇发表于智能优化算法著作中的文章,该文章给出了一个测试例子,见例 5-19。其实例 5-19 已经演示过,用 fmincon_global() 函数得出的结果要远优于该文献的结果。试比较遗传算法与模式搜索算法在该问题中的表现。原问题的目标函数为

$$f(x) = l(x_1 x_2 + x_3 x_4 + x_5 x_6 + x_7 x_8 + x_9 x_{10})$$

约束条件为

$$\frac{6Pl}{x_9 x_{10}^2} - \sigma_{\max} \leqslant 0, \ \frac{6P(2l)}{x_7 x_8^2} - \sigma_{\max} \leqslant 0$$

$$\frac{6P(3l)}{x_5 x_6^2} - \sigma_{\max} \leqslant 0, \quad \frac{6P(4l)}{x_3 x_4^2} - \sigma_{\max} \leqslant 0, \quad \frac{6P(5l)}{x_1 x_2^2} - \sigma_{\max} \leqslant 0$$

$$\frac{Pl^3}{E}\left(\frac{244}{x_1 x_2^3} + \frac{148}{x_3 x_4^3} + \frac{76}{x_5 x_6^3} + \frac{28}{x_7 x_8^3} + \frac{4}{x_9 x_{10}^3}\right) - \delta_{\max} \leqslant 0$$

$$\frac{x_2}{x_1} - 20 \leqslant 0, \quad \frac{x_4}{x_3} - 20 \leqslant 0, \quad \frac{x_6}{x_5} - 20 \leqslant 0, \quad \frac{x_8}{x_7} - 20 \leqslant 0, \quad \frac{x_{10}}{x_9} - 20 \leqslant 0$$

且已知决策变量的上下界满足

$$1 \leqslant x_{1,7,9} \leqslant 5, \quad 30 \leqslant x_{2,8,10} \leqslant 65, \quad 2.4 \leqslant x_{3,5} \leqslant 3.1, \quad 45 \leqslant x_{4,6} \leqslant 60$$

其中,$l = 100$, $P = 50000$, $\delta_{\max} = 2.7$, $\sigma_{\max} = 14000$, $E = 2 \times 10^7$。

　　解　用循环结构求七次基于遗传算法的求解,得到四组可行解,如表 9-7 所示。尽管这些结果比文献[36]中给出的结果好很多,但都明显大于例 5-19 全局最优解的目标函数值,耗时都在 38 s～54 s。模式搜索方法得出的结果不确定性比较大,经常得出比文献[36]更差的结果。

```
>> l=100;
   ff=optimoptions('ga');
   f=@(x)l*(x(1)*x(2)+x(3)*x(4)+x(5)*x(6)+x(7)*x(8)+x(9)*x(10));
   xm=[1,30,2.4,45,2.4,45,1,30,1,30]'; A=[]; B=[]; Aeq=[]; Beq=[];
   xM=[5,65,3.1,60,3.1,60,5,65,5,65]'; xx=[];
   for i=1:7, tic
      [x,fv,flag]=ga(f,n,A,B,Aeq,Beq,xm,xM,@c5mglo1,ff)
      toc, if flag>0, xx=[xx; x,fv]; end
   end
   x0=100*rand(10,1);
   [x,fv,flag]=patternsearch(f,x0,A,B,Aeq,Beq,xm,xM,@c5mglo1,ff)
```

表 9-7　调用 ga() 函数得出的四组可行解

组	x_1	x_2	x_3	x_4	x_5	x_6	x_7	x_8	x_9	x_{10}	$f(\boldsymbol{x})$
1	3.062	61.250	2.79	55.65	2.534	50.68	2.23	44.57	1.750	35.00	63171
2	3.088	61.755	2.81	55.30	2.524	50.48	2.21	44.26	1.751	35.01	63266
3	3.089	61.792	2.84	54.95	2.524	50.49	2.22	44.39	1.757	34.92	63430
4	3.075	61.495	2.78	55.53	2.523	50.60	2.23	44.50	1.752	34.97	63171
*	3.058	61.15	2.81	56.27	2.524	50.47	2.20	44.09	1.750	35.00	63109

　　其实,从上面给出的测试例子不难看出,绝大部分对比结果对全局优化工具箱函数而言都是负面的,所以如果不是特别需要,不建议使用这些函数求解有约束最优化问题,用户可以尽量使用第 5 章给出的 **fmincon_global()** 函数直接求解全局最优化问题,至少不应该过分迷信所谓的智能优化算法。

在实际应用中，最优化的目标是得到在满足约束条件前提下能使得目标函数值最小的解，而求解的途径应该是工具的合理使用，所以求解最优化问题不是纯粹的学术研究，不能因为某种方法看起来名称或思路新颖就采用该方法，应该"不看广告看疗效"，选择真正可以得出有意义最优解的实用方法。

9.3.3　混合整数规划问题求解

前面介绍的 ga() 函数支持使用 intcon 变元，可以直接用于求解整数规划与混合整数规划问题。不过 patternsearch() 函数不支持整数规划与混合整数规划处理。换句话说，全局优化工具箱中只有 ga() 函数可以用于混合整数规划的求解。本节仍然通过实例试算的方法比较该函数与传统优化算法的求解效率。

例 9-7　试用遗传算法直接求解例 6-32 中的 0—1 背包问题。

解　由下面的语句直接求解原始的背包问题。由于遗传算法支持整数编码，可以得出原始问题的全局最优解 $x_0 = [1,0,1,0,1,1,1,0,0,0]$，目标函数值为 -324，与例 6-32 得出的全局最优解完全一致。采用遗传算法耗时为 $37.16\,\mathrm{s}$，远高于前面介绍的求解方法。

```
>> w=[19,15,4.6,14.6,10,4.4,1.2,11.4,17.8,19.6]; W=40;
   p=[89,59,19,43,100,72,44,16,7,64]; n=10;
   P=optimproblem('ObjectiveSense','max');
   x=optimvar('x',[n,1],Type='integer',Lower=0,Upper=1);
   P.Objective=p*x; P.Constraints.c=w*x<=W;
   p=prob2struct(P); p.nvars=n; p.solver='ga'; f=[p.f]';
   p.options=optimset; p.fitnessfcn=@(x)sum(f(:).*x(:));
   tic, [x0,f0,flag]=ga(p), toc
```

例 9-8　试用遗传算法求解例 6-8 中的整数与混合整数线性规划问题。

$$\min \quad -2x_1 - x_2 - 4x_3 - 3x_4 - x_5$$
$$x \text{ s.t.} \begin{cases} 2x_2+x_3+4x_4+2x_5 \leqslant 54 \\ 3x_1+4x_2+5x_3-x_4-x_5 \leqslant 62 \\ x_1,x_2 \geqslant 0, x_3 \geqslant 3.32, x_4 \geqslant 0.678, x_5 \geqslant 2.57 \end{cases}$$

解　可以用下面的语句直接求解混合整数线性规划问题，早期版本 ga() 函数得出的结果在表 9-8 中给出。可以看出，每次运行的结果都是不同的（应该是巧合），只有一次（第七组）得出了问题的全局最优解，即得出全局最优解的可能性为 10%。采用新版本 ga() 函数每次都能得出全局最优解，但该函数极其耗时，每次求解耗时为 $40\,\mathrm{s} \sim 60\,\mathrm{s}$，远高于其他算法。

```
>> clear P; P.solver='ga'; P.options=optimset;
   P.lb=[0; 0; 3.32; 0.678; 2.57]; P.nvars=5; xx=[];
   P.fitnessfcn=@(x)[-2 -1 -4 -3 -1]*x(:); P.intcon=1:5;
   P.Aineq=[0 2 1 4 2; 3 4 5 -1 -1]; P.Bineq=[54; 62];
```

```
for i=1:10
    tic, [x0,f0,flag]=ga(P), toc
    if flag==1, xx=[xx; x0 f0]; end
end
```

表 9-8 调用 ga() 函数得出的 10 组解

组	x_1	x_2	x_3	x_4	x_5	$f^{\mathrm{T}}x$	组	x_1	x_2	x_3	x_4	x_5	$f^{\mathrm{T}}x$
1	6	0	11	9	3	−86	6	18	0	4	11	3	−88
2	18	0	6	2	20	−86	7	19	0	4	10	5	−89
3	12	0	8	8	7	−87	8	22	0	4	1	23	−86
4	15	0	6	10	4	−88	9	10	0	10	4	14	−86
5	5	0	12	8	5	−87	10	8	0	10	9	3	−86
*	19	0	4	10	5	−89							

直接求解一次混合整数规划问题，则 $x_0 = [12, 0.000165, 8, 9, 5]^{\mathrm{T}}$，得出目标函数值为 -88.0003，可见求解全局最优解是不成功的，再运行该代码还可能得出其他结果，所以当前的遗传算法函数在默认设置下不适合求解混合整数规划问题。

```
>> P.intcon=[1,4,5]; [x0,f0,flag]=ga(P)
```

例 9-9 试用遗传算法重新求解例 6-26 中的混合 0−1 规划问题。

$$\min \quad 5x_4 + 6x_5 + 8x_6 + 10x_1 - 7x_3 - 18\ln(x_2 + 1) - 19.2\ln(x_1 - x_2 + 1) + 10$$

$$x \text{ s.t. } \begin{cases} -0.8\ln(x_2+1)-0.96\ln(x_1-x_2+1)+0.8x_3 \leqslant 0 \\ -\ln(x_2+1)-1.2\ln(x_1-x_2+1)+x_3+2x_6-2 \leqslant 0 \\ x_2-x_1 \leqslant 0 \\ x_2-2x_4 \leqslant 0 \\ x_1-x_2-2x_5 \leqslant 0 \\ x_4+x_5 \leqslant 1 \\ 0 \leqslant x \leqslant [2,2,1,1,1,1]^{\mathrm{T}} \\ x_4, x_5, x_6 \in \{0,1\} \end{cases}$$

解 仍可以采用例 6-26 中的方法描述 0−1 规划问题，然后调用遗传算法 ga() 函数直接求解 0−1 混合非线性规划问题，由早期版本的 ga() 函数得出的结果在表 9-9 中给出。可见，对这个例子而言，虽然遗传算法可以得出问题的可行解，但无法得出问题的全局最优解。采用新版本 ga() 函数每次都能得出问题的全局最优解，不过该函数比较耗时，每次计算耗时为 $5\,\mathrm{s} \sim 10\,\mathrm{s}$，远高于常规解法。

```
>> clear P; P.intcon=4:6; xx=[]; P.nonlcon=@c6mmibp;
   f=@(x)5*x(4)+6*x(5)+8*x(6)+10*x(1)-7*x(3) ...
           -18*log(x(2)+1)-19.2*log(x(1)-x(2)+1)+10; % 目标函数
   P.ub=[2 2 1 1 1 1]'; P.lb=[0 0 0 0 0 0]'; P.Bineq=[0;0;0;1];
   P.Aineq=[-1 1 0 0 0 0;0 1 0 -2 0 0;1 -1 0 0 -2 0;0 0 0 1 1 0];
   P.solver='ga'; P.nvars=6; P.options=optimset; P.fitnessfcn=f;
```

```
for i=1:5            % 用遗传算法求解
    tic, [x,fm,flag]=ga(P), if flag>1, xx=[xx; x fm]; end; toc
end
```

表9-9　调用 ga() 函数得出的5组解

组	x_1	x_2	x_3	y_1	y_2	y_3	目标函数	耗时/s
1	1.524	1.523	0.92792	1	0	0	7.0675	0.24
2	1.2036	1.2026	0.79207	1	0	0	7.2587	0.30
3	1.2958	1.2948	0.83309	1	0	0	7.1555	0.43
4	1.5044	1.5034	0.9198	1	0	1	15.069	0.28
5	1.9993	1.9983	1	1	0	0	8.2089	0.26
*	1.3010	0	1	0	1	0	6.0980	0.21

由这里给出的例子可以看出，因为遗传算法可以使用二进制编码，所以可以用于求解某些整数规划问题，不过经常不能得到原始问题的全局最优解；另外，在求解混合整数规划问题时，遗传算法函数的效果很不理想。

对一般混合整数规划问题而言，建议尽量采用第6章介绍的相关直接搜索方法，如混合整数线性规划函数 intlinprog() 与一般非线性混合整数规划函数 new_bnb20()，对非线性规划问题还可以仿照 fmincon_global() 函数的方法在外部再加一层循环，确保得出问题的全局最优解。

9.3.4　基于遗传算法的离散规划问题

6.3.5 节介绍了普通离散规划问题的求解方法，不过从求解的例子看，离散变量及可选向量必须数量特别少，结合循环结构才可能得出问题的解；如果数目过多，则需要做大量的循环，不易得出问题的解。使用遗传算法则可能处理更复杂的离散规划问题。这里将通过例子介绍基于遗传算法的离散规划问题的直接求解方法。

例9-10　试用遗传算法重新求解例 6-18 中的离散规划问题，其中，数学模型的公式在例 9-6 中给出，并在此基础上增加整数与离散点的约束，即 x_1 和 x_2 为整数，x_3 和 x_5 只能在 $[2.4, 2.6, 2.8, 3.1]$ 内取值，x_4 和 x_6 只能在 $[45, 50, 55, 60]$ 内取值。

解　与例 6-18 采用的方法不一致，这里可以设置两个离散向量：

$$v_1 = [2.4, 2.6, 2.8, 3.1], \quad v_2 = [45, 50, 55, 60]$$

令 $x_3 \sim x_6$ 取作 v_1 和 v_2 向量的下标，则它们可以选作整数向量，上下界分别为 1 和 4。可以如下编写 MATLAB 函数描述目标函数。为了不破坏原有的数学模型，所以进入目标函数后，定义的新决策变量还原出数学模型中的 x，再计算目标函数。

```
function f=c9mglo1(x)
```

```
    l=100; x=x(:).'; v1=[2.4,2.6,2.8,3.1]; v2=[45,50,55,60];
    x([3,5])=v1(x([3,5])); x([4,6])=v2(x([4,6]));
    f=l*(x(1)*x(2)+x(3)*x(4)+x(5)*x(6)+x(7)*x(8)+x(9)*x(10));
end
```

相应地,还可以用同样的思路写出新的约束条件。

```
function [c,ceq]=c9mglo2(x)
    x=x(:).'; v1=[2.4,2.6,2.8,3.1]; v2=[45,50,55,60];
    x(3:6)=round(x(3:6)); x([3,5])=v1(x([3,5]));
    x([4,6])=v2(x([4,6])); [c,ceq]=c5mglo1(x);
end
```

由上面定义的目标函数与约束条件,可以调用下面的语句。调用七次遗传算法求解原始问题,得出的结果在表 9-10 中给出。

```
>> xm=[1,30,1,1,1,1,1,30,1,30]'; A=[]; B=[]; Aeq=[]; Beq=[];
   xM=[5,65,4,4,4,4,5,65,5,65]'; xx=[]; n=10; intcon=1:6;
   v1=[2.4,2.6,2.8,3.1]; v2=[45,50,55,60];
   for i=1:7, tic
       [x,fv,flag]=ga(@c9mglo1,n,A,B,Aeq,Beq,xm,xM,@c9mglo2,intcon)
       if flag==1
           x=x(:).'; x(3:6)=round(x(3:6));
           x([3,5])=v1(x([3,5])); x([4,6])=v2(x([4,6]));
           xx=[xx; x,fv];
       end, toc
   end
```

表 9-10　调用 ga() 函数得出的七组解

组	x_1	x_2	x_3	x_4	x_5	x_6	x_7	x_8	x_9	x_{10}	$f(x)$	耗时/s
1	3	60	3.1	55	2.8	50	2.2140	44.281	1.8009	34.504	65068.96	0.43
2	3	60	3.1	55	2.6	50	2.2820	45.641	1.7934	34.567	64664.42	0.52
3	3	60	3.1	55	2.6	50	2.2696	45.395	1.7679	35.361	64604.40	0.93
4	3	60	3.1	55	2.6	50	2.2793	45.582	1.7508	34.989	64565.34	0.78
5	3	60	3.1	55	2.6	50	2.2784	45.566	1.7512	35.026	64565.45	1.62
6	3	60	3.1	55	2.8	50	2.2104	44.210	1.7512	35.025	64956.85	0.85
7	3	60	3.1	55	2.6	50	2.2401	44.800	1.8362	36.720	64828.10	0.63
*	3	60	3.1	55	2.6	50	2.2046	44.091	1.7498	34.9951	63893.44	0.24

从表 9-10 可见,所有整数与离散决策变量都处理得很好,都是精确的,但得出的非整数部分有很大差异,由于遗传算法本身的精度不理想,得出的目标函数均明显大于例 6-18 中给出的结果(用 * 标注的结果)。

虽然遗传算法在描述离散规划中有独特的地方，比例6-18中给出的循环方式描述更直观，更利于拓展到循环方法不宜使用的场合，不过由于很难得到全局最优解，所以离散规划问题如果不能用例6-18方法求解，建议使用遗传算法。

本 章 习 题

9.1 例 9-2 指出，用 Griewangk 基准测试问题比较寻优算法的优劣也不是特别公平，所以应该考虑改进该目标函数，例如改写为

$$\min_{\boldsymbol{x}} \left(1 + \sum_{i=1}^{n} \frac{(x_i/i - 1)^2}{4000} - \prod_{i=1}^{n} \cos \frac{x_i/i - 1}{\sqrt{i}} \right), \quad x_i \in [-600, 600]$$

试在新的目标函数下比较各个算法的性能。

9.2 MATLAB 最优化工具箱提供的求解函数在求解凸优化问题时功能是强大的，因为凸规划问题从任意给定的初始值直接搜索到问题的全局最优解，所以，凸规划问题没有必要使用智能优化求解方法。试利用智能算法求解第4章的习题，观察能否得出全局最优解。

9.3 能找到智能优化算法可以求解但本书编写的全局优化方法不能求解的问题吗？

9.4 本书前几章例题中给出了大量的最优化问题，试采用智能优化方法重新求解这些问题，看看能不能得出比例题更好的结果。

9.5 在有约束最优化问题求解中遗传算法求解函数采用了默认的参数，效果不佳。如果修改遗传算法本身的参数，如种群规模、变异率或其他参数有可能改善性能，但这对一般使用者而言要求过多了，不易实现。如果你以前使用过遗传算法，如何设置参数才能很好地求解例 9-5 中列出的问题呢？有无可能呢？

9.6 前几章习题中给出了大量的最优化问题，试采用智能优化方法重新求解这些问题，并与作者编写的几个全局最优化函数比较，看看能不能得出比作者编写的最优化方法更好的结果。如果全都不能得出更好的解，则在实际应用而非纯理论研究时，求解一般非线性规划或混合整数规划问题，只要能用直接方法描述目标函数和约束条件，就可以采用作者编写的几个全局最优化求解函数尝试求解最优化问题。是时候对传统智能优化方法"说不"了！

参 考 文 献

BIBLIOGRAPHY

[1] Dantzig G B. Linear programming and extensions — A report prepared for United States Air Force project Rand[M]. Princeton: Princeton University Press, 1963.

[2] Cottle R, Johnson E, Wets R. George B Dantzig (1914−2005)[J]. Notice of the American Mathematical Society, 2007, 54(3): 344–362.

[3] Cook W. In pursuit of the travelling salesman — Mathematics at the limits of computation[M]. Princeton: Princeton University Press, 2012.

[4] Floudas C A, Pardalos P M, Adjiman C S, et al. Handbook of test problems in local and global optimization[M]. Dordrecht: Kluwer Scientific Publishers, 1999.

[5] 薛定宇. 分数阶微积分学与分数阶控制 [M]. 北京: 科学出版社, 2018.

[6] Callier F M, Winkin J. Infinite dimensional system transfer functions[M]. Curtain R F, Bensoussan A, Lions J L, eds., Analysis and Optimization of Systems: State and Frequency Domain Approaches for Infinite-Dimensional Systems. Berlin: Springer-Verlag, 1993.

[7] Sturmfels B. Solving systems of polynomial equations[C]. CBMS Conference on Solving Polynomial Equations, Texas A & M University, American Mathematical Society, 2002.

[8] 薛定宇. 高等应用数学问题的MATLAB求解 [M]. 5 版. 北京: 清华大学出版社, 2023.

[9] Chong E K P, Żak S H. An introduction to optimization[M]. 2nd ed. New York: Wiley Interscience, 2001.

[10] Nelder J A, Mead R. A simplex method for function minimization[J]. Computer Journal, 1965, 7(4): 308–313.

[11] Goldberg D E. Genetic algorithms in search, optimization and machine learning[M]. Reading: Addison-Wesley, 1989.

[12] D'Errico J. Fminsearchbnd[R]. MATLAB Central File ID: #8277, 2005.

[13] Ackley D H. A connectionist machine for genetic hillclimbing[M]. Boston: Kluwer Academic Publishers, 1987.

[14] Floudas C A, Pardalos P M. A collection of test problems for constrained global optimization algorithms[M]. Berlin: Springer-Verlag, 1990.

[15] Hock W, Schittkowski K. Test examples for nonlinear programming code[M]. Berlin: Springer-Verlag, 1990.

[16] Bhatti M A. Practical optimization methods with Mathematica applications[M]. New York: Springer-Verlag, 2000.

[17] Bixby R E, Gregory J W, Lustig, et al. Very large-scale linear programming: A case study in combining interior point and simplex methods[J]. Operations Research, 1992, 40: 885–897.

[18] Pan P Q. Linear programming computation[M]. Berlin: Springer, 2014.

[19] 徐玖平, 胡知能. 运筹学 [M]. 4 版. 北京: 科学出版社, 2018.

[20] Taha H A. Operations research — An introduction[M]. 10th ed. Harlow: Pearson, 2017.

[21] Hillier F S, Lieberman G J. Introduction to operations research[M]. 10th ed. New York: McGraw-Hill Education, 2015.

[22] Vanderbei R J. Linear programming — Foundations and extensions[M]. 4th ed. New York: Springer, 2014.

[23] Boyd S, Ghaoui L El, Feron E, et al. Linear matrix inequalities in systems and control theory[M]. Philadelphia: SIAM books, 1994.

[24] Willems J C. Least squares stationary optimal control and the algebraic Riccati equation[J]. IEEE Transactions on Automatic Control, 1971, 16(6): 621–634.

[25] Scherer C, Weiland S. Linear matrix inequalities in control [R]. Delft: Delft University of Technology, 2005.

[26] Löfberg J. YALMIP: A toolbox for modeling and optimization in MATLAB[C]. Proceedings of IEEE International Symposium on Computer Aided Control Systems Design. Taipei, 2004, 284–289.

[27] Löfberg J. YALMIP 工具箱 [R/OL]. https://yalmip.github.io/.

[28] Henrion D. Global optimization toolbox for Maple[J]. IEEE Control Systems Magazine, 2006, 26(5): 106–110.

[29] Grant M C, Boyd S. The CVX user's guide[R]. Release 2.2. CVX Research Inc., 2020.

[30] Boyd S, Vandenberghe L. Convex optimization[M]. Cambridge: Cambridge University Press, 2004.

[31] Boyd S, Kim S-J, Vandenberghe L, et al. A tutorial on geometric programming[J]. Optimization and Engineering, 2007, 8(1): 67-127.

[32] Borchers B. SDPLIB 1.1 — A library of semidefinite programming test problems[R], 1998.

[33] Bazaraa M S, Sherali H D, Shetty C M. Nonlinear programming — Theory and algorithms[M]. 3rd ed. New Jersey: Wiley-Interscience, 2006.

[34] Toh K C, Todd M J, Tütüncü R H. SDPT3 — A MATLAB software package for semidefinite programming[OL]. [2023-8-9]. https://www.math.cmu.edu/~reha/SDPT3/sdpexample.html, 1998.

[35] Chew S H, Zheng Q. Integral global optimization[M]. Berlin: Springer-Verlag, 1988.

[36] Chakri A, Ragueb H, Yang X-S. Bat algorithm and directional bat algorithm with case studies [C]. Yang X-S ed., Nature-inspired Algorithms and Applied Optimization[M]. Switzerland: Springer, 2018: 189–216.

[37] Dolan E D, Moré J J, Munson T S. Benchmarking optimization software with COPS 3.0[R]. Technical Report ANL/MCS-TM-273, Lemont: Argonne National Laboratory, 2004.

[38] Price C J, Coope I D. Numerical experiments in semi-infinite programming[J]. Computational Optimisation and Applications, 1996, 6(2): 169–189.

[39] Avriel M, Williams A C. An extension of geometric programming with applications in engineering optimization [J]. Journal of Engineering Mathematics, 1971, 5: 187–194.

[40] Bard J F. Practical bilevel optimization — Algorithms and applications[M]. Dordrecht: Springer Science + Business Media, 1998.

[41] Cha J Z, Mayne R W. Optimization with discrete variables via recursive quadratic programming: Part 2 — Algorithms and results[J]. Transactions of the ASME, Journal of Mechanisms, Transmissions, and Automation in Design, 1994, 111: 130–136.

[42] Leyffer S. Deterministic methods for mixed integer nonlinear programming[D]. Dundee: University of Dundee, 1993.

[43] Kuipers K. BNB20 solves mixed integer nonlinear optimization problems[R]. MATLAB Central File ID: #95, 2000.

[44] Hami A E, Radi B. Optimization and programming: Linear, nonlinear, stochastic and applications with MATLAB[M]. London: Wiley, 2021.

[45] 克利夫·莫勒. MATLAB 之父: 编程实践 [M]. 修订版. 薛定宇, 译. 北京: 北京航空航天大学出版社, 2018.

[46] MathWorks. Solve sudoku puzzles via integer programming: problem-based[R/OL]. http://www.mathworks.com/help/optim/examples/solve-sudoku-puzzles-via-integer-programming.html, 2017.

[47] Lu D, Sun X L. Nonlinear integer programming[M]. New York: Springer, 2006.

[48] 高雷阜. 最优化理论与方法 [M]. 沈阳: 东北大学出版社, 2005.

[49] Cao Y. Pareto set[R]. MATLAB Central File ID: # 15181, 2007.

[50] Simone. Pareto filtering[R]. MATLAB Central File ID: # 50477, 2015.

[51] Barichard V, Ehrgott M, Gandibleux X, et al. Multiobjective programming and goal programming[M]. Berlin: Springer, 2009.

[52] Cohon J L. Multiobjective programming and planning[M]. New York: Academic Press Inc., 1978.

[53] Bellman R. Dynamic programming[M]. Princeton: Princeton University Press, 1957.

[54] Lew A, Mauch H. Dynamic programming — A computational tool[M]. Berlin: Springer, 2007.

[55] Danø S. Nonlinear and dynamic programming — An introduction[M]. Berlin: Springer-Verlag, 1975.

[56] The MathWorks Inc. Bioinformatics Toolbox users manual[Z], 2011.

[57] 林诒勋. 动态规划与序贯最优化 [M]. 开封:河南大学出版社,1997.

[58] Dijkstra E W. A note on two problems in connexion with graphs[J]. Numerische Mathematik, 1959, 1: 269–271.

[59] 邵军力,张景,魏长华. 人工智能基础 [M]. 北京:电子工业出版社,2000.

[60] Chipperfield A, Fleming P. Genetic algorithm toolbox user's guide[R]. Sheffield: University of Sheffield, 1994.

[61] Houck C R, Joines J A, Kay M G. A genetic algorithm for function optimization: A MATLAB implementation[R], 1995.

[62] Kennedy J, Eberhart R. Particle swarm optimization[C]. Proceedings of IEEE International Conference on Neural Networks. Perth, Australia, 1995, 1942–1948.

MATLAB函数名索引
MATLAB FUNCTIONS INDEX

本书涉及大量的MATLAB函数与作者编写的MATLAB程序、模型，为方便查阅与参考，这里给出重要的MATLAB函数调用语句的索引，其中黑体字页码表示函数定义和调用格式页，标注为＊的为作者编写的函数，标注‡的为可以下载的网上资源。

术语索引
KEYWORDS INDEX